电气工程、自动化专业规划教材

电气测试技术

（第4版）

主　编　徐科军

副主编　马修水　李国丽

参　编　柏逢明　钱晓耀　夏建全

電子工業出版社

Publishing House of Electronics Industry

北京 · BEIJING

内容简介

本书是普通高等教育"十一五"国家级规划教材。全书共9章，主要包括测试技术基础知识、电磁量测试技术、非电量测试技术和电气测试技术新进展4部分内容。本书主要介绍电磁量、非电量测试技术基础以及测试误差分析，比较式电测仪表，电子式电测仪表，数字化电测仪表，磁性电测仪表，温度测量传感器，转速测量传感器，扭矩测量传感器，电气测试技术新进展。

本书可作为电气工程及其自动化、自动化、测控技术与仪器等专业本科生的教材，也可供相关领域的工程技术人员参考。

图书在版编目(CIP)数据

电气测试技术 / 徐科军主编. —4版. —北京：电子工业出版社，2018.7
电气工程、自动化专业规划教材
ISBN 978-7-121-34503-6

Ⅰ.①电… Ⅱ.①徐… Ⅲ.①电气测量—高等学校—教材 Ⅳ.①TM93

中国版本图书馆CIP数据核字(2018)第129219号

责任编辑：凌　毅
印　　刷：北京虎彩文化传播有限公司
装　　订：北京虎彩文化传播有限公司
出版发行：电子工业出版社
　　　　　北京市海淀区万寿路173信箱　邮编100036
开　　本：787×1 092　1/16　印张：14.5　字数：378千字
版　　次：2002年5月第1版
　　　　　2018年7月第4版
印　　次：2021年7月第5次印刷
定　　价：39.80元

凡所购买电子工业出版社图书有缺损问题，请向购买书店调换。若书店售缺，请与本社发行部联系，联系及邮购电话：(010)88254888，88258888。

质量投诉请发邮件至zlts@phei.com.cn，盗版侵权举报请发邮件至dbqq@phei.com.cn。

本书咨询联系方式：(010)88254528，lingyi@phei.com.cn。

第 4 版前言

在工农业生产、商业贸易、国防建设、科学研究和日常生活中，测试技术起着非常重要的作用，其应用相当广泛。若按被测量的性质来分，有电（磁）量测量和非电（磁）量测量。电磁测量包括电参量、磁参量以及信号和电源质量的测量。其中，电参量又分为电量（如电压、电流、电功率、电能和相位等）和电路参数（如电阻、电容、电感和互感等）；磁参量又分为磁量（如磁通、磁感应强度、磁场强度等）和磁路参数（如磁阻、磁性材料的磁导率等）；信号和电源质量包括频率、周期和相位等。非电量测量的内容非常广泛，本书主要介绍电气工程中经常用到的温度测量、转速测量和扭矩测量。人们用各种比较式电测仪表、电子式测量仪表和数字化电测仪表完成电磁量的测试，用各种传感器完成非电量的测试。这两部分是密切相关的，因为非电量的测量是通过传感器转换成电量来进行的。可以说，电量的测量是非电量测量的基础，而非电量的测量是电量测量的拓展。由于它们最终都归结为电参量的测试，所以，本书取名为“电气测试技术”。

“电气测试技术”是电气信息类专业大学生的一门重要的专业课。本课程的教学目的和任务是使学生通过课程的学习，掌握常用电磁量的测试方法和电工仪表的工作原理，掌握常用传感器的工作原理、结构组成、测量电路和各种应用，熟悉电气测试的基本知识和数据处理方法，为学生毕业后从事电气工程、自动化和计算机应用等方面的工作打下良好的基础。

本书是普通高等教育“十一五”国家级规划教材。本书的第 1 版于 2002 年由机械工业出版社出版，当时是针对课程学时较少的情况编写的，仅限于电磁量的测量，内容较为单薄。为了完整地介绍电气测试技术，也考虑到有些学校将电磁量测量和非电量测量合并在一起作为一门课程来讲授，所以，于 2008 年由电子工业出版社出版了第 2 版。在第 2 版中，加入了非电量测量的内容，形成上篇电磁量测试技术和下篇非电量测试技术。

2013 年出版的第 3 版不再将教材明显地分为上篇和下篇，而是紧扣主题——测试技术来组织内容，将内容分为 4 部分：测试技术基础知识、电磁量测试技术、非电量测试技术和电气测试技术新进展。

第 3 版删减了一些比较陈旧的技术内容。例如，考虑到实际中直读式电测仪表很少应用，所以，删除了第 2 版中“直读式电测仪表”，同时增加了数字式电测仪表的内容。与此同时，增加了一些新的技术内容。例如，增加了“数字荧光示波器”和“基于数字信号处理的电测仪表”等。

第 3 版对非电量测试技术部分中的传感器做了较大幅度的删减和调整。按照被测量对传感器进行了分类，仅介绍几种在电气工程中常用的传感器，例如，温度测量传感器、转速测量传感器和扭矩测量传感器，突出测试技术在电气工程中应用的特点。

经过这几年的教学实践，我们对第 3 版内容进行了修改。本书分为 9 章。第 1 章为测试技术基础知识，介绍电磁量测试基础、非电量测试基础和测试量误差分析。第 2 章为比较式电测仪表，介绍直流电位差计、直流电桥和交流电桥。第 3 章为电子式电测仪表，介绍电子示波器原理、电子示波器应用和数字存储示波器。第 4 章为数字化电测仪表，介绍频率、周期的数字化测量，相位的数字化测量，电压的数字化测量，电阻、电容的数字化测量，电功率的数字化测量以及微机化电测仪表。第 5 章为磁性电测仪表，介绍若干基础知识、空间磁场、磁通的测量和磁性材料的测量。第 6 章为温度测量传感器，介绍温标等基础知识、热电阻式传感器和热电偶传感器。第 7 章为转速测量传感器，介绍磁电式传感器、霍尔传感器和光电式传感器。第 8 章为扭矩测量传感器，介绍应变式传感器、振弦式传感器和磁电相位差式扭矩传感器。第 9 章为电气测试技术新进展，介绍传感器动态误差修正技术、传感器自评估技术、多传感器数据融合技术、高精度模数转换技术和 DSP 应用技术。

本书可作为电气工程及其自动化、自动化、测控技术与仪器等专业本科生的教材，也可供相关领域的工程技术人员参考。

本书由徐科军担任主编，马修水和李国丽担任副主编。其中，浙江大学宁波理工学院马修水编写 1.2.1 节，1.2.2 节，1.3 节，6.1 节，6.3 节，8.2 节，8.3 节和附录；安徽大学李国丽编写第 2 章，第 3 章；长春理工大学柏逢明编写 6.2 节，8.1 节；中国计量大学钱晓耀编写 7.3 节，宁波大红鹰学院夏建全编写 7.1 节，7.2 节；合肥工业大学徐科军编写1.1节，1.2.3 节，第 4 章，第 5 章和第 9 章。全书由徐科军和马修水统稿。

本书提供配套的电子课件，可登录华信教育资源网 www.hxedu.com.cn，注册后免费下载。

在本书编写的过程中，参阅了许多专家的教材、著作和论文，还得到国内外有关企业和同行的支持，在此一并表示衷心的感谢。

对于本书中存在的错误和不妥之处，恳请广大读者批评指正。

编者

2018 年 6 月

目　录

第 1 章　测试技术基础知识 …… 1
1.1　电磁量测试基础 …… 1
1.1.1　测试方法 …… 1
1.1.2　测试结果表示 …… 2
1.1.3　测试发展过程和趋势 …… 3
1.1.4　电学量和电学基准 …… 5
1.2　非电量测试基础 …… 9
1.2.1　传感器概述 …… 9
1.2.2　传感器分类 …… 9
1.2.3　传感器的特性 …… 10
1.3　测量误差分析 …… 16
1.3.1　测量误差的概念和分类 …… 16
1.3.2　精度 …… 17
1.3.3　测量误差的表示方法 …… 17
习题与思考题 1 …… 20
第 2 章　比较式电测仪表 …… 22
2.1　直流电位差计 …… 22
2.1.1　直流电位差计的补偿原理 …… 22
2.1.2　直流电位差计的分类和主要技术指标 …… 23
2.1.3　直流电位差计的应用 …… 24
2.2　直流电桥 …… 25
2.2.1　直流单臂电桥 …… 26
2.2.2　直流单臂电桥的误差公式 …… 27
2.2.3　直流双臂电桥 …… 27
2.3　交流电桥 …… 28
2.3.1　交流电桥的工作原理 …… 28
2.3.2　交流电桥的分类 …… 30
2.3.3　实用交流电桥举例 …… 31
习题与思考题 2 …… 34
第 3 章　电子式电测仪表 …… 36
3.1　电子示波器原理 …… 36
3.1.1　示波器的基本结构 …… 36
3.1.2　示波器的主要性能指标 …… 40
3.2　电子示波器的应用 …… 41
3.2.1　电压的测量 …… 41
3.2.2　时间的测量 …… 42
3.2.3　两个同频率信号相位差的测量 …… 43
3.2.4　频率的测量 …… 44
3.3　采样示波器 …… 44
3.3.1　采样原理 …… 45
3.3.2　采样示波器的基本组成 …… 46
3.4　数字存储示波器 …… 47
3.4.1　数字存储示波器的基本组成 …… 47
3.4.2　数字存储示波器的信号采集技术 …… 48
3.4.3　数字存储示波器的波形显示技术 …… 51
3.4.4　数字存储示波器的控制系统 …… 52
3.4.5　数字存储示波器的主要性能指标 …… 53
3.4.6　数字荧光示波器 …… 54
习题与思考题 3 …… 56
第 4 章　数字化电测仪表 …… 58
4.1　概述 …… 58
4.1.1　数字化测量技术的发展 …… 58
4.1.2　数字式仪表的结构 …… 59
4.1.3　数字式仪表的特点 …… 60
4.1.4　数字式仪表的分类 …… 60
4.2　频率、周期的数字化测量 …… 61
4.2.1　电子计数器的原理 …… 61
4.2.2　用电子计数器测量频率 …… 61
4.2.3　用电子计数器测量周期 …… 62

4.2.4 时间间隔的测量 …………… 63
4.2.5 测量频率比 ………………… 64
4.2.6 电子计数器的误差 ……… 64
4.3 相位的数字化测量 …………… 66
4.3.1 相位测量原理 …………… 66
4.3.2 相位-时间式数字相位计 …… 67
4.4 电压的数字化测量 …………… 68
4.4.1 逐位逼近比较式数字电压表 …………………… 68
4.4.2 电压-时间变换型数字电压表 …………………… 69
4.4.3 电压-频率型(U-F)数字电压表 …………………… 73
4.5 电阻、电容的数字化测量……… 74
4.5.1 电阻的数字化测量 ……… 74
4.5.2 电容的数字化测量 ……… 75
4.6 电功率的数字化测量 ………… 76
4.7 微机化仪表 ………………… 78
4.7.1 概述 ……………………… 78
4.7.2 带微处理器的仪表 ……… 80
4.7.3 基于数字信号处理的微机化仪表 ……………………… 81
4.7.4 应用实例…………………… 88
4.7.5 虚拟仪器…………………… 89
习题与思考题 4 ……………………… 93
第 5 章 磁性电测仪表……………………… 95
5.1 基础知识 ……………………… 95
5.1.1 磁性材料的静态特性 ……… 95
5.1.2 磁性材料的动态特性 ……… 97
5.1.3 磁学量的度量单位 ……… 97
5.2 空间磁场、磁通的测量………… 98
5.2.1 基于电磁感应原理的测量方法 ……………………… 98
5.2.2 用磁通门磁强计测量磁场 … 102
5.2.3 用霍尔效应测量磁场 ……… 104
5.2.4 用核磁共振法测量磁场 …… 105
5.3 磁性材料的测量……………… 105
5.3.1 软磁材料静态特性的测量 … 105
5.3.2 软磁材料动态特性的测量 … 110
5.3.3 软磁材料损耗的测量 ……… 112
习题与思考题 5 ……………………… 114
第 6 章 温度测量传感器 …………………… 115
6.1 温标………………………………… 115
6.1.1 温标的演变 ……………… 115
6.1.2 1990 年国际温标(ITS-90)简介 ……………………… 116
6.1.3 温度检测的主要方法 ……… 116
6.2 热电阻式传感器……………… 117
6.2.1 金属热电阻 ……………… 117
6.2.2 半导体热敏电阻…………… 120
6.2.3 热电阻式传感器的应用 …… 124
6.3 热电偶传感器………………… 128
6.3.1 热电偶测温原理…………… 128
6.3.2 热电偶基本定律…………… 129
6.3.3 标准化热电偶与分度表 …… 130
6.3.4 热电偶结构 ……………… 132
6.3.5 补偿导线 ………………… 133
6.3.6 热电偶参比端(冷端)的温度补偿 ………………… 134
习题与思考题 6 ……………………… 135
第 7 章 转速测量传感器 …………………… 136
7.1 磁电式传感器………………… 136
7.1.1 磁电式传感器的结构和原理 ……………… 136
7.1.2 磁电式速度传感器 ……… 138
7.2 霍尔传感器…………………… 140
7.2.1 霍尔传感器的工作原理 …… 140
7.2.2 霍尔元件的结构和特性 …… 141
7.2.3 霍尔式传感器的应用 ……… 143
7.3 光电式传感器………………… 146
7.3.1 光电效应及光电器件 ……… 147
7.3.2 光电传感器的应用………… 154
7.3.3 光电码盘 ………………… 156
习题与思考题 7 ……………………… 160
第 8 章 扭矩测量传感器 …………………… 162
8.1 应变式扭矩传感器……………… 162

8.1.1 金属电阻应变片的工作原理 …………………… 162
8.1.2 电阻应变片测量电路 ……… 170
8.1.3 电阻应变式传感器的应用 … 173
8.2 振弦式扭矩传感器………………… 178
8.2.1 工作原理 …………………… 178
8.2.2 激振装置 …………………… 180
8.2.3 测量误差 …………………… 181
8.2.4 振弦式传感器应用 ………… 182
8.3 磁电相位差式扭矩传感器…… 183
8.3.1 测量原理 …………………… 183
8.3.2 测量方式 …………………… 184
8.3.3 输出特性 …………………… 185
8.3.4 传感器安装 ………………… 186
习题与思考题 8 ……………………… 186
第 9 章 电气测试技术新进展 ………… 188
9.1 动态误差修正技术……………… 188
9.1.1 时域在线动态响应补偿 …… 188
9.1.2 频域离线动态误差修正 …… 190
9.2 传感器自评估技术……………… 192
9.2.1 问题的提出 ………………… 192
9.2.2 基本定义 …………………… 193
9.2.3 应用举例 …………………… 193
9.3 多传感器数据融合技术……… 194
9.3.1 基本概念 …………………… 194
9.3.2 融合方法 …………………… 195
9.3.3 应用举例 …………………… 197
9.4 高精度模数转换技术………… 198
9.4.1 Σ-Δ ADC 拓扑结构 ……… 198
9.4.2 Σ-Δ ADC 工作原理………… 199
9.4.3 Σ-Δ ADC 特点和应用 ……… 201
9.5 DSP 应用技术 ………………… 203
9.5.1 DSP 的特点 ………………… 203
9.5.2 DSP 的主要系列 ………… 205
9.5.3 DSP 应用举例 ……………… 206
附录 A 铂热电阻分度表 ………………… 210
附录 B 铜热电阻分度表 ………………… 213
附录 C 铂铑$_{10}$-铂热电偶分度表 ……… 215
附录 D 镍铬-镍硅热电偶分度表 ……… 220
参考文献 ……………………………………… 222

第1章　测试技术基础知识

测试技术是人类借助于专门的器件或者设备，认识物质世界，对客观事物进行定量研究的一种手段。电气测试是利用电气技术进行的测试以及对电气设备的测试，通常包括：电参数的测量，如电压、电流和电功率等；磁参数的测量，如磁感应强度、磁场强度和磁通等；电路元件参数的测量，如电阻、电容和电感等；信号和电源质量的测量，如频率、周期和相位等；电气设备中常用非电量的测量，如温度、转速和转矩等。我们把前3类归纳为电磁量测试，最后一类归为非电量测试。

本章介绍电磁量测试基础、非电量测试基础和测试误差分析。

1.1　电磁量测试基础

电磁量测试指的是电学量和磁学量测量。电学量包括电学量（如电压、电流、电功率、无功功率和功率因数等）和电参数（如电阻、电容、自感和互感等）。其中，电压和电流是基本量，其他一些电学量可以通过它们间接得到。磁学量包括磁通、磁感应强度、磁场强度和磁导率等。其中，磁感应强度和磁场强度为基本量。20世纪50年代后出现的数字测量技术，则以时间和频率为基本量。

1.1.1　测试方法

一般来说，对于同一个物理量，可以采用各种不同的方法进行测量。根据获得测量结果的过程，可以将测量分为3类：直接测量、间接测量和组合测量。

直接测量是直接从实测数据中取得测量结果，实测数据可以直接由指示仪表上获得，也可以用量具直接与被测量比较而得到。例如，用电流表测量电流、用电位差计测量电压。由于被测量的数据能够直接从仪表上获得，所以称为直接测量。

间接测量是通过测量一些与被测量有函数关系的量，通过计算得到测量结果。例如，用伏安法测量电阻，就是间接测量。因为这种方法是先测出电阻两端的电压和流过电阻的电流，然后根据公式计算出电阻值。与直接测量相比，间接测量要复杂些，一般在无法进行直接测量或直接测量达不到要求的情况下，才采用间接测量。

组合测量是指在多次直接测量具有一定函数关系式的某些量的基础上，通过联立求解各函数的关系式，来确定被测量大小的方法。它比前两种测量方法复杂，通常在实验室的精密测量中采用。

根据在测量过程中所用测量器具的不同，可分为直读测量法和比较测量法。

直读测量法是利用电测指示仪表进行测量，如用电压表测量电压。这种测量的特点是计量单位的实物标准测量器并不直接参与测量过程。当然，为了保证测量仪器、仪表的准确和可靠，首先要用标准测量器对测量仪表进行校准。直读测量法所用设备简单，操作方便，所以广泛应用于电磁量的测量。

比较测量法是将被测量与标准量进行比较而得到测量结果。这种方法的特点是在测量过程中要有量具直接参与，它是最准确的测量方法。由于此方法所需的实验条件较高，测量设备较精密，操作起来也比较复杂，所以，一般在测量准确度要求较高的场合中使用。

从上面的分类可以看到，在直接测量和间接测量中都包含着直读测量和比较测量。同时，在直读测量和比较测量中也包含着直接测量和间接测量。

1.1.2 测试结果表示

电磁量测量（以下简称电磁测量）的结果由两部分组成，即测量单位和纯数。例如，对某一电压进行测量，所得的测量结果为多少伏特。

独立定义的单位称为基本单位。例如，电磁学中安培的定义为：若处于真空中相距 1m 的两根无限长、截面小到可以忽略的平行直导线内有相等的恒定电流流过，每一导线每米长度上受力为 2×10^{-7}N 时，各导线上的电流为 1A。由于物理量间有各种物理关系相联系，所以，一旦几个物理量的单位确定后，其他物理量的单位就可以根据物理关系式推导出来。这些由基本单位和一定物理关系推导出来的单位称为导出单位。如物体运动的速度单位“米/秒”就是根据长度单位“米”和时间单位“秒”及物理关系“速度＝距离/时间”推导出来的。基本单位和导出单位的总和称为单位制。

在测量过程中，所选单位不同，得到的结果就不同。在历史上，各国都有自己的单位制，造成了同一物理量具有多个不同单位的情况。在目前经济全球化的大环境下，单位不统一给人们的生产、生活、国际贸易和科技交流造成了极大的困难。这就需要一个国际上公认的、统一的单位制。1960 年国际计量大会上正式通过了适合于一切领域的单位制，用代号“SI”表示，见表 1.1.1。

表 1.1.1　SI 基本单位

物　理　量	单位名称	单位符号
长度	米	m
质量	千克	kg
时间	秒	s
电流	安培	A
热力学温度	开尔文	K
物质的量	摩尔	mol
发光强度	坎德拉	cd

根据上述 7 个基本单位和两个辅助单位（弧度和球面度），通过一定的物理关系式，可以导出自然界所有物理量的单位。

电磁学中涉及的物理量的基本单位只有 4 个，即米、千克、秒和安培。通过这 4 个基本单位和电磁学定理，就可以导出所有物理量的单位。表 1.1.2 中列出了部分电磁学量的 SI 导出单位。

表 1.1.2　电磁学单位的部分 SI 导出单位

物理量	定义方程式	单位名称	单位代号		物理量	定义方程式	单位名称	单位代号	
			中文	国际				中文	国际
电量	$q=It$	库仑	库	C	电导	$g=\frac{1}{R}$	西门子	西	S
电势	$U=\frac{W}{q}$	伏特	伏	V	电场强度	$E=\frac{U}{d}$	伏特每米	伏/米	V/m
电容	$C=\frac{U}{q}$	法拉	法	F	磁通	$\Delta\Phi_{m}=E\cdot\Delta t$	韦伯	韦	Wb
电阻	$R=\frac{U}{I}$	欧姆	欧	Ω	磁感应强度	$B=\frac{\Phi_{m}}{S}$	特斯拉	特	T
电阻率	$\rho=\frac{S}{l}R$	欧姆·米	欧·米	Ω·m	磁场强度	$H=\frac{1}{2\pi r}$	安培每米	安/米	A/m

1.1.3　测试发展过程和趋势

电磁测量技术主要包括 3 个方面：电磁量的测量方法、电磁测量仪器的设计与制造及电磁量的量值传递。其中，以仪器仪表的发展最能体现电磁测量技术的发展。仪器仪表的发展大致分为 3 个阶段：古典式电工仪器仪表阶段、数字式仪表阶段和自动测试系统阶段。

古典式电工仪器仪表的发展是从 1743 年俄国学者 Г. В. 黎赫曼制造出第一台有刻度的验电器开始的。1836 年出现了可动线圈式检流计，1837 年出现了可动磁针式检流计，1841 年出现了电位差计原理，1843 年制成了惠斯登电桥，1861 年又制成了第一台直流电位差计，1895 年研制成功了世界上第一台感应式电度表。在这一阶段，电工学理论也得到了很大的发展，其中，库仑定律、安培定律、毕奥-沙发-拉普拉斯定律、法拉第电磁感应定律和麦克斯韦电磁场理论也都相继建立，为古典式电工仪器仪表的发展提供了理论基础。到 20 世纪 30 年代前后，古典式电工仪器仪表在理论上已经成熟，结构也已基本定型。20 世纪 40 年代以后，由于新材料的出现，使电工仪器仪表在准确度方面有所突破。例如，1936 年出现的高性能磁材料——镍铝合金，在 1960 年前后便生产出了 0.1 级的电磁系、电动系和磁电系仪表系列，直到现在，这类电磁机械仪表的准确度还保持在这一水平。

20 世纪 50 年代，数字电子技术和微型计算机技术的出现，使电磁测量仪表的发展加快，宏观上表现为模拟式仪表开始逐渐在越来越多的应用场合被数字式仪表所取代。数字电子技术应用于电磁测量，对于直流被测量，是先量化为恒定电压值，再经电压/频率变换后进行计数；而对于随时间变化的被测量，则是经过整流、滤波，转换成相应的直流量后再进行处理和显示。这一时期出现的电压、电流波形等时间间隔采样技术，揭开了数字电子技术在电磁测量领域作用日益增大的序幕。

20 世纪 70 年代以后，微电子技术和微型计算机技术发展迅猛。在它们的推动下，电气测试仪器仪表不断进步，相继诞生了智能仪器、PC 仪器、VXI 仪器、虚拟仪器及互换性虚拟仪器等微机化仪器及相应水平的自动测试系统。

大规模集成电路技术使电子计算机从庞然大物缩小到能置入传统的仪器内部，其结果使仪器具有了控制、存储、运算、逻辑判断及自动操作等智能特点，并在测量准确性、灵敏度、可靠性、自动化程度、运用能力及解决测量问题的深度和广度等方面均有明显的进步。尽管内置有微型计算机的仪器的智能水平仍较低，但人们还是称它们为智能仪器。

自从电子技术和微型计算机技术渗透到测量和仪器仪表领域，就产生了自动测试系统——在人工最少参与的情况下能自动进行测量、数据处理并以所需要方式输出测试结果的系统。带微处理器和微型计算机的各种仪器仪表即智能仪器均具有自动测试系统的基本特征，故它们都属于自动测试系统的范畴。

智能仪器出现不久就提出了新的课题：一台智能仪器难以胜任更复杂的多任务测量需求。为了解决这一问题，总线式智能仪器与系统应运而生。人们提出了 RS-232C 和 IEEE 488 等通信接口总线，用于将多台智能仪器连在一起，以形成能完成复杂任务的自动测试系统。

但是，在复杂的 IEEE 488 总线仪器系统中，往往有多个重复的部件功能电路单元，例如，若一个 IEEE 488 仪器系统中包含逻辑分析仪、数字示波器、数字多用表、频谱分析仪等多台智能仪器及微型计算机的话，显然它们都有 CRT、键盘和存储器等部件。在这种背景下，1982 年出现了个人计算机(PC)加配板卡式的 PC 仪器与系统。

将智能仪器的测量电路制成插拔式仪器板卡，而仪器所需的键盘、CRT 和存储器等均借助 PC 的资源，就构成了 PC 仪器，又称模块式仪器。由若干块不同功能的仪器板卡插入外设机箱并与一台 PC 有机组合，便构成了 PC 仪器系统。与 IEEE 488 总线仪器系统相比，PC 仪器系统的硬件大为减少。尽管 PC 仪器系统具有体积小、重量轻、价格低和便于携带等优点，但由于各生产厂家自己定义总线，造成不同厂家的产品间缺乏兼容性，如此一来，用户在组建测试系统时难以在不同厂家产品中进行配套选择。

1987 年，第一个适用于模块化仪器标准化的接口总线标准 VXIbus 问世，1992 年又完善为 VXIbus Rev. 1.4，简称为 VXI 总线。设计 VXI 总线，使微机化仪器系统的硬件和软件标准化，从而提高微机化仪器系统的互用性，更容易被集成和应用。

从表面上看，与智能仪器相比，PC 仪器、VXI 仪器好像只是将仪器仪表的功能电路制成板卡插入微机式的仪器，但具体到前者，微处理器或微机的作用仅限于使这一台仪器性能提高、功能增强；而后者则不然，多块仪器板卡可插入一台 PC 或一台 PC 的外设机箱，借助软件和 PC 的显示器很容易形成多种不同仪器的虚拟面板，从而组成一个单台形式的、但功能相当于多台传统仪器的微机化仪器(或称仪器系统)。这些以 PC 为核心，由测量功能软件支持，具有虚拟控制面板、必要仪器硬件和通信能力的 PC 仪器或 VXI 仪器又称为虚拟仪器。虚拟仪器一般运行于 Windows 环境下，因此可以同时启动多个应用，即利用一台 PC 可以同时组建多台虚拟仪器并实施测量。

1997 年美国国家仪器公司推出一类新产品：基于 PC 的、适用于测量仪器的开放式接口总线标准 PXI。相对于 VXI 仪器而言，PXI 仪器的主要优点是成本低，且又具有先进的数字接口与仪器接口功能，适于组成便携式测试系统。

在 VXI 仪器和虚拟仪器迅速发展的同时，智能仪器并非停滞不前。近 20 年来，智能示波器、掌上型“三合一”(示波器、信号源、万用表)智能示波表、各种钳形智能电工仪器仪表大量涌现，以其体积小、重量轻、智能化程度高、功能多、易操作、能耗低及带通信接口等特点，不断跟踪并适应广大用户的各种现场测量使用需求，仍具有广阔的发展空间和应用市场。

电磁测量仪表的发展趋势体现在以下几个方面。

① 体积小，质量轻，耗电少，电路板的元器件安装密度高，性能稳定可靠，仪器积木化、集成化和多功能化。

② 自动化程度高，如自动检测、自动调整、自动平衡、自动置零、自动读数和打印及自动校正等。

③ 向数字化、智能化发展。测量结果、预置值都可以数字显示和存储；测量数据可以用仪

器内部的计算机送到外部的计算机进行处理。通过标准接口或总线控制或调节，组成自动测试系统，提高测量准确度，扩展量程和频段范围。

电磁测量技术的发展趋势是向微观、超常态、动态方向及新的学科领域发展，主要体现在以下两个方面。

① 进一步利用物理学的新成就、新原理和新的测量方法，不断提高其测量的准确度。

② 利用数字化技术和计算技术，组成自动测试系统，快速而准确地处理复杂的测量问题。

1.1.4 电学量和电学基准

测量单位是理论定义，人们必须通过实验的方法把其复现出来并逐级传递到被测对象上去，才能实现测量。量具就是测量单位的整数倍或分数倍的复制体，是测量中用于比较的工具。根据其工作任务的不同，量具分为基准器、标准量具和工作量具。

1. 电学基准

通常把最精确地复现或保存单位的物理现象或实物称为基准。如果基准是通过物理现象建立的，称为自然基准；如果基准是建立在实物上的，称为实物基准。过去的电学基准是标准电池组复现电动势或电压的单位“伏特”，标准电阻组复现电阻的单位“欧姆”，二者是实物基准。1990 年 1 月 1 日国际上正式启用电学计量新基准。约瑟夫森效应和冯·克里青效应(也称量子化霍尔效应)复现“伏特”和“欧姆”单位，实现了从实物基准向自然基准的过渡。自然基准是通过测量原子常数建立起来的，具有长期的稳定性，对计量单位的统一具有重要意义。保存基准值的实物体或装置称为“基准器”。

(1) 约瑟夫森效应

两块弱连接的超导体在微波频率的照射下，就会出现阶梯式伏安特性，如图 1.1.1 所示，这种超导体的结构称为约瑟夫森结。在第 n 个阶梯处的电压与微波频率的关系为

$$V_n=\frac{nh}{2e}f \tag{1.1.1}$$

式中，V_n 为第 n 个阶梯处的电压；n 为阶梯序数；h 为普朗克常数；e 为电子电荷；f 为微波频率。式(1.1.1)是复现和保存电压单位“伏特”的理论基础。通过精心测量微波频率，就可确定 V_n 的数值。

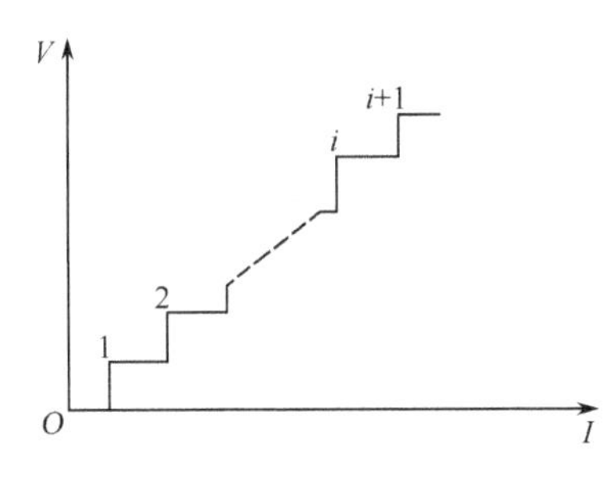

图 1.1.1 约瑟夫森结的伏安特性

(2) 冯·克里青效应(量子化霍尔效应)

量子化霍尔效应是二维电子气体的特性。对于高迁移率的半导体元件，符合一定的尺寸要求，当外加磁感应强度为 10T(特斯拉)左右，且元件被冷却到几开尔文(K)时，便可产生二维电子气。在这种情况下，二维电子气被完全量化。当通过元件的电流 I 固定时，在霍尔电

压-磁感应强度曲线上会出现磁感应强度变化而霍尔电压不变的区域，这些霍尔电压不变的区域称为霍尔平台。定义第 i 个平台的霍尔电压 $U_H(i)$ 与霍尔元件流过电流 I 的比值为第 i 个霍尔平台的霍尔电阻 $R_H(i)$，即

$$R_H(i)=\frac{U_H(i)}{I} \tag{1.1.2}$$

在电流流动方向损耗为零的极限条件下，量子化霍尔电阻与平台序数 i 的关系为

$$R(i)=\frac{R_H}{i} \tag{1.1.3}$$

式中，R_H 为冯·克里青常数。

理论上预言

$$R_H=\frac{h}{e^2} \tag{1.1.4}$$

式中，h 为普朗克常数；e 为电子电荷。一旦确定 i，冯·克里青效应就可用于复现、保存电阻单位“欧姆”。

以上介绍了电学基准，比电学基准准确度低一些的量具是标准量具。电学中常用的标准量具是标准电池和标准电阻。

2. 标准电池

标准电池是复现电压或电动势单位“伏特”的量具。它是性能极其稳定的化学电池，电动势在 1.0186V 左右。按电解液的浓度划分为饱和式和不饱和式标准电池。在整个使用温度范围内，电解液始终处于饱和状态称为饱和式电池，而电解液始终处于不饱和状态称为不饱和式电池。如图 1.1.2 所示为饱和式标准电池的原理结构。饱和式标准电池的电动势受温度影响，其关系式为

$$E_t=E_{20}-39.9\times10^{-6}(t-20)-0.94\times10^{-6}(t-20)^2+0.009\times10^{-6}(t-20)^3 \tag{1.1.5}$$

式中，E_t 为标准电池在温度为 t 时的电动势值；E_{20} 为标准电池在 20℃时的电动势值；t 为标准电池所处的温度值。

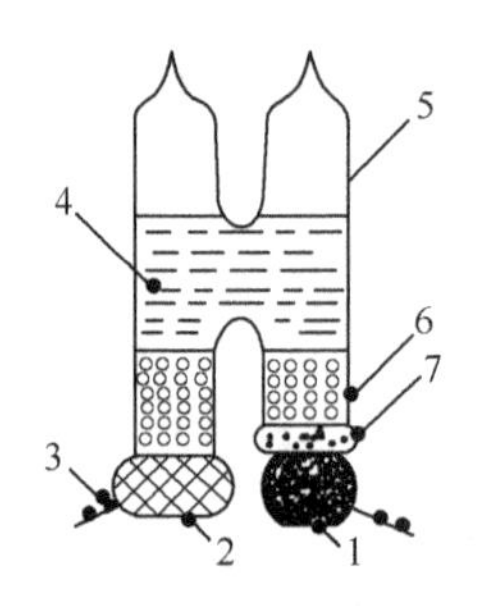

图 1.1.2　饱和式标准电池的原理结构

1—汞(＋)；2—镉汞合金(－)；3—铂引线；4—硫酸镉饱和溶液；
5—玻璃外壳；6—硫酸镉结晶；7—硫酸亚汞

饱和式电池的优点是电动势稳定性好，缺点是内阻大和温度系数大。不饱和式标准电池的优点是内阻小和温度系数小，缺点是电动势稳定性差。

标准电池按年稳定性分为若干等级。饱和式分为 0.0002，0.0005，0.001，0.002，0.005，0.01 级；不饱和式分为 0.002，0.005，0.01 级。

标准电池在使用时应注意下列事项：

① 要根据标准电池的等级，在规定要求的温度下存放和使用；

② 标准电池不能过载，严禁用电压表或万用表去测量标准电池的电动势；

③ 标准电池严禁摇晃和振动，严禁倒置，经运输后要放置足够时间后再使用；

④ 检定证书和历年的检定数据是衡量一只标准电池好坏的依据，应注意保存。

3. 标准电阻

标准电阻是复现和保存电阻单位“欧姆”的实体。通常标准电阻是锰铜丝绕制的，如图 1.1.3所示为其结构示意图。由于锰铜丝电阻系数高，电阻温度系数小，又采用了适当工艺处理和绕制方法，所以，其阻值稳定，结构简单，热电效应、残余电感、寄生电容小，能够准确复现欧姆量值。

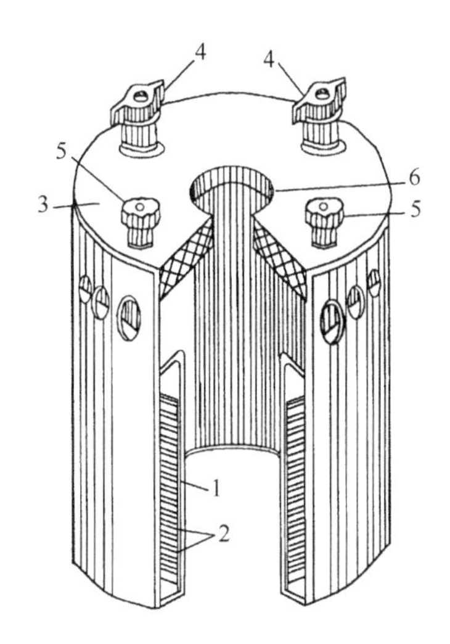

图 1.1.3　标准电阻器的结构

1—骨架；2—锰铜丝；3—绝缘盖；4—电流端钮；5—电位端钮；6—温度计插孔

阻值低于 10Ω 的电阻通常是四端钮结构，即分别有电流端钮和电位端钮，其接线如图 1.1.4所示。阻值为

$$R=\frac{U}{I} \tag{1.1.6}$$

电阻上的电流不流过电位端钮，减小了端钮接触电阻对标准电阻阻值的影响。

当标准电阻的阻值高于 $10^6\,\Omega$ 时，漏电的影响相对增加。所以，高电阻标准电阻有时制成三端钮形式。其中，一个端钮是屏蔽端钮，如图 1.1.5 所示。使用时给屏蔽端一定的电位，可减小漏电的影响。

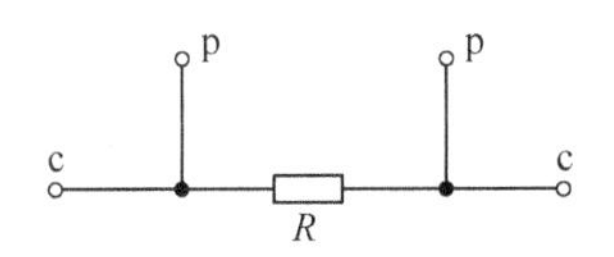

图 1.1.4　四端钮电阻

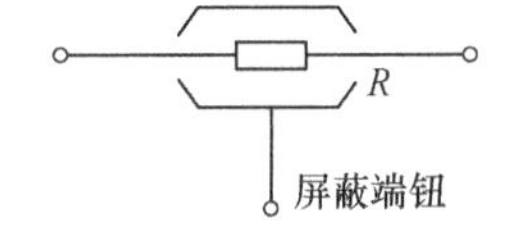

图 1.1.5　三端钮电阻

标准电阻的阻值随温度的改变而有所变化。电阻器铭牌上给出的是+20℃时电阻器电阻的名义值。电阻值与温度的关系为

$$R_t = R_{20}[1+\alpha(t-20)+\beta(t-20)^2] \quad (1.1.7)$$

式中,R_t 为温度 t 时的电阻值;R_{20} 为温度在 20℃时的电阻值;t 为温度值;α 为标准电阻的一次温度系数;β 为标准电阻的二次温度系数。

标准电阻有直流和交流两种,分别用在直流电路和交流电路中。

4. 可变电阻箱

测量时有时需要阻值可以调节的电阻。可变电阻箱就是由若干已知数值的电阻元件按一定形式连接在一起组成的可变电阻量具。下面介绍目前应用和生产的两种主要电阻箱。

(1) 接线式电阻箱

接线式电阻箱的各已知电阻分别焊在各端钮之间,改变接线方式就改变了电阻箱的电阻值。图 1.1.6 所示为接线式电阻箱的电路结构,其特点是没有零电阻(电阻箱示值为零时的电阻值)和电刷的接触电阻,示值稳定,结构简单。但变换阻值范围太窄,改变接线也较麻烦。

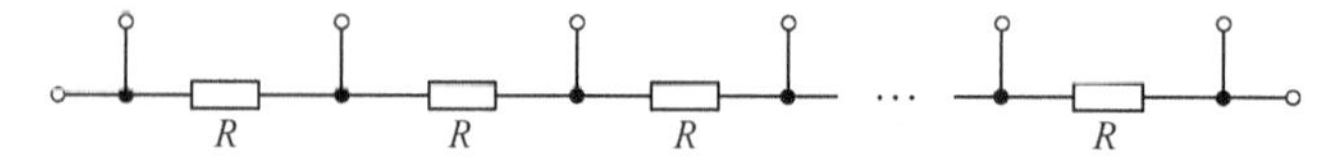

图 1.1.6　接线式电阻箱电路结构

(2) 开关式电阻箱

如图 1.1.7 所示为开关式电阻箱的电路结构示意图。这是 3 级十进位电阻箱,转换开关的位置就可以得到需要的 3 位十进制电阻值。

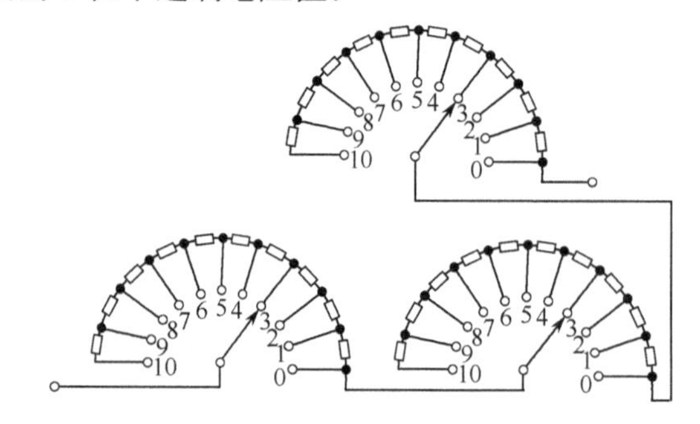

图 1.1.7　开关式电阻箱的电路结构

开关式电阻箱的优点是阻值变化范围宽,操作方便。但是,它的接触电阻大,而且不稳定。当电刷均放在零位时,由于接触电阻和导线电阻的影响使电阻箱的电阻不为零,即开关式电阻箱存在零电阻。

电阻箱也有交流电阻箱与直流电阻箱之分,在使用中要注意。

直流电阻箱的准确度等级分为 0.002,0.005,0.01,0.02,0.05,0.1,0.2,0.5,1,2,5 这 11 个级别。

电阻箱在额定电流或额定电压范围内的允许误差(基本误差)为

$$|\Delta| \leqslant (a\%R+b)\Omega \quad (1.1.8)$$

式中,Δ 为允许误差值,a 为准确度等级对应的允许偏离,R 为电阻箱的接入电阻值,b 为常数。此式中含有两个误差项:第一项与接入电阻值有关,主要是各电阻元件的误差;第二项是常数,主要是连接导线和电刷的接触电阻。

1.2 非电量测试基础

1.2.1 传感器概述

1. 传感器的定义

传感器是一种以一定精确度把被测量(主要是非电量)转换为与之有确定关系、便于应用的某种物理量(主要是电量)的测量装置。这一定义包含了以下几个方面的含义:①传感器是测量装置,能完成检测任务;②它的输入量是某一被测量,如物理量、化学量、生物量等;③它的输出是某种物理量,这种量要便于传输、转换、处理、显示等,这种量可以是气、光、电量,但主要是电量;④输出与输入间有对应关系,且有一定的精确度。

在某些学科领域,传感器又称为敏感元件、检测器、转换器、发讯器等。这些不同提法,反映了在不同的技术领域中,只是根据器件的用途对同一类型的器件使用着不同的技术语而已,它们的内含是相同或相似的。

2. 传感器的组成

传感器一般由敏感元件、转换元件、转换电路 3 部分组成,组成框图如图 1.2.1 所示。

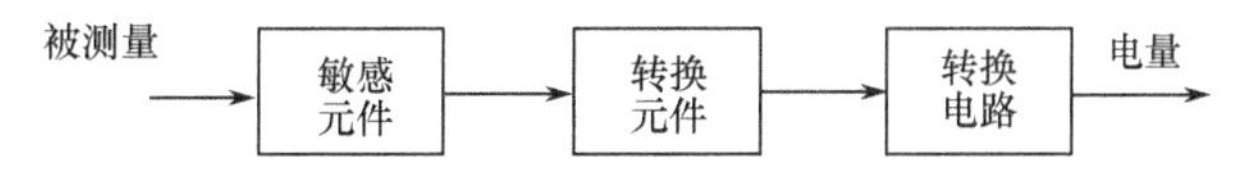

图 1.2.1 传感器组成框图

① 敏感元件。它是直接感受被测量,并输出与被测量成确定关系的某一物理量的元件。

② 转换元件。敏感元件的输出就是它的输入,它把输入转换成电路参数。

③ 转换电路。将上述电路参数接入转换电路,并转换成电量输出。

实际上,有些传感器很简单,有些则较为复杂,大多数是开环系统,有些是带反馈的闭环系统。最简单的传感器由一个敏感元件(兼转换元件)组成,它感受被测量时直接输出电量,如热电偶传感器。有些传感器由敏感元件和转换元件组成,没有转换电路,如压电式加速度传感器。有些传感器,转换元件不只一个,需经过若干次转换。

1.2.2 传感器分类

传感器是一门知识密集型技术,其原理各种各样,它与许多学科有关,种类繁多,分类方法也很多,目前广泛采用的分类方法有以下几种。

① 按照传感器的工作机理,可分为物理型、化学型、生物型等。

② 按照传感器的构成原理,可分为结构型和物性型两大类。

结构型传感器是利用物理学中场的定律构成的,包括力场的运动定律、电磁场的电磁定律等。这类传感器的特点是传感器的性能与它的结构材料没有多大关系,如差动变压器。

物性型传感器是利用物质定律构成的,如欧姆定律等。物性型传感器的性能随材料的不同而异,如光电管、半导体传感器等。

③ 按传感器的能量转换情况,可分为能量控制型传感器和能量转换型传感器。

能量控制型传感器在信息变换过程中，其能量需由外电源供给。如电阻、电感、电容等电路参量传感器都属于这一类传感器。

能量转换型传感器，主要是由能量变换元件构成，它不需要外电源。如基于压电效应、热电效应、光电效应、霍尔效应等原理构成的传感器属于此类传感器。

④ 按照物理原理分类，可分为电参量式传感器（包括电阻式、电感式、电容式等基本形式）、磁电式传感器（包括磁电感应式、霍尔式、磁栅式等）、压电式传感器、光电式传感器、气电式传感器、波式传感器（包括超声波式、微波式等）、射线式传感器、半导体式传感器、其他原理的传感器（如振弦式和振筒式传感器等）。

⑤ 按照传感器的使用来分类，可分为位移传感器、压力传感器、振动传感器和温度传感器等。

1.2.3 传感器的特性

传感器将被测的非电量按照一定的函数关系转变为电量。在这里，被测的非电量是传感器的输入，而电量是传感器的输出。所谓传感器的特性就是传感器的输入、输出关系。传感器在出厂或者使用之前，需要进行标定，确定其输入与输出之间的关系，从而得到其性能指标。由于从时间角度可以将被测非电量分为静态和动态两大类，所以，传感器的特性和性能指标分为静态特性和动态特性两大类。

1. 传感器的静态特性

传感器的静态特性是指被测量的值处于稳定状态时传感器的输出与输入的关系。传感器的静态性能指标有线性度、灵敏度、迟滞和重复性等。

(1) 线性度

传感器的线性度是指传感器的输出与输入之间的线性程度。为了保证测试的准确性，希望传感器的输出-输入关系是线性的。但是，由于工作原理、制造工艺、材料性质和实际因素等原因，实际上传感器的特性大多是非线性的，如果不考虑迟滞和蠕变等因素，传感器的输出-输入特性一般可用下列多项式表示

$$y=a_0+a_1x+a_2x^2+\cdots+a_nx^n \tag{1.2.1}$$

式中，x 为输入量（被测量）；y 为输出量；a_0 为零位输出；a_1 为传感器的灵敏度；a_2，a_3，…，a_n 为非线性项的系数。若传感器的特性方程为 $y=a_1x$，则传感器是线性的，传感器的灵敏度为一常数。

实际特性曲线与拟合直线之间的偏差称为传感器的非线性误差，如图 1.2.2 中 ΔL 值，取其中最大值与输出满度值之比作为评价非线性误差（或线性度）的指标，即

$$\gamma_L=\pm\frac{\Delta L_{max}}{Y_{FS}}\times100\% \tag{1.2.2}$$

式中，γ_L 为线性度；ΔL_{max} 为最大非线性绝对误差；Y_{FS} 为满量程输出。

由图 1.2.2 可见，非线性误差是以一定的拟合直线或理想直线为基准直线算出来的。因此，即使是同一传感器，基准直线不同，所得线性度也不同。选取拟合直线的方法很多，用最小二乘法求取的拟合直线的拟合精度最高。

(2) 灵敏度

灵敏度是指传感器在稳态下输出变化量 Δy 与引起此变化的输入变化量 Δx 之比，用 k 表示，即

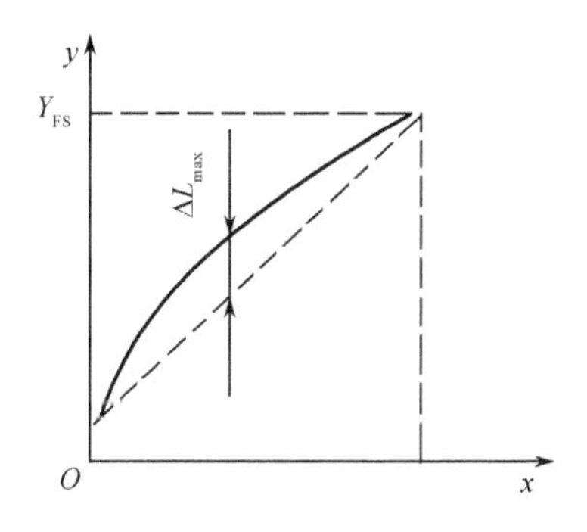

图 1.2.2　线性度的评定

$$k=\Delta y/\Delta x \tag{1.2.3}$$

它表征传感器对输入量变化的反应能力。对于线性传感器，灵敏度就是其静态特性的斜率，即 $k=y/x$ 为常数，而非线性传感器的灵敏度为一变量，用 $k=\mathrm{d}y/\mathrm{d}x$ 表示。传感器的灵敏度如图 1.2.3 所示。一般希望传感器的灵敏度高，在满量程范围内是恒定的，即传感器的输出-输入特性为直线。

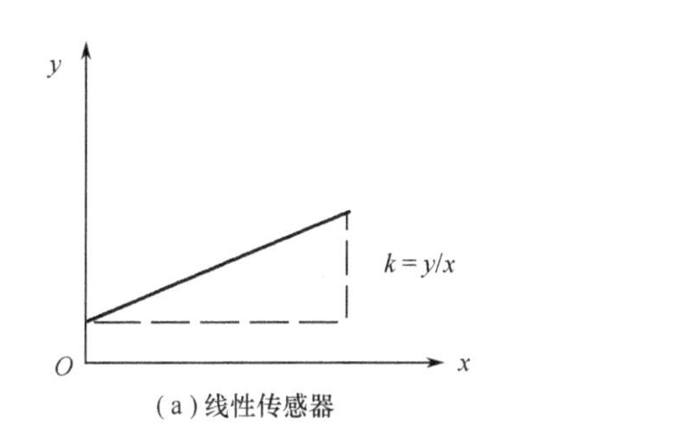

(a) 线性传感器

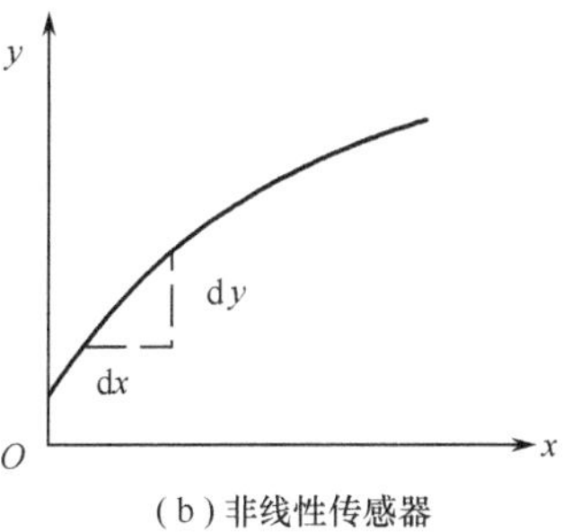

(b) 非线性传感器

图 1.2.3　传感器的灵敏度

(3) 迟滞

传感器在正(输入量增大)、反(输入量减小)行程期间，其输出-输入特性曲线不重合的现象称为迟滞，如图 1.2.4 所示。也就是说，对于同一大小的输入信号，传感器的正、反行程输出信号大小不相等。产生这种现象的主要原因是由传感器敏感元件材料的物理性质和机械零部件的缺陷所造成的，如弹性敏感元件的弹性滞后、运动部件的摩擦、传动机构的间隙、紧固件松动等。

迟滞的大小一般要由实验方法确定。用最大输出差值 ΔH_{max} 对满量程输出 Y_{FS} 的百分比表示，即

$$\gamma_H=\pm\frac{\Delta H_{max}}{Y_{FS}}\times 100\% \tag{1.2.4}$$

式中，ΔH_{max} 为正、反行程输出值间的最大差值。

(4) 重复性

重复性是指在同一工作条件下，输入量按同一方向做全量程连续多次变化时，所得特性曲线不一致的程度，如图 1.2.5 所示。重复性误差属于随机误差，常用标准偏差表示，也可用正、反行程中的最大偏差表示，即

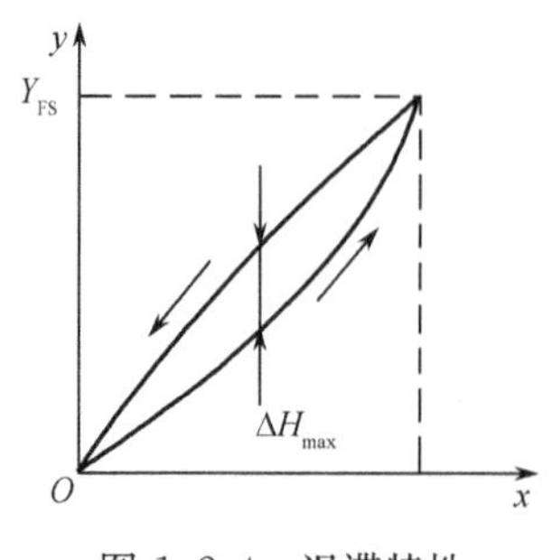

图 1.2.4　迟滞特性

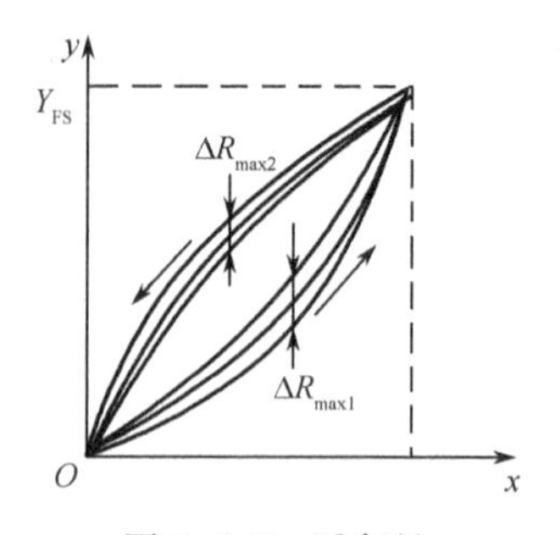

图 1.2.5　重复性

$$\gamma_R = \pm\frac{(2\sim3)\sigma}{Y_{FS}}\times100\% \tag{1.2.5}$$

或

$$\gamma_R - \pm\frac{\Delta R_{max}}{2Y_{FS}}\times100\% \tag{1.2.6}$$

(5) 零点漂移

传感器无输入时，每隔一段时间进行一次读数，其输出偏离零值，即为零点漂移，其值为

$$零漂=\frac{\Delta Y_0}{Y_{FS}}\times100\% \tag{1.2.7}$$

式中，ΔY_0为最大零点偏差；Y_{FS}为满量程输出。

(6) 温漂

温漂表示温度变化时，传感器输出值的偏离程度。一般以温度变化 1℃，输出最大偏差与满量程的百分比表示，即

$$温漂=\frac{\Delta_{max}}{Y_{FS}\Delta T}\times100\% \tag{1.2.8}$$

式中，Δ_{max}为输出最大偏差；ΔT 为温度变化范围；Y_{FS}为满量程输出。

(7) 静态标定

为了得到传感器的静态特性，必须对传感器进行静态标定。所谓标定就是利用一种标准设备产生已知的非电量(如标准力、压力、位移等)作为传感器的输入量，测量传感器的输出量。然后将传感器的输出量与输入的标准量进行比较，从而获得一系列实验数据或曲线。静态标定的目的是确定传感器的静态特性指标，如线性度、灵敏度、迟滞和重复性等。

传感器的静态特性是在静态标准条件下进行的。所谓静态标准条件是指没有加速度、振动、冲击(除非这些参数本身就是被测物理量)及环境温度一般为室温(20℃±5℃)、相对湿度不大于 85%，大气压力为(101±7)kPa 的情况。在标定传感器时，所用测量仪器的精度至少要比被标定传感器的精度高一个等级。这样，通过标定确定的传感器的静态性能指标才是可靠的，所确定的精度才是可信的。标定步骤为：

① 将传感器全量程(测量范围)分成若干等间距点；

② 根据传感器量程分点情况，由小到大输入标准量值，并记录下与各输入值相对应的输出值；

③ 将输入值由大到小地减少，记录下与各输入值相对应的输出值；

④ 按步骤②、③所述过程，对传感器进行正、反行程多次测试，一般是 3 次，将得到的输出-输入数据用表格或曲线表示出来；

⑤ 对这些数据进行必要的处理，就可以确定传感器的线性度、灵敏度、迟滞和重复性等静态特性指标。

2. 传感器的动态特性

传感器的动态特性是指在测量随时间变化的动态非电量时传感器输出与输入之间的关系，即传感器的输出对随时间变化的输入量的反映能力。一个动态特性好的传感器，不仅要能精确地反映被测动态量的大小，还要迅速地再现被测量随时间变化的规律。

在研究传感器的动态特性时，将大多数传感器简化为一阶或二阶系统；同时，可以从时域和频域两个方面来进行分析。

(1) 瞬态响应特性

在时域内研究传感器的动态特性时，常用的激励信号有阶跃函数、脉冲函数和斜坡函数等。传感器对所加激励信号的响应称为瞬态响应。一般认为，阶跃输入对于一个传感器来说是最严峻的工作状态。如果在阶跃函数的作用下，传感器能满足动态性能指标，那么在其他函数作用下，其动态性能指标也必定会令人满意。若传感器是线性系统，阶跃输入信号的大小对过渡过程的曲线形状是没有影响的。下面以传感器的单位阶跃响应来评价传感器的动态性能。

① 一阶传感器的单位阶跃响应

设 $x(t)$ 和 $y(t)$ 分别为传感器的输入量和输出量，均是时间的函数，则一阶传感器的传递函数为

$$H(s)=\frac{Y(s)}{X(s)}=\frac{k}{\tau s+1} \tag{1.2.9}$$

式中，τ 为时间常数；k 为静态灵敏度。

由于在线性传感器中灵敏度 k 为常数，在动态特性分析中，k 只起着使输出量增加 k 倍的作用。因此，为了方便起见，在讨论时，采用 $k=1$。

对于初始状态为零的传感器，当输入为单位阶跃信号时，$X(s)=1/s$，传感器输出的拉氏变换为

$$Y(s)=H(s)X(s)=\frac{1}{\tau s+1}\cdot\frac{1}{s} \tag{1.2.10}$$

则一阶传感器的单位阶跃响应为

$$y(t)=L^{-1}[Y(s)]=1-\mathrm{e}^{-t/\tau} \tag{1.2.11}$$

响应曲线如图 1.2.6 所示。由图可见，传感器存在惯性，输出的初始上升斜率为 $1/\tau$，若传感器保持初始响应速度不变，则在 τ 时刻输出将达到稳态值。但实际的响应速率随时间的增加而减慢。理论上传感器的响应在 t 趋于无穷时才达到稳态值，但实际上当 $t=4\tau$ 时，其输出已达到稳态值的 98.2%，可以认为已达到稳态。τ 越小，响应曲线越接近于输入阶跃曲线，因此，一阶传感器的时间常数 τ 越小越好。电阻式温度传感器是典型的一阶传感器。

② 二阶传感器的单位阶跃响应

二阶传感器的传递函数为

$$H(s)=\frac{Y(s)}{X(s)}=\frac{\omega_{\mathrm{n}}^2}{s^2+2\zeta\omega_{\mathrm{n}}s+\omega_{\mathrm{n}}^2} \tag{1.2.12}$$

式中，ω_{n} 为传感器的固有频率；ζ 为传感器的阻尼比。

在单位阶跃信号作用下，传感器输出的拉氏变换为

$$Y(s)=H(s)X(s)=\frac{\omega_{\mathrm{n}}^{2}}{s(s^{2}+2\zeta\omega_{\mathrm{n}}s+\omega_{\mathrm{n}}^{2})} \tag{1.2.13}$$

对 $Y(s)$ 进行拉氏反变换，即可得到单位阶跃响应。图 1.2.7 所示为二阶传感器的单位阶跃响应曲线。由图可知，传感器的响应在很大程度上取决于阻尼比 ζ 和固有频率 ω_{n}。ω_{n} 取决于传感器的主要结构参数，ω_{n} 越高，传感器的响应越快。阻尼比直接影响超调量和振荡次数。$\zeta=0$，为临界阻尼，超调量为 100%，产生等幅振荡，达不到稳态；$\zeta>1$，为过阻尼，无超调也无振荡，但反应迟钝、动作缓慢，达到稳态所需时间较长；$\zeta<1$，为欠阻尼，衰减振荡，达到稳态值所需时间随 ζ 的减小而加长；$\zeta=1$ 时，响应时间最短；在实际使用中，为了兼顾有短的上升时间和小的超调量，一般传感器都设计成欠阻尼式的，阻尼比 ζ 一般取为 0.6～0.8。压电式传感器是一个典型的二阶传感器。

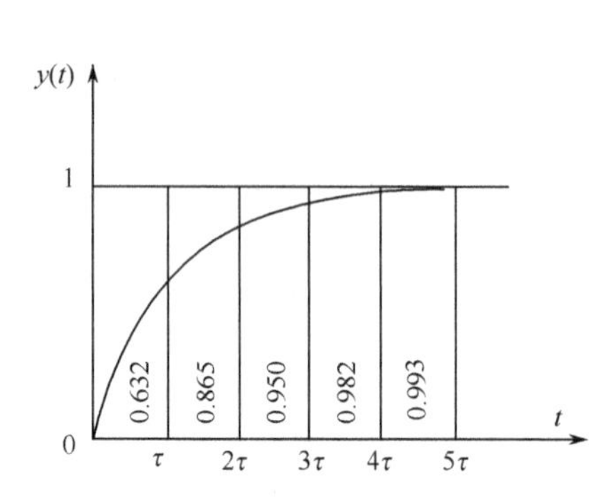

图 1.2.6　一阶传感器的单位阶跃响应

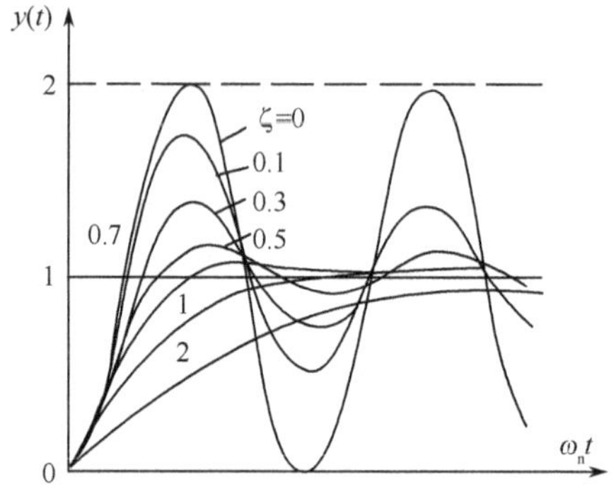

图 1.2.7　二阶传感器的单位阶跃响应

③ 瞬态响应特性指标

一阶传感器的性能指标是时间常数 τ，τ 越小，响应速度越快。

二阶传感器的性能指标如图 1.2.8 所示，各指标定义如下：

ⅰ. 上升时间 t_{r}，输出由稳态值的 10%变化到稳态值的 90%所用的时间；

ⅱ. 调整时间 t_{s}，系统从阶跃输入开始到输出值进入稳态值所规定的范围内所需要的时间；

ⅲ. 峰值时间 t_{p}，阶跃响应曲线达到第一个峰值所需时间；

ⅳ. 超调量 σ，传感器输出超过稳态值的最大值 ΔA，常用相对于稳态值的百分比 σ 表示。

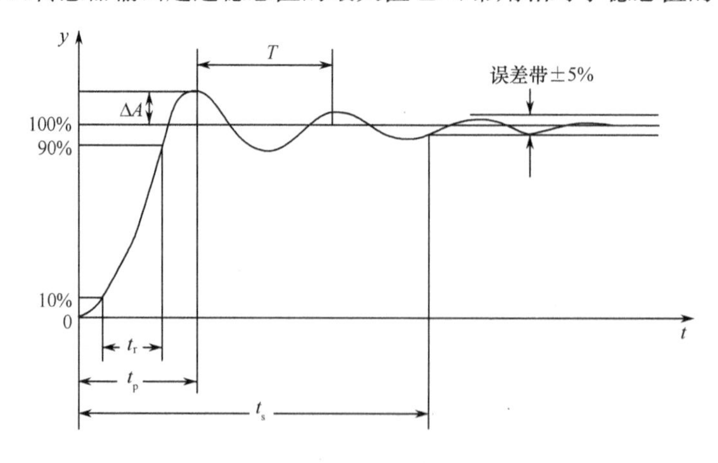

图 1.2.8　二阶传感器的动态性能指标

(2) 频率响应特性

传感器对正弦输入信号的响应特性称为频率响应特性。频率响应法是从传感器的频率特性出发研究传感器的动态特性的方法。

① 一阶传感器的频率特性

将一阶传感器的传递函数中的 s 用 $\mathrm{j}\omega$ 代替,即可得到频率特性表达式

$$H(\mathrm{j}\omega)=\frac{1}{\tau(\mathrm{j}\omega)+1} \tag{1.2.14}$$

幅频特性
$$A(\omega)=\frac{1}{\sqrt{1+(\omega\tau)^2}} \tag{1.2.15}$$

相频特性
$$\varphi(\omega)=-\arctan(\omega\tau) \tag{1.2.16}$$

图 1.2.9 所示为一阶传感器的频率响应特性曲线。

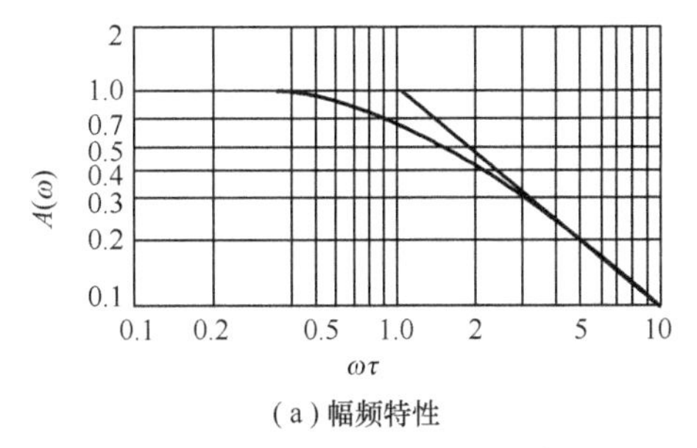

(a) 幅频特性

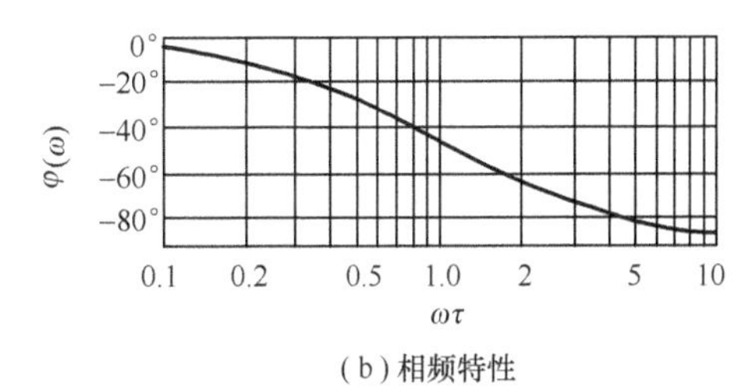

(b) 相频特性

图 1.2.9 一阶传感器的频率特性

从式(1.2.15)、式(1.2.16)和图 1.2.9 可以看出,时间常数 τ 越小,频率响应特性越好。当$\omega\tau\ll1$ 时,$A(\omega)\approx1$,$\varphi(\omega)\approx\omega\tau$,表明传感器输出与输入为线性关系,相位差与频率 ω 成线性关系,输出 $y(t)$ 比较真实地反映输入 $x(t)$ 的变化规律。因此,减小 τ 可以改善传感器的频率特性。

② 二阶传感器的频率特性

二阶传感器的频率特性表达式、幅频特性、相频特性分别为

$$H(\mathrm{j}\omega)=\left[1-\left(\frac{\omega}{\omega_{\mathrm{n}}}\right)^2+2\mathrm{j}\zeta\frac{\omega}{\omega_{\mathrm{n}}}\right]^{-1} \tag{1.2.17}$$

$$A(\omega)=\left\{\left[1-\left(\frac{\omega}{\omega_{\mathrm{n}}}\right)^2\right]^2+\left(2\zeta\frac{\omega}{\omega_{\mathrm{n}}}\right)^2\right\}^{-\frac{1}{2}} \tag{1.2.18}$$

$$\varphi(\omega)=-\arctan\left[\frac{2\zeta\frac{\omega}{\omega_{\mathrm{n}}}}{1-\left(\frac{\omega}{\omega_{\mathrm{n}}}\right)^2}\right] \tag{1.2.19}$$

如图 1.2.10 所示为二阶传感器的频率响应特性曲线。从式(1.2.18)、式(1.2.19)和图 1.2.10可以看出,传感器频率特性的好坏主要取决于传感器的固有频率 ω_{n}和阻尼比 ζ。当$\zeta<1$,$\omega_{\mathrm{n}}\gg\omega$时,$A(\omega)\approx1$,$\varphi(\omega)$很小,此时,传感器的输出 $y(t)$再现输入 $x(t)$的波形。通常固有频率 ω_{n}至少应大于被测信号频率 ω 的 3～5 倍,即 $\omega_{\mathrm{n}}\geqslant(3\sim5)\omega$。

由以上分析可知,为了减小动态误差和扩大频率响应范围,一般是提高传感器的固有频率

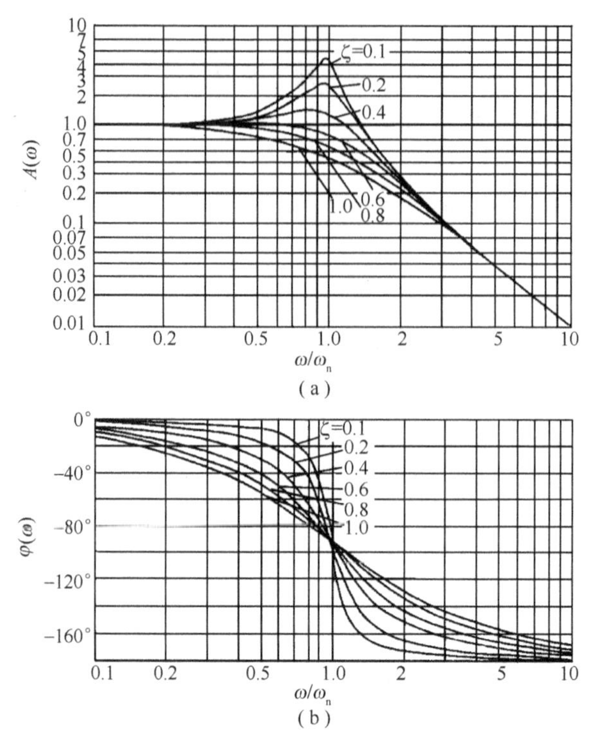

图 1.2.10　二阶传感器的频率特性

ω_n，但可能会使其他指标变差。因此，在实际应用中，应综合考虑各种因素来确定传感器的各个特征参数。

③ 频率响应特指标——工作频带

传感器增益保持在一定值内的频率范围，即对数幅频特性曲线上幅值衰减 3dB 时所对应的频率范围，称为传感器的工作频带，对应有上、下截止频率。

1.3　测量误差分析

1.3.1　测量误差的概念和分类

1. 有关测量技术中的部分名词

① 等精度测量，在同一条件下所进行的一系列重复测量称为等精度测量。

② 非等精度测量，在多次测量中，如对测量结果精确度有影响的一切条件不能完全维持不变的测量称为非等精度测量。

③ 真值，被测量本身所具有的真正值称为真值。真值是一个理想的概念，一般是不知道的，但在某些特定情况下，真值又是可知的，如一个整圆圆周角为 360°等。

④ 实际值，误差理论指出，在排除系统误差的前提下，对于精密测量，当测量次数无限多时，测量结果的算术平均值极接近于真值，因而可将它视为被测量的真值。但是，测量次数是有限的，故按有限测量次数得到的算术平均值，只是统计平均值的近似值，而且由于系统误差不可能完全被排除，因此，通常只能把精度更高一级的标准器具所测得的值作为真值。为了强调它并非是真正的真值，故把它称为实际值。

⑤ 标称值,测量器具上所标出来的数值。

⑥ 示值,由测量器具读数装置所指示出来的被测量的数值。

⑦ 测量误差,用测量器具进行测量时,所测量出来的数值与被测量的实际值(或真值)之间的差值。

2. 测量误差的分类

按照误差出现的规律,可把测量误差分为系统误差、随机误差(也称为偶然误差)和粗大误差3类。

(1) 系统误差

在同一条件下,多次测量同一量值时绝对值和符号保持不变,或在条件改变时按一定规律变化的误差称为系统误差,简称系差。

引起系统误差的主要因素有:材料、零部件及工艺的缺陷,标准量值、仪器刻度的不准确,环境温度、压力的变化,其他外界干扰。

(2) 随机误差

在同一测量条件下,多次测量同一量值时,绝对值和符号以不可预定的方式变化的误差称为随机误差。

随机误差是由很多复杂因素的微小变化的总和引起的,如仪表中传动部件的间隙和摩擦、连接件的弹性变形、电子元器件的老化等。随机误差具有随机变量的一切特点,在一定条件下服从统计规律,可以用统计规律描述,从理论上估计对测量结果的影响。

(3) 粗大误差

超出规定条件下预期的误差称为粗大误差,简称粗差,或称寄生误差。

粗大误差值明显歪曲测量结果。在测量或数据处理中,如果发现某次测量结果所对应的误差特别大或特别小时,应判断是否属于粗大误差,如属粗大误差,此值应舍去不用。

1.3.2 精度

反映测量结果与真值接近程度的量,称为精度。精度可分为:

① 准确度,反映测量结果中系统误差的影响程度;

② 精密度,反映测量结果中随机误差的影响程度;

③ 精确度,反映测量结果中系统误差和随机误差综合的影响程度,其定量特征可用测量的不确定度(或极限误差)表示。

对于具体的测量,精密度高的准确度不一定高,准确度高的精密度不一定高,但精确度高,则精密度和准确度都高。

1.3.3 测量误差的表示方法

测量误差的表示方法有以下几种。

1. 绝对误差

绝对误差是示值与被测量真值之间的差值。设被测量的真值为 A_0,器具的标称值或示值为 x,则绝对误差为

$$\Delta x = x - A_0 \tag{1.3.1}$$

由于一般无法求得真值 A_0，在实际应用时，常用精度高一级的标准器具的示值，即实际值 A 代替真值 A_0。x 与 A 之差称为测量器具的示值误差，记为

$$\Delta x = x - A \tag{1.3.2}$$

通常以此值代表绝对误差。

在实际工作中，经常使用修正值。为了消除系统误差用代数法加到测量结果上的值称为修正值，常用 C 表示。将测得示值加上修正值后可得到真值的近似值，即

$$A_0 = x + C \tag{1.3.3}$$

由此得

$$C = A_0 - x \tag{1.3.4}$$

在实际工作中，可以用实际值 A 近似真值 A_0，则式(1.3.4)变为

$$C = A - x = -\Delta x \tag{1.3.5}$$

修正值与误差值大小相等、符号相反，测得值加修正值可以消除该误差的影响，但必须注意，一般情况下难以得到真值，而用实际值 A 近似真值 A_0，因此，修正值本身也有误差，修正后只能得到较测量值更为准确的结果。

修正值给出的方式不一定是具体的数值，也可以是曲线、公式或数表。

2. 相对误差

相对误差是绝对误差 Δx 与被测量的约定值之比。相对误差有以下几种表现形式。

(1) 实际相对误差

实际相对误差 γ_A 是用绝对误差 Δx 与被测量的实际值 A 的百分比表示的相对误差。记为

$$\gamma_A = \frac{\Delta x}{A} \times 100\% \tag{1.3.6}$$

(2) 示值相对误差

示值相对误差 γ_x 是用绝对误差 Δx 与被测量的示值 x 的百分比表示的相对误差。记为

$$\gamma_x = \frac{\Delta x}{x} \times 100\% \tag{1.3.7}$$

(3) 满度(引用)相对误差

相对误差可用以说明测量的准确度，但不能评价指示仪表的准确度。对一个指示仪表的某一量限来说，标尺上各点的绝对误差相近，指针指在不同刻度上读数不同，所以各指示值的示值相对误差差异很大，无法用示值相对误差评价该仪表。为了划分指示仪表的准确度级别，选择仪表的测量上限，即满度值作为基准，由满度相对误差评价指示仪表的准确度。

满度相对误差 γ_n 又称满度误差或引用误差，是用绝对误差 Δx 与器具的满度值 x_n 的百分比值表示的相对误差。记为

$$\gamma_n = \frac{\Delta x}{x_n} \times 100\% \tag{1.3.8}$$

由于仪表各指示值的绝对误差大小不等，其值有正有负，因此，国家标准规定仪表的准确度等级 a 是用最大允许误差确定的。指示仪表的最大满度误差不准超过该仪表准确度等级的百分数，即

$$\gamma_{\mathrm{nm}}=\frac{\Delta x_{\mathrm{m}}}{x_{\mathrm{n}}}\times 100\%\leqslant a\% \tag{1.3.9}$$

式中，γ_{nm}为仪表的最大满度误差（最大引用误差）；Δx_{m} 为仪表示值中的最大绝对误差的绝对值；x_{n} 为仪表的测量上限；a 为准确度的等级指数，根据国家标准 GB/T 7676.2—1998《直接作用模拟指示电测量仪表及其附件 第 2 部分：电流表和电压表的特殊要求》，目前我国生产的电气测量指示仪表，按最大引用误差的不同，其准确度 α 分为 0.005，0.1，0.2，0.3，0.5，1.0，1.5，2.0，2.5，3.0，5.0 几个等级。式(1.3.9)是判别指示仪表是否超差，以及应属于哪个准确度级别的主要依据。

从使用仪表的角度出发，只有仪表示值恰好为仪表上限时，测量结果的准确度才等于该仪表准确度等级的百分数。在其他示值时，测量结果的准确度均低于仪表准确度等级的百分数，因为

$$\Delta x_{\mathrm{m}}\leqslant a\% x_{\mathrm{n}} \tag{1.3.10}$$

当示值为 x 时，可能产生的最大相对误差为

$$\gamma_{\mathrm{m}}=\frac{\Delta x_{\mathrm{m}}}{x}\leqslant a\%\frac{x_{\mathrm{n}}}{x} \tag{1.3.11}$$

式(1.3.11)表明，用仪表测量示值为 x 的被测量时，比值 x_n/x 越大，测量结果的相对误差越大。由此可见，选用仪表时要考虑被测量的大小越接近仪表上限越好。为了充分利用仪表的准确度，选用仪表前要对被测量有所了解，其被测量的值应大于其测量上限的 2/3。

注意，仪表的准确度等级是用来衡量仪表性能的指标，在使用仪表进行测量时，它所产生的测量误差可能会超出仪表的准确度等级。下面举例进行说明。

【例 1.3.1】 用量限为 10A，准确度为 0.5 级的电流表测量 10A 和 5A 的电流，求测量的相对误差。

解 测量 10A 电流时所产生的最大绝对误差为

$$\Delta x_{\mathrm{m}}=\pm a\%\cdot A_{\mathrm{m}}=\pm 0.5\%\times 10=\pm 0.05\mathrm{A}$$

因而测量 10A 电流时所产生的最大相对误差为

$$\gamma=\pm\frac{0.05}{10}=\pm 0.5\%$$

测量 5A 电流时所产生的最大绝对误差为

$$\Delta x_{\mathrm{m}}=\pm 0.5\%\times 10=\pm 0.05\mathrm{A}$$

此时所产生的最大相对误差为

$$\gamma=\pm\frac{0.05}{5}=\pm 1\%$$

由此可见，当仪表的准确度等级给定后，所选仪表的量限越接近被测量的值，测量误差越小。

3. 粗大误差

(1)几个概念

① 算术平均值 $\overline{x}$

设对某一量做一系列等精度测量，得到一系列不同的测量值 $x_1, x_2, \cdots, x_n$，这些测量值的

算术平均值 $\overline{x}$ 定义为

$$\overline{x}=\frac{x_1+x_2+\cdots+x_n}{n}=\sum_{i=1}^{n}\frac{x_i}{n} \tag{1.3.12}$$

② 测量列中单次测量的标准差 σ

由于随机误差的存在，等精度测量列中各个测量值一般不相同，它们围绕着该测量列的算术平均值有一定的分散，此分散度说明了测量列中单次测量值的不可靠性，必须用一个数值作为其不可靠性评定标准。根据数理统计知识，单次测量的标准差 σ 是表征同一被测量的 n 次测量的测量值分散性的参数，可作为测量列中单次测量不可靠性的评定标准。

在等精度测量中，设各测量值与真值的随机误差为 $\delta_1,\delta_2,\cdots,\delta_n$，则

$$\delta_1=x_1-A_0,\delta_2=x_2-A_0,\cdots,\delta_n=x_n-A_0$$

单次测量的标准差可按下式计算

$$\sigma=\sqrt{\frac{\delta_1^2+\delta_3^2+\cdots+\delta_n^2}{n}}=\sqrt{\frac{\sum_{i=1}^{n}\delta_i^2}{n}} \tag{1.3.13}$$

式中，n 为测量次数；δ_i 为每次测量中相应各测量值的随机误差。

在实际工作中，一般情况下，被测量的真值为未知，这时可用被测量的算术平均值代替被测量的真值进行计算，则有

$$v_i=x_i-\overline{x}$$

式中，x_i 为第 i 个测量值；$\overline{x}$ 为测量列的算术平均值；v_i 为 x_i 的残余误差（简称残差）。即用残差来近似代替随机误差求标准差的估计值，则式(1.3.13)变为

$$\sigma=\sqrt{\frac{v_1^2+v_2^2+\cdots+v_n^2}{n-1}}=\sqrt{\frac{\sum_{i=1}^{n}v_i^2}{n-1}} \tag{1.3.14}$$

式(1.3.19)称为贝塞尔(Bessel)公式，根据此式可由残余误差求得单次测量列标准差的估计值。

(2) 粗大误差

判别粗大误差最常用的统计判别法是 3σ 准则：如果对某被测量进行多次重复等精度测量的测量数据为

$$x_1,x_2,\cdots,x_d,\cdots,x_n$$

其标准差为 σ，如果其中某一项残差 v_d 大于三倍标准差，即

$$|v_d|>3\sigma \tag{1.3.15}$$

则认为 v_d 为粗大误差，与其对应的测量数据 x_d 是坏值，应从测量列测量数据中删除。

需要指出的是，剔除坏值后，还要对剩下的测量数据重新计算算术平均值和标准差，再按式(1.3.15)判别是否还存在粗大误差。若存在粗大误差，剔除相应的坏值，再重新计算，直到产生粗大误差的坏值全部剔除为止。

习题与思考题 1

1-1 电气新基准复现电动势单位“伏特”和电阻单位“欧姆”的两种物理现象是什么？

1-2 什么是传感器的静态特性？它有哪些性能指标？如何用公式表征这些性能指标？

1-3　什么是传感器的动态特性？对于一阶传感器其动态特性的主要技术指标是什么？

1-4　已知某一位移传感器的测量范围为 0～30mm，静态测量时，输入值与输出值关系如下：

输入值(mm)	0	1	5	10	15	20	25	30
输出值(mV)	0.75	1.50	3.51	6.02	8.53	11.04	13.47	15.98

试求该传感器的线性度和灵敏度。

1-5　指示仪表和标准量具的准确度级别是如何确定的？

1-6　为测量稍微低于 100V 的电压，现实验室中有 0.5 级 0～300V 和 1.0 级 0～100V 两只电压表，为使测量准确，你打算选用哪一种？

1-7　用量限为 0～100mA、准确度为 0.5 级的电流表，分别去测量 100mA 和 50mA 的电流，求测量结果的最大相对误差各为多少？

1-8　检定 1 只 1.0 级电流表，其量限为 0～250mA，检定时发现在 200mA 处的误差最大，为－3mA。问此量限是否合格？

1-9　为什么在使用各种仪表时，总希望被测量在全量程的 2/3 以上的范围内？

第2章　比较式电测仪表

电测仪表按测量方式的不同，可分为直读式仪表和比较式仪表两大类。

直读式电测仪表按显示方式又可分为模拟量指示仪表和数字量显示仪表。前者主要是电气机械式仪表，可以进行电压、电流、电阻和功率等的测量，测量结果通过仪表指针在仪表标尺或表盘上读出，又称指示仪表。按其内部结构和工作原理，可分为磁电系仪表、电磁系仪表、电动系仪表、静电系仪表和感应系仪表几大类。由于目前在实际中应用较少，所以，本教材不予介绍。数字量显示仪表用数字显示测量结果，将在第4章介绍。

比较式电测仪表将被测对象直接与标准量进行比较，从而确定被测对象的大小。使用的标准量包括标准电压(标准电池、齐纳管稳压值等)、标准电阻、标准电容和标准电感等。

本章介绍各种比较式仪表。

2.1　直流电位差计

前面介绍了对电流、电压、功率等进行测量的几种模拟式指示仪表，这些都属于直接测量仪表。直接测量速度快、操作方便，但测量准确度不高，要获得更准确的测量，应采用比较式测量仪表。

比较式测量仪表又分补偿测量仪表和电桥测量仪表，补偿测量仪表有全补偿和差值补偿两种。

全补偿法是将被测量(仅限于电压)与已知标准量相比较，在测量过程中始终通过检测仪表观察被测对象与已知标准量之间的差别，当调节到检测仪表为零时，即两个量已相等，达到了全补偿状态。测量过程中，测量仪器理论上不从被测对象所在电路吸取能量。电位差计就是采用全补偿法的测量仪器(又称补偿器)，它由准确度较高的元器件构成。

差值补偿法是利用标准量将被测量的绝大部分补偿掉，对剩下的被测量与标准量之间的微小差别，或用检测仪表读出，或用其他方法平衡(补偿)，则被测对象的大小等于标准量加上读出的微小差值或微小平衡量。在这种方法中，读出的微小差值或微小平衡量在整个数值中占非常小的比例，即使这部分的误差较大，对整个测量的准确度影响也不大。

直流电位差计是测量直流电压的比较仪器，其误差可小于±0.005%，甚至更小。

2.1.1　直流电位差计的补偿原理

直流电位差计能提供可变、准确的标准直流电压 U_s，用以与被测电压 U_x 比较，用磁电系检流计做检测仪表。按获得可变标准电压的方法不同，直流电位差计分为定阻变流式和定流变阻式两种。

定阻变流式电位差计的原理电路如图2.1.1所示，图中，E 为标准电池，R 为标准电阻，U_x 为被测电压，P为检流计，标准电压 U_s 为 R 两端的电压，即 $U_s=I_0R$，I_0 为回路电流，又称校准电流，可见调节 I_0 就可实现对 U_s 的调节。$R_1,R_2,\cdots,R_n$ 分别都远大于 R，由切换开关 $S_1,S_2,\cdots,S_n$ 执行切换，流过它们的电流 $I_1\approx E/R_1,I_2\approx E/R_2,\cdots,I_n\approx E/R_n$。例如，当切换开

关处在 S_2 位置时，若检流计指零，则 $U_x=I_0R=I_2R$。

定阻变流式电位差计的测量准确度不高，虽然 R 可以做得很准，但回路电流是由直读式仪表给出的，因此要想提高电位差计的准确度，必须从提高校准电流的准确度入手，用标准电池来校准工作电流的定流变阻式电位差计就是基于这种想法设计的。

定流变阻式电位差计的原理电路如图 2.1.2 所示，图中 E 是标准电池或直流稳压电源的电动势，E_N 为标准电池，R_N 为标准电阻，U_x 为被测电压，P 为检流计。图中，回路Ⅰ为校准回路，回路Ⅱ为测量回路。

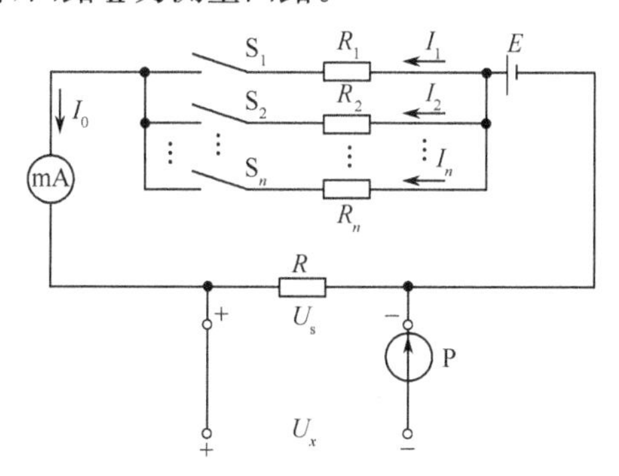

图 2.1.1　定阻变流式电位差计原理电路

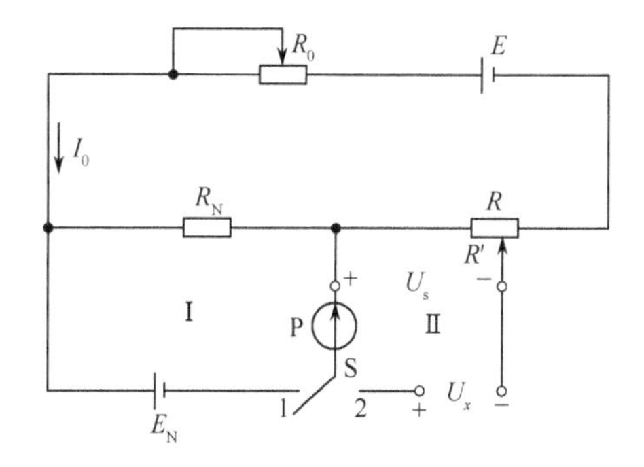

图 2.1.2　定流变阻式电位差计原理电路

测量时，先将开关 S 拨在 1 位置，调节可变电阻 R_0，使检流计 P 指零，则说明标准电池的 E_N 与标准电阻 R_N 上的压降相互补偿，即

$$I_0R_N=E_N \quad 或 \quad I_0=\frac{E_N}{R_N}$$

校准后，再把开关 S 拨向位置 2，调节标准电阻 R 的滑动端，以改变标准电压 U_s，当检流计 P 再次指零时，说明 U_x 与 R 上的压降相互补偿，即

$$U_x=U_s=I_0R'=\frac{R'}{R_N}E_N$$

由于 I_0 已校准固定，此时 R' 的大小反映了被测电压 U_x 的大小，于是，R' 可直接按 U_x 的单位刻度来表示 R' 的数值。

由于 E_N 为标准电池，所以只要 R_N、R' 做得足够准确，电位差计就能获得比较准确的测量结果，一般定流变阻式电位差计的测量误差很容易做到小于 10^{-3}，甚至可小于 10^{-5}。

此种测量方法中，保证电位差计正确工作的条件之一是在开关 S 拨向位置 2 时，工作电流 I_0 不能改变，即调节 R' 时不能改变回路的总电阻，这一点在实际直流电位差计中可以实现。

2.1.2　直流电位差计的分类和主要技术指标

直流电位差计按被测电压端口输出电阻的高低可分为高阻电位差计（输出电阻大于 10kΩ/V）和低阻电位差计（输出电阻小于 100Ω/V）。高阻电位差计用于测量大电阻上的电压及高内阻电源的电动势，其工作电流小，不需大容量工作电源供电；低阻电位差计用于测量小电阻的电压及低内阻电源的电动势，其工作电流大，应由大容量电源供电。

直流电位差计按测量量限可分为高电压电位差计（测量上限 2V 左右，输出电阻高达

$2\times10^4\Omega$，工作电流 I_0 为 0.1mA 左右）和低电压电位差计（测量上限 20mV 左右，输出电阻 20Ω，工作电流 I_0 为 1mA 左右）。

直流电位差计还可按使用条件分为实验室型和便携型两类。

表 2.1.1 列举了几种国产直流电位差计的主要技术指标。

表 2.1.1 几种国产直流电位差计的主要技术指标

型号	测量范围	工作电压(V)	工作电流(mA)	准确度级别
UJ1	100μV～1.1605V 10μV～0.1160V 1μV～0.0116V	1.9～3.5	32	0.05
UJ9/1	10μV～1.21110V	1.3～2.2	0.1	0.02
UJ25	1μV～1.91111V	1.95～2.2	0.1	0.01
UJ26	0.1μV～2.2111mV 0.5μV～110.555mV	5.8～6.4	10	0.02

直流电位差计的准确度有 0.0005，0.001，0.002，0.005，0.01，0.02，0.05 和 0.1 等 8 个级别。不同准确度级的电位差计，要求能读出的被测对象的数字位数不同，例如，准确度级为 0.1 的电位差计要求能读出 4 位数字，而 0.01 级的电位差计能读出 5～6 位数字。

直流电位差计各准确度级别的基本误差可按下式计算

$$\Delta=a\%U_x+b\Delta U$$

式中，Δ 为电位差计允许的绝对误差；a 为电位差计准确度级别；ΔU 为电位差计读数盘最小步进电压值；b 为附加误差系数，取值范围一般为 0.2～1.0，具体大小由制造厂家给定；U_x 为电位差计示值。

2.1.3 直流电位差计的应用

直流电位差计除了可以测量有限大小的电压或电动势外，还可以用来测量高电压（高电动势）、电流、直流功率和电阻。另外，还可以校正电流表和电压表。

直流电位差计主要用于测量标准电池的电动势，最大量限约为 2V，要测量较高电压时，需将直流高电压用电阻分压器降压到直流电位差计的量限以内，然后将测得的结果折算到高电压值。原理电路如图 2.1.3 所示，R_1 和 R_2 构成分压器，用电位差计测得 U'_x 后，推算出

$$U_x=\frac{R_1+R_2}{R_2}U'_x$$

在这种测量电路中，虽然直流电位差计不从被测电路吸取电流，但分压器要从被测电路吸取电流，因而分压电路的总电阻不能过小，并且分压电阻应由准确度较高的电阻构成。实际测量中，有不同准确度、不同分压比的直流分压器可供选择。

用直流电位差计测量电流的原理电路如图 2.1.4 所示，在被测电流支路串入数值已知的标准电阻 R_N 作为采样电阻，用直流电位差计测得 R_N 两端的电压 U_x，则被测电流为

$$I_x=\frac{U_x}{R_N}$$

选择标准电阻 R_N 时，应考虑它对被测电路的影响要小，其额定电压不能超过电位差计的测量上限，还要使电压读数的位数尽量多。

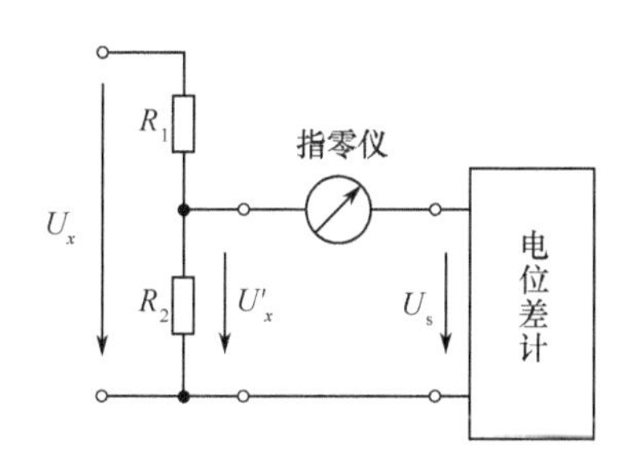

图 2.1.3　用电位差计测高电压

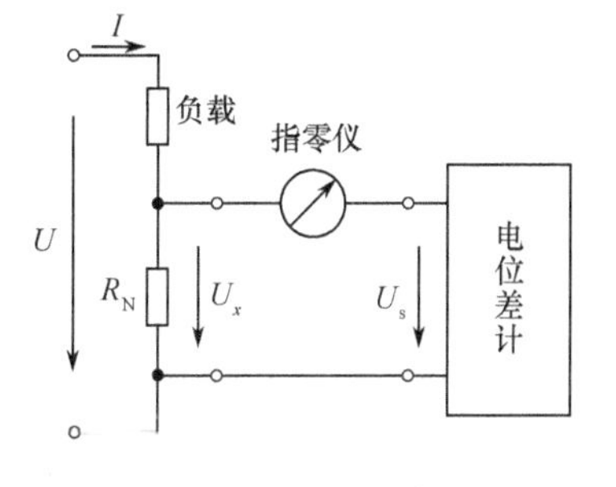

图 2.1.4　用电位差计测电流

功率测量时，只要按上述测量电压、电流的方法测出 U_x 与 I_x，则功率为

$$P=U_xI_x$$

电阻的测量也分两步进行，先测出流过电阻的电流 I_x，再测出其两端的电压 U_x，则

$$R_x=\frac{U_x}{I_x}$$

校正电流表时，将电流表与标准电阻 R_N 相串联后接入电路中，用电位差计测量标准电阻的电压，测出的电压除以标准电阻的阻值，此电流即是流过电流表的电流。固定标准电阻的阻值，通过改变可变电阻 R 的阻值来改变标准电阻上的电压，即可改变电流的大小。这样就可以用来校正电流表了。此外，若在电流表两端也接入电位差计，那么还可以测量电流表的内阻。电路原理图如图 2.1.5 所示。

与前述的测量较高电动势的原理类似，直流电位差计还可以用来校正电压表。电路原理图如图 2.1.6 所示，则待校电压表两端的电压为

$$U'=\frac{R_1+R_2}{R_2}U_x$$

改变可变电阻 R 的阻值来选取不同的电压值，即可达到校正电压表的目的。

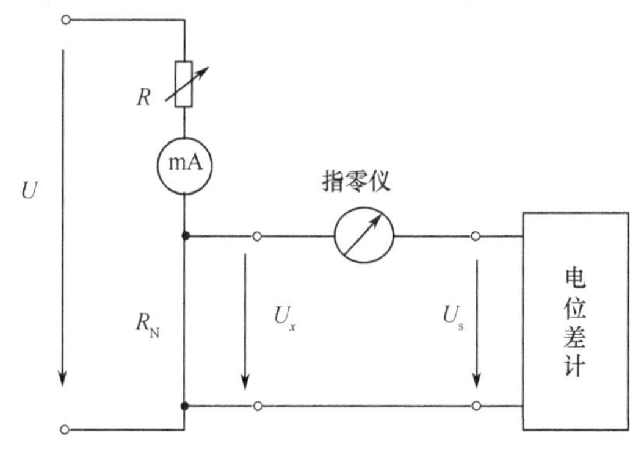

图 2.1.5　用电位差计校正电流表

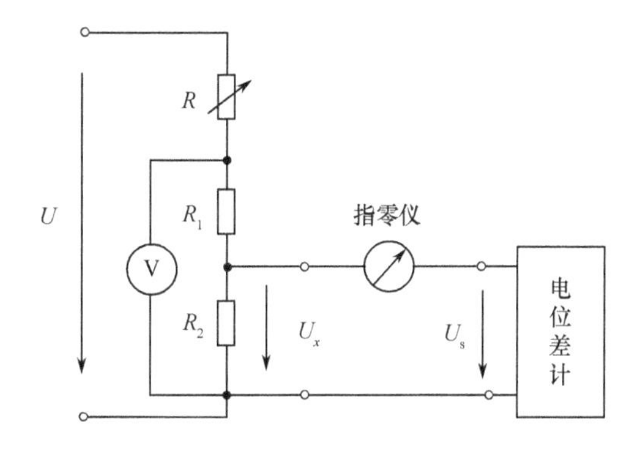

图 2.1.6　用电位差计校正电压表

2.2　直流电桥

电位差计和电桥都属于比较式测量仪表，电位差计用于测量有源量（电压或电动势），而直流电桥专用于测量电阻或与电阻有关的参量。

直流电桥是测量电阻或与电阻有关参量的比较式仪表，它通过被测电阻与标准电阻的比

较实现测量,其准确度可达十万分之几,一般不难做到 0.1,0.2 级。

直流电桥分两种,即单臂电桥和双臂电桥。单臂电桥又称惠斯登(Wheatstone)电桥,用于测量阻值为 $10\sim10^9\,\Omega$ 的电阻(保证高精度测量时,范围为 $1\sim10^4\,\Omega$);双臂电桥又称开尔文(Kelvin)电桥,主要用于测量 $10\sim10^{-6}\,\Omega$ 的电阻。

2.2.1 直流单臂电桥

直流单臂电桥的原理电路如图 2.2.1 所示,图中,R_1、R_2、R_3 和 R_4 构成 4 个桥臂,直流电源 E 和指零仪表(如检流计)分别接在电阻桥体的 ac 与 bd 对角线上。测量电阻时,被测电阻作为一个桥臂(如 R_2),另外 3 个桥臂由标准电阻构成,阻值已知且可调节改变。一般情况下,电桥 b、d 两点不等电位,其电位差由指零仪表检测出来。当调节电桥的某个桥臂使 $I_P=0$ 时,即 $U_{bd}=0$,称电桥平衡。电桥平衡时,有

$$\frac{R_2}{R_1+R_2}E-\frac{R_4}{R_3+R_4}E$$

即

$$R_1R_4=R_2R_3 \quad 或 \quad \frac{R_1}{R_2}=\frac{R_3}{R_4}$$

上式说明当电桥平衡时,电桥对臂之积相等。若 $R_2=R_x$,则由 3 个已知桥臂的电阻可以得到未知电阻的阻值,即

$$R_x=\frac{R_1}{R_3}R_4 \tag{2.2.1}$$

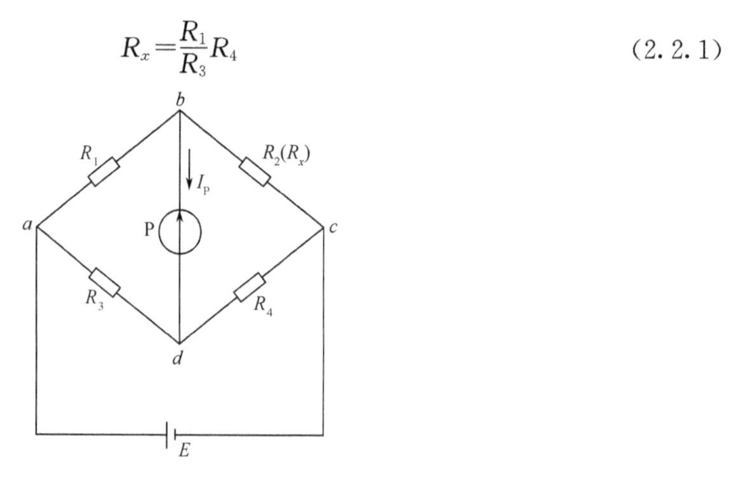

图 2.2.1 直流单臂电桥原理电路

在实际电桥线路中,常把比值 R_1/R_3 做成 10^n 型,提供一个准确的比值,因此,R_1、R_3 又称比例臂。R_4 具有多挡十进制结构,可由零值起连续调节,称为比较臂,其数值位数反映电桥的测量准确度。例如,对于 $R_4=1725\Omega$,$R_1/R_3=10$ 时,$R_x=1.7254\times10^4\Omega$;而当 $R_1/R_3=0.1$ 时,$R_x=172.5\Omega$。

而在滑线式电桥线路中,R_3 和 R_4 由一根均匀的电阻丝组成,电阻丝由接触点分成长度为 L_1 和 L_2 两部分,比值 R_3/R_4 可以用 L_2/L_1 表示,R_1 为精密电阻箱,当电桥平衡时可以得到未知电阻的阻值,即

$$R_x=\frac{R_4}{R_3}R_1=\frac{L_2}{L_1}R_1 \tag{2.2.2}$$

从式(2.2.2)可见,电桥平衡时,被测电阻的数值与电源 E 无关,因此,平衡电桥对电源的

稳定性要求不高。在灵敏度足够的情况下，电源电压波动对测量结果没有影响，电桥的准确度主要由比例臂和比较臂长度的准确度决定。

2.2.2 直流单臂电桥的误差公式

直流单臂电桥的误差公式为

$$\Delta \leqslant K(a\% R_x + b\Delta R)$$

式中，Δ 为电桥测量允许的绝对误差；a 为电桥准确度级别，有 0.01，0.02，0.05，0.1，0.2，0.5，1.0 和 2.0 等 8 级；b 为附加误差系数，取值视 a 而定，如 $a \leqslant 0.02$ 级，b 取 0.3，$a \geqslant 0.05$ 时，b 取0.2；ΔR 为比例臂最小步进电阻值；K 为比例系数。

按使用条件不同，直流单臂电桥分为实验室型和便携型两种。便携型的准确度比实验室型的要低一些。

2.2.3 直流双臂电桥

当被测电阻的阻值较低时（1Ω 以下），由于接触电阻和导线电阻的影响，直流单臂电桥测量的误差将大大增加，为保证低电阻的测量准确度，应使用双臂电桥。

直流双臂电桥的原理电路如图 2.2.2 所示，做比较用的标准电阻 R_N 和被测电阻 R_x 都为四端钮结构，ΔR_1、$\Delta R'_1$、ΔR_3、$\Delta R'_3$分别代表标准电阻 R_N 的 4 个引线端钮的引线电阻与接触电阻，ΔR_2、$\Delta R'_2$、ΔR_4、$\Delta R'_4$是被测电阻 R_x 的引线电阻与接触电阻。R_N 与 R_x 之间的连接线称跨接线，其电阻为 R，R_1、R_2、R_3 和 R_4 是桥臂电阻。

在图 2.2.2 所示接线方式中，显然 ΔR_1、ΔR_2 已处在桥路以外的电源回路中，对电桥平衡没有影响，$\Delta R'_1$、$\Delta R'_2$、$\Delta R'_3$ 和 $\Delta R'_4$ 分别与 R_1、R_2、R_3 和 R_4 串联，只要能保证 $R_1 \gg \Delta R'_1$、$R_2 \gg \Delta R'_2$、$R_3 \gg \Delta R'_3$和 $R_4 \gg \Delta R'_4$，就可使 $\Delta R'_1 \sim \Delta R'_4$对电桥的影响降低到可忽略不计的程度，实际上双比电桥的 $R_1 \sim R_4$ 都是基于这一原则来选择的。ΔR_3、ΔR_4 处在桥路内，与 R_N、R_x 串联在一起，并且 R_N、R_x 还时常小于 ΔR_3、ΔR_4，为消除 ΔR_3、ΔR_4 的不利影响，在它们之间连接了一根电阻为 R 的跨接线，于是 ΔR_3、ΔR_4 的作用应与 R 归结在一起考虑。设 a、c 之间的等效电阻为R_{en}。

为了求得平衡条件，将图 2.2.2 中的 a、b、c 三点构成的三角形电路转换成星形电路，如图 2.2.3所示。图中，R_a、R_b、R_c 分别为

$$R_a = \frac{R_{en}R_3}{R_{en} + R_3 + R_4}$$

$$R_b = \frac{R_4R_3}{R_{en} + R_3 + R_4}$$

$$R_c = \frac{R_{en}R_4}{R_{en} + R_3 + R_4}$$

转换后的电桥等效电路是一个单臂电桥，当电桥平衡时，根据单臂电桥平衡条件，有

$$(R_a + R_N)R_2 = (R_x + R_c)R_1$$

即

$$R_x = \frac{R_2}{R_1}R_N + \Delta R_x$$

式中

$$\Delta R_x = \frac{R_aR_2}{R_1} - R_c = \frac{R_{en}(R_3R_2 - R_1R_4)}{(R_{en} + R_3 + R_4)R_1}$$

可见，双臂电桥与单臂电桥相比，测量结果表达式中多了 ΔR_x 这一项(称为更正项或误差项)。

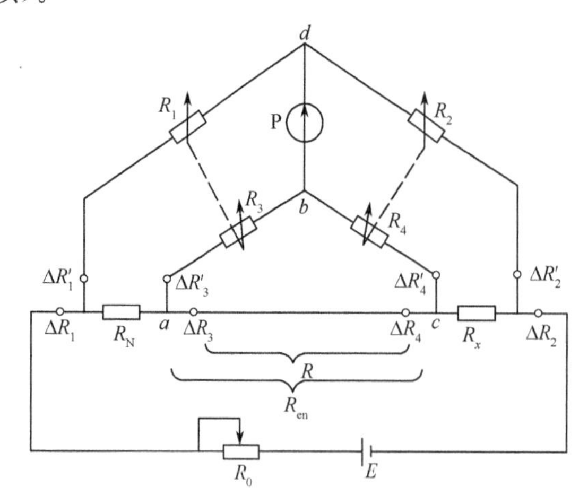

图 2.2.2 直流双臂电桥的原理电路

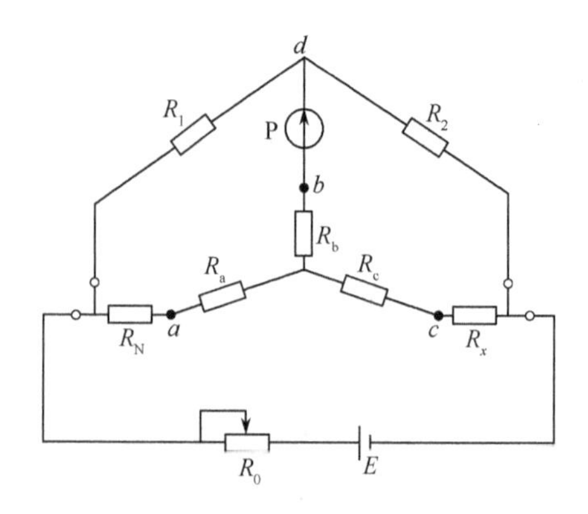

图 2.2.3 直流双臂电桥星形等效电路

若 $\Delta R_x=0$，则双臂电桥的测量结果表达式为

$$R_x=\frac{R_2}{R_1}R_N$$

在形式上与单臂电桥相同。

为保证 $\Delta R_x=0$，应保证 $R_3R_2=R_1R_4$。为实现这一点，双臂电桥在结构上通常采用 R_1 与 R_3、R_2 与 R_4 联动的调节方法，如图 2.2.2 所示，这样就保证了 R_4/R_3 与 R_2/R_1 总是相等的。但由于制造上的原因，$R_3R_2=R_1R_4$ 的条件并不能完全满足，所以 ΔR_x 不能为零。为了进一步减小 ΔR_x 值，要求跨线电阻 R 的值尽量小，不应超过 $0.2(R_N+R_x)$，一般 R 是一条很粗的铜线。为了减小导线电阻和接触电阻的影响，要求桥臂电阻 R_1、R_3 尽量小，R_2、R_4 尽量大。R_1、R_3 的阻值一般不低于 $10^2\Omega$ 数量级，而 R_2、R_4 的阻值一般不超过 $10^5\Omega$。采取上述措施后，ΔR_x 项引起的误差可以小到 10^{-4}以下，在一般测量中可以忽略。

2.3 交流电桥

当被测量为阻抗时，应当使用交流电桥。交流电桥与直流电桥平衡的原理基本相似，但由于桥臂的参数是复数，检流计支路中的不平衡电压也是复数，使交流电桥的调节方法和平衡过程都变得复杂。

2.3.1 交流电桥的工作原理

若把直流单臂电桥的桥臂电阻换成阻抗(包括纯电容和纯电感的特殊情况)，电源由直流改为交流，指零仪也改为交流的，就变成了经典交流电桥，简称经典电桥。原理电路如图 2.3.1所示，图中 Z_1、Z_2、Z_3 和 Z_4 为交流阻抗，由交流电阻器、电容器、自感线圈及互感线圈组成，电源为正弦交流电压源，其频率范围可能很宽，P 为交流平衡指示器，通常采用耳机(听筒)、交流检流计、示波器或专用指零仪。

电阻本无交、直流之分，但精密电阻常用电阻丝绕制而成，在交流下使用时，绕线电感、匝

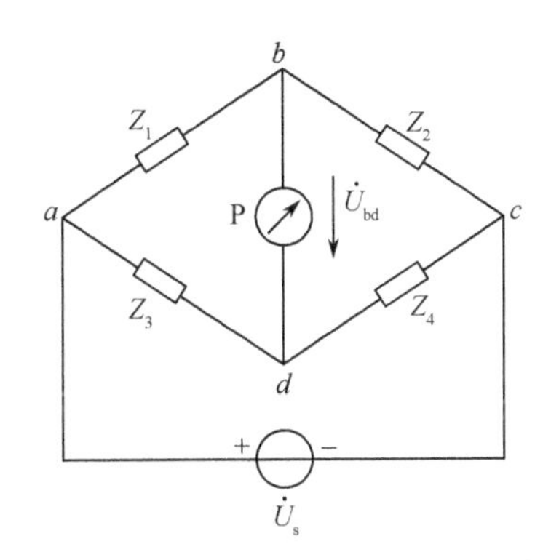

图 2.3.1　交流四臂电桥原理电路

间电容都会起作用，使电阻不再为纯电阻。所以把交流电桥中使用的电阻称“交流电阻”。

在正弦稳态条件下，经典电桥的 4 个臂的阻抗 Z_1、Z_2、Z_3 和 Z_4 可表示为

$$Z_1 = R_1 + jX_1 = z_1\angle\varphi_1 \qquad Z_2 = R_2 + jX_2 = z_2\angle\varphi_2$$
$$Z_3 = R_3 + jX_3 = z_3\angle\varphi_3 \qquad Z_4 = R_4 + jX_4 = z_4\angle\varphi_4$$

式中，$z_i = \sqrt{R_i^2 + X_i^2}$ 为阻抗的模；$\varphi_i = \arctan\dfrac{X_i}{R_i}$ 为阻抗的相位角。$R_i = z_i\cos\varphi_i$，$X_i = z_i\sin\varphi_i$，$i = 1,2,3,4$；容性阻抗的 $\varphi_i < 0$，感性阻抗的 $\varphi_i > 0$。

由于实际使用的交流指零仪的输入阻抗都很高，可作为无穷大处理，所以，讨论交流电桥的平衡条件时，只考虑指零仪两端的电压 $\dot{U}_{bd}$，由图 2.3.1 可知

$$\dot{U}_{bd} = \frac{Z_2\dot{U}_s}{Z_1 + Z_2} - \frac{Z_4\dot{U}_s}{Z_3 + Z_4} = \frac{Z_2Z_3 - Z_1Z_4}{(Z_1 + Z_2)(Z_3 + Z_4)}\dot{U}_s$$

电桥平衡时，$\dot{U}_{bd} = 0$，可见，交流电桥的平衡条件是

$$Z_2Z_3 = Z_1Z_4 \quad 或 \quad \frac{Z_1}{Z_2} = \frac{Z_3}{Z_4}$$

即

$$z_2z_3 = z_1z_4 \tag{2.3.1}$$
$$\varphi_2 + \varphi_3 = \varphi_1 + \varphi_4 \tag{2.3.2}$$

式(2.3.1)为辐度平衡条件，式(2.3.2)为相角平衡条件。也就是说，交流四臂电桥平衡时，两相对桥臂阻抗的模的乘积相等，相角之和也要相等。式(2.3.2)的相角平衡条件非常重要，根据它能立即确立如何正确选择、安排四臂的元件(容性、感性)。很显然，不是任意 4 个阻抗构成的交流电桥均可以调节平衡，也不是任意选择两个可调参数都能把交流电桥调节平衡，这两个可调参数必须是一个能调节阻抗的实数部分，另一个能调节阻抗的虚数部分，如果安排不当，则无论如何都不能使电桥达到平衡。

若在 Z_4 的位置上接被测阻抗 $Z_x = z_x\angle\varphi_x = R_x + jX_x$，则

$$Z_x = \frac{Z_3}{Z_1}Z_2 = \frac{z_3z_2}{z_1}\angle(\varphi_3 + \varphi_2 - \varphi_1)$$

即

$$z_x = \frac{z_3z_2}{z_1} \tag{2.3.3}$$
$$\varphi_x = \varphi_3 + \varphi_2 - \varphi_1 \tag{2.3.4}$$

上述平衡条件也可用直角坐标形式表示为

$$R_1R_x - X_1X_x = R_2R_3 - X_2X_3 \quad (2.3.5)$$

$$R_1X_x + R_xX_1 = R_2X_3 + R_3X_2 \quad (2.3.6)$$

可见，一般交流电桥中须满足两个条件才能达到平衡状态，因此，在调节交流电桥平衡以实现对被测阻抗的测量时，至少应设置两个可变参数，满足两个方程。电桥平衡后，由这两个方程确定两个未知参数。

由式(2.3.5)和式(2.3.6)联立求解得

$$R_x = \frac{1}{R_1^2 + X_1^2}(R_1R_2R_3 + R_2X_1X_3 + R_3X_1X_2 - R_1X_2X_3) \quad (2.3.7)$$

$$X_x = \frac{1}{R_1^2 + X_1^2}(R_1R_2X_3 + R_1R_3X_2 + X_1X_2X_3 - R_2R_3X_1) \quad (2.3.8)$$

由此可见，如果其他3个桥臂都是一般形式的阻抗的话，R_x、X_x 不可能彼此独立，不可能简单地被调节、确定出来，一定要经过比直流电桥麻烦得多的反复调节过程才能获得。

2.3.2　交流电桥的分类

前面讲过，交流阻抗电桥的4个桥臂要按一定的条件配置，才有可能平衡，从理论上讲，配置方式有多种，但实际上可用的配置类型并不多。图2.3.2所示为经典四臂电桥的5种典型电路形式，图中没有画出电源和指零仪。

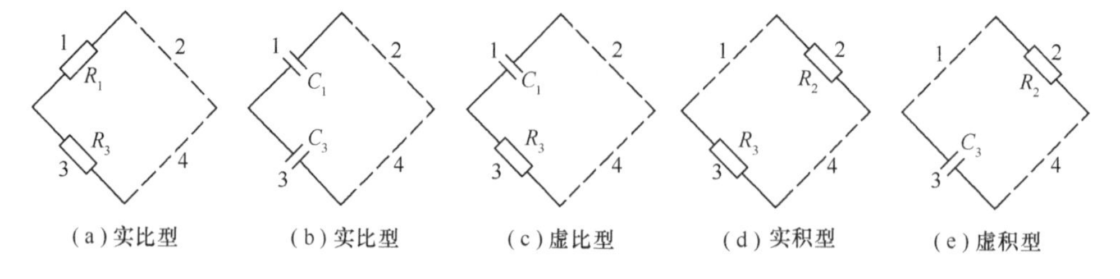

图 2.3.2　交流电桥典型组合方式分类

图2.3.2(a)、(b)所示的电桥，其相邻桥臂（如1、3桥臂）为性质相同的理想元件 R 或 C，因此两臂阻抗之比为实数，这类电桥称实比电桥。由式(2.3.2)可得：由于 $\varphi_1 = \varphi_3$，则要使电桥平衡，必须有 $\varphi_2 = \varphi_4$，即另两个桥臂（2、4桥臂）的阻抗必须具有相同的性质。

图2.3.2(c)所示的电桥，其两相邻桥臂（1、3桥臂）中，一个为纯电阻 R，而另一个为电容 C，显然，这两臂阻抗的比是虚数，这类电桥称虚比电桥。这里，$\varphi_1 = -\pi/2$，$\varphi_3 = 0$，代入式(2.3.2)得平衡条件为

$$\varphi_4 - \varphi_2 = \pi/2$$

为满足此条件，一般选 Z_4 为感性阻抗，Z_2 接容性阻抗。

图2.3.2(d)所示的电桥，其两相对桥臂（2、3桥臂）都是电阻，此两臂阻抗的乘积就是实数，这类电桥称实积电桥。此时 $\varphi_2 = \varphi_3 = 0$，代入式(2.3.2)得平衡条件为

$$\varphi_1 + \varphi_4 = 0$$

即另外两个相对桥臂的阻抗必须具有相反性质：一个为容性，另一个必为感性。

图2.3.2(e)所示的电桥，其相对两臂之一是电容，另一个为电阻，它们的乘积是虚数，这类电桥称虚积电桥。此时，$\varphi_2 = 0$，$\varphi_3 = -\pi/2$，代入式(2.3.2)得平衡条件为

$$\varphi_1 + \varphi_4 = -\pi/2$$

即另外两相对桥臂必须同为容性阻抗。

有了诸如上述分类的电桥的各自特殊规定后，交流电桥的平衡条件会得到一些简化，有可能使被测参数 R_x、X_x 的测量简化为彼此独立的调节与读取方式。

例如，图 2.3.2(a)中，$Z_1=R_1$，$Z_3=R_3$，若 $Z_2=R_2+j\omega L_2$，$Z_4=Z_x=R_x+j\omega L_x$，则式(2.3.7)、式(2.3.8)便可简化为

$$R_x=\frac{R_3}{R_1}R_2 \tag{2.3.9}$$

$$L_x=\frac{R_3}{R_1}L_2 \tag{2.3.10}$$

$$Q_x=\frac{\omega L_x}{R_x}=\frac{\omega L_2}{R_2} \tag{2.3.11}$$

式中，Q_x 代表被测电感线圈的品质因数。

由式(2.3.9)至式(2.3.11)可见，当 $Z_x=R_x+j\omega L_x$ 时，若以 R_2、L_2 作为可调参数，则 R_x 只取决于 R_2 而与 L_2 无关，L_x 只取决于 L_2 且与 R_2 无关，即平衡条件可以彼此独立地调节实现，从测取参数的角度讲就是能分别读数。若被测参数是 L_x 与 Q_x，仍以 R_2、L_2 作为可调参数，由于 L_x、Q_x 均与 L_2 有关，所以调节 L_2 使 L_x 的平衡条件得到满足的过程，将始终对 Q_x 应满足的平衡条件构成影响，即两平衡条件彼此不再独立，或称不能分别读数。要使式(2.3.10)和式(2.3.11)同时得到满足，R_2、L_2 的数值必须凑得合适，这往往要经过反复调节才能达到。但如果改用 R_2 和 R_1(或 R_3)作为可调参数测 L_x 与 Q_x，电桥同样能分别读数。

不难证明，属于实比、虚比、实积、虚积类型的电桥都具有(两参数而不是三参数同时)分别读数的测量特点。商品化的电桥都能分别读数。

在能分别读数的平衡式电桥上，通过合理选择固定参数比值，被测参数可从可调元器件的刻度盘上读取，十分方便。比如上例中，如果选定 $R_3/R_1=10^n$，则可调参数 L_2 和 R_2 可分别按被测参数 L_x、R_x 刻度，这样，L_x、R_x 的数值可以在电桥达到平衡时直接读到。

为描述交流电桥达到平衡的难易程度，引入收敛性概念。经过很少次参数调节就能达到平衡的电桥，称具有较好的收敛性；反之，其收敛性就差。电桥收敛性差的原因是在调节过程中两个可调参数互相影响。

从式(2.3.1)和式(2.3.2)还可以看到，交流电桥的平衡条件与电源电压无关，这一点与直流电桥相同，但一般情况下，由于阻抗值是频率的函数，使得电源频率对电桥的读数、收敛性及灵敏度均有影响，也就是说，平衡条件与电源频率有关，这样就有可能造成频率误差，这也是对交流电桥的桥臂阻抗加以限制的原因之一。

2.3.3 实用交流电桥举例

1. 西林电桥

西林(Schering)电桥桥臂电路如图 2.3.3 所示，属于虚积电桥，适合测量高压电容器。此时由于要求加到被测电容上的电压比较高，为保证电桥的安全，指零仪器和可调桥臂上各点对地的电压不能太高，所以 C_3 为标准高压电容，且 1、3 桥臂的阻抗远大于 2、4 桥臂的阻抗，这样外加高压绝大部分降落在 1、3 桥臂上，2、4 桥臂和指零仪对地的电位较低。平衡时有

$$R_x=\frac{C_4}{C_3}R_2$$

$$C_x=\frac{R_4}{R_2}C_3$$

被测电容的损耗因数为

$$\tan\delta_x=\omega C_4 R_4$$

当选择 R_2、R_4 作为可调量时，C_x、$\tan\delta_x$ 可以分别读数。

在实际测量中，高压电源对桥体杂散电容的影响、外界电场干扰、磁场干扰等都会对西林电桥测量高压电容器的准确度产生一定的影响。

2. 麦氏电桥

麦氏电桥或麦克斯韦(Maxwell)电桥用来测量低 Q 值电感，它是实积电桥，如图 2.3.4 所示。此电桥平衡时有

$$R_x=\frac{R_2}{R_4}R_3$$

$$L_x=R_2R_3C_4$$

被测线圈的品质因数为

$$Q_x=\omega C_4 R_4$$

选择 C_4、R_4 作为可调量测量 R_x、L_x 时，收敛性较好。

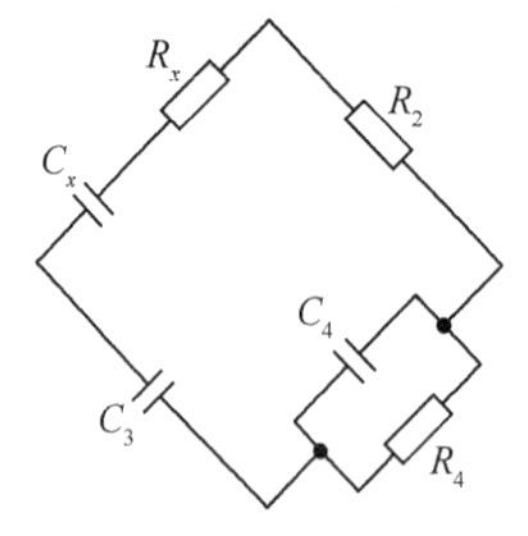

图 2.3.3　西林电桥

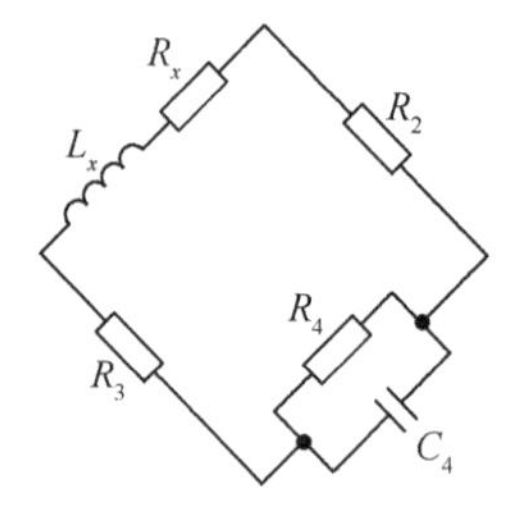

图 2.3.4　麦氏电桥

3. 海氏电桥

海氏(Hay)电桥桥臂电路如图 2.3.5 所示，属于实积电桥，适合在磁性测量中测量 Q 值较高(>10)的铁心线圈的电感，平衡时有

$$R_x=R_3R_4\,\frac{R_2(\omega C_4)^2}{1+(\omega C_4R_4)^2}$$

$$L_x=\frac{R_2R_3C_4}{1+(\omega C_4R_4)^2}$$

被测线圈的品质因数为

$$Q_x=\frac{1}{\omega C_4R_4}$$

当 $Q\gg 10$ 时，$1+(\omega C_4R_4)^2\approx 1$，则有

$$R_x\approx R_2R_3R_4\omega^2C_4^2$$

$$L_x\approx R_2R_3C_4$$

此电桥用标准电容测量电感，准确度较高。

4. 欧文电桥

欧文(Owen)电桥桥臂电路如图 2.3.6 所示,属于虚比电桥,用于电感的准确测量,R_3为高分辨率十进制电阻箱,平衡时有

$$R_x=\frac{C_4}{C_3}R_2-R_1$$

$$L_x=R_2R_3C_4$$

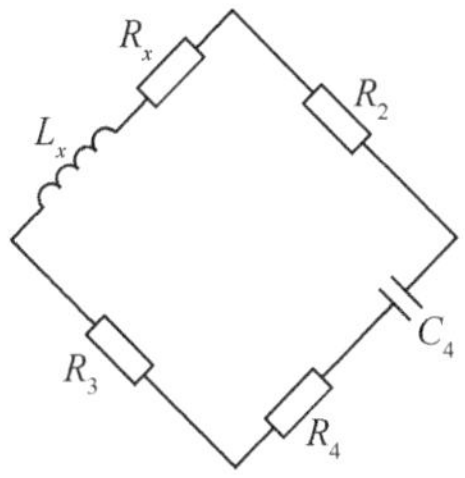

图 2.3.5　海氏电桥 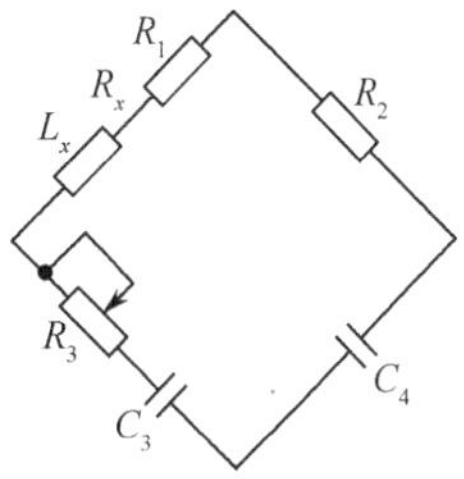　　　　图 2.3.6　欧文电桥

被测线圈的品质因数为　$$Q_x=\frac{\omega C_3C_4R_2R_3}{C_4R_2-C_3R_1}$$

选择 C_3、R_3 作为可调量时,收敛性好且准确率高。

比较麦氏电桥和欧文电桥可知,虽然两电桥都是以电容为标准测电感,但为做到理想收敛,麦氏电桥是以 C_4 作为可调参数平衡 L_x,而欧文电桥却固定 C_4、改为 R_3 可调去平衡 L_x。这样做是因为麦氏电桥是实积电桥,欧文电桥是虚比电桥。由于变值标准电阻(电阻箱)容易制作得比变值电容(电容箱)更准确,所以,欧文电桥的准确度比麦氏电桥高。

5. 文氏电桥

文氏(Wien)电桥电路如图 2.3.7 所示,属于实比电桥,用于正弦电源频率的测量,平衡时

$$\frac{R_1}{R_2}=\frac{C_4}{C_3}+\frac{R_3}{R_4}$$

$$f=\frac{1}{2\pi\sqrt{R_3R_4C_3C_4}}$$

若 $R_1=2R_2$,$R_3=R_4$,$C_3=C_4$,则

$$f=\frac{1}{2\pi R_4C_4}$$

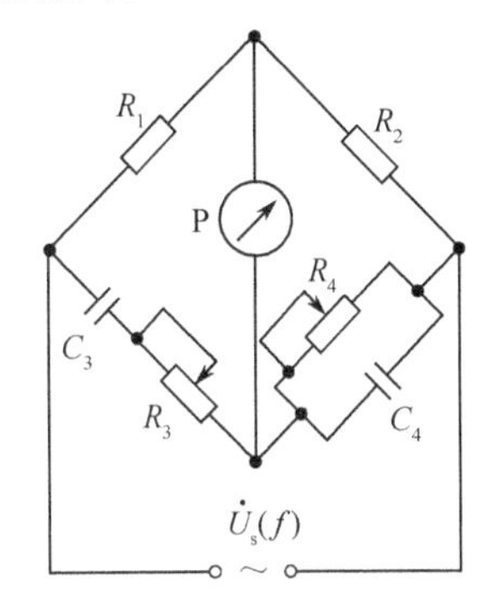

图 2.3.7　文氏电桥

此外,在实际测量中还有一些常用电桥,诸如谐振电桥、感应耦合比例臂电桥、有源电桥及发展迅速的数字电桥等。其中,谐振电桥根据谐振原理用电容为标准来测量电感,或以电感为标准来测量电容,也可以以电感、电容为标准测量供给电桥的频率。感应耦合比例臂电桥主要用于精密测量交流电路元件的电参数及其变化量,比例准确度高,稳定性好,受寄生泄漏和环境影响小,线路灵敏度高,测量范围宽,调节简便。有源电桥由差动放大器和一些标准的电参数元件组成,具有不同的变换功能。数字电桥的测量对象为阻抗元件的参数,包括交流电阻、电感及其品质因数、电容及其损耗因数,具有准确度高、功能强、运行高速、集成化和智能化等优点。

习题与思考题 2

2-1　什么是补偿法、全补偿法、差值补偿法？

2-2　为什么用直流电位差计直接测量电压可以达到较高的测量准确度？

2-3　直流电位差计是以什么方式提供可变标准电压的？

2-4　电位差计的准确度级与读数位数之间有什么关系？

2-5　为什么定阻变流式电位差计的准确度比定流变阻式电位差计的准确度低？采取怎样的措施能尽可能地减小用它测量电压时的误差？

2-6　为什么不能用单臂电桥测量小电阻？

2-7　在双臂电桥中，对跨接线 R 有什么要求？为什么？

2-8　在使用电桥时，应注意哪些问题？

2-9　试比较用电桥和用电位差计测量电阻的区别。

2-10　为什么交流电桥平衡的调节至少要设置两个参数，而且要反复调节？

2-11　试比较麦氏电桥、海氏电桥和欧文电桥的用途和特点。

2-12　试推导出文氏电桥的平衡方程式。

2-13　试举出实积、虚比和虚积电桥线路各两例，并导出它们的平衡方程式。

2-14　若直流单臂电桥的桥臂电阻 $R_1=1000\Omega$，$\Delta R_1=1\Omega$；$R_3=1000\Omega$，$\Delta R_3=-3\Omega$；$R_4=5477\Omega$，$\Delta R_4=2\Omega$(见图 2.2.1)，求平衡时的 R_x 及其相对误差。

2-15　电路如题 2-15 图所示，内阻为 R_g 的检流计作直流单臂电桥的一个桥臂，已知开关 S 无论打开还是闭合，检流计的指示均不变，求 R_g。

2-16　如题 2-16 图所示电桥已处在平衡状态，求 R_x。

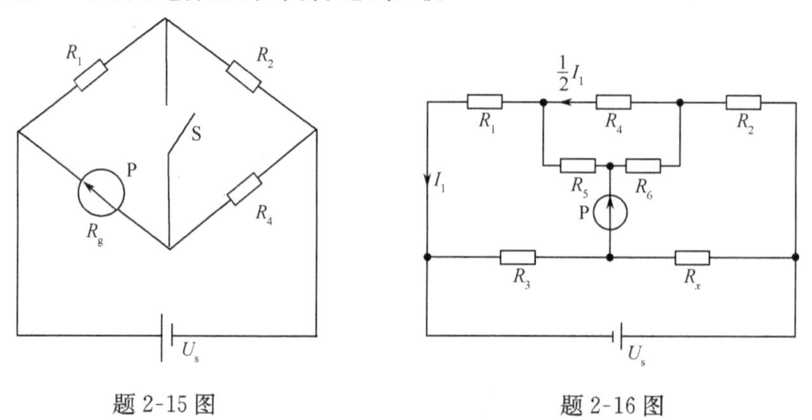

题 2-15 图　　　　题 2-16 图

2-17　如题 2-17 图所示，阻值为 R 的跨接线的接线位置是否正确？为什么？若不正确，应如何改接(要求推导出公式再判断)？

2-18　大于 $10^7\Omega$ 的标准电阻很难制作，能否用惠斯登电桥测量大于 $10^7\Omega$ 以上的高值甚至超高值电阻(如 $10^{12}\Omega$)？用单臂电桥能否保证测量准确度？

2-19　若要用单臂电桥较准确地测出低值电阻的阻值，试问如何接线和测量？

2-20　如题 2-20 图所示的电桥电路。

(1) 判断第三臂阻抗应有何种性质方能使电桥平衡；

(2) 第三臂阻抗的元件应如何连接才能使平衡方程式与频率无关？

2-21　麦氏电桥的平衡条件是 $L_x=R_2R_3C_4$，$R_x=R_2R_3/R_4$，试就以下 3 种情况对其能否平衡、能否直接读出读数等进行讨论：

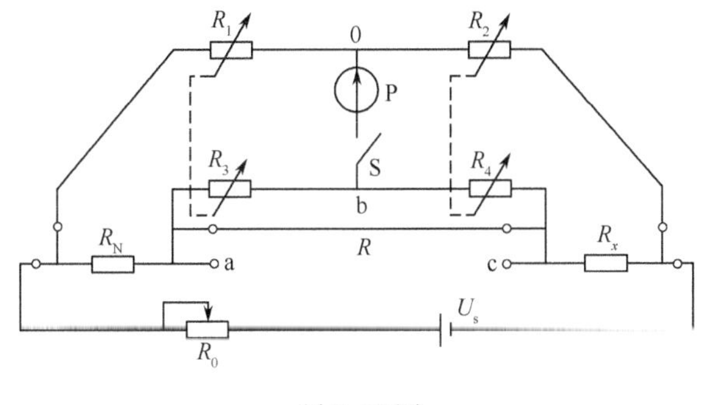

题 2-17 图

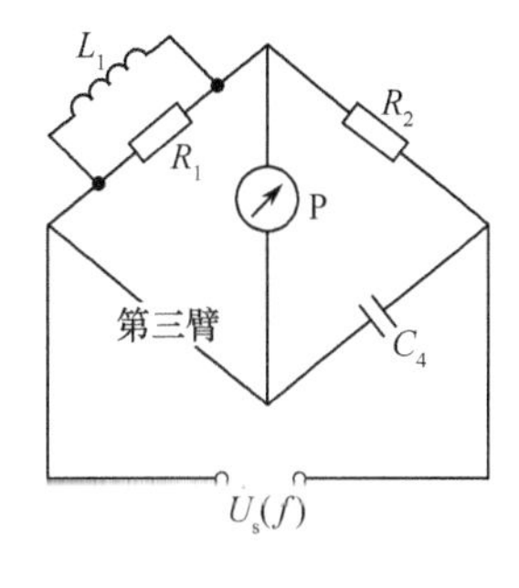

题 2-20 图

(1) C_4、R_4为调节参数；

(2) 以R_2(或R_3)和R_4为调节参数；

(3) R_2和R_3为调节参数。

2-22　将海氏电桥中的被测电感L_x(含电阻R_x)改为并联等效电路，试列出它的平衡方程式和计算电感品质因数Q_x的关系式。

2-23　如题2-23图(a)所示测电感用电桥，被测电感L_x(R_x为L_x的电阻)接入后，电桥无法平衡；而将一数值已知的电容C_1与L_x串联或在L_x上并联一确定电阻R_1后[见题2-23图(b)、(c)]，经调节可使电桥达到平衡。试导出这两种情况下的平衡条件并确定L_x、R_x的关系式。

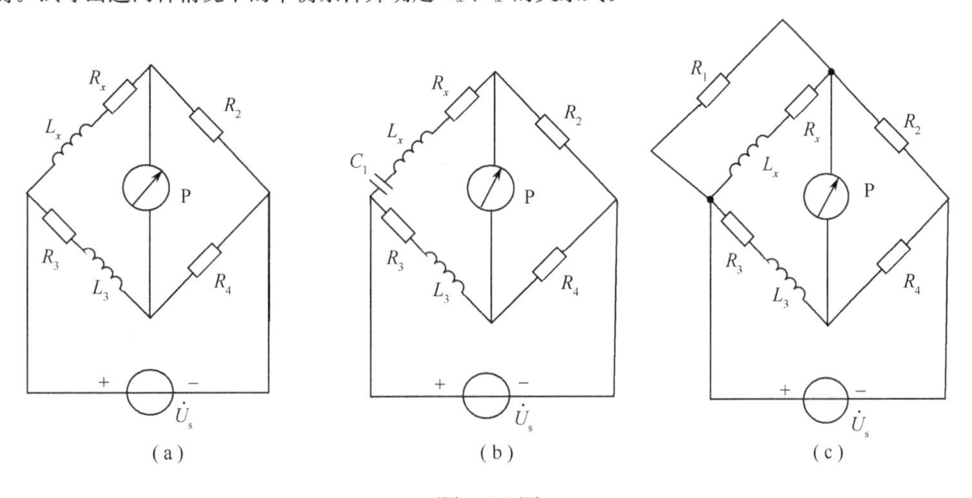

题 2-23 图

2-24　四臂电桥受到臂数和其他一些因素的限制，有时不能满足测量要求，为此研制出多臂电桥，其中之一是爱德生六臂电桥(见题2-24图)。试导出平衡时被测线圈的L_x、R_x的关系式。

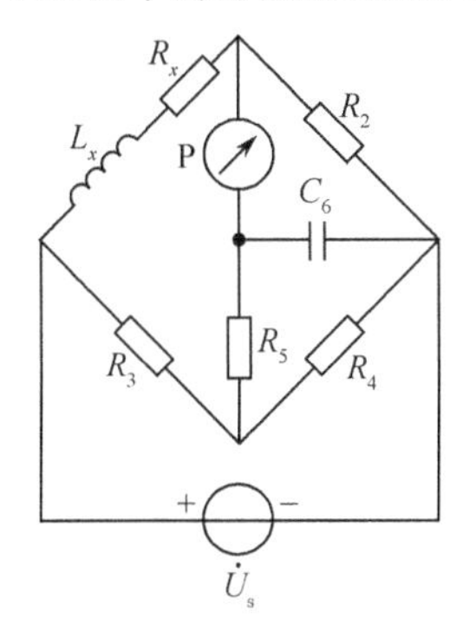

题 2-24 图

第3章　电子式电测仪表

电子式电测仪表种类很多，应用范围也很广，电子示波器是其中的一种。

电子示波器又称阴极射线示波器或电子射线示波器，是可观察时域电压信号波形或两时域电压信号间函数关系的快速显示仪器。示波器虽然只能测量电压波形，但可以通过变换电路，实现对电流、功率等其他电量的测量，也可以通过传感器，测量机械、物理、医学等各种非电量，还可以用来作为比较仪器的指示仪器，所以示波器有相当广泛的应用范围。

示波器的种类很多，根据其用途与特点，大致可分为通用示波器、采样示波器、数字存储示波器和专用示波器。专用示波器有矢量示波器、环扫描示波器和逻辑示波器等。

本章在阐述通用电子示波器原理的基础上，对通用电子示波器的使用方法、采样示波器和数字存储示波器进行介绍。

3.1　电子示波器原理

3.1.1　示波器的基本结构

尽管示波器目前已有十大系列共几百种，但它们都包含示波管、垂直放大器（简称 Y 放大）、水平放大器（简称 X 放大）、延迟线、扫描（时基发生器）、触发电路和电源等基本电路单元，如图 3.1.1 所示。

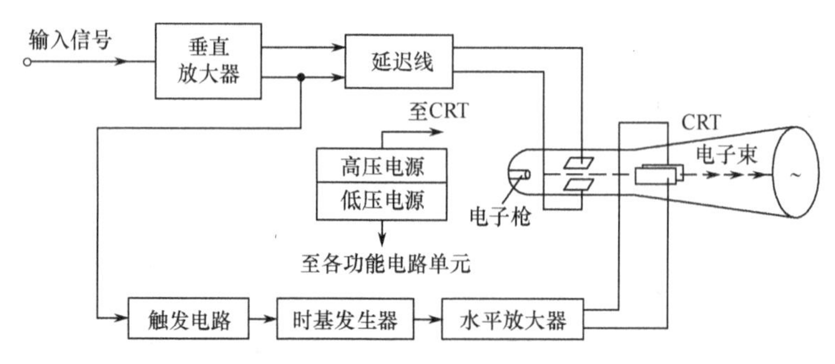

图 3.1.1　通用示波器原理框图

1. 示波管

示波管又称阴极射线管，简称 CRT，是一种利用高速电子冲击荧光屏使它发光的显示器件。示波管由电子枪、偏转系统和荧光屏 3 个部分组成，整个结构密封在一个喇叭状的抽成真空的玻璃壳中，如图 3.1.1 所示。

电子枪在电源驱动下产生一精确聚焦的电子束，并对电子束加速使它达到很高速度射向荧光屏，在电子束射向荧光屏的运动过程中，穿过一组垂直偏转板和一组水平偏转板。

当只有交变的被测信号经垂直放大器加到垂直偏转板上时，仅在屏幕上形成一条垂直线，其长短反映被测信号的强弱，如图 3.1.2 所示。

为了在屏幕上把交变的被测信号描绘出来，必须通过扫描，即同时在水平偏转板上加一个

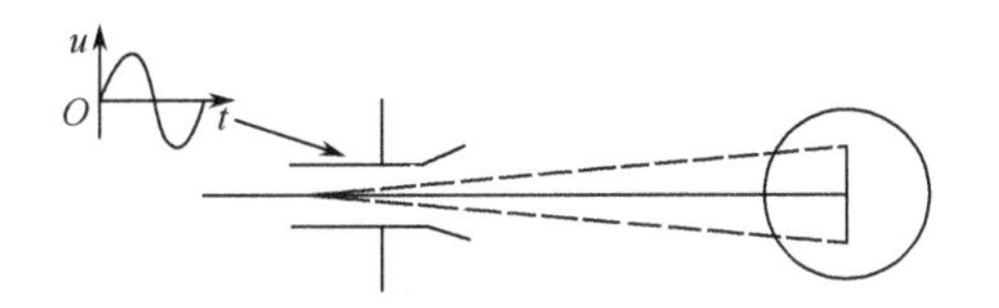

图 3.1.2　被测信号经垂直偏转板显示

所谓的扫描电压，一般是一个随时间作线性变化的锯齿波电压。

若仅有锯齿波经水平放大器加到水平偏转板时，屏幕上的光点将随着锯齿波的线性增加而从最左端向右作等速直线移动，当一个扫描周期结束，光点从最右端迅速回到原点 O，即在屏幕上显示一条水平直线。由于锯齿波电压随时间作线性变化，因此屏幕上的 X 轴就变成了时间轴，所以这条水平直线也称“时间基线”或“时基”。

为了观察一个电压的变化过程，就要在被测电压加到垂直偏转板的同时，将锯齿波电压加到水平偏转板上。电子束在垂直和水平两个偏转板的共同作用下，就可以在屏幕上显示出变化波形，如图 3.1.3 所示。

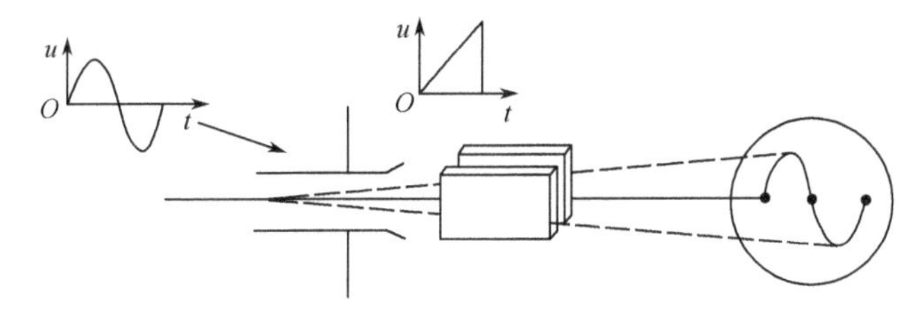

图 3.1.3　偏转原理

2. 扫描方式

示波器的扫描系统也被称为时基电路。扫描方式主要有两种，即连续扫描和触发扫描。

采用连续扫描时，扫描电压是周期性的锯齿波电压，其周期为 T_n，在这个扫描电压作用下，光点在屏幕上进行连续扫描，即使没有外加信号，屏幕上也显示一条时间基线。

为了能够显示稳定的信号波形，扫描电压周期 T_n 应为被测信号周期 T_s 的整数倍，即 $T_n = nT_s(n=1,2,3,\cdots)$。如果 $T_n \neq nT_s$，屏幕上的波形会有“移动”现象。在图 3.1.4 所示的例子中，$T_n=\frac{5}{4}T_s$，在第一个扫描周期开始，光点沿 0→1→2→3→4→5 轨迹移动，扫描结束时，光点迅速从 5 回到 0′，接着第二个扫描周期开始，这时光点沿 0′→6→7→8→9→10 轨迹移动。可见与第一次扫描轨迹不重合，第一次显示的波形为图中实线所示，第二次显示的波形则为图中虚线所示，这样看到的是波形从右向左移动，即显示的波形不是稳定的。

所以，如果被测信号的周期与扫描锯齿波信号的周期不同或不是正好成整数倍，被测信号的波形在屏幕上或左移或右移，呈现不稳定。为使被测信号在荧光屏的确定位置上重复出现，水平扫描信号应与被测信号同步，即水平扫描信号应该出现在被测信号波形不同周期的相同点，实际上，示波器可通过连续调节扫描锯齿波电压信号的周期(或频率)来实现这一点。

虽然可以通过调整扫描电压的周期实现其与被测信号同步，但受环境或其他因素影响，扫描信号和被测信号的周期(或频率)都可独立发生微小变化，结果使屏幕上的波形不稳定。为克服这种现象，示波器内还有频率自动跟踪电路，调整其参数可以使扫描信号的频率自动随着被测信号的频率变化，这称为整步或同步，示波器上的“整步(或同步)调节”旋钮即为此而设。

另一种扫描方式是触发扫描，即只有被测信号到来时才扫描一次，这样可以保证在波形的相同点启动扫描电压，使显示出的波形稳定不动。做法是将被测信号到来的采样送入触发电路，在此点对应瞬间产生一触发脉冲，此触发脉冲启动扫描发生器(时基发生器)，使示波管的光点从荧光屏的左边开始做水平扫描，如图 3.1.5 所示。

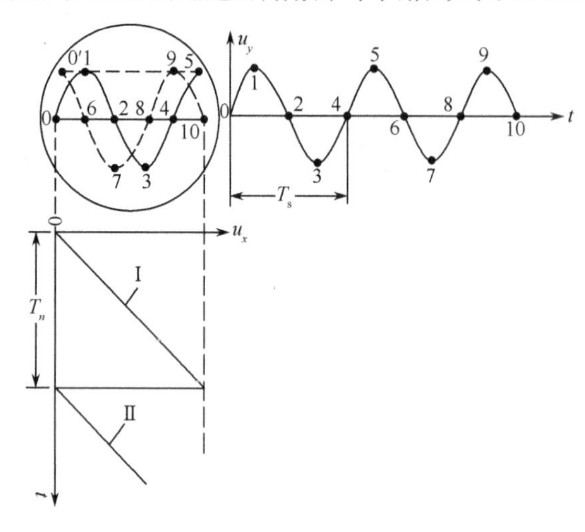

图 3.1.4　$T_n \neq nT_s$ 时的情况

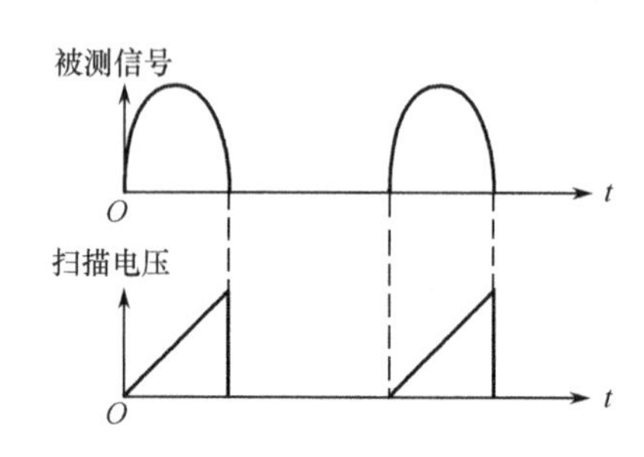

图 3.1.5　触发扫描方式

通常用被测信号的前沿使触发电路产生触发脉冲，触发脉冲再去启动扫描电路。但完成触发、启动等需要一定时间(约 0.15μs)，即扫描的启动时刻总是略滞后于被测信号，这样被测信号的前沿就无法在屏幕上显示出来。图 3.1.1 中延迟线的作用就是将被测信号延迟至扫描电压产生后再送到垂直偏转板上，这样可保证在屏幕上显示完整的被测信号波形。

3. 触发方式

触发扫描有常态、自动和单次 3 种触发方式可供选择，以适应不同的被测信号与测试目的。常态触发方式，采用来自 Y 轴或外接触发源的输入信号进行触发扫描，是常用的触发扫描方式。只有触发信号作用后扫描电路才工作，无触发信号输入时，扫描处于准备状态，对于模拟示波器而言，屏幕上无光迹显示；对于数字示波器而言，波形不会更新。自动触发方式，是在自动电路(单稳态电路)作用下，实现触发扫描和连续扫描的自动转换。无信号输入时，扫描系统仍然工作，屏幕上显示出扫描基线。一旦有信号输入时，电路自动转换到触发扫描状态。

常态触发方式由被测信号产生触发脉冲，通过对被测信号的整形处理获得同步性能很好的触发信号，从而得到稳定的显示。但是一旦触发信号消失或幅度过小，扫描就停止，屏幕上没有任何光迹。而连续扫描可保证任何条件下都可得到一定的显示输出，但无法保证同步。

自动触发方式解决上面两种方式的缺陷，能够从被测信号中获得合适的触发信号时，系统采用触发扫描方式；如果在规定时间内找不到触发信号，则强制进入连续触发状态。

单次触发方式，是通过手动按钮控制，实现只进行一次扫描的触发方式。在这种方式下，按单次按钮使扫描电路复位，做好准备，触发信号到来后产生一次扫描，扫描结束后，电路进入休止状态，即使再有满足触发条件的信号出现也不再进行扫描。

4. 双踪显示

为了便于观察和比较两个不同的电压波形，要设法将两个波形显示在一个荧光屏上，即所谓双踪显示。实现的方法一般是用双束示波管或用单束示波管外加电子开关。采用双束示波管的示波器结构复杂、价格较贵。

利用单束示波管实现双踪显示的方法如图 3.1.6 所示，图中被测电压从 Y_A、Y_B接入，分别通过电子开关 S_1、S_2与地相接。控制 S_1、S_2的方法有两种，即交替法和断续法。

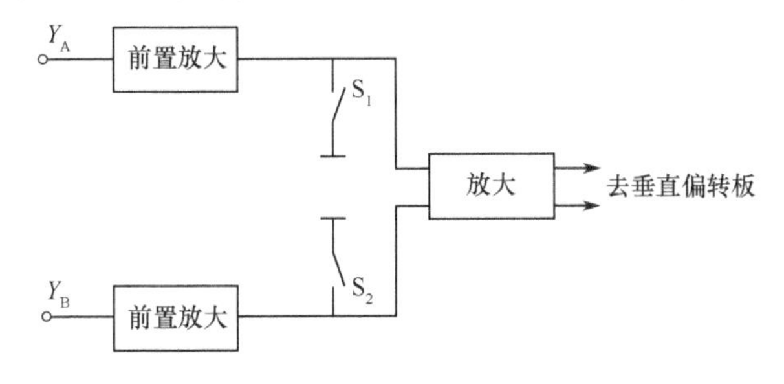

图 3.1.6　双踪显示的电子开关

交替法控制方式中，用扫描锯齿波信号控制开关 S_1、S_2，第一次扫描时，S_1接通，S_2断开；第二次扫描时，S_2接通，S_1断开，然后按序轮换，只要开关 S_1、S_2交替接通的速度足够快，由于荧光屏的余辉效应，荧光屏上就会看到两个稳定的波形，如图 3.1.7(a)所示。但如果扫描速度较慢，交替速度不够快，屏上两个波形就会闪烁，甚至可看到两个波形是先后交替出现，遇到这种情况可以用断续法。

断续法不用扫描信号控制开关 S_1、S_2的通断，而改用一个固定频率的方波，通常方波的频率为 10kHz，让 S_1、S_2按 0.1ms 的速度自行交替接通，这时荧光屏上就会出现图 3.1.7(b)所示的波形。

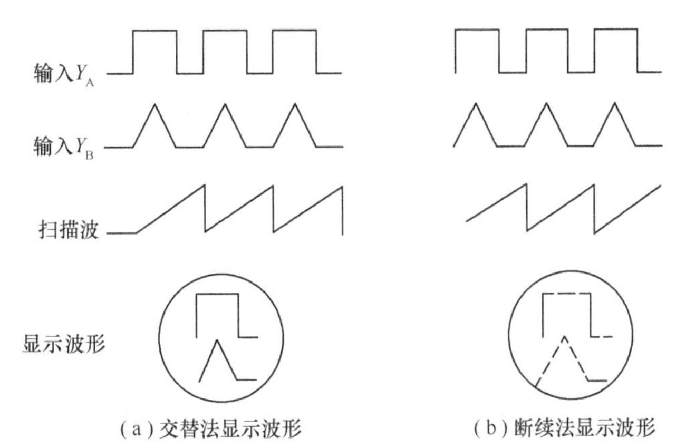

(a) 交替法显示波形　　(b) 断续法显示波形

图 3.1.7　交替法和断续法实现双踪显示

断续法显示出来的波形为断续虚线，它表示电子束先显示一小段 Y_A的波形，立即转到显示另一段 Y_B的波形，如此轮流反复。如果被测电压的频率较低，虚线间距离较小，可以想象为一条实线；如果被测电压频率较高，虚线间距离太大，虚线显得支离破碎，残缺太多，这种方法就不适用了。

5. 其他

示波管的偏转灵敏度较低，当被测信号微弱时，必须用放大器放大，使之达到足够大的电平后，再去驱动电子束在示波管内做垂直偏转。

为观测不同大小的信号，应相应调整垂直放大器的增益，即要选择适当的灵敏度，这由经过校准的灵敏度选择开关“V/DIV”或“VOLTS/DIV”设置，此开关各挡表示屏幕上每一大格所能显示电压的限值，一般每一大格边长为 1cm，所以灵敏度单位也可写成“V/cm”。

锯齿波电压的上升速率即扫描速度由标有“T/DIV”或“SEC/DIV”（也有写成“T/cm”的）的波段开关来控制。

示波器电源由高压和低压两部分构成，高压部分用于驱动示波管，产生高压电子束；低压部分为电子电路供电。

3.1.2 示波器的主要性能指标

1. 频率响应范围

示波器对不同频率被测信号的衰减作用是不同的，频率响应范围是指被测信号在屏幕上显示图像幅度的下降（衰减）小于 3 分贝（dB）的频率区域，即上限频率与下限频率之差。由于示波器的 $f_H \gg f_L$，所以频率范围可以用 f_H 表征，即 $f_B = f_H$，f_B 为放大器的频率范围。示波器的频率范围越宽，其应用范围越广。

2. 时域响应指标

时域响应指标指示波器的电子电路在方波脉冲作用下的响应特性，主要用上升时间 t_r、下降时间 t_f、上冲 S_0、下冲 S_n、预冲 S_p、下垂 δ 等参数表示。

在图 3.1.8 所示的示波器输入标准方波脉冲信号的显示图形中：

t_r 为正向脉冲前沿从基本幅度 A 的 10%上升到 A 的 90%所需的时间；

t_f 为正向脉冲后沿从下垂后幅度 A_1 的 90%下降到 A_1 的 10%所需的时间；

S_0 为脉冲前沿的上冲量 b 与 A 之比的百分数，即 $S_0 = \frac{b}{A} \times 100\%$；

S_n 为脉冲后沿的下冲量 f 与 A 之比的百分数，即 $S_n = \frac{f}{A} \times 100\%$；

S_p 为方波脉冲阶跃之前的预冲量 d 与 A 之比的百分数，即 $S_p = \frac{d}{A} \times 100\%$；

δ 为脉冲平顶部分倾斜幅度 e 与 A 之比的百分数，即 $\delta = \frac{e}{A} \times 100\%$。

示波器的放大单元是线性网络，放大器的频率范围 f_B 与上升时间 t_r 之间有确定的关系：$f_B t_r \approx 350$，所以，一般示波器说明书上只给出 t_r 和 S_0 的值。

3. 扫描速度

扫描速度即光点移动的速度。被测信号频率不同时，扫描速度也应不同。扫描速度越高，示波器能够展开高频信号或窄脉冲信号波形的能力越强，相反，对缓慢变化的信号，则要求以相应的低速扫描。所以，示波器的扫描速度范围越宽越好。

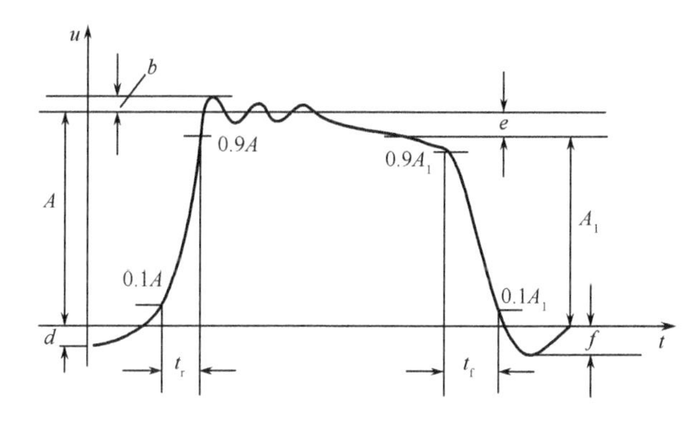

图 3.1.8　标准矩形方波的示波器显示图形

4. 输入阻抗

示波器的输入阻抗用输入端测得的直流电阻值 R_i 和电容 C_i 的并联电路来等效。显然，R_i 越大，C_i 越小，输入阻抗越大，示波器对被测信号的影响越小。

5. 偏转灵敏度

偏转灵敏度指荧光屏上偏转单位长度所对应无衰减被测信号峰-峰值的大小，它体现示波器观测微弱信号的能力。其值越小，偏转灵敏度越高，示波器观测微弱信号的能力越强。一般示波器的偏转灵敏度为每厘米几毫伏。

3.2　电子示波器的应用

利用电子示波器可以进行一般测量，如电压、时间、相位差和频率的测量等，也可以进行专业性测量，如测调制系数、频偏和电视视频信号等。

3.2.1　电压的测量

利用示波器进行电压测量时，把通道灵敏度选择开关(VOCIS/DIV)的微调位置以顺时针方向旋至满度的校准位置，这样可以按灵敏度“VOLTS/DIV”的指示值直接计算被测信号的电压幅值。

当只需测量被测信号的交流成分时，将耦合方式开关转换到“AC”位置，可以用示波器测量其峰-峰值或峰值。测量方法是直接在示波器上量出被测电压波形的高度，然后根据“VOLTS/DIV”的指示值和波形换算成电压值峰-峰值，即

$$V_{\text{P-P}}=V/\text{DIV}\times \text{H(DIV)}$$

例如，如图 3.2.1 所示的电压波形中，“VOLTS/DIV”的指示值为 2，由图 3.2.1 读出波形垂直方向的高度为 4.6，则 $V_{\text{P-P}}=2\times4.6=9.2\text{V}$。

当被测电压为图 3.2.1 所示的正弦电压时，有

$$V_{\text{有效值}}=\frac{V_{\text{P-P}}}{2\sqrt{2}}$$

如果使用的探头置 10∶1 位置，应将结果乘以 10。

当需要测量被测信号的直流成分时，应先将 Y 轴耦合方式开关置“GND”位置，调节 Y 轴移位使扫描基线在一个合适的位置上，再将耦合方式开关转换到“DC”位置，调节“电平”使波形同步。根据波形偏移原扫描基线的垂直距离，用上述方法读取该信号所对应的电压值，例如图 3.2.2 中，“VOLTS/DIV”的指示值为 0.5，则 $V_{\text{P-P}}=0.5\times3.7=1.85\text{V}$。

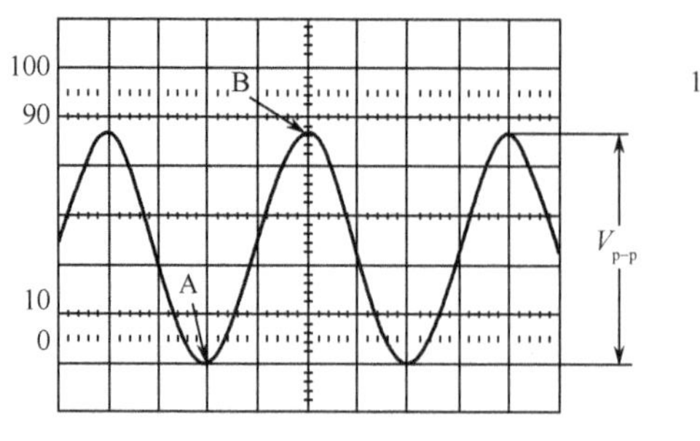

图 3.2.1　交流电压的测量

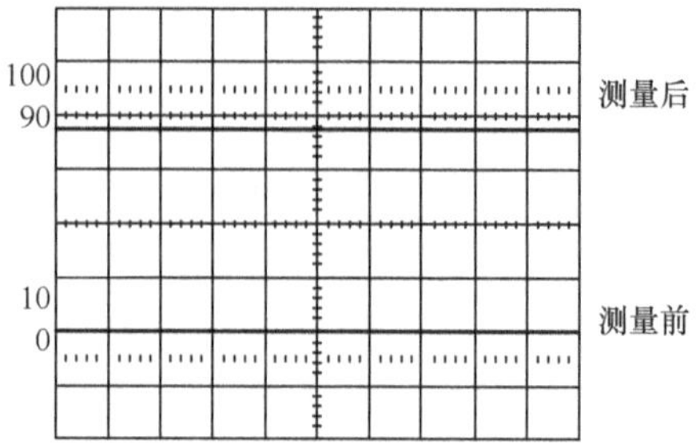

图 3.2.2　直流电压的测量

3.2.2　时间的测量

对某信号的周期或该信号任意两点间时间的测量，可在波形获得稳定同步后，根据该信号周期或需测量的两点间在水平方向的距离乘以扫描速率开关（SEC/DIV）的指示值获得，当需要观察该信号的某一细节（如快跳信号的上升或下降时间）时，可将“SEC/DIV”开关的扩展旋钮拉出，使显示的距离在水平方向得到 5 倍的扩展，调节 X 轴位移，使波形处于方便观察的位置，此时测得的时间值应除以 5。

两点间水平距离的时间间隔计算式为

$$\text{时间间隔(s)}=\frac{\text{两点间水平距离(格)}\times\text{扫描时间系数(时间/格)}}{\text{水平扩展系数}}$$

例如，在图 3.2.3 中，A、B 两点间的水平距离为 8 格，扫描时间系数设置为 2ms/格，水平扩展为×1，则

$$\text{时间间隔}=\frac{8\text{ 格}\times2\text{ms/格}}{1}=16\text{ms}$$

在图 3.2.4 中，波形上升沿的 10%处（A 点）至 90%处（B 点）的水平距离为 1.8 格，扫描时间设置为 1μs/格，扫描扩展系数为×5，根据公式计算出

$$\text{上升时间}=\frac{1.8\text{ 格}\times1\mu\text{s/格}}{5}=0.36\mu\text{s}$$

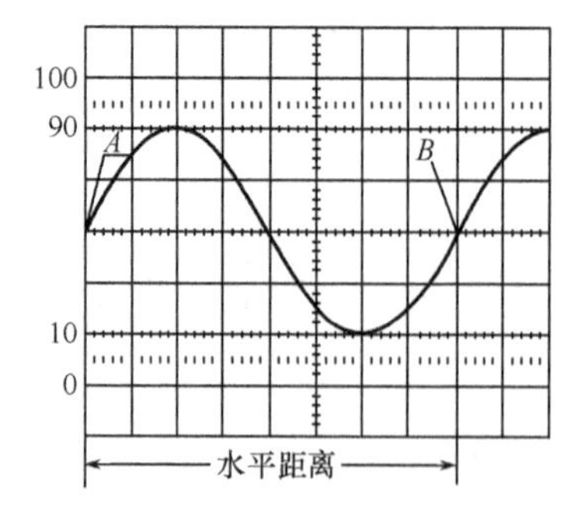

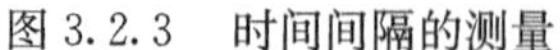

图 3.2.3　时间间隔的测量

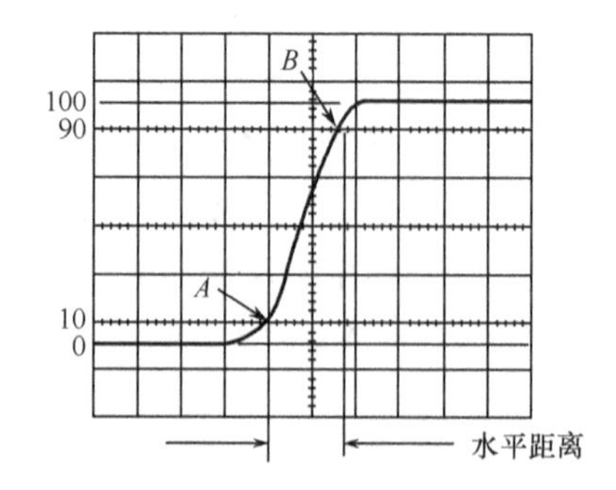

图 3.2.4　上升时间的测量

3.2.3 两个同频率信号相位差的测量

1. 直接测量法

根据两个信号的频率，选择合适的扫描速度，并将垂直方式开关根据扫描速度的快慢分别置“交替”或“断续”位置，将“触发源”选择开关置为设定作为测量基准的通道，调节电平使波形稳定同步，调节两个通道的“VOLTS/DIV”开关和微调，使两个通道显示的幅度相等，调节“SEC/DIV”微调，使被测信号的周期在屏幕中显示的水平距离为几个整数据 D，则根据两个波形在水平方向某两点间的距离 d，用下式计算出相位差

$$\varphi=\frac{d}{D}\times 360^\circ$$

在图 3.2.5 中，测得参考波形一个周期的水平距离约为 $D=9$ 格，两个波形测量点的水平差距为 $d=1$ 格，则根据公式可算出

$$\varphi=\frac{1}{9}\times 360^\circ=40^\circ$$

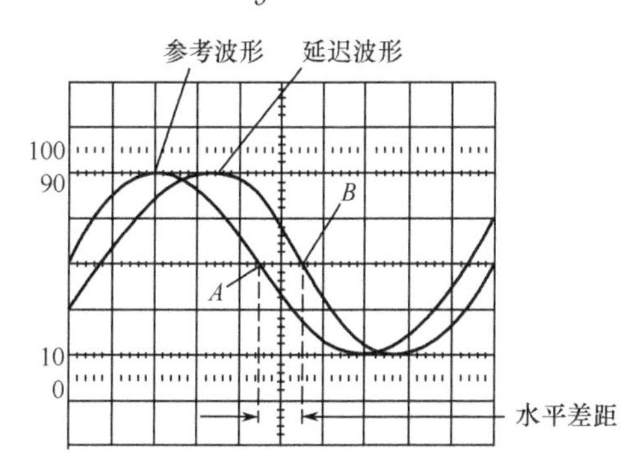

图 3.2.5 对两个同频率信号相位差的测量

2. 李萨育图形法

要测量两个同频率信号相位差，除了上述方法外，可以用李萨育图形法（又称椭圆法）来测量。这种方法是将两同频率、相位差为 φ 的正弦电压分别加到示波器的 X 轴和 Y 轴，则在荧光屏 X 和 Y 方向的偏移分别为

$$x=X_m\sin\omega t \tag{3.2.1}$$

$$y=Y_m\sin(\omega t\pm\varphi) \tag{3.2.2}$$

由式(3.2.1)可得

$$\omega t=\arcsin\frac{x}{X_m}$$

代入式(3.2.2)得

$$y=Y_m[\sin\omega t\cos\varphi\pm\cos\omega t\sin\varphi]=Y_m\left[\frac{x}{X_m}\cos\varphi\pm\sin\varphi\sqrt{1-\left(\frac{x}{X_m}\right)^2}\right]$$

这样在屏幕上将显示一个斜椭圆图形，如图 3.2.6 所示。当 $x=0$ 时，斜椭圆在 Y 轴的截距为

$$y_1=|y_2|=Y_m\sin\varphi$$

图 3.2.6 中，$h_1=y_1+|y_2|$，$h_2=2Y_m$，所以

$$\varphi=\arcsin\frac{h_1}{h_2} \tag{3.2.3}$$

即可以从斜椭圆上读出 h_1、h_2的值，由式(3.2.3)求出相位差。

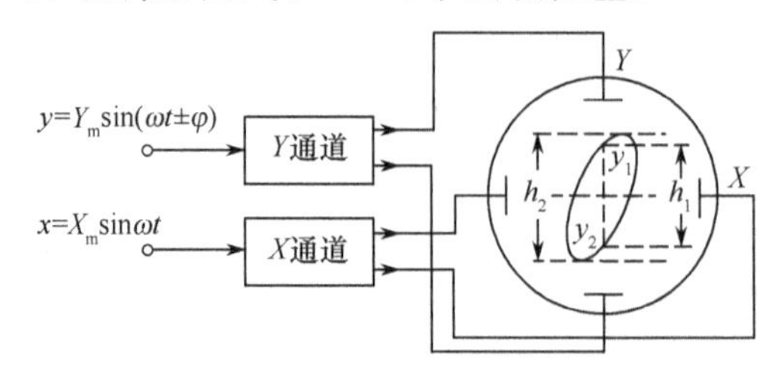

图 3.2.6　李萨育图形法测量相位差

按椭圆法测量相位差的准确度主要取决于示波器 X、Y 通道的相频特性、对称性、示波器的分辨率及被测信号的非线性失真度等。

3.2.4　频率的测量

对于重复信号的频率测量，可先测出该信号的周期，再根据公式 $f(\text{Hz})=1/T(\text{s})$计算出频率。若被测信号的频率较高，即使将“SEC/DIV”开关已调至最快挡，屏幕中显示的波形仍然较密。为了提高测量精度，可根据 X 轴方向 10 格内显示的周期数用下式计算频率

$$f(\text{Hz})=\frac{N(\text{周期数})}{\text{SEC/DIV 指示值}\times 10}$$

频率测量的另一种方法是李萨育图形法，即在示波器的 X 轴加可调标准频率信号，在 Y 轴加被测信号。反复调节标准信号的频率和幅值，使示波器显示稳定的圆形或椭圆形，则被测频率 $f_Y=f_X$，式中，f_X 为标准信号的频率值。

另外，利用示波器与信号发生器配合可以测量电路的频率响应。一种方法是利用示波器测量交流信号电压的方法逐点测出被测电路在不同频率点上的响应电压大小，然后据此绘出被测电路的频率响应曲线，这就是点频率测量法。它虽然是有效的，但由于测量点不可能很多，因而测量结果的细节不会很好，特别是有可能正好漏掉某些关键的转折点，并且测量时间较长，不利于自动测量。另一种方法是，运用扫频信号发生器加快测量速度。示波器以 X−Y 方式工作，扫频信号发生器输出的扫频正弦波连接到被测电路的输入端，被测电路的输出端被接到示波器的垂直信号道。扫频信号发生器的扫描电压驱动示波器的水平轴，当扫频信号发生器进行频率扫描时，该扫频信号发生器的扫描电压与频率成比例地迅速上升，示波器即显示被测电路的输出。用这种方法可将电路的全部频率响应迅速地显示在示波器上。

3.3　采样示波器

通用示波器的波形显示过程是在信号经历的实际时间内显示波形，即测量时间与被测信号的实际持续时间相等，属于实时测量方法。这样的测量方法受示波管 Y 轴放大器带宽、时基扫描速度的限制，上限工作频率只能做到 1500MHz 左右，对更高频信号的显示必须采取其他办法。

如果将采样技术应用于示波测量，将高频信号经过采样变换，变成与原波形相似的低频信号，就可以用普通示波器显示被测高频信号了。

这种测量方式中由于采用了采样技术，示波器显示波形的时间(测量时间)远大于被测波形实际经历的时间，所以称为非实时采样示波器。

3.3.1 采样原理

在采样技术中，采样保持器是核心，原理上可以等效为一个开关和电容的串联，如图 3.3.1所示，输入被测波形如图 3.3.2 所示(周期为 T_i)。$t=t_1$ 时，采样脉冲 $\delta(t)$到来，开关 S闭合，输入信号 $u_i(t)$经电阻 R 对电容 C 充电，充到此刻对应的瞬时值，$\delta(t)$过去后，S 断开，C 上的电压保持不变，对应于波形的采样点 1。第二次在 t_2 时刻采样，对应于波形的采样点 2……以此类推。$t_1 \sim t_2$ 时间间隔可以为多个信号周期，图中为作图方便，只隔一个周期。关键是每采样一次，采样脉冲就比前一次延迟 Δt，这样采样点将按顺序取遍整个波形。

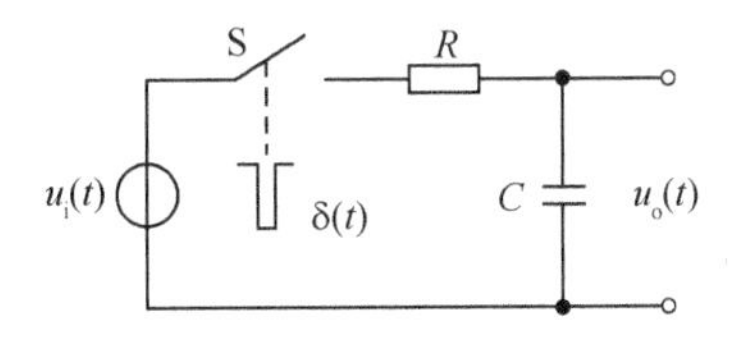

图 3.3.1 采样保持器的基本原理图

从图 3.3.2 中可以看出，非实时采样后，两个采样脉冲之间的时间间隔变为 $mT_i+\Delta t$，其中 m 为两个采样脉冲之间的被测信号周期个数(图中 $m=1$)，所得采样脉冲序列的包络波形可以重现信号波形，由于包络波形所经历的时间变长，所以可以用一般的低频示波器来显示。

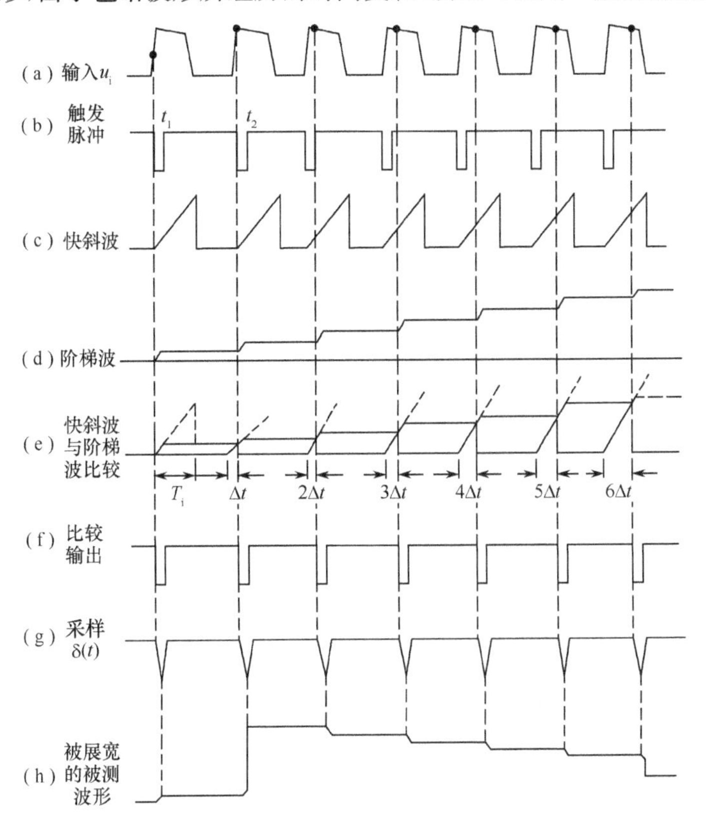

图 3.3.2 采样示波器工作波形图

利用非实时采样方法组成的采样示波器，在屏幕上显示的信号波形由一系列不连续的光点构成。

显然，采样脉冲周期为

$$T_\delta = mT_i + \Delta t$$

为获得一个完整的低频采样脉冲，所需的采样次数为

$$n = \frac{T_i}{\Delta t}$$

所需的采样时间为

$$T_e = nT_\delta = \frac{T_i T_\delta}{\Delta t}$$

步进间隔 Δt 与信号最高频率的周期之间应满足采样定理

$$\Delta t \leqslant \frac{T_{imin}}{2}$$

3.3.2 采样示波器的基本组成

采样示波器的基本组成框图如图 3.3.3 所示。Y 通道由采样门、放大器及延长门组成，其作用是在采样脉冲作用下，把高频信号变为低频信号。采样部分由采样门和采样脉冲发生器组成，延长电路由延长门、延长门脉冲发生器组成。采样门平时关闭，只有采样脉冲到来时才打开并取出样品信号。延长门电路起记忆作用，把每个采样信号幅度记录下来并展宽，延长门电路的输出端接通用示波器的 Y 偏转板。

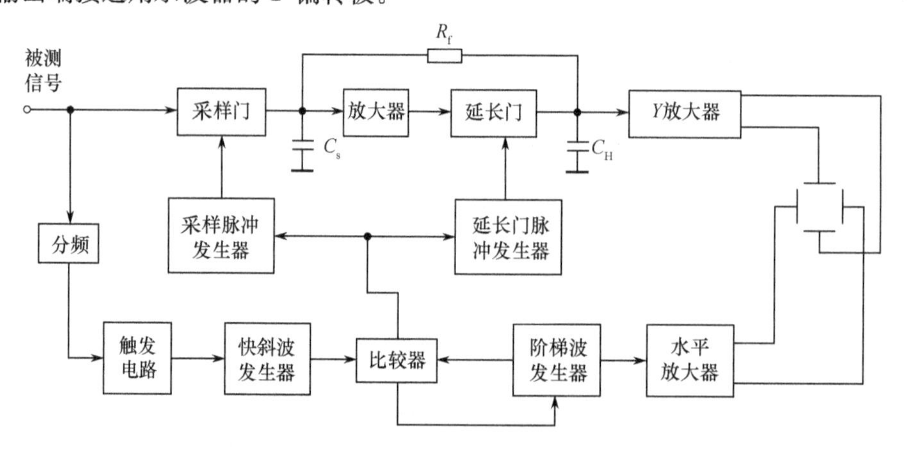

图 3.3.3 采样示波器原理框图

采样示波器的时基电路主要由阶梯波发生器和 Δt 步进延迟脉冲形成电路组成，Δt 步进延迟脉冲由快斜波和阶梯波在比较器中进行比较获得，其工作波形如图 3.3.2 所示。当快斜波和阶梯波电压相等时，比较器输出 Δt 步进延迟脉冲，该脉冲有两个作用：一是作为 Δt 步进延迟脉冲，触发采样脉冲发生器和延长门脉冲发生器(采样保持)；二是触发阶梯波发生器，使阶梯波上升一级。当下一个触发脉冲到来，由于参考电压已上升一级，快斜波将在延迟的时刻与阶梯波进行比较，从而使形成的脉冲延迟一个 Δt。由于每步延迟的时间增量 Δt 相等，这就是 Δt 步进脉冲的由来。

3.4 数字存储示波器

采样示波器从理论上讲可以提高测量的上限频率，但由于单纯的采样示波器只能观察重复性的周期信号、采样门过载能力差、关键器件不过关等原因，采样示波器始终没有得到长足发展，特别是近年来数字技术的发展使采样技术融合到数字示波器中去，现在市场上已很少见到单纯的采样示波器了，但采样示波器技术为现代数字示波器奠定了很好的基础。

数字示波器又称数字存储示波器(Digital Storage Oscilloscope，DSO)，具有传统模拟示波器所远不能及的功能、精度和带宽。它每隔一段时间对输入的模拟信号进行采样，然后经过A/D转换，把这些数字化后的信息按一定的顺序存入内部存储器中，当采样频率足够高时，就可以实现信号的不失真存储。当需要观察这些信息时，只要以合适的频率把这些信息从存储器RAM中按原顺序取出，经D/A转换后送至示波管，就可以观察到稳定的还原后的波形。

3.4.1 数字存储示波器的基本组成

一个典型的数字存储示波器的基本原理框图如图3.4.1所示，它有实时和存储两种工作模式。实时模式的组成原理和一般模拟示波器相同。存储工作模式时，其工作过程又分存储和显示两个阶段。

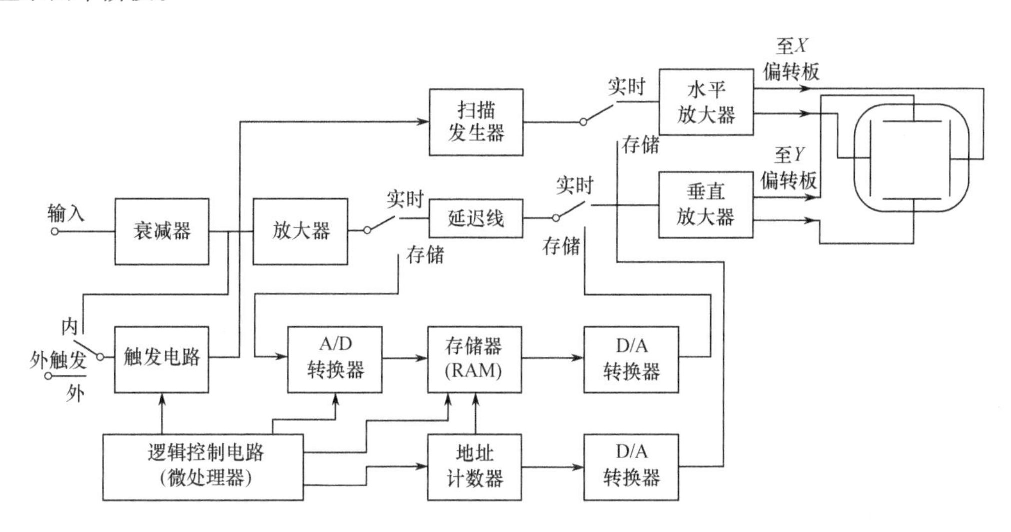

图3.4.1 典型数字存储示波器原理框图

数字存储示波器在存储工作阶段，模拟信号经过适当的放大或衰减，经“采样”(获取模拟信号得离散值)和“量化”(将离散值经A/D转换成二进制数)处理成数字信号，在逻辑控制电路的控制下依次存入RAM中，采样和量化及写入过程在同一时钟频率下进行。

在显示工作阶段，数字存储示波器将数字信号从存储器中取出，由D/A转换器转换成模拟信号，经垂直放大器放大加到CRT的Y偏转板。同时，CPU的读地址计数脉冲加到D/A转换器，得到阶梯扫描电压，到水平放大器放大，驱动CRT的X偏转板，这样在CRT上重现模拟输入信号。显示的信号是光点包络的形式，每一个点代表数据存储器中的一个数据字，点的垂直坐标对应存储器单元的二进制数据，点的水平坐标对应存储单元的二进制地址。如果对D/A转换后的模拟信号进行插值处理，也可以获得连续的信号波形。

3.4.2 数字存储示波器的信号采集技术

1. 采样方式

数字示波器的数据采样方式分为实时采样和等效时间采样(非实时采样)两种,等效时间采样又分随机采样和顺序采样。

(1) 实时采样

实时采样方式如图 3.4.2 所示,信号的所有采样点只是在一个单一的信号获取段中取得,即所有采样点是示波器一次触发而获得的,这种技术的优点是可以获取非重复性或单一的短暂事件,缺点是采样速率必须足够高,从而获得足够多的数据以保证正确地重构波形。

(2) 等效时间采样

等效时间采样中,最终显示的波形是由信号的每一次重复中获取的少量信息建立起来的。

① 随机采样:随机采样方式如图 3.4.3 所示,按一个随机序列来获取所需要的点,这个序列和采样点与存入存储器中的位置相对应,经过多个周期的样点积累,参照触发时刻最终恢复出被测波形。

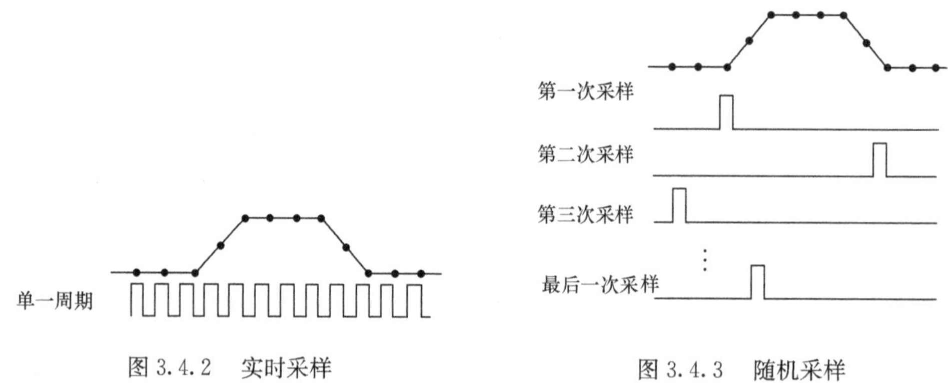

图 3.4.2 实时采样　　图 3.4.3 随机采样

随机采样的另一种方法是多点随机采样,即在一个采样周期中采样若干个点,这样可以缩短采样时间,如图 3.4.4 所示。

② 顺序采样:顺序采样方式如图 3.4.5 所示,这就是本书 3.3 节所说的采样示波器中的采样技术,每个采样周期在波形上只采样一个点,每次延迟一个已知的时间 Δt,采样有序重复地进行,直到获得足以构成一个完整波形的点。

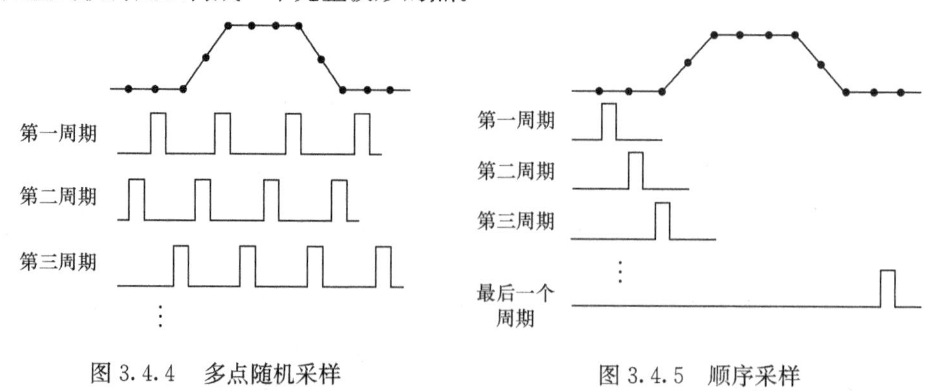

图 3.4.4 多点随机采样　　图 3.4.5 顺序采样

等效时间采样只适用于周期性信号,对非周期信号,只能采取实时采样方式。很多数字示波器都综合了实时采样和等效时间采样技术，对较低频率信号用实时采样技术，对较高频率信号用等效时间采样技术。

2. 采样速率

采样速率又称数字化速率，有 3 种描述方式。

① 用采样次数描述，表示单位时间内采样的次数，如 20×10^6 次/秒。

② 用采样频率描述，如 20MHz。

③ 用信息率描述，表示为每秒存储多少位(bit)的数据。例如，每秒存储 160MB 的数据，对于一个 8 位的 A/D 转换器来说，相当于 20×10^6 次/秒的采样速率。

采样速率高，可以增大数字示波器的带宽，但数字示波器的采样速率还受到存储器容量的限制，该容量在数字示波器中称为记录长度，用能够连续存入的最大字节数或采样点数表示。在不同扫描速率时，要求的采样速率是不一样的，以防止采样点过多而溢出采样存储器，具体关系为

$$\text{采样速率}=\frac{\text{记录长度}}{\text{扫描速率}\times\text{屏幕水平宽度}}$$

例如，一个数字示波器有 1024 个波形记录存储单元，屏幕水平宽度为 10 格(DIV)，而扫描速率设置是 10μs/DIV，则采样速率就是 $\frac{1024}{10\times10}=10.24\text{S}/\mu\text{s}=10.24\text{MHz}$。

3. 采样器件

这里讨论的主要是 A/D 器件。由于数字示波器中要求转换速度高，目前常用的主要有两种 A/D 转换器。

(1) 并联比较式 A/D 转换器

并联比较式 A/D 转换器的工作速度可以高达 500MS/s(兆次/秒)，并可以通过多个 A/D交叉复用(控制时钟依次叉开)使采样速率成倍提高。图 3.4.6 所示为两路组合采样的原理图。这种组合方式既降低了对 A/D 的要求，也降低了对采样存储器的存储速度的要求，使存储容量增大，所以数字示波器的记录长度可以做得相当长。目前泰克示波器最大达 50 兆样点，横河示波器最大达 125 兆样点，力科示波器最大达 768 兆样点。但交叉组合复用的结果使得电路复杂程度增加，成本提高。

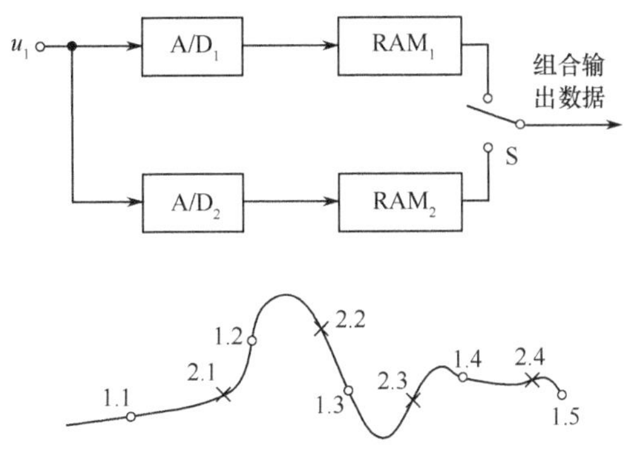

图 3.4.6　两路组合采样原理图

(2) CCD+A/D 技术

采用电荷耦合器件 CCD(Charge Couple Device)作为高速模拟存储，再进行慢速 A/D 数字化处理，其原理框图如图 3.4.7 所示。目前这种单片模拟存储 IC 的采样速率可达 2.5GS/s(吉次/秒)，并且价格相对便宜，4 片这样的 IC 交叉复用，可达 10GS/s(吉次/秒)，但由于制造技术上的原因，这种数字示波器的记录长度有限。

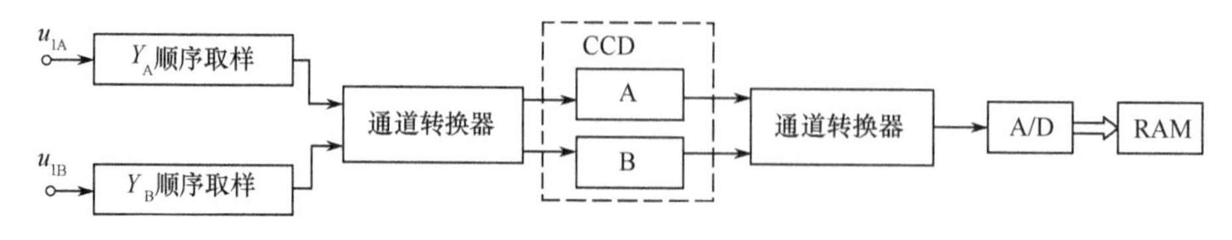

图 3.4.7 CCD+A/D 组合采集原理图

4. 采样存储器

数字示波器中的采样数据必须立即存入采样存储器，因此，采样存储器必须具有与采样速率相同的连续接收数据的能力。例如，对于一个采样速率为 2GS/s、精度为 8bit 的数字示波器来说，其存储器必须能以 2×10^9 bit/s 的速率接收数据，具有如此高写入速度的存储器是很难设计的。常用的解决方法是用多个低速存储器分时轮流写入，从而降低对单个存储器的速度要求，但这对示波器的精确定时系统的要求很高。

数字示波器的采样存储器采用类似于图 3.4.8 所示的环形结构进行循环存储，即将存储器的各存储单元按串行方式依次寻址，且首尾相接，每次采样的数据按顺序依次存储，当所有单元存满后，新的采样数据覆盖旧数据，这样在存储器中总有最新的 n_m 个采样数据，n_m 是存储器的容量，即前述的记录长度。

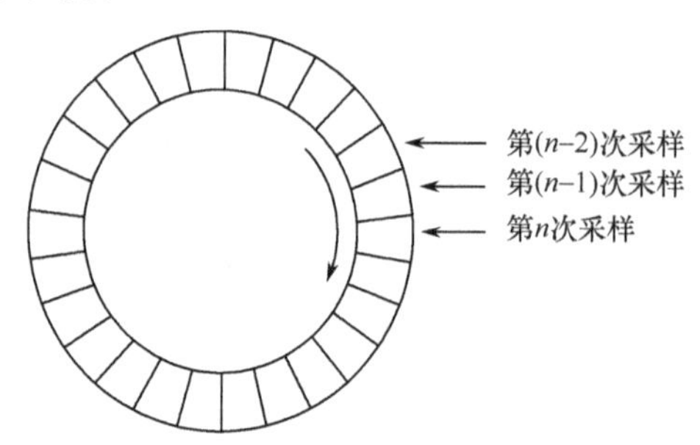

图 3.4.8 采样存储器的结构形式

由于存储器容量有限，所以只能保存一段被测波形，观察被测波形由示波器的触发功能来完成，此触发功能由类似于模拟示波器的“触发选择”来设定电平或极性等波形特征，当被测波形出现这种波形特征时就产生触发信号。但如果示波器的采样过程是在触发产生后才开始的，则触发前的波形信息将无法观测到。为了能观测到触发前的波形，采样过程必须预先进行，称预采样，即触发点以前的数据也存入存储器中。

5. 触发方式

在模拟示波器中，每次时基扫描都是由一个触发事件启动的，这样模拟示波器只能观察到触发时刻以后的信号变化情况。在数字示波器中沿用了触发叫法，设置了触发功能，但这里的触发只是从存储器中选取信号的一个标志。通常数字示波器设有延迟环节,可以自由改变触发点的位置,如图 3.4.9 所示,分正延迟触发和负延迟触发。

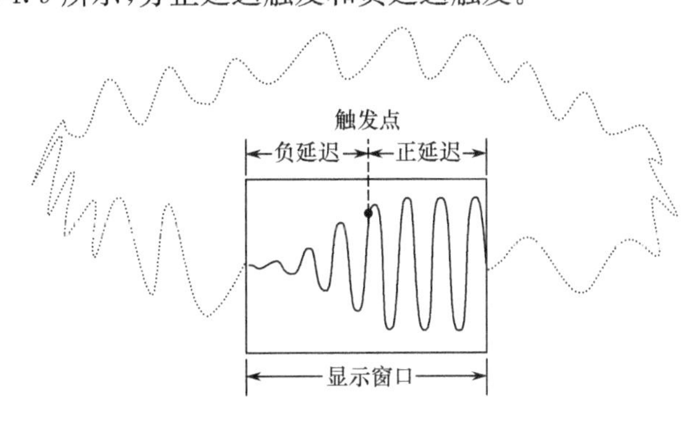

图 3.4.9　触发功能示意图

正延迟触发可以观测触发点之后的波形。负延迟触发可以观测触发点之前的波形,这在模拟示波器中是无法做到的。距离触发点的延迟时间可由程序设定。

延迟触发对于观测周期信号的意义不大,但对于观测单次非周期信号所起的作用就很明显。例如,图 3.4.9 所示的振荡器起振过程,选择触发电平介于零和稳定振幅之间的某个值,触发极性选正(上升沿),负延迟 5 格,就可以在屏幕上同时看到触发前后的情况,即显示从起振到稳定振荡的全过程。这种延迟触发功能也是数字示波器检测故障的一种手段,可以设法利用故障形成触发信号,利用负延迟可以看到故障前后的情况。

毛刺(Glitch)触发具有识别尖峰干扰的功能。正向模式时,若在设定时间发现一个上升沿后面紧跟一个下降沿,则必为正尖峰(毛刺)干扰;反向模式时,若发现一个下降沿后面紧跟一个上升沿,必为负尖峰干扰,在毛刺触发模式下,示波器以最高采样速率连续不断地采集信号,无毛刺时,示波器不显示,处于“监视”状态;当发现尖峰干扰时,毛刺触发器使采样停止,并显示出尖峰干扰出现前后的波形。图 3.4.10 所示为毛刺触发捕捉的尖峰干扰波形,有的数字示波器可以捕捉 0.6ns 的毛刺。

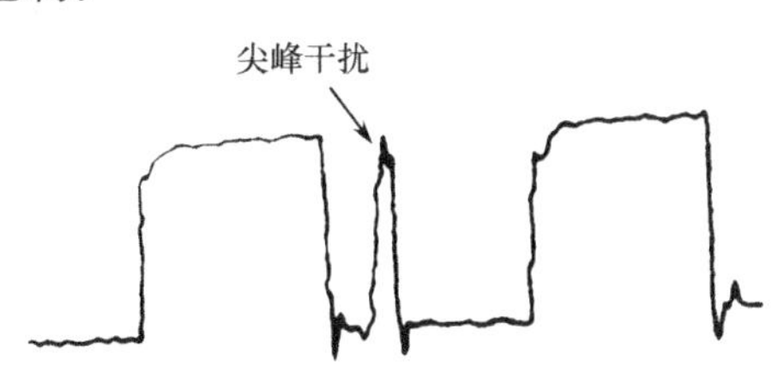

图 3.4.10　毛刺触发捕捉尖峰干扰的波形

3.4.3　数字存储示波器的波形显示技术

在数字示波器屏幕上看到的波形是由存储器中的采样点经 D/A 转换后重建出来的信号波形。这时示波器在屏幕上显示出这些采样点,并在这些采样点之间画出连线,这种波形显示可以按几种方法来做,如点显示法、线性插值法、正弦插值法及改进型正弦插值法等。

1. 点显示法

点显示法就是在屏幕上以有间隔点的形式将信号的波形显示出来。能够做到正确显示的前提是必须有足够多的点来构成被测信号，考虑到有限带宽问题，一般要求每个信号周期显示20～25个点。

点显示方式可以实现用较少的点构成波形，但特别是对正弦波这样的周期波形，存在视觉混淆问题。这是一种光学上的错觉，当观察者将注意力集中在跟踪眼前快速出现的点而在眼睛中感觉出一条连续曲线时，下一个停留点未必就是信号波形的离当前点最近的点，这样就给观测者感觉出一条错误曲线，其频率低于实际信号的频率。这种混淆不是出自机器而是出自人的眼睛。图3.4.11所示为视觉混淆示意图。

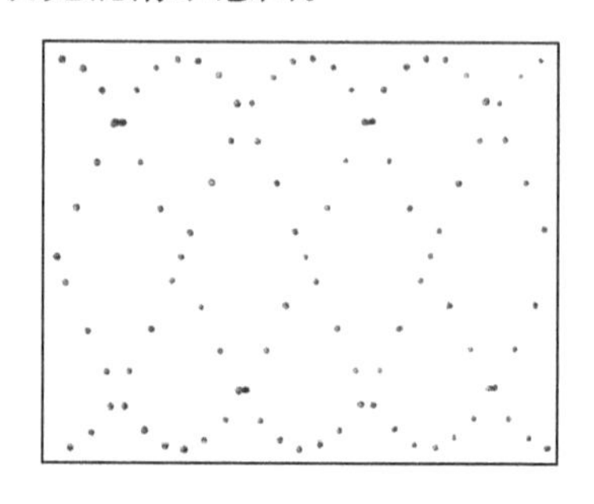

图3.4.11　视觉混淆示意图

2. 数据点插入技术

用数据点插入技术可以解决视觉错误问题，主要有两种插入方法，即线性插入和曲线插入。

线性插入按直线的方式将一些点插入采样点之间，即在各个采样点之间用直线连接。只要各采样点之间靠得很近，如每格50个采样点，用这种方法就能获得足够的重建波形，但由于仅仅是以直线的形式加入数据点中，当数据点没有落到信号顶部时，会造成顶尖幅值误差。

曲线插入按曲线的方式将一些点插入采样点之间，常用的有正弦插入法和改进型正弦插入法。

采用正弦插入法时，将各个采样点用幅度和频率均为可变的最佳正弦拟合曲线连接起来。

改进型正弦插入法引入一个前置数字滤波器，它与插入器相配合，前置滤波器监视3个最邻近的点之间的两个连续斜率的变化，若斜率发生突变，而突变又是处在一个特定界限之内，则对此斜率突变处的最邻近点进行修正。

$\frac{\sin x}{x}$插入法在采样点之间插入曲线段而使显示波形平滑，但有时由于过于依赖曲线的平滑性而使用很少的采样点(有时少到每周期4个)，因而噪声容易混入数据中。

3.4.4　数字存储示波器的控制系统

数字存储示波器在控制器的管理下完成各项任务，而控制器的核心是微处理器。在宽带的数字存储示波器中，有时微处理器的速度不能满足高速数据采集和存储的需要，必须有独立的高速时钟电路在CPLD或FPGA等逻辑电路的管理下进行工作。

数字存储示波器的控制系统需要完成数据采集、数据处理、显示、人机控制等功能，用一个微处理器很难及时完成这些任务，因此现代数字存储示波器出现多CPU系统。通常一个

CPU 为主 CPU，具有相应的存储器(ROM、RAM)、输入/输出接口(I/O)和外设(键盘、显示器等)，执行管理整个仪器的软件；其余 CPU 为从 CPU，在主 CPU 管理下完成一部分工作，如数据采集 CPU、数据处理 CPU、通信管理 CPU 等。

3.4.5 数字存储示波器的主要性能指标

数字存储示波器与波形显示部分有关的性能指标与模拟示波器相似，与波形存储部分有关的性能指标主要有如下几个。

1. 最高采样速率 f_s

它是指数字存储示波器单位时间内采样的次数，也称数字化速率，用每秒完成的 A/D 转换的最高次数来衡量，用频率 f_s 表示，单位为 MS/s(兆次/秒)，现代数字存储示波器的最高采样速率已可达 20GS/s 以上。

数字存储示波器的实时采样速率随扫描速率而变化，对应公式为

$$f_s=\frac{N}{t/\mathrm{DIV}}$$

式中，N 为每格的采样点数；t/DIV 为扫描速率。

可见，最快扫速对应最高采样速率。例如，最快扫速为 1ns/DIV，每格为 50 个采样点，则最高采样速率为 50GS/s。

2. 存储带宽 BW

当示波器输入不同频率的等幅正弦信号时，屏幕上显示的幅度下降至比基准频率的幅度低 3dB 时，对应的频率范围即带宽。

在数字示波器中有重复和单次两种带宽。

(1) 重复带宽

重复带宽也称等效带宽，是指数字存储示波器测量重复信号时的 3dB 带宽，由于一般采用了非实时采样技术(随机或顺序采样)，所以重复带宽可以做得很宽，有的达几十吉赫兹。

(2) 单次带宽

单次带宽也称有效存储带宽，是指用数字存储示波器测量单次信号时，能完整显示被测波形的 3dB 带宽，与采样速率和采样点数有关，对应公式为

$$\mathrm{BW}=\frac{f_s}{k}$$

式中，f_s 为最高采样速率；k 为每周期的采样点数。

当数字存储示波器的采样速率足够高时，其重复带宽和单次带宽一致，称实时带宽。

3. 分辨率

分辨率指示波器能分辨的最小电压增量，即量化的最小单元，包括垂直分辨率和水平分辨率两种。

垂直分辨率(电压分辨率)与 A/D 转换器的分辨率相对应，常以屏幕每格的分级数(级/DIV)或百分数来表示。

水平分辨率(时间分辨率)由采样速率和存储器的容量决定，常以屏幕每格含多少个采样点或用百分数表示。

一般示波器的屏幕垂直显格为 8 格，水平显格为 10 格，如果采用 8 位的 A/D 转换器(256 级)，则垂直分辨率为 32 级/DIV，或用百分数表示为 1/256≈0.39%；若采用容量为 1KB 的存储器，则水平分辨率为 1024/10≈100 点/DIV，或用百分数表示为 1/1024≈0.1%。

4. 存储容量

存储容量即记录长度，由采样存储器的最大容量表示，数字存储示波器常用 256B、512B、1KB、4KB 等容量的高速半导体存储器。

5. 读出速度

读出速度指将数据从存储器中读出的速度，常用"时间/DIV"表示，其中，"时间"为屏幕上每格对应的存储容量×读脉冲周期。使用中应根据显示器、记录装置或打印机等对速度的要求进行选择。

3.4.6 数字荧光示波器

数字荧光示波器(Digital Phosphor Oscilloscopes，DPO)具有数字存储示波器的各种优点，从数据存储到先进的触发作用，样样俱全。同时，它也具有模拟示波器的明暗显示和实时特性，能以数字形式产生显示效果优于模拟示波器的亮度渐次变化的化学荧光效果。

1. 数字荧光示波器的特点

数字荧光示波器有别于数字存储示波器的信号存储与处理的串联工作方式，采用并行工作方式，以接近于示波器触发速率的速度来采集波形数据并送到存储阵列。DPO 所提供的波形信息比 DSO 高出两个数量级。DPO 不仅与 DSO 一样具有数据存储功能，而且同模拟示波器相类似，能实时显示连续信号。它不仅可实时采集数据，而且还能在三维坐标系(幅度、时间和幅度随时间的分布)中进行信号分析，利用三维信息采用不同的辉度显示幅度分量出现的频率，充分展现信号的特征。尤其采用的数字荧光技术，通过多层次辉度或彩色能够显示长时间内信号的变化情况，支持对采样信号包括瞬变信号做动态插值。测试人员还能研究事件发生频率和完成信号的统计。

DPO 的特点主要表现在以下方面。

(1) 快速波形捕获速率和超强显示能力

数字荧光显示技术的应用使 DPO 能以不同的灰度或色彩同时显示信号的多幅图像。DPO 每秒可记录 200000 幅波形，其信号数据比一般的 DSO 多 1000 倍，每次可捕获 500000 幅波形，这种快速波形捕获速率结合高超的显示能力，使 DPO 具有分析信号任何细节的性能。

(2) 连续高速采样能力

通常 DSO 因处理显示数据在显示两幅波形之间有 8ms 的停滞时间，模拟示波器在回扫时间内也不能捕捉波形信息。而 DPO 能始终以最高采样率对几十万幅波形连续采样，克服了其他示波器存在的停滞时间问题。DPO 的采样率一般每秒有几个 10^9 次数，如此高的采样率允许示波器有更大的带宽。

2. 数字荧光示波器的工作原理

数字荧光示波器的原理框图如图 3.4.12 所示，核心部件是由专用集成电路(ASIC)构成的 DPX 波形成像处理器。

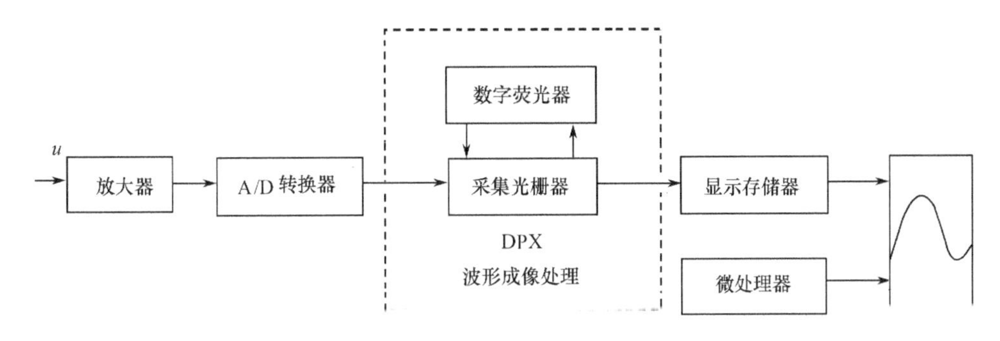

图 3.4.12 DPO 原理框图

与 DSO 一样，输入信号首先经放大和 A/D 变换后得到信号的采样值。采样值经过 DPX 波形成像处理器的处理后形成一幅具有 500×200 像素且包含波形三维信息的完整波形图。在不间断捕获过程的情况下，DPX 成像处理器每秒向波形显示存储器发送 30 幅波形图。在微处理器的控制下，根据显示存储器的内容，在显示屏上得到采集到的波形图。实现“信号数字化→图形化→显示”这样一种波形显示方式。与此同时，微处理器以并行方式执行自动测量及运算作用。

由于 DPO 的数据采集和显示体系分别独立运行，使得示波器能够在处理显示所需数据的同时，保持最高波形捕获速率，这意味着示波器能不间断地捕捉波形的所有细节。

DPX 由数据采集器和称为数字荧光器的动态三维数据库组成。它将光栅化作用(波形图像化)和快速波形捕获速率有机地结合实际在一起，以 500×200 整数阵列累积信号信息。阵列中的每一个整数都代表 DPO 显示中的一个像素，其数值的不同导致显示像点的亮度或色彩不同。随着信号不断地被采样，这一阵列也不断得以更新。但与 DSO 不同，一个显示周期(一幅波形图)完成后，新显示周期的采样值并不冲掉上次显示周期的数据。如果两次采样值具有相同的显示点，则只改变对应阵列点的值，这样多幅波形图就可累积显示。当多幅波形图导致的显示点不同时，阵列中各点的数据就不同，因此波形显示中会出现不同的亮度等级或色彩，重复出现的信号点其显示亮度最高，偶尔出现的其他波形信息会以较低亮度得到显示。

DPO 工作时以最大速率连续采样，利用采样之间的最小时间间隔触发和生成一幅幅的波形图，像模拟实时示波器一样，可以观察到长时间内信号的变化情况。

3. 数字荧光示波器的应用

数字荧光示波器功能强，可以完成复杂信号的捕获、显示、分析，加上灵活的触发方式和自动数字测量作用，使其成为测量领域的佼佼者。其主要应用领域体现在以下几个方面。

(1) 视频应用环境的信号检测

这类测量领域面对的是由快速脉冲组成的长“帧信号”。DSO 为了捕获整个信号的包络，只能使用较慢的采样率，但较慢的采样率会因缺少波形数据而产生混叠失真；而模拟示波器可显示波轮廓，但不具备测量和分析作用。DPO 尤其适合对这类信号的检测。类似的信号如磁盘、光盘等的读出信号。

(2) 无线通信设备中复杂数字调制信号的检测

这类信号的复杂程度表现为非周期性信号。模拟示波器上只能得到无法辨认的模糊的一条光带，DSO 因存储深度有限难以提供有价值的信息，此时可发挥 DPO 的多幅波形捕获能力。

(3) 稀有事件重复频率的检测

这是 DPO 的数字荧光技术带来的突出性能。通过观察多幅波形中稀有事件的显示亮度就可知在某段时间内出现的频度，必要时甚至可直接调出三维数据库中的波形数据进行详细统计。

习题与思考题 3

3-1 通用示波器主要由哪几个部分构成？简述各部分的作用。

3-2 垂直偏转板和水平偏转板的作用是什么？

3-3 扫描方式有几种？在每种扫描方式中，各自如何获得完整稳定的显示波形？

3-4 如何实现双踪显示？简述交替法和断续法的区别。

3-5 示波器的主要性能指标有哪些？

3-6 如果要用示波器测量电路中某处电压与电流的相位差，应如何实现？

3-7 如果要用示波器测量两个不同支路电流的相位差，应如何实现？

3-8 简述采样示波器和数字存储示波器各自的特点。

3-9 数字存储示波器与模拟示波器相比有什么特点？

3-10 给工作在 X-Y 方式的通用示波器加两同频率正弦波信号。当两信号同相且等幅时，荧光屏会显示什么图像？同相但不等幅图像又如何？两信号相差 90°而等幅时是什么图像？两者相差 90°但不等幅又是怎样的图像？

3-11 两正弦信号的李萨育图形如题 3-11 图所示。试确定与这两种情况相对应的两波形的相位关系。

3-12 在示波器 Y 偏转板上加入题 3-12 图(a)所示的波形，在 X 偏转板上加入题 3-12 图(b)所示的波形，试绘出荧光屏上显示的图形。

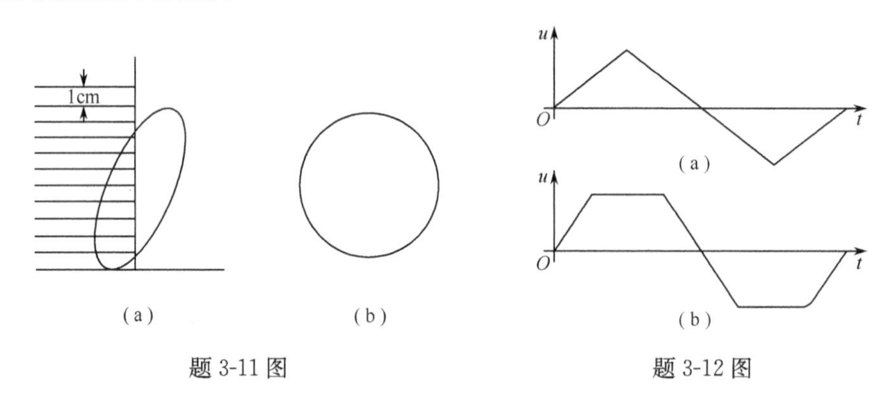

题 3-11 图　　　　题 3-12 图

3-13 给示波器 Y 轴和 X 轴分别加上下列电压，试绘出荧光屏上显示的图形。

$$u_y = U_m \sin(\omega t + 60°)$$

$$u_x = U_m \sin 2\omega t$$

3-14 某示波器的扫描时间范围为 1s/DIV～0.2μs/DIV，扫描扩展为×10，荧光屏 X 方向可用长度为 10DIV，试估计该示波器可用于测量正弦波的最高频率为多大？

3-15 某通用示波器 Y 通道频率范围为 0～10MHz，荧光屏 X 方向可用长度为 10DIV，试估计该示波器扫描速度范围为多大？

3-16 某通用示波器最高扫描时间为 0.01μs/cm，屏幕 X 轴方向可用宽度为 10cm，如果要求屏幕能观察到 2 个完整周期的波形，则该波形的频率为多大？

3-17 如果将示波器耦合方式开关(AC GND DC)置于 AC 位置，能不能测量直流电压？置于 DC 位置，能不能测量交流电压？

3-18　若数字示波器 Y 通道的 A/D 转换器主要指标为：分辨率 8 位，转换时间 100μs，输入电压范围 0～5V。试问：

(1) Y 通道能达到的有效存储带宽是多少？

(2) 信号幅度的测量分辨率是多少？

(3) 若要求水平方向的时间测量分辨率优于 1%，则水平通道的 D/A 转换器应是多少位？

3-19　设数字存储示波器的水平分辨率为 100 点/格，当扫描速度为 5μs/DIV、5ms/DIV、5s/DIV 时，对应的采样频率为多少？有何启示？

第4章　数字化电测仪表

数字仪表是测量装置将测量结果自动地以数字形式进行显示、记录和控制的仪表。具体来说，当被测量是模拟信号时，例如，电压和电流等，数字仪表就是对被测量进行离散化和数据处理，以数字形式显示测量结果的仪表；若被测量不是连续量，例如，脉冲信号的频率或者时间间隔等，数字仪表就是用数字电子技术或者微处理器对其进行测量和处理，以数字形式显示测量结果的仪表。数字化电测仪表无论在测量方法、原理、结构或操作方法上，都完全与前面所讲述的模拟式电测仪表不同。数字技术的引入，使测量技术得以提升、仪表功能得以增强。数字化测量技术已成为电磁测量技术中一个非常重要的方面。

4.1　概　　述

4.1.1　数字化测量技术的发展

随着生产和科学技术的不断发展，对测量技术也提出了一系列新的要求，其中最突出的就是与自动化技术和计算技术相适应。数字化测量技术就是为了适应这种要求而发展起来的。

可以将数字化测量技术分为3个阶段，见表4.1.1。一是基于数字电路的测量技术阶段，即电测仪表中采用了大量的数字电路。二是基于微处理器的测量阶段，即将微处理器引入电测仪表中，用微处理器的一些功能来完成测量任务，例如，用微处理器的定时器来对脉冲信号进行计数，此时，微处理器仅对信号做简单的加减运算或者平均处理。三是基于数字信号处理技术的测量阶段，针对有些含有很多现场噪声的被测量，基于高性能单片机或者数字信号处理器(DSP)，采用数字信号处理方法，对其进行处理，从而有效地消除噪声，提取更多、更为准确的有用信息。第二和第三阶段均使用了微处理器，所以，将这两个阶段的仪表定义为微机化仪表。其中，第三阶段是对信号进行数字信号处理，必须对被测量进行采样，所以，称为基于数字信号处理的仪表。注意，这3个阶段是相继发展的，是相互衔接的。但是，并非后一个阶段的仪表能够完全取代前一个阶段的仪表。这是因为电气测试的任务、场合、要求各不相同，人们将根据测试的需要来选择最合适的测试技术。

表4.1.1　数字化测量仪表的发展与特点

阶　段	名　称	特　点
第一阶段	基于数字电路的仪表	采用数字电路 以数字形式显示测试结果 价格便宜
第二阶段	带微处理器的仪表	做简单的运算 设置参数、显示结果 定时器计数 价格适中

续表

阶 段	名 称	特 点
第三阶段	基于数字信号处理的仪表	对信号进行采样 数字信号处理方法处理数据 价格较贵

本章首先介绍基于数字电路的数字化测量技术，然后介绍基于微处理器的数字式测量技术。

世界上第一台数字式仪表于 1952 年在美国诞生，我国数字式仪表的研制始于 1958 年。这 60 多年来，随着电子技术与计算技术的飞速发展，数字式仪表与数字式测量技术获得了迅速的发展。就原理来说，从原来的一、两种发展到几十种；仪表功能也在不断增加，从一台仪表只能测一种参数发展到一台表能测十几种参数；数字式仪表所用的元件也从最早的机电元件，经过电子管、晶体管，发展到集成电路和大规模集成电路；仪表的技术指标和自动化程度也不断提高，具有自动转换极性、自动切换量程及自校准等功能，便于与计算机系统配合使用。特别是 20 世纪 70 年代微处理器的出现，把微型计算机的功能引入数字式仪表中，产生了智能化的数字式仪表，它具有程序控制、信息存储、误差计算与自校正、数据处理及自检修等功能。目前，国内外已生产出许多种测量各种量并具有很宽技术特性范围的数字式仪表，如电压表、电流表、功率表、电能表、阻抗元件测量仪表、频率计和计数器等。

4.1.2 数字式仪表的结构

在实际工作中，电压、电流等是随时间连续变化的量，称为模拟量，但数字式仪表显示的是数字量，即是一种断续变化的脉冲量。为了对模拟量实现数字化测量，就需要一种能把模拟量变换为数字量的转换器，即模数转换器(A/D)，以及能对数字量进行计数的装置，即电子计数器。数字式仪表的结构框图如图 4.1.1 所示。若被测量是温度、转速和扭矩等非电量，由传感器转换成模拟电压、电流等，经过调理电路 1，进行放大、滤波等处理；再通过 A/D 转换，变成数字量；送入电子计数器计数，或者由微处理器的定时器或者捕获单元进行计数。若被测量是电压和电流，就直接送入调理电路 1。若被测量是频率和时间间隔等，送至调理电路 2，进行放大、滤波和整形，变成脉冲信号，既可以由电子计数器计数，也可以由微处理器的定时器或者捕获单元计数。

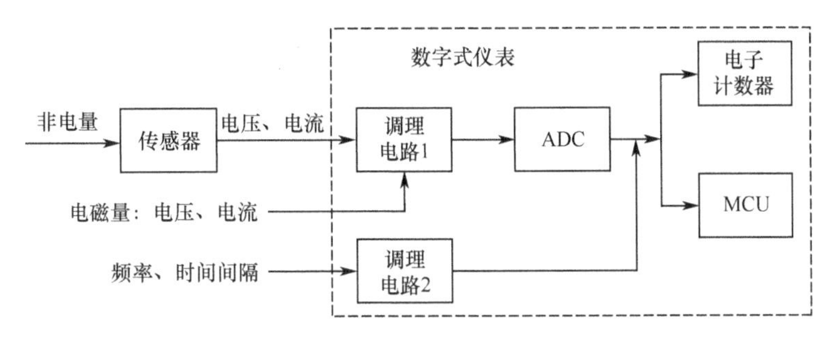

图 4.1.1 数字式仪表的结构框图

4.1.3 数字式仪表的特点

与模拟式指示仪表相比，数字式仪表有以下优点。

① 准确度高。例如，现代的 $7\frac{1}{2}$～$8\frac{1}{2}$位数字电压表测量直流电压的准确度可达满刻度的±0.0001%(10^{-6}数量级)；数字频率计测量频率的准确度可达到百万分之一，而模拟式(电机械式)指示仪表的准确度最高只能达到±(0.1%～0.05%)。

② 输入阻抗高。基本不取电流，消耗被测量信号的功率极小，即对被测电路工作状态的影响微不足道。例如，数字电压表基本量程的输入阻抗高达 1000MΩ 以上。

③ 灵敏度高。如现代的积分式数字电压表的分辨率可达到 1μV 以下。

④ 测得结果直接以数字形式给出，无读数误差，且记录方便。

⑤ 测量速度快。每秒可测多次，有些数字电压表的测量速度高达每秒上万次。而模拟式指示仪表测量一次一般需要几秒。

⑥ 测量过程自动化。无论对被测信号的极性判别、量程选择、结果显示和记录，还是送至计算机做运算处理，都可自动进行。

⑦ 操作简单。使用人员无须经过特殊的培训，即可用数字仪表完成测量任务。

数字式仪表的缺点是：

① 由于采用了大量的电子元件，其结构比模拟式指示仪表复杂得多；

② 不便于观察动态过程，不直观；

③ 价格较高；

④ 需要有较高水平的技术人员维修。

4.1.4 数字式仪表的分类

数字式仪表的种类繁多，分类方法也很多，很不统一。下面介绍几种常遇到的分类方法。

(1) 按显示位数分

可分为 3 位、4 位、5 位、6 位和 7 位等。

(2) 按准确度分

① 低准确度：在±0.1%以下。

② 中准确度：在±0.01%以下。

③ 高准确度：在±0.01%以上。

(3) 按测量速度分

① 低速：几次/秒～几十次/秒。

② 中速：几百次/秒～几千次/秒。

③ 高速：几万次/秒以上。

(4) 按使用场合分

① 标准型：它的精度高，对环境条件要求比较严格，适宜于实验室条件下使用或作为标准仪器使用。

② 通用型：它具有一定的精度，对环境条件要求比较低，适用于现场测量。

③ 面板型：它的精度低，对环境条件要求比较低，是面板上使用的指示仪表。

(5) 按测量的参数分

可分为直流电压表、交流电压表、功率表、频率表、相位表、电路参数表和万用表等。

4.2 频率、周期的数字化测量

频率、周期的数字化测量可以由电子计数器实现。电子计数器是一种通用的电子仪器，它的功能很全，应用很广泛。

4.2.1 电子计数器的原理

电子计数器也称频率计，可以用来记录脉冲的个数、测量频率、频率比、周期和时间间隔等参数。它由 4 大部分组成，如图 4.2.1 所示。

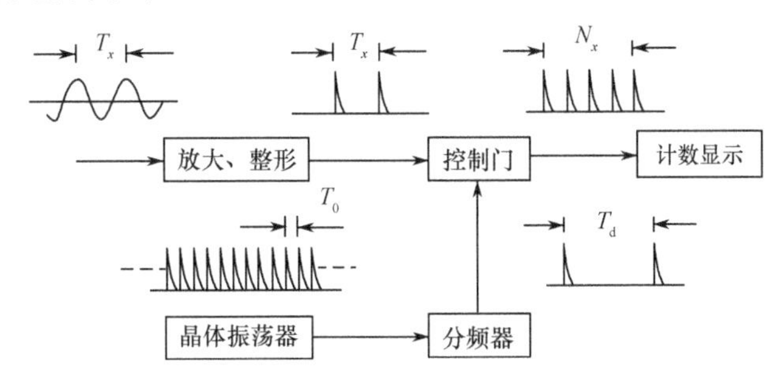

图 4.2.1 电子计数器原理框图

(1) 输入通道

输入通道包括放大、整形电路。各种被测信号(如正弦波、三角波、锯齿波等)经过放大、整形后转换成矩形脉冲信号，然后在控制门的控制下进入十进制计数器。

(2) 时间基准电路

由晶体振荡器和分频器组成。石英晶体振荡器产生稳定的时钟信号，经过分频后可以得到一系列周期已知的标准信号。这些信号可以作为计数器的标准计数脉冲(填充脉冲)，也可以作为各种时间基准，控制计数器的门电路。

(3) 控制电路

控制电路在所选择的基准时间内打开控制门，允许整形后的被测脉冲信号输入到计数器中。

(4) 计数器和显示器

对控制门输出的信号进行计数，并显示计数值。

测量频率或计数时，用时间基准信号控制控制门；测量周期时，用被测信号控制控制门，对时基信号计数。在电子计数器的各个部件中，改变被测信号和时基信号的流向，就可以实现不同的功能。

4.2.2 用电子计数器测量频率

用电子计数器测量频率的方法如图 4.2.1 所示。石英晶体振荡器产生的标准时钟信号经过分频后，得到周期为 T_d 的脉冲信号，用来控制计数器的门电路的开启。如果被测信号的周期为 T_x，在 T_d 这段时间内进入计数器的脉冲个数 N_x 为

$$N_x = \frac{T_d}{T_x} = T_d f_x = kf_x \tag{4.2.1}$$

若 $T_d = 1s$，则 $N_x = f_x$；若 $T_d = 10s$，则 $N_x = 10f_x$，$f_x = 0.1N_x$；若 $T_d = 0.1s$，则 $N_x = 0.1f_x$，$f_x = 10N_x$。

可见，可以通过改变开门时间 T_d 的方法来改变频率计的量限（测量范围）。测量频率的波形图如图4.2.2 所示。

显然，计数器测量和显示的是在 T_d 这段时间内被测信号频率的平均值。

4.2.3 用电子计数器测量周期

当被测信号频率较低时，用计数器测量频率得到的读数 N_x 的位数较少，这样使得测量误差增大。为此，采用测量周期的方法来增加读数的位数，降低测量误差。用电子计数器测量信号周期的框图如图 4.2.3 所示。

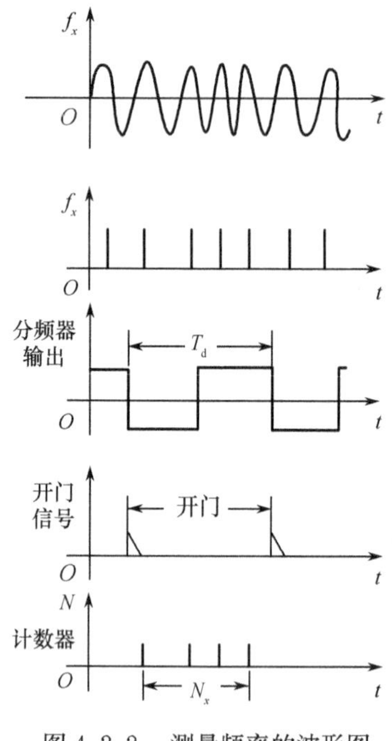

图 4.2.2 测量频率的波形图

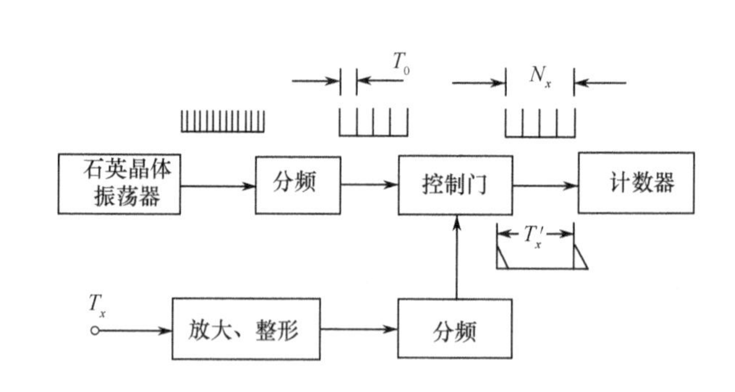

图 4.2.3 测量信号周期的原理框图

测量信号周期时，被测信号经过放大、整形、分频（或者不分频）后，去开启控制门。通过控制门进入计数器的是晶体振荡器产生的、周期为 T_0 的脉冲，即填充脉冲。假设计数器计得的数为 N_x，被测周期为 T_x，若未经分频直接开启控制门，则进入计数器的脉冲的个数为

$$N_x = \frac{T_x}{T_0} = f_0 T_x \tag{4.2.2}$$

即

$$T_x = N_x T_0 \tag{4.2.3}$$

式中，f_0 是标准频率。所以，计数器的读数和被测量的周期成正比。

若改变填充脉冲的频率 f_0，可以改变被测周期的量限。当被测周期较小时，为了增加读数位数，提高测量的准确度，可以把被测周期分频，也就是延长开门时间，这样也可以扩展测量周期的量限。若 $T_x' = 10T_x$，用 T_x' 控制计数器的开启，则计数器计得的数 N_x 为

$$N_x = T'_x f_0 = 10 T_x f_0 \tag{4.2.4}$$

即

$$T_x = \frac{N_x}{10} T_0 \tag{4.2.5}$$

测量信号周期的波形图如图 4.2.4 所示。

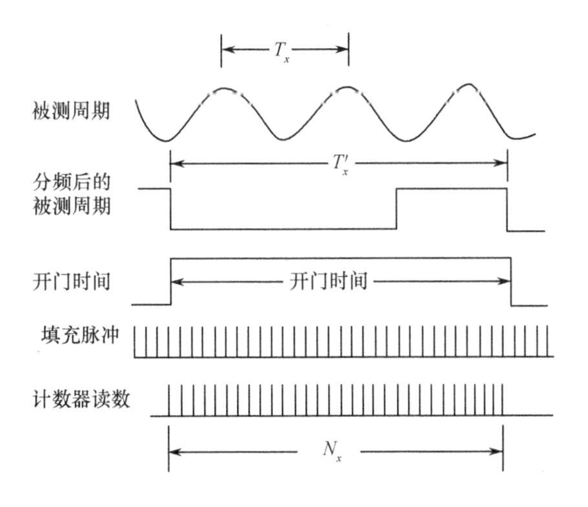

图 4.2.4　测量信号周期的波形图

4.2.4　时间间隔的测量

测量两个脉冲之间的时间间隔的电路框图如图 4.2.5 所示。

被测的两个脉冲分别送入 A 和 B 两个通道。A 通道的信号经放大、整形后去打开计数门；而 B 通道的信号经放大、整形后关闭计数门。这样，控制门开启的时间即为两脉冲的时间间隔 T。用开门时间内计数器计得的标准脉冲个数来度量时间间隔，即

$$T = N_x T_0 \tag{4.2.6}$$

式中，T_0 为标准脉冲的周期。

测量两个脉冲时间间隔的波形图如图 4.2.6 所示。

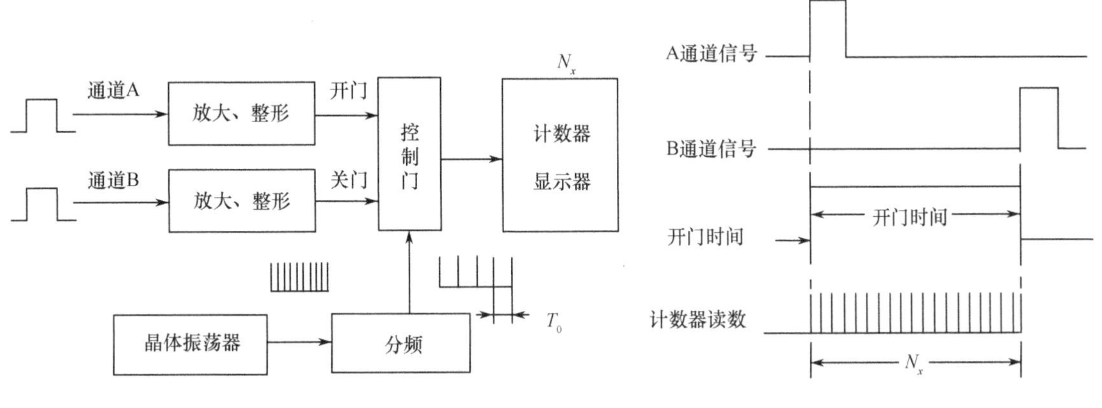

图 4.2.5　测量时间间隔的电路框图

图 4.2.6　测量时间间隔的波形图

4.2.5 测量频率比

用电子计数器可以测量两个信号的频率比，其原理框图如图 4.2.7 所示。

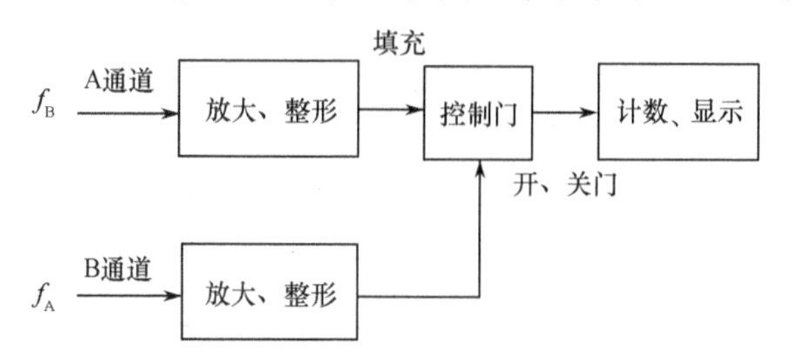

图 4.2.7 测量频率比的原理框图

若两个频率分别为 f_A 和 f_B，且 $f_A < f_B$，其周期 $T_A > T_B$。f_A 经放大、整形后去控制控制门开启，f_B 输入至 A 通道，经放大、整形后作为填充脉冲输入至计数器，计数器的读数为

$$N_x = \frac{T_A}{T_B} = \frac{f_B}{f_A} \tag{4.2.7}$$

用这种方法可以测量旋转体的转速比及分频器等的频率比。

4.2.6 电子计数器的误差

1. 测量频率的误差

测量频率时，被测频率 f_x 由控制门的开启时间 T_d 和这段时间内计数器的计数值 N_x 所决定，其关系为

$$f_x = \frac{N_x}{T_d} \tag{4.2.8}$$

将式(4.2.8)两边取对数并求微分，可得测量频率的相对误差为

$$\gamma_f = \frac{df_x}{f_x} = \frac{dN_x}{N_x} - \frac{dT_d}{T_d} = |\gamma_N| + |\gamma_{T_d}| \tag{4.2.9}$$

式中，γ_f 为计数器计数时产生的相对误差。在测量频率时，控制门开启的时刻相对于被测信号是随机的，两者之间没有同步关系。因此，在相同的控制门开启时间内，计数器所计数的脉冲个数可能不一样，如图 4.2.8 所示。若开门时间为 T_d，被测频率为 f_x，两次开门的计数值分别为 $N_x = 10$ 和 $N_x = 9$。可见，计数器的计数误差 $dN_x = \pm 1$。这是计数器所固有的原理性误差，称为量化误差。

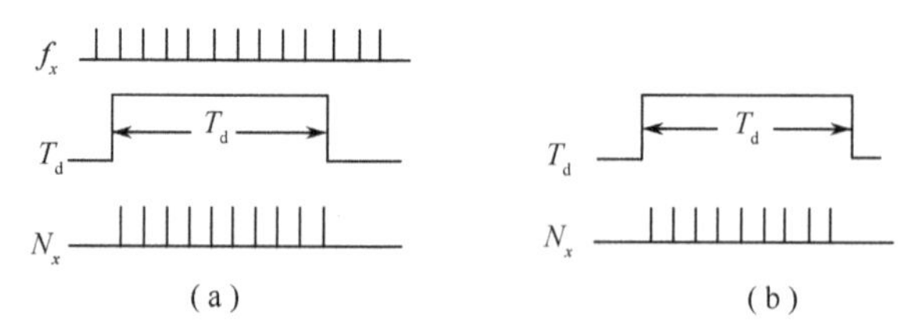

图 4.2.8 电子计数器的量化误差

显然，计数器计得的数 N_x 越大，该项误差就越小。因为 $N_x = f_x T_d$，所以

$$\gamma_N = \pm \frac{dN_x}{N_x} = \pm \frac{1}{f_x T_d} \tag{4.2.10}$$

可见，一般电子计数器在测量低频信号的频率时改为测量该信号的周期，然后由周期计算频率。

开门时间引起的误差 γ_{T_d} 是由晶体振荡器的频率误差所引起的，它与晶体振荡器的准确度和稳定性有关。石英晶体稳定性的典型数据为 2×10^{-7}/月或者 5×10^{-10}/天，也就是说，晶体校准一次后，每天变化 5×10^{-10} 或每月变化 2×10^{-7}。晶体一般放在恒温槽中。不同仪器使用的晶体不同，其稳定性也不一样。

表示测量误差的式(4.2.9)可以写成

$$\gamma_f=\pm\text{晶体的时基误差}\pm\frac{1}{f_xT_d} \tag{4.2.11}$$

2. 测量周期的误差

根据式(4.2.9)可得电子计数器测量周期的相对误差表达式为

$$\gamma_T=\pm\frac{dN_x}{N_x}\pm\frac{dT_0}{T_0}=\pm\gamma_N\pm\gamma_{T_0} \tag{4.2.12}$$

显然，计数 N_x 越大，相对误差越小。为此，可以尽量减小填充脉冲的周期，即增大计数脉冲的频率。另外，可以将被测周期通过分频器展宽，用拉长 T_x 的办法把 N_x 增加 $10\sim10^4$ 倍。若用 K 表示展宽的倍数，则 $N_x=KT_x/T_0$，$dN_x=\pm1$，因此

$$\gamma_N=\frac{dN_x}{N_x}=\pm\frac{1}{\frac{KT_x}{T_0}}=\pm\frac{T_0}{KT_x} \tag{4.2.13}$$

而 $\gamma_{T_0}=\frac{dT_0}{T_0}$ 为晶体的时基误差，所以，式(4.2.12)所表示的测量周期的误差公式可以写为

$$\gamma_T=\pm\text{晶体的时基误差}\pm\frac{T_0}{KT_x} \tag{4.2.14}$$

式(4.2.14)所表达的测量周期的误差是在被测信号的波形为方波和没有干扰的情况下得到的。如果被测信号中有干扰噪声，而整形电路的触发电平漂移时，又会产生触发误差。触发误差产生的原理如图4.2.9所示。图中，V_s 为被测信号的幅值，上面叠加有峰-峰值为 ΔV_s 的干扰。整形电路的触发电平为 V_0，触发电平的漂移为 ΔV_0。触发电平引起触发时间的改变。触发电平没有漂移时的触发时间为 T_x，ΔV_0 在开门和关门时刻所引起的触发时间的变化各为

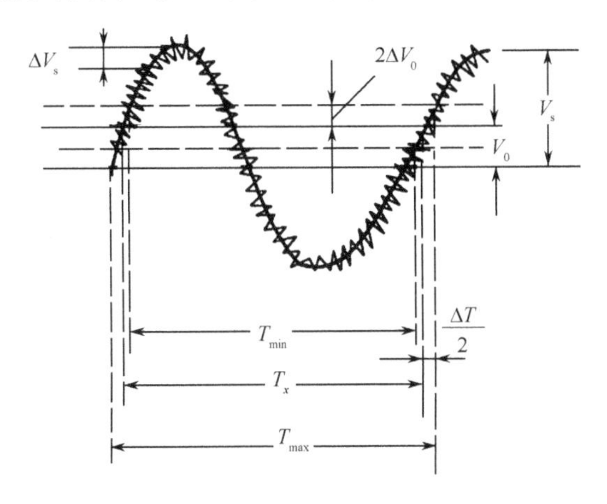

图4.2.9 触发电平漂移引起的误差

$\pm \frac{1}{2}\Delta T$。若不考虑干扰信号的影响，由于触发电平的影响，触发时间的最大值和最小值为

$$T_{\max} = T_x + \Delta T \tag{4.2.15}$$

$$T_{\min} = T_x - \Delta T \tag{4.2.16}$$

显然，由于计数器的开门时间发生变化，产生测量误差。同理，被测信号上的干扰噪声也会使触发电平漂移，产生误差。可以用增加被测信号幅值的方法来减少触发电平漂移所产生的误差。

4.3 相位的数字化测量

相位是交流信号的重要参数。相位测量不仅广泛应用在电力、通信等领域，而且有些非电量也是通过传感器变换成相位信号来进行测量的。随着科学技术的发展，对相位测量的精度要求越来越高。相位的数字化测量具有精度高、速度快和频带宽等特点。用数字相位表可以方便地测量相位。

4.3.1 相位测量原理

相位的数字化测量主要采用过零鉴相法，图 4.3.1 和图 4.3.2 所示为原理框图及其波形图。

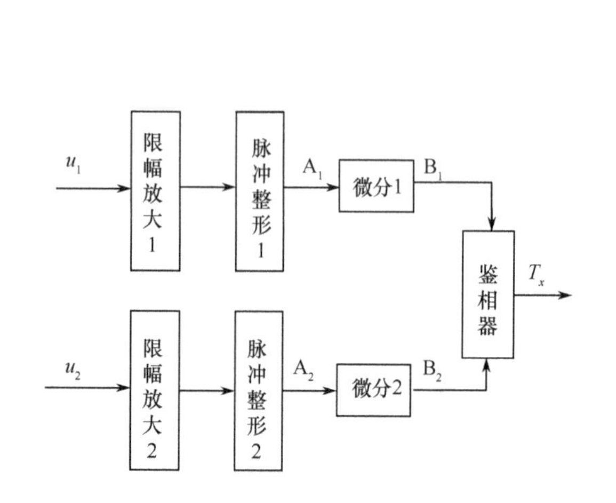

图 4.3.1 过零鉴相法测量相位的原理框图

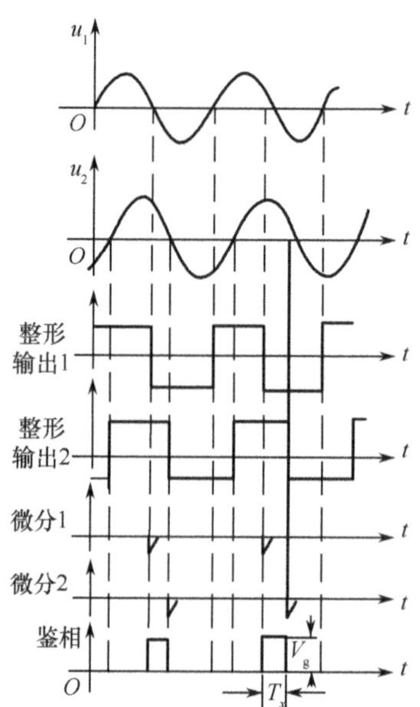

图 4.3.2 过零鉴相法测量相位的波形图

具有相位差为 φ_x 的两个同频率正弦信号 u_1 和 u_2，经过放大、整形后变成方波，其前、后沿分别对应正弦波的正向过零点和负向过零点。可以用两信号波形过零的时间差表示两信号相位差的大小。

设两个同频率信号的周期为 T，相位差为 φ_x，两信号波形过零点的时间差为 T_x，则存在下列关系式

$$\frac{T}{360^\circ} = \frac{T_x}{\varphi_x} \tag{4.3.1}$$

所以有

$$\varphi_x = \frac{T_x}{T}360^\circ \tag{4.3.2}$$

显然，测出 T 及 T_x，即可求出相位差 φ_x。

利用过零鉴相法检出过零时间差 T_x 后，可以用不同的方法求相位差 φ_x，从而构成不同原理的相位差计。相位 - 电压式相位计是对鉴相器输出方波的 T_x 进行滤波，得到电压信号；然后通过测量电压求出相位差。相位 - 时间式相位计是用计数器测量时间间隔的。下面介绍相位 - 时间式数字相位计。

4.3.2 相位 - 时间式数字相位计

相位 - 时间式数字相位计的原理框图如图 4.3.3 所示。相位差为 φ_x 的两信号 u_1 和 u_2，经过整形、放大形成尖脉冲 V_1 和 V_2。V_1 打开控制门 1，V_2 关闭控制门 1。控制门开启的时间为 T_x，T_x 正比于相位差 φ_x。在控制门 1 打开期间，由晶体振荡器产生的标准脉冲通过控制门 1。设标准脉冲的周期为 T_0，则在 T_x 这段时间内通过控制门 1 的标准脉冲数 N_0 为

$$N_0 = \frac{T_x}{T_0} = f_0 T_x \tag{4.3.3}$$

设信号 u_1 和 u_2 的周期为 T，则有

$$\frac{T_x}{T} = \frac{\varphi_x}{360^\circ} \tag{4.3.4}$$

将 T_x 代入式(4.3.3)，得

$$N_0 = \frac{f_0 \varphi_x}{360^\circ} T \tag{4.3.5}$$

可见，控制门 1 输出的脉冲数 N_0 与被测的相位差 φ_x 成正比。但是，该表达式中含有被测量的周期 T，所以，不能直接得到测量结果。为了消除被测量频率对测量结果的影响，使 N_0 再通过控制门 2。控制门 2 由晶体振荡器经分频器控制，开门时间为 T_2。T_2 由晶体振荡器的频率 f_0 分频得到，且 $T_2 \gg T_0$。

相位 - 时间式数字相位计的波形如图 4.3.4 所示。

由图 4.3.4 可见，式(4.3.5) 的物理意义是被测量的每一个周期内，都有一组标准脉冲通过控制门 1，该组共有 N_0 个周期为 T_0 的脉冲。由于 $T_2 \gg T_0$，在 T_2 开启控制门 2 这段时间内，有 W 组脉冲(每组 N_0 个脉冲) 通过控制门 2 进入计数器。W 值为

$$W = \frac{T_2}{T} \tag{4.3.6}$$

这 W 组中包含周期为 T_0 的脉冲个数 N_2 为

$$N_2 = WN_0 = \frac{T_2}{T} \times \frac{f_0 \varphi_x}{360^\circ} T = \frac{T_2 f_0}{360^\circ} \varphi_x \tag{4.3.7}$$

令 $T_2 f_0 / 360^\circ = 10^n$，则

$$N_2 = 10^n \varphi_x \tag{4.3.8}$$

改变 T_2 的值可以改变指数 n，从而改变相位的量限。这样，计数器计得的数 N_2 和被测相位成正比，而且与被测量的频率无关。

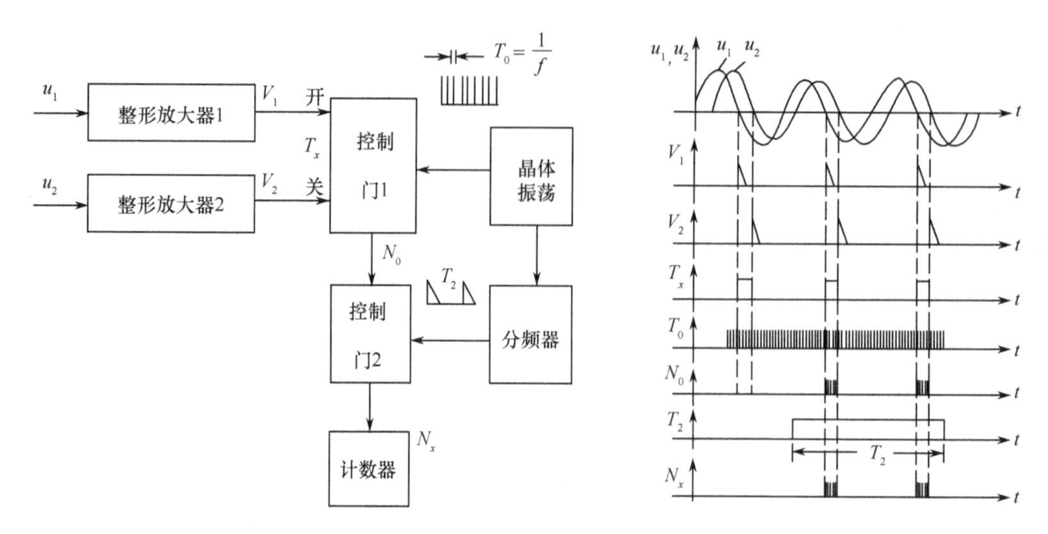

图 4.3.3　相位-时间式数字相位计框图　　图 4.3.4　相位-时间式数字相位计波形图

4.4　电压的数字化测量

电压的数字化测量可以由直流数字电压表来实现。直流数字电压表是一种通用的电子仪器，它的功能很全，应用非常广泛。

下面介绍直流数字电压表的工作原理。图 4.4.1 所示为直流数字电压表的原理框图，其中的 A/D 转换器是电压表的核心，它将被测模拟电压转换成数字量，从而实现对模拟电压的数字化测量。下面根据在数字电压表中 A/D 转换器类型的不同，介绍几种典型的直流电压表的工作原理。

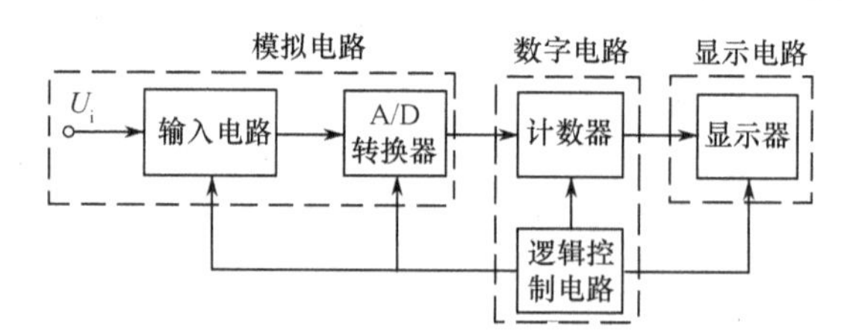

图 4.4.1　直流数字电压表的原理框图

4.4.1　逐位逼近比较式数字电压表

逐位逼近比较式数字电压表的原理框图如图 4.4.2 所示，这种电压表的工作原理与天平相仿。

标准电压源产生一组由大到小互为二进制关系的标准电压，相当于不同大小的砝码，故被称为“电压砝码”。测量时，在控制电路的操纵下，最大电压砝码首先与被测电压 U_x 进行比较，若大于 U_x，就换以较小的电压砝码进行比较；反之，则保留此电压砝码，并增加较小电压砝码再进行比较。如此逐位地进行下去，直至最小的电压砝码参与比较后为止。在此过程中，数码寄存器将每位比较结果的“1”或者“0”按位置保存。这样保留下来的参与比较的所有电压砝码值的总和，送至译码显示器输出，将与被测电压 U_x 基本相等。

这种电压表的准确度主要取决于基准源、数模转换器和比较器的性能指标。其突出特点是速度快；但是，由于与标准电压比较的是被测电压的瞬时值，没有能力去识别被测电压中是否混有交变的干扰信号，故抗干扰能力较差。

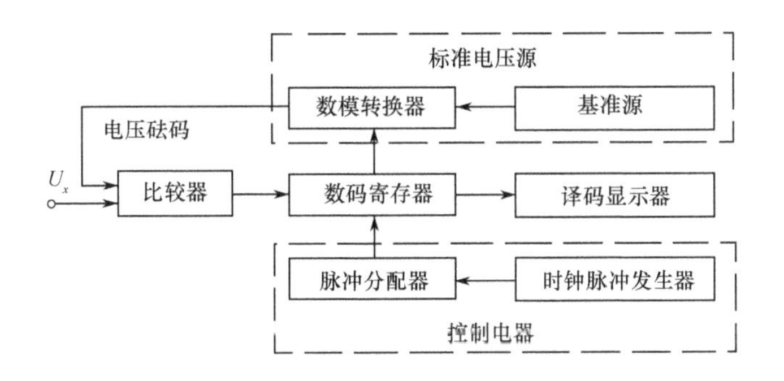

图 4.4.2　逐位逼近比较式数字电压表的原理框图

4.4.2　电压-时间变换型数字电压表

1. 单斜率式

单斜率式 A/D 转换器是最早研制出来的电压-时间变换型的 A/D 转换器。它将输入的被测电压与稳定且线性特性良好的斜坡电压（锯齿波）进行比较，从而检测出被测电压信号 U_i（对应于图 4.4.3 中斜坡电压线上的 a 点）到零电平（对应于图 4.4.3 中斜坡电压线上的 b 点）为止的时间间隔。当斜坡电压与被测电压相等时（对应于图 4.4.3 中斜坡电压线上的交点 a），信号电平比较器（见图 4.4.4）发出一个启动脉冲，逻辑控制电路根据启动脉冲的到来，以脉冲形式打开控制门，周期为 T_0 的标准时钟脉冲序列通过控制门，进入电子计数器计数。斜坡电压同时被送到零电平比较器，与零电平进行比较。在斜坡电压从 a 点（电平 U_i）降到零电平前，计数器一直连续累计时钟脉冲数。而当线性斜坡电压降至零时，零电平比较器立即发出一停止脉冲，它通过逻辑控制电路关闭控制门，计数器计数停止。图 4.4.5 给出了这种方式测量电压的信号波形图。它直观地展示电压-时间变换型单斜率 A/D 转换器，即采用这种 A/D 转换器的数字电压表的工作原理。

设计数器在上述过程中记录下的脉冲数相当于时间 T，则

$$U_i = \tan\theta T = KT \tag{4.4.1}$$

式中，$\tan\theta$ 正好是线性斜坡电压的斜率，所以，$\tan\theta = K$ 为一定值。式(4.4.1) 说明，被测电压 U_i 与时间（进入计数器的脉冲数）成正比。于是，记录和显示出的时间便反映了被测电压的大小。

实际中，常通过调整选择标准时钟脉冲的频率，使脉冲计数与被测电压按度量单位有适当的整数倍关系，例如，使得1000个脉冲相当于1V电压等。其结果，可方便地由脉冲计数读出电压值。

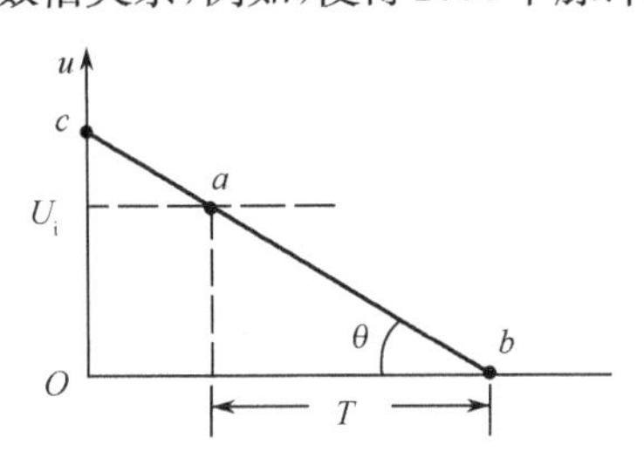

图 4.4.3　单斜率式电压-时间变换原理

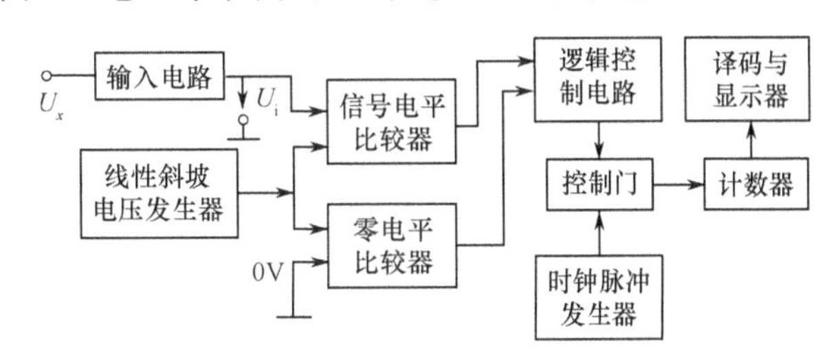

图 4.4.4　电压-时间变换型单斜率式数字电压表原理框图

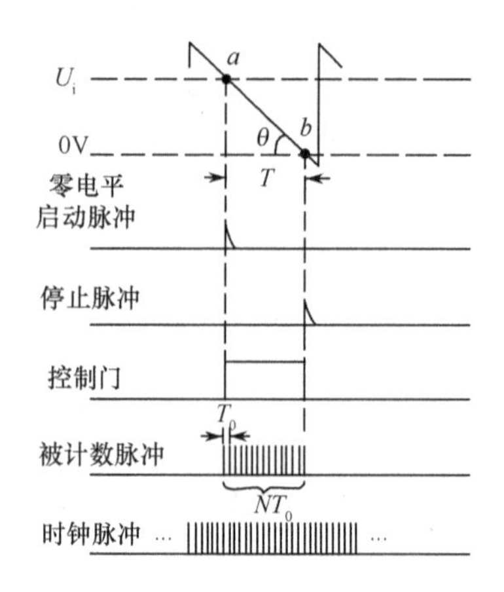

图 4.4.5　单斜率式电压表电压 - 时间变换波形图

电压 - 时间变换型单斜率式数字电压表的优点是线路比较简单。缺点是受斜坡电压非严格线性变化的限制，准确度不是很高；且由于它所测的是瞬时电压，因此，抗干扰能力不强。此外，随斜坡电压下降，脉冲电压计数需要的时间较长，所以，测量速度也不快。

2. **双斜率积分式**

这种数字电压表的工作原理是：通过在一个周期中的两次积分，把被测电压 U_i 转换成与其平均值成正比的时间间隔，计数器在此时间间隔内做脉冲计数，以此来反映被测电压的值。这种数字电压表的原理框图如图 4.4.6(a) 所示，波形图如图 4.4.6(b) 所示。设被测电压 U_i 为负值。

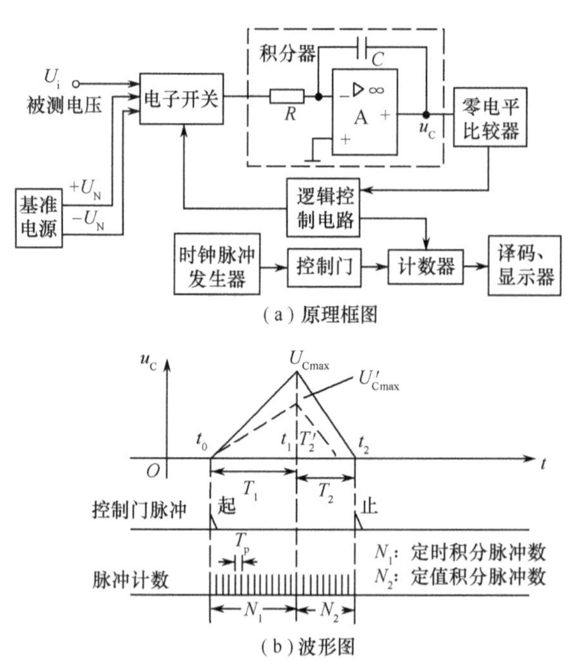

图 4.4.6　电压 - 时间变换型双斜率积分式数字电压表原理

下面介绍这种电压表测量电压的过程：逻辑控制电路使被测电压信号 U_i 通过电子开关加到积分器上。当 U_i 从 t_0 积分到 t_1 时刻时，积分器输出电压即积分器电容 C 上的电压 u_C 反方向

充电增加到

$$U_{\mathrm{Cmax}}=\frac{1}{RC}\int_{t_0}^{t_1}(-U_{\mathrm{i}})\mathrm{d}t=-\frac{T_1}{RC}\frac{1}{T_1}\int_{t_0}^{t_1}U_{\mathrm{i}}\mathrm{d}t=-\frac{T_1}{RC}\overline{U_{\mathrm{i}}} \tag{4.4.2}$$

式中，$\overline{U_{\mathrm{i}}}$ 表示 U_{i} 在 T_1 时间间隔内的平均值。

在 T_1 这段时间对电压 U_{i} 积分的同时，逻辑控制电路也打开脉冲控制门，让标准时钟进入计数器计数。式(4.4.2) 表明，积分器输出电压的最大值与被测电压的平均值成正比。由于标准时钟序列的周期 T_0 是确定的，对于人为设定的 T_1，计数器在 T_1 时间间隔内记录的脉冲数 $N_1=T_1/T_0$ 也就确定了。(N_1-1) 在仪表中被设为计数器的计数上限。于是，逻辑控制电路可根据到来的第 N_1 个脉冲去断开被测电压信号，获得时间间隔 $T_1(=N_1T_0)$。再则，由于 T_1 预先确定，在 T_1 时间段积分器输出电压的斜率便取决于被测电压 U_{i}，$|U_{\mathrm{i}}|$ 大，输出电压的坡度陡，$|U_{\mathrm{Cmax}}|$ 也大；对于相当小(绝对值) 的被测电压(积分器的输入电压)，输出电压的坡度便相对缓，最大值 $|U'_{\mathrm{Cmax}}|$ 也小，画出的输出电压曲线的最高点也相应地低(见图 4.4.6(b) 中的虚线)，但是，$|U_{\mathrm{Cmax}}|$ 与 $|U'_{\mathrm{Cmax}}|$ 同在一条时间轴的垂线上。

当到了 t_1 时刻，断开 U_{i}，逻辑电路将正的基准电压 U_{N}(U_{i} 为正时，选 $-U_{\mathrm{N}}$) 经电子开关接到积分器。从 t_1 时刻起，积分器进行反向积分，积分电容 C 开始放电，且计数器清零重新计数。经过时间间隔 T_2 后，积分器输出电压从 U_{Cmax} 降到零电平，于是，不难得出在 t_2 时刻有

$$U_{\mathrm{C}}\big|_{t_2}=U_{\mathrm{Cmax}}-\frac{1}{RC}\int_{t_1}^{t_2}(+U_{\mathrm{N}})\mathrm{d}t \tag{4.4.3}$$

可以解得

$$U_{\mathrm{Cmax}}=\frac{T_2}{RC}U_{\mathrm{N}} \tag{4.4.4}$$

将这一结果代入式(4.4.2)，可得

$$\overline{U_{\mathrm{i}}}=\frac{T_2}{T_1}U_{\mathrm{N}}=-\frac{U_{\mathrm{N}}}{T_1}T_2 \tag{4.4.5}$$

因为 U_{N} 和 T_1 是定值，所以，式(4.4.5) 表明被测电压正比于时间间隔 T_2。若以 N_2 代表 T_2 期间的脉冲计数，把 $T_2=N_2T_0$，$T_1=N_1T_0$ 代入式(4.4.5)，可得

$$\overline{U_{\mathrm{i}}}=-KN_2 \tag{4.4.6}$$

式中，$K=U_{\mathrm{N}}/N_1$。可见，只要选取合适的比例使 $K=10^n$，就可由 T_2 时间间隔内的脉冲计数 N_2 计算出被测电压值。

在 u_{C} 回到零电平的 t_2 时刻，零电平比较器发出信号，由逻辑控制电路关闭计数器停止计数，被测定的电压 U_{i} 经显示器显示出来。与此同时，逻辑控制电路经电子开关断开基准电压 U_{N}，并置电容为零状态，为下一个测量周期做好准备。

这种电压表的特点为：

① 准确度主要取决于基准电压 U_{N}，而与积分器的元件参数 R、C 基本无关；

② 由于测得的结果是被测电压在 T_1 时间段内的平均值，故混入被测电压信号中的交流干扰成分通过积分被削弱；

③ 由于积分作用，所以测量速度比较慢；

④ 受基准电压和时钟频率稳定性等条件的限制，其测量准确度不可能优于 $\pm 0.01\%$。

3. 脉宽调制(PWM) 积分式

与前述积分式电压表不同，脉宽调制式积分式仪表的积分方向与调制方波的正、负极性有

关。被测电压被调制成脉冲的宽度，其数值由正、负脉冲的宽度来反映。这种电压表的原理框图如图 4.4.7 所示。

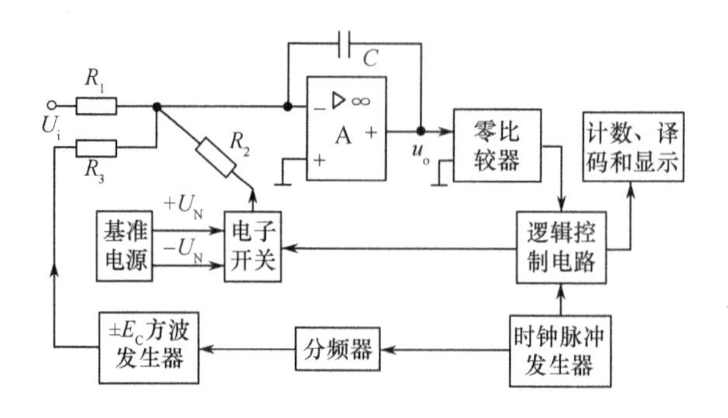

图 4.4.7　脉宽调制积分式数字电压表原理框图

被测电压 U_i、基准电压 $\pm U_N$ 和幅值为 $\pm E_C$ 的节拍方波电压信号均作为积分器的输入信号，积分器的输出电压 u_o 与零电平进行比较。逻辑控制电路控制着仪表各功能部分协调工作：当 u_o 从小于零穿过横轴变为大于零时，电子开关断开"$-U_N$"接通"$+U_N$"；u_o 从大于零变为小于零时，断开"$+U_N$"接通"$-U_N$"。在节拍方波电压作用下，整个电路以其节拍周而复始地工作。这种数字电压表中 A/D 部分的信号波形如图 4.4.8 所示。

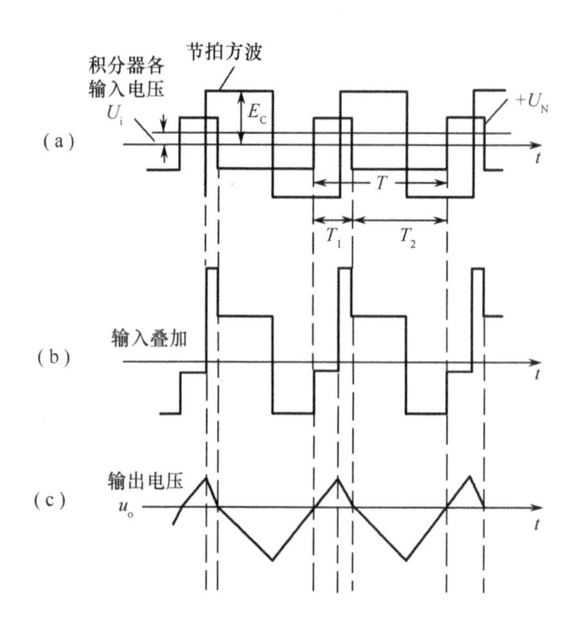

图 4.4.8　脉宽调制积分式数字电压表中脉宽调制部分的信号波形

根据图 4.4.8，$+U_N$ 的作用时间为 T_1，$-U_N$ 的作用时间为 T_2，且 $T_2+T_1=T$。对于这种数字式电压表，同样根据积分电容 C 在一个周期时间 T 内充、放电电荷量相等，可得

$$\frac{U_i}{R_1}(T_1+T_2)+\frac{U_N}{R_2}T_1-\frac{U_N}{R_2}T_2+\frac{E_C}{R_3}\frac{T}{2}-\frac{E_C}{R_3}\frac{T}{2}=0 \tag{4.4.7}$$

若 $R_2=R_1$，则

$$U_i=\frac{U_N}{T}(T_2-T_1) \tag{4.4.8}$$

由于节拍方波信号$\pm E_C$的周期T与U_N均为预先确定的，所以，式(4.4.8)表明，被测电压U_i与基准电压作用的时间差值(T_2-T_1)成正比，不同的U_i对应于不同的(T_2-T_1)，从而实现电压 - 时间的变换。

这种电压表的特点为：

① 积分时间可取为工业电源信号周期的整数倍，所以，抗干扰能力强；

② 在一个周期内积分 4 次，非线性误差小；

③ 速度较慢。

4.4.3 电压 - 频率型(U-F) 数字电压表

这种数字电压表由电压 - 频率转换器和数字频率计两部分组成，其原理框图如图 4.4.9(a) 所示，而图 4.4.9(b) 是有关波形图。

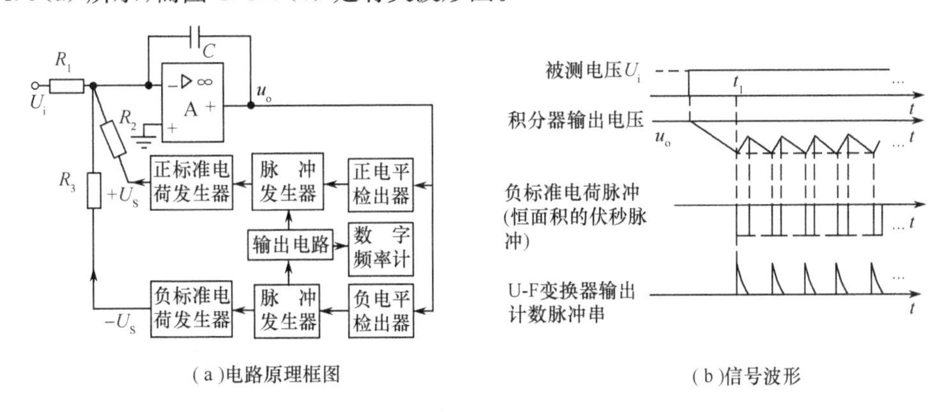

(a)电路原理框图 (b)信号波形

图 4.4.9 电压 - 频率型数字电压表

设被测电压U_i为正值，则在U_i刚加给积分器的很短一段时间内，积分器有输出电压

$$u_o=-\frac{1}{R_1C}\int_0^t U_i\mathrm{d}t=-\frac{U_i}{R_1C}t \tag{4.4.9}$$

在t_1时刻，负值电压u_o被负电平检出器检测，发出脉冲信号，作为控制信号使脉冲发生器产生脉冲送入计数器，并激励负标准电荷放大器产生一个极性与U_i相反、电荷为定量的标准电荷脉冲，如图 4.4.9(b) 中第三个波形所示。此标准电荷脉冲被送入积分器，它中和掉原来存储在电容C上的部分电容，也就是使电容C放电。积分器的输出电压u_o趋向零电平。当标准电荷脉冲的电荷量完全被中和掉时，由于被测电压U_i的作用，u_o则沿负方向增大。当它又达到负电平检出器的“门坎”值时，再次被检测出，于是脉冲发生器产生第二个计数脉冲，并使负标准电荷发生器再次产生定电荷量的标准脉冲，重复上述过程。电路的这种周而复始的工作状态，便产生了连续的标准电荷与计数脉冲序列。当被测电压为负值时，与上述原理相同，不再重复。

被测电压与所产生的脉冲串的频率的关系分析：在稳态时，由被测电压U_i给积分电容C充电的电量应等于被标准电荷脉冲中和的电量。设Q_S是一个标准电荷脉冲的电荷量，F表示单位时间内的标准电荷脉冲数(即标准电荷脉冲序列的频率)。在T_1时间里，电容C获得的电量为

$$IT_1=\frac{U_i}{R_1}T_1 \tag{4.4.10}$$

它被这段时间里产生的标准电荷脉冲电量 $Q_S F T_1$ 所中和，即

$$Q_S F T_1 = \frac{U_i}{R_1} T_1 \tag{4.4.11}$$

所以有

$$F = \frac{U_i}{Q_S R_1} \tag{4.4.12}$$

即脉冲串频率与被测电压 U_i 成正比。可见，通过测量频率 F 可以实现对 U_i 的测量。

这种电压表由于也利用积分电路而具有一定的抗干扰能力，当电阻等元器件的准确度和稳定度达到要求的情况下，这种仪表的准确度比较高，而且输入阻抗也很高。

4.5 电阻、电容的数字化测量

电阻和电容是电工、电子领域中最常用的元器件，它们的参数值对各种电路和系统具有举足轻重的作用。另外，许多非电量常常是通过传感器转换成电阻和电容后进行测量的。

4.5.1 电阻的数字化测量

电阻的数字化测量方法很多，可以将电阻转换成电压、电流、时间和频率等物理量后，再进行数字化测量。下面介绍两种常用的将电阻转换成电压的测量方法。

1. 比例运算法

比例运算法的原理图如图 4.5.1 所示。被测电阻 R_x 接入运算放大器的反馈回路，标准电阻 R_s 接入放大器的反相输入端。若忽略标准电源 E_s 的内阻，放大器的输出电压 U_o 为

$$U_o = -\frac{R_x}{R_s} E_s \tag{4.5.1}$$

故

$$R_x = -\frac{R_s}{E_s} U_o \tag{4.5.2}$$

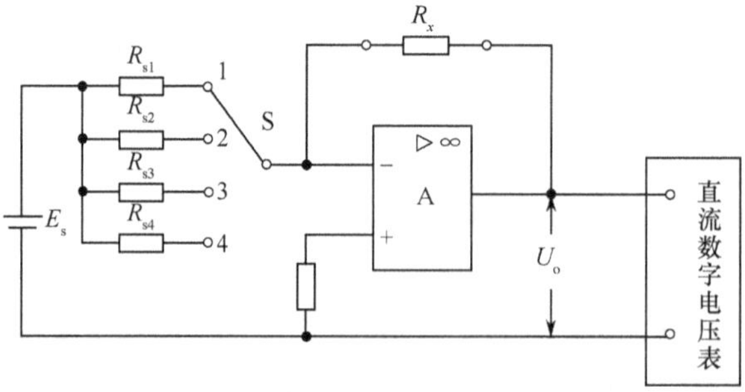

图 4.5.1　比例运算法原理

可见，测量出 U_o 的值，就知道 R_x 的大小。如果选择 $R_s/E_s = 10^n$（n 为整数），则可以直接用 U_o 值表示 R_x。用开关 S 接通不同的电阻 R_s，即可改变量程。

如果测量阻值很小的电阻，可采用如图 4.5.2 所示的四端钮接法，以减小引线电阻的影响。

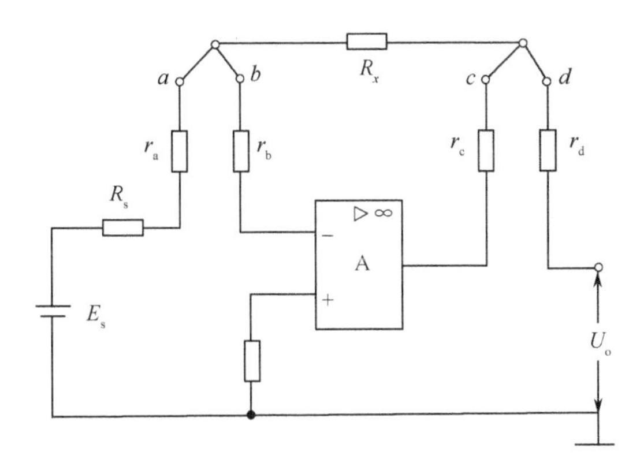

图 4.5.2　用四端钮接法测量小电阻

为了保证测量的准确度，应选用高增益、低漂移和高输入阻抗的运算放大器，选用精度高和稳定性好的基准电源和标准电阻。

2. 比率法

将被测电阻 R_x 和标准电阻 R_s 相串联，它们的电压降之比等于电阻值之比。若测出两个电阻上的电压降 U_x 和 U_s，则根据已知的标准电阻值，即可求出被测电阻为

$$R_x = \frac{U_x}{U_s} R_s \tag{4.5.3}$$

有些便携式数字电压表就是采用这个原理来测量电阻的。用双积分式 A/D 转换原理来测量电阻上的电压降：先对被测电阻上的电压 U_x 进行定时积分（积分时间为 T_1），然后以标准电阻上的压降 U_s 作为基准，进行定值积分（积分时间为 T_2），根据双积分 A/D 的原理，可得

$$T_2 = \frac{U_x}{U_s} T_1 \tag{4.5.4}$$

将式(4.5.3) 代入式(4.5.4)，得

$$T_2 = \frac{R_x}{R_s} T_1 \tag{4.5.5}$$

T_2 的数值将正比于被测电阻 R_x。若 N_1 为定时积分阶段 T_1 的计数值（已知常量），N_2 为定值积分阶段 T_2 的计数值，则有

$$N_2 = \frac{N_1}{R_s} R_x \tag{4.5.6}$$

可见，被测电阻值可由计数器的读数 N_2 得到。因为两个电压的测量使用同一个芯片，且在一次 A/D 转换中完成，所以，电阻测量的准确度较高。

4.5.2　电容的数字化测量

测量电容的方法很多，可以用各种方法将电容转换成其他量，如频率、脉冲宽度、电压和时间等来进行测量。

1. 容抗法

容抗法的测量原理如图 4.5.3 所示。被测电容 C_x 接入运算放大器的反相输入端，其容抗 X_C 为运算放大器的输入电阻。反馈电阻 R_f 的阻值根据电容的量程而定。正弦波发生器产生 400Hz 的正弦波信号，输入到放大器中。运算放大器的输出 U_{o1} 为

$$U_{o1}=-\frac{R_f}{X_C}U_i \tag{4.5.7}$$

由电容器的容抗 $X_C=\dfrac{1}{2\pi fC_x}$，可得

$$U_{o1}=2\pi fR_fU_iC_x=K_1C_x \tag{4.5.8}$$

式中，$K_1=2\pi fR_fU_i$；R_f 和 U_i 为已知。

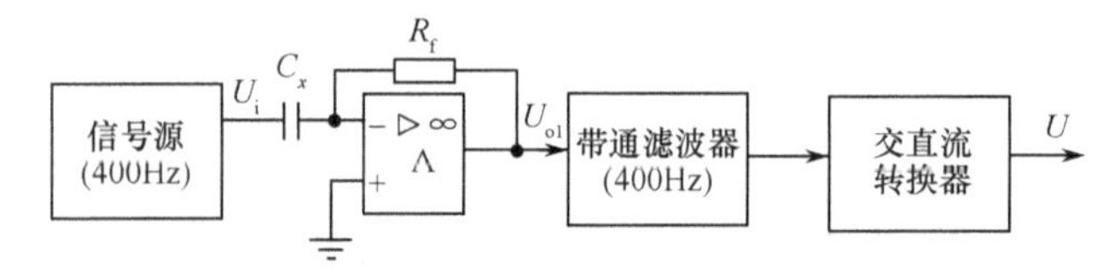

图 4.5.3　容抗法测量电容的原理框图

为了消除其他频率的干扰，让 U_{o1} 通过 400Hz 的带通滤波器后，再经过交直流转换器转换成直流信号 U。设带通滤波器和交直流转换器的转换系数为 K_2，于是

$$U=K_2U_{o1}=K_1K_2C_x \tag{4.5.9}$$

可见，输出的直流电压和被测电容 C_x 成正比。只要合理设计并适当调节电路参数，即可由测得的 U 值直接读出被测电容值。目前，许多便携式数字万用表都采用这种原理测量电容，由于放大器工作在交流状态，不存在零点漂移，交直流转换器的漂移可以忽略不计，所以，电容测量挡不需要加手动调零电位器。

2. 脉宽调制法

该方法利用被测电容器的充、放电过程，调制一定频率的脉冲波形，使其占空比与 C_x 成正比；然后经过滤波器电路检出其直流电压，送到 A/D 转换器中。有些便携式数字万用表的电容测试电路，就采用这种方案。新型数字万用表普遍采用容抗法测量电容，这种方法的缺点是准确度不高，而且每次测量前需要调零。

4.6　电功率的数字化测量

本节仅介绍单相有功功率的测量。大家知道，瞬时功率 p 为瞬时电压与瞬时电流的乘积，在一个周期内取瞬时功率的平均值就得到平均功率 P。所以，测量功率需要求出电压和电流的乘积。下面介绍一种基于时间分割原理的数字功率表，其原理框图如图 4.6.1 所示。图中的上半部分是脉冲调制 A/D 转换器。

被测电压 U_x、节拍方波电压 E_c 和基准电压 $\pm U_N$ 同时输入积分器中，对 3 个电压之和进行积分。为了满足对工频干扰的抑制能力，节拍方波电压 E_c 的周期为工频周期的整数倍，且比工频频率高得多。

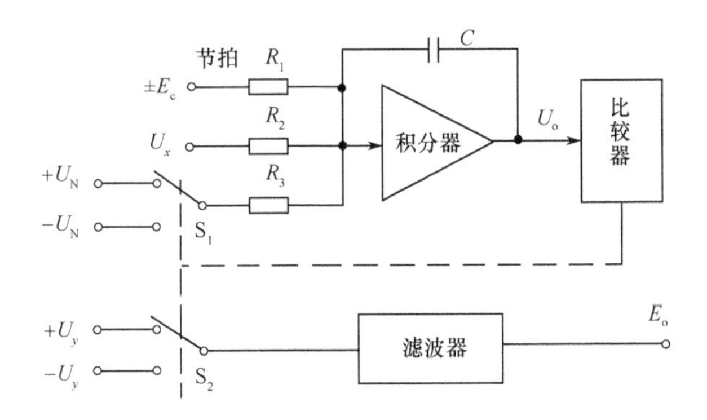

图 4.6.1 采用时间分割式乘法器的数字功率表原理框图

积分器的输出电压U_o进入比较器，比较器的输出信号控制开关S_1。当$U_o > 0$时，开关S_1将$+U_N$接入积分器；当$U_o < 0$时，开关S_1将$-U_N$接入积分器。当积分器输出过零时，比较器翻转，改变接入的基准电压的极性。在一个节拍方波周期T内，$+U_N$接入积分器进行积分的时间为T_1，对$-U_N$进行积分的时间为$T_2(T_1+T_2=T)$。$+U_N$和$-U_N$在一个节拍周期T内的平均直流电压恰好等于被转换的输入电压U_x的平均值。这样，U_x转换成时间间隔T_1和T_2之差，即

$$\overline{U}_x = \frac{R_1}{TR_2}U_N(T_2 - T_1) \tag{4.6.1}$$

经过整理，得

$$T_2 - T_1 = \frac{R_2}{R_1}\frac{T}{U_N}\overline{U}_x \tag{4.6.2}$$

如果比较器在控制开关S_1的同时还控制另一个开关S_2，则可构成乘法器。开关S_2控制两个幅值相等、极性相反的电压$\pm U_y$。当积分器输出电压$U_o > 0$时，开关S_1接通$+U_N$，S_2接通U_y；当$U_o < 0$时，开关S_1接通$-U_N$，S_2接通$-U_y$。电压U_y经过滤波后，输出电压E_o在一个节拍方波T内的平均值为

$$E_o = \frac{U_yT_1}{T} - \frac{U_yT_2}{T} = \frac{(T_1 - T_2)U_y}{T} \tag{4.6.3}$$

将式(4.6.2)代入式(4.6.3)，得

$$E_o = -\frac{R_2U_xU_y}{R_1U_N} = K_pU_xU_y \tag{4.6.4}$$

式中，$K_p = -\frac{R_2}{R_1U_N}$。如果$U_x$是负载两端的电压，$U_y$与负载电流$I_x$成正比，即$U_y = R_yI_y$，其中$R_y$为采样电阻，代入式(4.6.4)，得

$$E_o = K_pR_yU_xI_y \tag{4.6.5}$$

时间分割式乘法器的信号波形如图 4.6.2 所示。从式(4.6.5)和波形图可见，时间分割式乘法器实现了电流和电压相乘的运算，E_o与负载上消耗的功率成正比，可以用来测量功率。

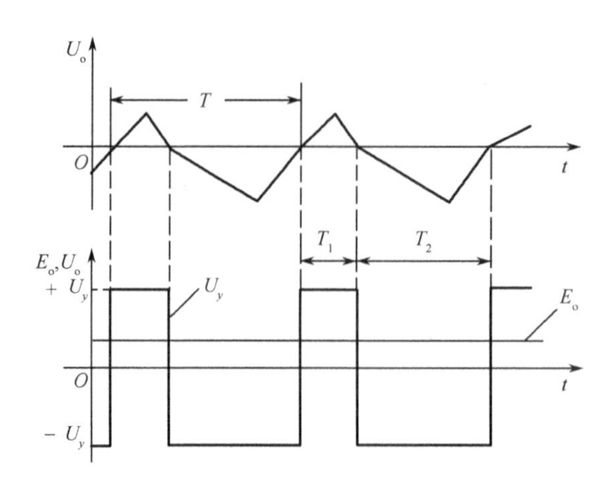

图 4.6.2　时间分割式乘法器的信号波形

4.7　微机化仪表

4.7.1　概述

20 世纪 70 年代后期，随着微型计算机的广泛应用，出现了微机化仪表。这种仪器内部含有微处理器，以微处理器为核心，具有信号采集、数据处理、显示记录、传输和测试过程自动控制等一系列功能。人们习惯地把这种仪器称为智能仪表(Intelligent Instrument)。严格来说，这类仪器的“智能”水平还不高。一般公认的“智能”是指“一种能够随外界变化的条件，确定正确行动的能力”，“智能化”应包括理解、推理、判断与分析等一系列功能。目前的智能仪表尽管有自动补偿、自动校准、自寻故障、自动检测等较高的自动化水平和一定的分析判断能力，但是，用上述“智能”及“智能化”的概念来衡量还有一定的距离。随着科学技术的迅速发展，微机化仪表具有的智能水平将会越来越高。

微机化仪表具有以下特点。

(1) 用软件控制测量过程

这始于 20 世纪 60 年代末。当时，由硬件实现的数字化仪器的自动化程度已很高，已能做到自稳零放大、自动极性判断、自动量程切换、自动报警、过载自动保护、非线性补偿、多功能测试和多至数百点的巡回监测等。但是，随着测量功能的不断增强，仪器硬件的负担越来越重，仪器的结构日益复杂，致使其体积和重量都增大，成本上升。引入微处理器使测量过程改由软件控制后，仪器硬件变得简单，体积变小，可靠性提高，灵活性增强，而且自动化程度更高，如实现了简单的人机对话、自检、自诊断、自校准、LCD 显示和通信输出等。而且在软件控制方式下，改换仪器功能并不需要更换硬件，仅改变软件即可。这是传统的纯硬件式仪器所不及的。

(2) 具备数据处理功能

这是智能仪器最突出的特点，能改善测量的准确度和对测量结果进行再加工。智能仪器对测量结果进行在线处理，不仅方便、快速，而且可以避免主观因素干扰；其次，软件方式的数据处理可执行多种算法，既可实现各种误差的计算与补偿，且能校准测量仪器的非线性，从而降低测量误差，明显提高测量准确度。

微机化仪表对测量结果进行再加工，从而又提供若干表征被测对象各种特性的信息参数。

例如，可计算被测信号的有效值、平均值，找出峰 - 峰值、最大值和最小值等特征量；还可以对采集的信号进行数字滤波和频谱分析等。

(3) 多功能化

上述特点极大地增加了微机化仪表的测量功能。例如，一种用于电力系统电能管理的智能电能质量分析仪，不仅可以测量单相或三相负荷的有功功率、无功功率、视在功率、有功电能、无功电能、电网电压频率、相电压、相电流和功率因数，还能测量电能利用的峰值、峰时、谷值、谷时及各项超界时间，并且可以预置计划用电需量；自备时钟和日历，且还具有自动记录、结果打印、越界报警等功能。如此多的功能，是难以用一台纯硬件仪器实现的。

微机化电测仪表的硬件原理框图如图 4.7.1 所示。

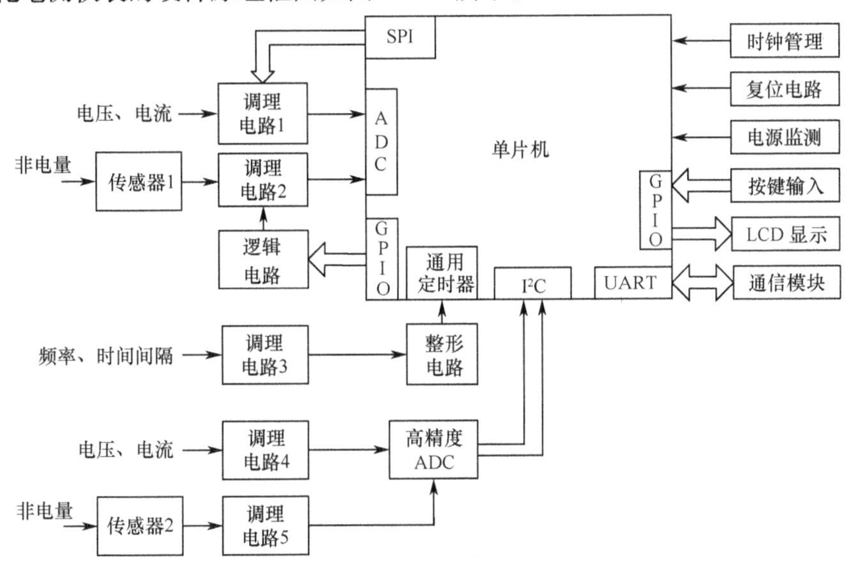

图 4.7.1 微机化电测仪表的硬件原理框图

单片机是目前在电测仪表中常用的一种微处理器，起着处理、控制和通信的作用。随着大规模集成电路技术的发展，目前单片机的功能得到很大的增强、性能得到很大的提高，而功耗变得更小，所以，在电测仪表中发挥着更大的作用。被测的电压、电流等电参量通过调理电路的放大和滤波，直接送入单片机内部的 ADC，进行采样和转换，然后进行处理，得到电压和电流的数值。调理电路中可能有程控放大器，可以通过单片机的串行外设接口(SPI)，对其进行控制。若认为单片机内部的 ADC 精度不够高，可以外加高精度 ADC。这个高精度 ADC 通过 I²C 总线，与单片机进行连接。被测的非电量，如温度、转速、扭矩等，通过调理电路放大、滤波后，送至片内或者片外的 ADC，转变成数字量，再进行处理，得到其数值。若调理电路中有程控器件，可以通过通用数字输入 / 输出接口(GPIO) 对其进行控制。被测的频率、时间间隔等，通过调理电路的放大、滤波后进行整形，由单片机内部的通用定时器进行测量。微机化仪表的测量结果由液晶显示器(LCD) 显示，同时，可以通过异步通信接口(UART) 与上位机或者其他微处理器进行通信，将测量结果传出。

我们将微机化仪器细分为 3 类。一类是带微处理器的仪表。此类仪表利用微处理器对被测量进行简单的数据处理，例如，进行简单的平均处理和误差修正等；利用微处理器对仪表进行参数设置和测量结果进行显示等；利用微处理器的定时器和捕获单元对脉冲信号进行计数等。第二类是基于数字信号处理的微机化仪器。此类仪表往往基于高性能单片机、DSP 等，对被测信号进行采样，然后采用数字信号处理方法，例如，数字滤波、静态系统误差修正、动态误差频域修正、功率谱分析、相关函数分析等，从含有大量噪声的信号中提取有用的信息，对静态误差和动态误差进行修正，得到较为准确的测试结果。第三类是虚拟仪器。此类仪器由计算机、应用软件和仪器硬件组成，其特点是以计算机为基础、将硬件模块化、采用 LabVIEW 软件编程，实现测量任务。下面具体介绍微机化仪器。

4.7.2 带微处理器的仪表

带微处理器的电测仪表具有以下功能。

1. 自动校准

用给定基准对智能仪器进行自动校准，将测得的误差存储起来，在测量值中扣除此系统误差，将有助于提高测量的准确性。例如，数字电压表模拟电路的漂移、增益变化及放大器的失调电压、失调电流的影响均采用自校准方法予以克服，图 4.7.2 所示为电压测量时用来克服增益和漂移变化影响的自校准电路。

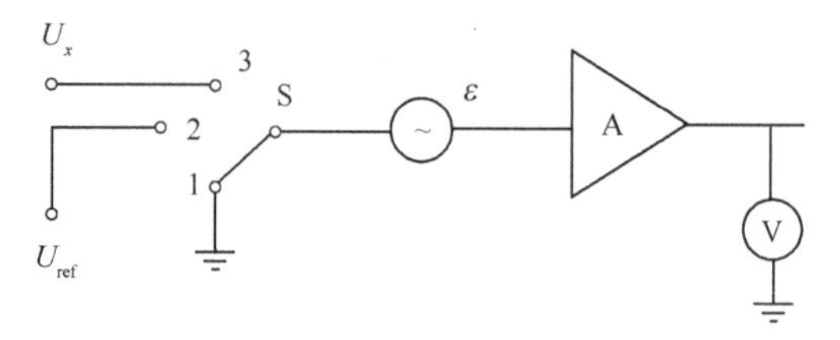

图 4.7.2 自校准测试电路

自校准时，开关 S 接 1 端，使仪器输入端短路，测得输出电压 U_1 为

$$U_1 = A\varepsilon \tag{4.7.1}$$

式中，A 为放大器增益；ε 为折算到放大器输入端的增益和漂移变化的影响。再将开关 S 接到 2 端，将给定的基准（现为参考电压 U_{ref}）接到放大器输入端，测得输出电压 U_2 为

$$U_2 = (U_{ref} + \varepsilon)A \tag{4.7.2}$$

开关再接到 3 端，测量待测的未知电压 U_x

$$U_3 = (U_x + \varepsilon)A \tag{4.7.3}$$

由以上三式可得

$$\frac{U_3 - U_1}{U_2 - U_1} = \frac{(U_x + \varepsilon)A - \varepsilon A}{(U_{ref} + \varepsilon)A - \varepsilon A} = \frac{U_x}{U_{ref}} \tag{4.7.4}$$

即

$$U_x = \frac{U_3 - U_1}{U_2 - U_1} U_{ref} \tag{4.7.5}$$

式中，已将放大器增益和漂移变化对测量过程的影响 ε 消除掉了。如果在测试过程中，将中间测试值 U_1、U_2 和 U_3 分别存储起来，就可以实现自校准测试电压。

2. 零漂电压的校正

智能仪表中常用直流零位校正。首先，测量输入端短路时输出端的直流电压，将其存入存储器中。在实际测量时，微处理器对每次测定值进行数据处理，从测定值中扣除直流零电压的影响。这种方案广泛应用于各种数字电压表中。

3. 多次采样平均值测量法

采用多次采样平均值测量技术，可以提高读数的有效数字位，提高数字电压表的分辨率，其原理如图 4.7.3 所示。

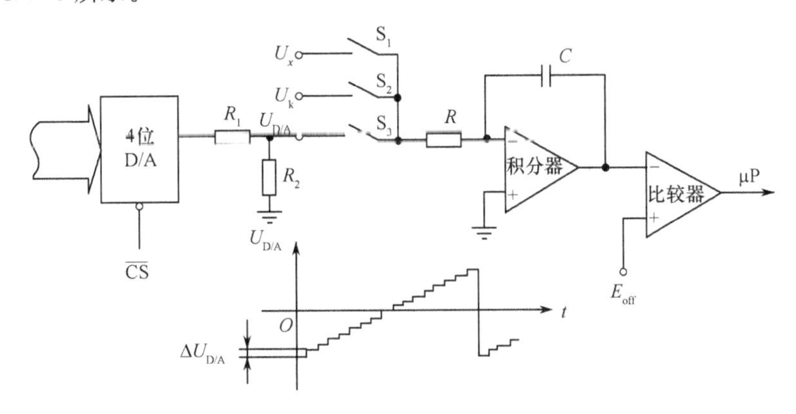

图 4.7.3　多次采样平均值测量法原理示意图

这种方法利用一个 4 位的 D/A 转换器产生具有 16 个阶梯的重复扫描电压，经电阻分压后使输出电压 $U_{D/A}$ 的 16 个级距之和等于数字电压表的一个分度值 g，即每一级距 $\Delta U_{D/A} = (1/16)g$ 。因为 $U_{D/A}$ 对于零电位是对称的，其平均值为零。

在多次采样时，令开关 S_1 和 S_3 同时接通，被测电压 U_x 与 $U_{D/A}$ 同时被积分。在 16 次采样后，经过运算，得到测量结果的平均值。由于 $U_{D/A}$ 的平均值为零，所以，对测量结果的平均值没有影响，但是，随机误差降低约 $\sqrt{16} = 4$ 倍，从而读数的有效数字位可相应增加。

若被测量是模拟量，则要采样；若是频率、时间间隔等，则计数。

4.7.3　基于数字信号处理的微机化仪表

该类电测仪表基于微处理器和 A/D 转换器，根据一组采样数据，按照数字信号处理和数字修正方法计算出被测信号的各种参数，消除各种测试误差，从而实现对电磁量的准确、快速测量。

1. 采样方法

采样定理要求采样频率不小于信号最高次谐波频率的 2 倍。电磁量采集的方法主要有直流采样法和交流采样法两种。

(1) 直流采样法

直流采样法，即采样的是经过整流后的直流量。采用直流采样法测量电压、电流时，均通过测量平均值来测量电磁量的有效值。此方法软件设计简单、计算方便，对采样值只需做比例变换即可得到被测量的数值。但是，直流采样法存在一些问题，如测量准确度直接受整流电路的影响；整流电路参数调整困难，而且受波形因素的影响较大；当谐波污染较为严重时，这种测量方法误差大。

(2) 交流采样法

交流采样法是按一定规律对被测信号的瞬时值进行采样，再用一定的数值算法求得被测量。它与直流采样法的差别是用软件功能代替硬件功能。交流采样相对于用一条阶梯曲线代替一条光滑的正弦曲线，其原理误差主要有两项：一项是用时间上离散的数据近似代替时间上连续的数据所产生的误差，这主要是由每个正弦信号周期中的采样点数决定的，实际上它取决于A/D转换器的转换速度和CPU的处理时间；另一项是将连续的电压和电流进行量化而产生的量化误差，这主要取决于A/D转换器的位数。随着电子技术的飞速发展，如今微处理器和单片机的速度大大提高，同时也出现了种类繁多且性价比较高的高速A/D转换器，为交流采样法奠定了坚实的基础。交流采样法包括同步采样法、准同步采样法、非整周期采样法和非同步采样法等几种，下面简要介绍。

① 同步采样法。同步采样法是指采样时间间隔 ΔT（或 T_s）与被测交流信号周期 T 及一个周期内的采样点数 N 之间满足关系式 $T = N\Delta T$。

同步采样法需要保证采样截断区间正好等于被测连续信号周期的整数倍。目前同步采样法的实现方法有两种：一是硬件同步法；二是软件同步法。

● 硬件同步采样法

硬件同步采样法在采样计算法发展的初期被普遍采用。1971年美国国家标准局的R. S. Turgel博士将计算机采样数值计算用于精密测量领域，研制出第一代同步采样计算式功率表。理论上，只要严格满足 $T = N\Delta T$ 且 $N > 2M$（M 为被测信号最高次谐波次数），用目前采样法就不存在测量方法上的误差。但是，实际上采样周期与被测信号周期实现严格同步有一定的困难。从对周期信号的复原和频谱分析角度考虑，当采样频率和信号基频不同步时，模拟信号用离散信号来代替会出现泄漏误差。在对某些用电系统中包含多次谐波分量的电压和电流周期信号进行测试分析时，这是造成误差的主要来源。为此，常用锁相环来构成频率跟踪电路实现同步等间隔采样。

● 软件同步采样法

一般的实现方法是：首先测出被测信号的周期 T，用该周期除以一周期内采样点数 N，得到采样间隔，并确定定时器的计数值，用定时中断方式实现同步采样。该方法省去了硬件环节，结构简单。但是，由于信号的频率是在一定范围内变化的，对其周期不能准确测量，按不准确的周期 T 计算的采样间隔进行 N 次采样后，不能与实际信号的周期同步，即存在同步误差。

② 准同步采样法。在实际采样测量中，采样周期不能与被测信号周期实现严格同步，即 N 次采样不是落在 2π 区间上，而是落在 $2\pi + \Delta$ 区间上（Δ 称为同步偏差，其值可正可负），此时测量结果就将产生同步误差。为了解决这个问题，提出了准同步采样法，即在 $|\Delta|$ 不太大的情况下，当满足 $N > \dfrac{2\pi + \Delta}{2\pi} \cdot M$（$M$ 为被测信号最高次谐波次数）时，通过适当增加采样数据量和增加迭代次数来提高测量的准确性。它不要求采样周期与信号周期严格同步，不要求同步环节，对第一次采样的起点无任何要求。与同步采样法一样，两者均要求被测信号在短时间内是稳定的。

准同步采样法的不足之处是：它需要通过增加采样周期和每周期的采样点数并采用迭代运算的方法来消除同步误差，其所需数据较多，计算量远大于同步采样，运算时间较长，不适合多回路、多参量、实时性要求高的在线交流测量系统；且受短暂突发性干扰影响的可能性比同步采样法大。

③ 非整周期采样法。所谓非整周期采样法就是以采样时间间隔 $T_s = \dfrac{K(1-\Delta)T}{N}$（$-1 < \Delta < 1$，称为同步偏差，$T$ 为信号周期，N 为采样次数，K 为采样周期数），对连续周期信号进行采样。非整周期采样法所需要的数据可仅为约一个周期，从而使谐波分析有可能跟踪信号的波

动，而且不管实际采样是否同步，均能准确地分析谐波。由于所需数据可以在一个周期内获得，该方法适合于快速测量，算法实时性好。但是，采样 / 保持的误差、A/D 转换的误差、随机干扰及计算机舍入误差对非整周期采样谐波分析方法的影响，还有待研究。

④ 非同步采样法。非同步采样法是使用固定的采样间隔，通过调整采样值，使采样周期与信号周期（或信号周期的整数倍）的差值小于一个采样间隔的测量方法。1981 年，M. F. Matouka 使用非同步采样法研制出非正弦波形系统的功率、电能宽带采样数字系统，测量准确度优于 0.5%。

2. 数字处理方法

(1) 按定义计算测试值

例如，电压的有效值可由式(4.7.6) 计算得到

$$U = \sqrt{\frac{1}{N}\sum_{n=0}^{N-1} u^2(t_n)} \tag{4.7.6}$$

式中，N 为采样数；t_n 为采样时刻；$u(t_n)$ 为电压的采样值，一般采用等间隔采样。采样频率要大于信号频率的 2 倍以上，一般取 5 ～ 10 倍。

计算离散数字电压量的平均值，则根据

$$\overline{U} = \frac{1}{N}\sum_{n=1}^{N} u(t_n) \tag{4.7.7}$$

计算平均功率的公式为

$$P = \frac{1}{N}\sum_{n=1}^{N} u(t_n)i(t_n) \tag{4.7.8}$$

式中，$u(t_n)$ 和 $i(t_n)$ 分别为电压 u 和电流 i 在第 t_n 时刻的采样值；N 为整个电压或电流周期内的采样点数。

(2) 数字过零检测方法

过零检测方法是一种经典的时域分析方法，其通过记录信号过零点的时刻，得到过零点间的时间间隔，从而求得信号的频率和相位差，如图 4.7.4 所示。由图可得，信号频率为 $f = 1/(R_3 - R_1)$，两路信号时间差为 TimeDiff $= R_2 - L_2$，相位差为 PhaDiff $= 360 *$ TimeDiff $* f$。

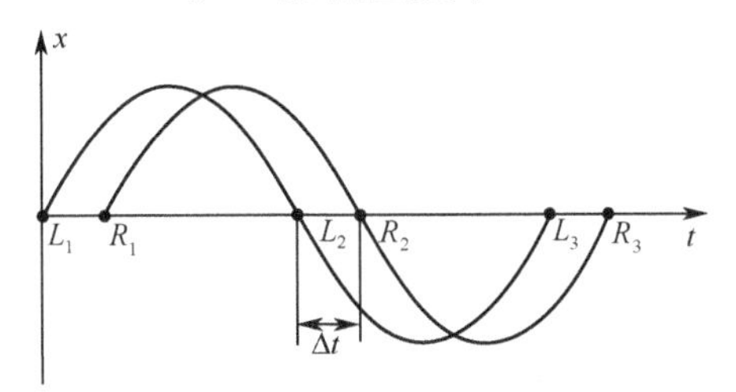

图 4.7.4　过零检测原理图

在实际运算中，单片机处理的是采样后的离散信号。ADC 不可能恰好采样到信号的过零点，这就需要对采样数据进行曲线拟合，求出信号过零点。为此，采用拉格朗日二次插值拟合。

设采样序列 $x(n)$，当出现 $x(n-1) \cdot x(n) < 0$ 时，即表明在$[n-1,n]$时刻之间存在一个零点。生成二次插值多项式 $x = at^2 + bt + c$，由拉格朗日计算公式，得

$$x = x(n-2) \cdot \frac{(t-(n-1)) \cdot (t-n)}{((n-2)-(n-1)) \cdot ((n-2)-n)}$$

$$+x(n-1)\cdot\frac{(t-(n-2))\cdot(t-n)}{((n-1)-(n-2))\cdot((n-1)-n)}$$

$$+x(n)\cdot\frac{(t-(n-2))\cdot(t-(n-1))}{(n-(n-2))\cdot(n-(n-1))} \tag{4.7.9}$$

简化后得

$$a=0.5x(n-2)-x(n-1)+0.5x(n) \tag{4.7.10}$$

$$b=-0.5x(n-2)(n-1+n)+x(n-1)(n-2+n)-0.5x(n)(n-2+n-1) \tag{4.7.11}$$

$$c=0.5x(n-2)(n-1)n-x(n-1)(n-2)n+0.5x(n)(n-2)(n-1) \tag{4.7.12}$$

因此，通过解方程就可求出 $x=0$ 时对应的时刻 t，即过零点。实际应用中，要舍弃方程中$[n-1,n]$之外的那个根。

(3) 数字滤波方法

在实际测试中，常常采用平滑滤波方法消除测试数据中的随机噪声。叠加在有用数据上的随机噪声在很多情况下可以近似地认为是白噪声。白噪声具有一个很重要的统计特性，即它的统计平均值为零。因此，可以求平均值的办法来消除随机误差，这就是所谓平滑滤波。以下介绍常用的两种平滑滤波方法。

① 算术平均滤波法

算术平均滤波法适用于对一般的具有随机干扰的信号进行滤波。这种信号的特点是信号本身在某一数值范围附近上下波动。算术平均滤波是要按输入的 N 个采样数据 $x_i(i=1,2,\cdots,N)$，寻找这样一个 y，使 y 与各采样值之间的偏差的平方和最小，即使

$$E=\min\left[\sum_{i=1}^{N}(y-x_i)^2\right] \tag{4.7.13}$$

由一元函数求极值的原理，可得算术平均滤波的公式为

$$y=\frac{1}{N}\sum_{i=1}^{N}x_i \tag{4.7.14}$$

设第 i 次测量的测量值包含信号成分 S_i 和噪声成分 n_i，则进行 N 次测量的信号成分之和为

$$\sum_{i=1}^{N}S_i=N\cdot S \tag{4.7.15}$$

噪声的强度是用均方根来衡量的，当噪声为随机信号时，进行 N 次测量的噪声强度之和为

$$\sqrt{\sum_{i=1}^{N}n_i^2}=\sqrt{N}\cdot n \tag{4.7.16}$$

式中，S、n 分别为进行 N 次测量后信号和噪声的平均幅度。这样，对 N 次测量进行算术平均后的信噪比为

$$\frac{N\cdot S}{\sqrt{N}\cdot n}=\sqrt{N}\cdot\frac{S}{n} \tag{4.7.17}$$

式中，S/n 是求算术平均值前的信噪比，因此采用算术平均值后，信噪比提高了 $\sqrt{N}$ 倍。由式(4.7.17)可知，算术平均值法对信号的平滑滤波程度完全取决于 N。当 N 较大时，平滑度高，但灵敏度低，即外界信号的变化对测量计算结果的影响小；当 N 较小时，平滑度低，但灵敏

度高。实际应用时，应按具体情况选取 N。

② 递推平均滤波法

算术平均滤波方法每计算一次数据，需测量 N 次，对于测量速度较慢或要求数据计算速率较高的实时系统，则无法使用。如果在存储器中，开辟一个区域作为暂存队列使用，队列的长度固定为 N，每进行一次新的测量，把测量结果放入队尾，而扔掉原来队首的那个数据，这样在队列中始终有 N 个"最新"的数据，这就是递推平均滤波法。

$$y(k)=\frac{x(k)+x(k-1)+x(k-2)+\cdots+x(k-N-1)}{N}=\frac{1}{N}\sum_{i=0}^{N-1}x(k-i) \tag{4.7.18}$$

式中，$y(k)$ 为第 k 次滤波后的输出值，$x(k-i)$ 为依次向前递推 i 次的采样值，N 为递推平均项数。

递推平均项数的选取是比较重要的环节，N 选得过大，平均效果好，但是，对参数变化的反应不灵敏；N 选得过小，滤波效果不显著。关于 N 的选择与算术平均滤波法相同。

(4) 系统误差数字修正

① 利用校正曲线修正系统误差

在电气测试系统中，由于环节较多，对大多数的误差来源往往不能充分了解，因此，难以从理论上建立准确的误差模型。这时，可以通过实验标定来获得系统输入、输出关系曲线。将曲线上各标定点的数据存入存储器的修正表格中，例如，将 y_i 作为存储器的一个地址，把对应的 x_i 值作为内容存在其中，这就建立了一张修正表格。在实际测量时，测一个 y_i 值，就到微处理器去访问这个地址，读出其内容 x_i，即为被测量经修正过的值。

对于 y 值介于两个校准点 y_i 与 y_{i+1} 之间时，可以按最邻近的一个值 y_i 或 y_{i+1} 去查找对应的 x 值，作为最后的结果，这个结果带有误差。此时，可以利用内插方法（分段直线拟合）来提高准确度。校准点之间的内插，最简单的是线性内插。当取 $y_i<y<y_{i+1}$ 时，有

$$x=x_i+\frac{(x_{i+1}-x)}{(y_{i+1}-y)}(y-y_i) \tag{4.7.19}$$

② 用神经网络修正系统误差

用神经网络修正传感器静态系统误差的原理框图如图 4.7.5 所示。

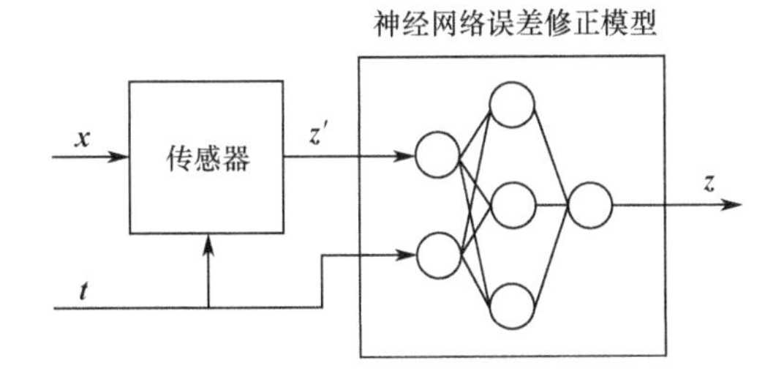

图 4.7.5　用神经网络修正系统误差原理框图

传感器模型为 $\boldsymbol{z}'=f(\boldsymbol{x};\boldsymbol{t})$，其中，$\boldsymbol{x}$ 为被测非电量，$\boldsymbol{t}=(t_1,t_2,\cdots,t_k)^{\mathrm{T}}$ 为 k 个环境参数。若对不同的 $\boldsymbol{t}$，$\boldsymbol{z}'$ 都是 $\boldsymbol{x}$ 的单值函数，则有 $\boldsymbol{x}=f^{-1}(\boldsymbol{z}';\boldsymbol{t})$。作为误差修正模型的输出为 $\boldsymbol{z}=\varphi(\boldsymbol{z}';\boldsymbol{t})$。令 $\varphi(\boldsymbol{z}';\boldsymbol{t})=f^{-1}(\boldsymbol{z}';\boldsymbol{t})$，可得

$$\boldsymbol{z}=\varphi(\boldsymbol{z}';\boldsymbol{t})=f^{-1}(\boldsymbol{z}';\boldsymbol{t})=\boldsymbol{x} \tag{4.7.20}$$

即误差修正模型的输出 $\boldsymbol{z}$ 与被测非电量 $\boldsymbol{x}$ 成线性关系，且与各环境参数 $\boldsymbol{t}$ 无关。只要使误差修

正模型 $\varphi(\boldsymbol{z}';\boldsymbol{t}) = f^{-1}(\boldsymbol{z}';\boldsymbol{t})$，即可实现传感器静态系统误差的修正。

通常传感器模型 $f(\boldsymbol{x};\boldsymbol{t})$ 及其反函数 $f^{-1}(\boldsymbol{z}';\boldsymbol{t})$ 是复杂的，难以用数学表达式描述。但是，可以通过标定测得传感器的实验数据集$\{(\boldsymbol{x}_i;\boldsymbol{t}_i;\boldsymbol{z}') \in R^{k+2}: i = 1,2,\cdots,n\}$，$\boldsymbol{t}_i = (t_{1i},t_{2i},\cdots,t_{ki})^{\mathrm{T}}$。根据前向神经网络具有很强的输入、输出非线性映射能力的特点，并考虑式(4.7.20)，以实验数据集的 $\boldsymbol{z}_i'$ 和 $\boldsymbol{t}_i$ 为输入样本，及对应的 $\boldsymbol{x}_i$ 为输出样本，对神经网络进行训练，使神经网络逐步调节各个权值自动实现 $f^{-1}(\boldsymbol{z}';\boldsymbol{t})$。

因神经网络学习时，加在输入端的数据太大，会使神经元节点迅速进入饱和，导致网络出现麻痹现象。此外，由于在神经网络中采用 S 形函数，输出范围为(0,1)，且很难达到 0 或 1。故在学习之前，应对数据进行归一化处理。

$$D_{\mathrm{i}}' = (D_{\mathrm{i}} - D_{\mathrm{imin}})/(D_{\mathrm{imax}} - D_{\mathrm{imin}}) \tag{4.7.21}$$

$$D_{\mathrm{o}}' = 0.9(D_{\mathrm{o}} - D_{\mathrm{omin}})/(D_{\mathrm{omax}} - D_{\mathrm{omin}}) + 0.05 \tag{4.7.22}$$

式中，D_{i}、D_{o} 分别是作为神经网络输入、输出样本的原始数据。变换后，输入样本和输出样本的值分别在区间[0,1]和[0.05,0.95]内。有时虽然输入数据在[0,1]，但数值很接近，学习很难达到高精度，经式(4.7.22)变换后还可使数据差别放大。

建立神经网络误差修正模型的步骤为：

① 取传感器原始实验数据。

② 由式(4.7.21)变换原始数据 $\boldsymbol{z}_i'$ 和 $\boldsymbol{t}_i$，由式(4.7.22)变换原始数据 $\boldsymbol{x}_i$，得训练神经网络的输入、输出样本对。

③ 确定神经网络输入层、输出层和隐含层的节点数，以及学习率 η 和动量因子 α 的值。网络输入端数量与输入层节点数量相同，等于环境参数个数 k 加 1。输出端数量与输出层节点数均为 1。隐层节点数根据被测非电量、环境参数及传感器输出之间关系的复杂程度而定，关系复杂取多些，反之取少些。η 和 α 一般取 $0 \sim 1$。

④ 训练神经网络得到误差修正模型。

当建立好静态系统误差的修正模型后，就可以采用单片机去实现。

(5) 频谱分析方法

随着冶金工业、化工工业和铁路交通运输业的发展，电力系统中的非线性负载(如电弧炉、电解铝装置和电气机车等)猛增，大量的高次谐波涌入供电系统，导致电网电压、电流波形严重畸变。谐波还由诸如不间断电源(UPS)、电机变频调速器、整流装置等现代固态电源转换设备及节能装置、家用电器的大量使用而引起。针对电工技术领域中日益突出的谐波问题，人们采用频谱分析方法，对其进行快速、准确的测量。

频谱分析就是把各种电压、电流等信号，通过傅里叶变换，变换到频率域上进行分析。具体来说，一般的信号都不是单纯的正弦波形，按照傅里叶分析法，可将信号分解为许多谐波分量，而每一个谐波分量可由其幅值和相位来表征。各次谐波可以按其频率高低依次排列起来成为谱状，按照这样排列的各次谐波的总体称为频谱。其中，信号中所含的各次谐波幅度值的全体称为幅度谱，它表征信号的幅值随频率分布的情况；各次谐波相位值的全体称为相位谱，它表征相位随频率变化的情况；而表征各次谐波能量(功率)的全体称为能量谱(功率谱)。功率谱在信号分析中起着重要作用。可以用两种方法计算信号的功率谱：一是首先计算给定信号的傅里叶变换，然后取其绝对值的平方；二是首先计算自相关函数，然后计算其傅里叶变换。

由于实际信号的函数表达式未知，而是通过采样来得到被测信号的离散值，所以，采用离散傅里叶变换(DFT)处理信号。

设 $x(n)$ 为有限长信号序列，长度为 N 点，其离散傅里叶变换的正变换为

$$X(k)=\sum_{n=0}^{N-1}x(n)W_N^{nk},0\leqslant k\leqslant N-1 \tag{4.7.23}$$

反变换为

$$x(n)=\frac{1}{N}\sum_{k=0}^{N-1}X(k)W_N^{-nk},0\leqslant n\leqslant N-1 \tag{4.7.24}$$

式中，$W_N^{nk}=\mathrm{e}^{-\mathrm{j}\frac{2\pi}{N}kn}$。

上述正、反变换记为

$$\begin{aligned}X(k)&=\mathrm{DFT}[x(n)],0\leqslant k\leqslant N-1\\x(n)&=\mathrm{IDFT}[X(k)],0\leqslant n\leqslant N-1\end{aligned} \tag{4.7.25}$$

有限长信号序列功率谱为

$$P_N(k)=\frac{1}{N}\mid X(k)\mid^2,k=0,1,\cdots,N-1 \tag{4.7.26}$$

当采样点数较多时，为了提高运算速度，人们提出了快速傅里叶变换(FFT)。目前，基于FFT的频谱分析方法已很成熟，应用已相当普遍。特别是随着高速单片微处理器——数字信号处理器(DSP)的发展，频谱分析方法将会得到更为广泛的应用。

(6) 数字相关法

设被测信号为

$$\begin{aligned}x_1(t)&=A_1\sin(\omega t)\\x_2(t)&=A_2\sin(\omega t-\varphi)\end{aligned} \tag{4.7.27}$$

将第二路信号按和角公式展开为

$$x_2(t)=D_0\sin(\omega t)+D_1\cos(\omega t) \tag{4.7.28}$$

其中，$D_0=A_2\cos\varphi,D_1=-A_2\sin\varphi$。所以

$$\varphi=-\arctan\frac{D_1}{D_0} \tag{4.7.29}$$

下面通过相关法求 D_0 和 D_1，从而求出相位差。

对式(4.7.28)两边同乘 $\cos\omega t$ 后，两边同时在$[t_1,t_1+T]$上积分(T是信号的周期，t_1为任意值)，注意到

$$\int_{t_1}^{t_1+T}D_0\sin(\omega t)\cos(\omega t)\mathrm{d}t+\int_{t_1}^{t_1+T}D_1\cos^2(\omega t)\mathrm{d}t=\frac{D_1T}{2} \tag{4.7.30}$$

所以

$$D_1=\frac{2}{T}\int_{t_1}^{t_1+T}\cos(\omega t)x_2(t)\mathrm{d}t \tag{4.7.31}$$

用类似的方法可以求出 D_0 为

$$D_0=\frac{2}{T}\int_{t_1}^{t_1+T}\sin(\omega t)x_2(t)\mathrm{d}t \tag{4.7.32}$$

将式(4.7.32)和式(4.7.31)离散化得

$$D_0=\frac{2}{N}\sum_{n=0}^{N-1}\sin(n\omega\Delta t)x_2(n\Delta t) \tag{4.7.33}$$

$$D_1 = \frac{2}{N}\sum_{n=0}^{N-1}\cos(n\omega\Delta t)x_2(n\Delta t) \tag{4.7.34}$$

式中,Δt 是采样间隔;$N = f_s/f_0$,f_s 是采样频率,f_0 是信号频率。通过式(4.7.33) 和式(4.7.34) 求出 D_0 和 D_1,从而根据式(4.7.29) 求出相位差。

4.7.4 应用实例

下面用一个以超低功耗单片机 MSP430 为核心的数字仪表,来说明微机化电测仪表的结构组成和工作原理。在这个例子中,单片机既采用定时器对频率量进行计数,又通过 ADC 对信号进行采集,并进行基于 FFT 的频谱分析。

该数字仪表的硬件原理框图如图 4.7.6 所示,包括压电传感器、差分电荷放大器、电压放大器、程控放大器、低通滤波器、电压跟随器、带通滤波器组、带通选择开关电路、峰值检测电路、整形电路、单片机、人机接口电路、4 ~ 20mA 输出与电源管理电路、恒流源、温度传感器、压力传感器、差分放大器、16 位模数转换器(ADC) 等。

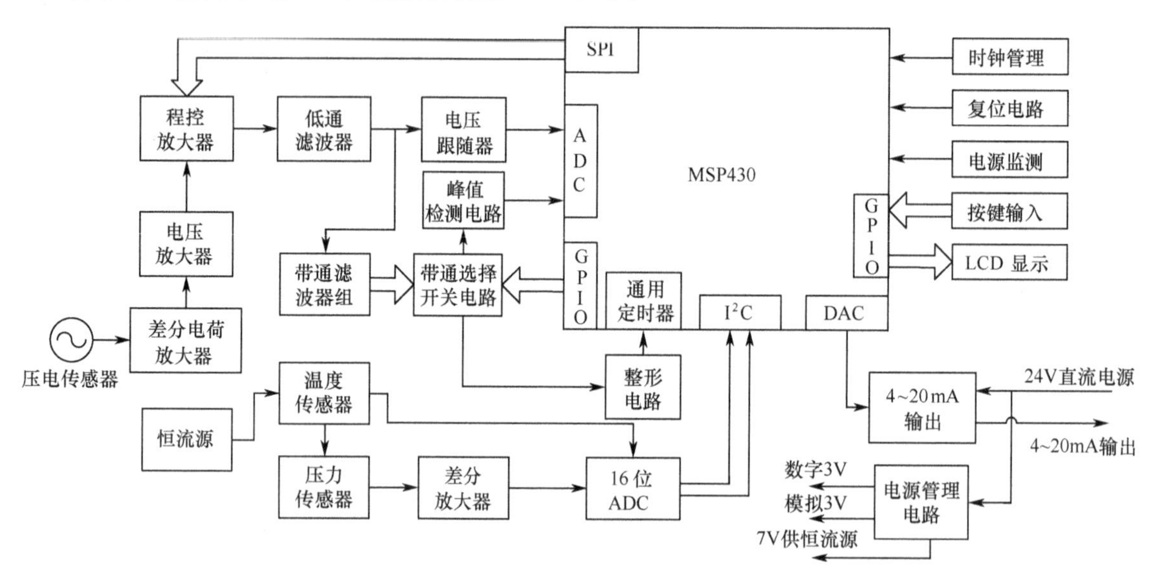

图 4.7.6 微机化仪表的硬件原理框图

MSP430 系列单片机具备超低功耗的逻辑运算单元,还集成了丰富的外围模块,包括模拟比较器、通用定时器、SPI、多输入通道的 12 位 ADC、2 输出通道的 12 位 DAC、I^2C 总线、数字输入 / 输出口(GPIO) 等。

压电传感器输出的电荷信号经过差分电荷放大器转变为电压信号,再经过电压放大器、程控放大器、低通滤波器后分为 2 路。第 1 路信号经电压跟随器送至单片机的 ADC 输入端,被单片机自带的 ADC 采样和转换,变成数字量,单片机对信号进行少点数快速傅里叶变换(FFT),做周期图谱分析,得到信号的频率值,来选择带通滤波器组的通道进行滤波。第 2 路信号送至带通滤波器组滤波。经过带通滤波器后的信号又分为 2 路。第 1 路送至峰值检测电路,峰值检测电路检测出峰值,送至单片机的 ADC 输入端,单片机对信号的峰值进行采样和转换,并调整程控放大器的放大倍数。第 2 路信号送至整形电路进行整形,整形后的信号送至单片机的定时器输入端,利用定时器捕获方式,采用多周期等精度的频率测量方法进行计数。单片机根据频率计算结果,将频率值显示在 LCD 上,并通过自身的 DAC 转换,送至 4 ~ 20mA 输出与电源管理电路，经过 V/I 转换成 4 ～ 20mA 电流信号输出。

多周期等精度测频方法是在直接测频的基础上发展起来的，应用越来越多。多周期等精度测频计数的控制门时间不是一个固定的值，而是被测信号的整周期倍数，即与被测信号同步。因此，消除了对被测信号计数产生的 ±1 个字误差，测量准确度大大提高，而且达到了在整个测量频段的等精度测量。多周期等精度测频方法原理如图 4.7.7 所示。

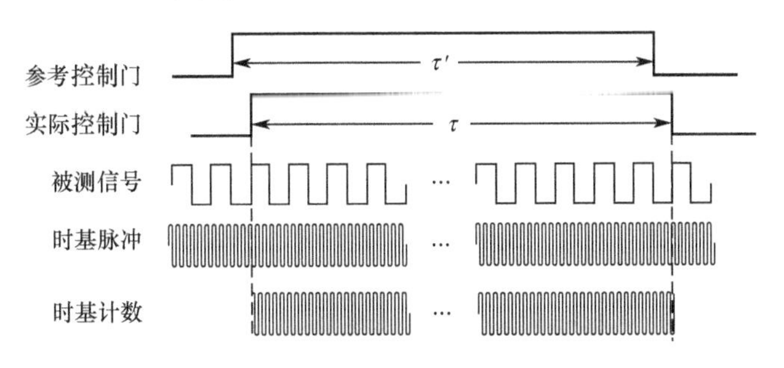

图 4.7.7　多周期等精度测频法原理图

首先，给出控制门开启信号，此时计数器并不开始计数，而是等到被测信号的上升沿到来时，才真正开始计数。然后，两组计数器分别对被测信号和时基脉冲计数。当控制门关闭时，计数器并不立刻停止计数，而是等到被测信号上升沿到来时，才真正结束计数，完成一次测量过程。可见，实际控制门与被设定的控制门并不严格相等，但是，最大差值不会超过被测信号一个周期。设被测信号的计数值为 N_x，时基信号的计数值为 N_0，时基信号的频率为 f_0，控制门时间为 τ，则被测信号的频率为

$$f_x = \frac{N_x}{N_0} f_0 \tag{4.7.35}$$

为了进行多周期等精度测量，设置定时器 A(即 TA) 为被测信号脉冲计数器，设置定时器 B(即 TB) 为填充脉冲计数器。让 TA 定时发触发捕获信号，使能捕获。TA 和 TB 根据相邻两次触发捕获信号之间的时间间隔，分别捕获被测信号脉冲的个数和填充脉冲个数。根据 TA 和 TB 捕获得到的脉冲数以及 TB 的工作时钟频率计算出被测信号的频率。

4.7.5　虚拟仪器

1. 定义和特点

随着计算机技术、大规模集成电路技术和通信技术的飞速发展，美国国家仪器公司(National Instruments，NI) 于 1986 年首先提出基于计算机技术的虚拟仪器(Virtual Instruments，VI) 的概念，研制了基于多种总线系统的虚拟仪器。虚拟仪器就是通过软件将计算机硬件资源与仪器硬件有机地融合为一体，把计算机强大的计算处理能力和仪器硬件的测量、控制能力结合在一起，通过软件实现对数据的显示、存储和分析处理。换句话说，虚拟仪器就是在通用的计算机上加上了软件和硬件，使得使用者在操作这台计算机时，就像在操作一台由他本人设计的专用的传统的电子仪器。它可以代替传统的测量仪器，如信号发生器、示波器、频率计和逻辑分析仪等；可以集成自动控制系统；可以构建专用仪器系统。总之，虚拟仪器由计算机、应用软件和仪器硬件组成。

虚拟仪器与传统仪器的比较如表 4.7.1 所示。

表 4.7.1　虚拟仪器与传统仪器的比较

虚 拟 仪 器	传 统 仪 器
用户自己定义	仪器厂商定义
软件是关键	硬件是关键
仪器的功能和规模可通过软件来修改或增减	仪器的功能和规模已固定
技术更新快	技术更新慢
可以用网路连接周边各仪器	只可以连接有限的设备

2. 产生和分类

电子测量仪器发展至今，大体可以分为 4 代：模拟仪器、数字化仪器、智能仪器和虚拟仪器。第一代模拟仪器，如指针式万用表、晶体管电压表等，其基本结构是电磁机械式的，借助指针显示最终结果。第二代数字化仪器，这类仪器目前应用相当普及，如数字式电压表、数字频率计等。这类仪器将模拟信号的测量转化为数字信号测量，并以数字方式输出最终结果。第三代智能仪器，这类仪器内置微处理器，既能进行自动检测，又具有一定的数据处理能力，其功能块以硬件或者固化的软件形式存在。第四代虚拟仪器，是由计算机硬件资源、模块化仪器硬件和用于数据采集、信号分析、接口通信及图形用户界面的软件组成的检测系统。它是一种完全由计算机来操纵控制的模块化仪器系统。

随着微机的发展和采用总线方式的不同，虚拟仪器分为 5 种类型。

① PC 总线 - 插卡式虚拟仪器。这种方式借助于插入计算机内的数据采集卡与专用的软件相结合，组建各种仪器。但是，受 PC 机箱和总线的限制，插卡尺寸比较小，插槽数目有限。此外，机箱内部的噪声电平较高。

② 并行口式虚拟仪器。最新发展的一系列可以连接到计算机并行口的测量装置，它们把仪器硬件集成在一个采集盒内。仪器的软件安装在计算机上，完成各种测量仪器的功能，以组成任意波形发生器、数字万用表、数字存储示波器、频率计和逻辑分析仪等。它们的最大好处是可以与笔记本电脑相连，方便现场作业。

③ GPIB 总线式虚拟仪器。GPIB(通用仪器接口总线) 技术是 IEEE 488 标准的虚拟仪器早期的发展阶段，它的出现使电子测量独立的单台手工操作向大规模自动测试系统发展。典型的 GPIB 系统由一台 PC、一块 GPIB 接口卡和若干台 GPIB 形式的仪器通过 GPIB 电缆连接而成。在标准情况下，一块 GPIB 接口可以带 14 台仪器，电缆长度可达 20m。GPIB 测量系统的结构和命令简单，主要应用于台式仪器，适合于精确度要求高、但是传输速率要求不高的场合。

④ VXI 总线式虚拟仪器。VXI 总线是一种高速计算机总线 ——VME(Versa Module Eurocard) 总线在仪器领域的扩展(VME Extension for Instrumentation)。由于它的标准具有开放、结构紧凑、数据吞吐能力强、定时和同步精确、模块可重复利用、众多仪器厂家支持等优点，很快得到了广泛的应用。经过十多年的发展，VXI 系统的组建和使用越来越方便，尤其是在组建大、中规模自动测试系统，以及对速度、精度要求较高的场合，有着其他系统无法比拟的优点。然而，组建 VXI 总线要求有机箱、嵌入式控制器等，造价比较高。

⑤ PXI(PCI Extensions for Instrumentation) 总线式虚拟仪器。PXI 总线方式是在 PCI 总线内核技术上增加了成熟的技术规范和要求，增加了多板同步触发总线的技术规范和要求，增加了多板触发总线，以及使用与相邻模块进行高速通信的局部总线。PXI 具有很好的可扩展性。PXI 具有 8 个扩展槽，而台式 PCI 系统只有 3 ～ 4 个扩展槽。通过使用 PCI-PCI 桥接器，可以扩展到 256 个扩展槽。

3. **体系结构**

虚拟仪器的基本构成包括计算机、虚拟仪器软件及硬件接口模块等。其中，硬件接口模块可以包括插入式数据采集卡(DAQ)、串／并口、GPIB 接口卡、VXI 控制器及其他接口卡。目前较为常用的虚拟仪器系统是数据采集卡系统、GPIB 仪器系统、VXI 仪器系统及这三者的任意组合，如图 4.7.8 所示。

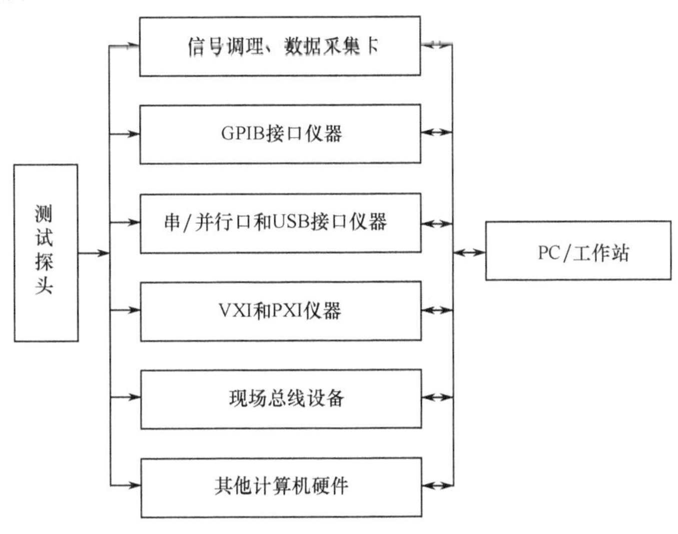

图 4.7.8　虚拟仪器系统的构成

(1) 虚拟仪器的硬件系统

虚拟仪器的硬件系统一般可以分为计算机硬件平台和仪器硬件。计算机硬件平台可以是各种类型的计算机，如普通台式计算机、便携式计算机、工作站和嵌入式计算机等。计算机管理虚拟仪器的硬、软件资源，是虚拟仪器硬件的基础。计算机技术在显示、存储能力、处理性能、网络及总线标准方面的发展，直接导致了虚拟仪器的飞速发展。仪器硬件与计算机硬件一起工作，用来采集数据、提供源信号和控制信号。

按仪器硬件的不同，虚拟仪器可分为 PC 插卡式、GPIB、VXI、PXI 和并行口式等标准体系结构。其中，对大多数用户来说，PC 插卡式虚拟仪器既实用又有较高的性价比。PC 插卡是基于计算机标准总线的内置(如 ISA 和 PCI 等)或者外置(如 USB 等)功能插卡，其核心主要是数据采集卡。

(2) 虚拟仪器的软件系统

虚拟仪器技术最核心的思想就是利用计算机的硬、软件资源，使本来需要硬件实现的技术软件化(虚拟化)，从而最大限度地降低系统的成本，增强系统的功能和灵活性。所以，软件是虚拟仪器的关键。

① 软件开发平台。构造一个虚拟仪器系统，基本硬件确定以后，就可以通过不同的软件实现不同的功能。因为是利用计算机技术来实现可扩展传统仪器的功能，既然是使用计算机，当然离不开计算机编程。所以，提高计算机软件编程效率也就成了一个非常现实的问题。计算机专家认为，采用面向对象的编程技术可以提高软件编程效率。但是，仅有面向对象的编程技术还是不够的，因为不可能让所有的人都去学习 C++，同时成为行业专家和编程专家。可视编程语言环境 Visual C++，Visual Basic 的推出，为简化计算机编程迈出了可喜的一步。但是，对于一般计算机用户来说，这一步是远远不够的。为此，NI 公司推出 LabVIEW 和 LabWindows/CVI、HP

公司推出了 VEE、Tektronix 公司推出了 TekTMS 等，在简化计算机编程技术方面作出贡献。下面简要介绍 NI 公司的 LabVIEW 软件开发平台。

LabVIEW 是一种基于 G 语言的图形化开发语言，是一种面向仪器的图形化编程环境，用来进行数据采集和控制、数据分析和数据表达、测试和测量、实验室自动化及过程监控。它的目的是简化程序的开发工作，以便用户能快速、简便地完成自己的工作。使用 LabVIEW 开发平台编制的程序称为虚拟仪器程序，简称为 VI。VI 包括 3 个部分：程序前面板、框图程序和图标/连接器。

程序前面板用于设置输入数值和观察输出量，用于模拟真实仪表的前面板。在程序前面板上，输入量被称为控制，输出量被称为显示。控制和显示以各种图标形式出现在前面板上，如旋钮、开关、按钮、图表、图形等，这使得前面板直观易懂。图 4.7.9 所示为一个信号发生器的前面板，图 4.7.10 所示为一个频谱分析仪的前面板。

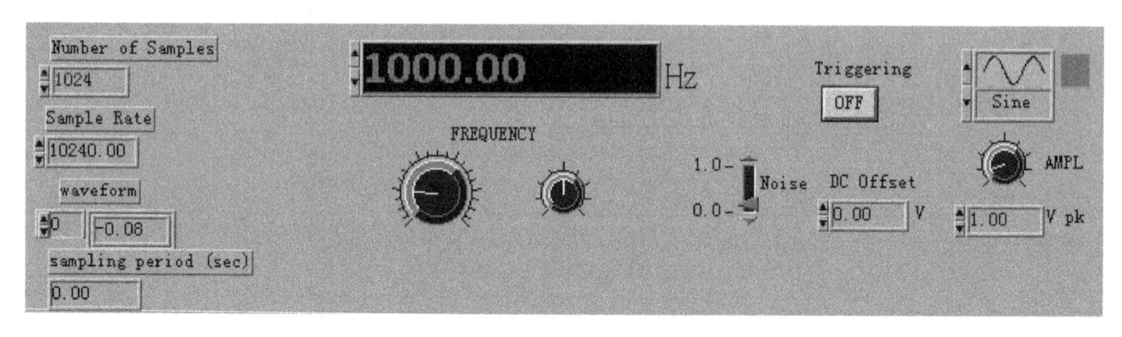

图 4.7.9　信号发生器的前面板

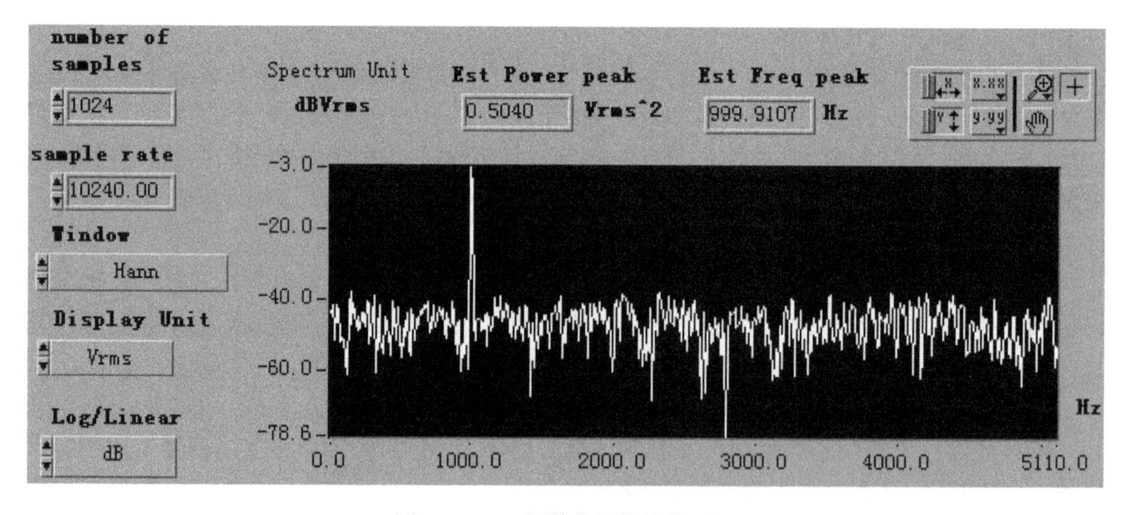

图 4.7.10　频谱分析仪的前面板

每一个程序前面板都对应着一段框图程序。框图程序用 LabVIEW 图形编程语言编写，可以把它理解成传统程序的源代码。框图程序由端口、节点、图框和连线构成。其中，端口被用来实现程序前面板的控制和显示传递数据，节点被用来实现函数和功能调用，图框被用来实现结构化程序控制命令，而连线代表程序执行过程中的数据流，定义了框图内的数据流动方向。

LabVIEW 具有多个图形化的操作选板，用于创建和运行程序。这些操作选板可以随意在屏幕上移动，并可以放置在屏幕的任意位置。操作选板共有 3 类，为工具选板、控件选板和函数选板，分别如图 4.7.11、图 4.7.12 和图 4.7.13 所示。

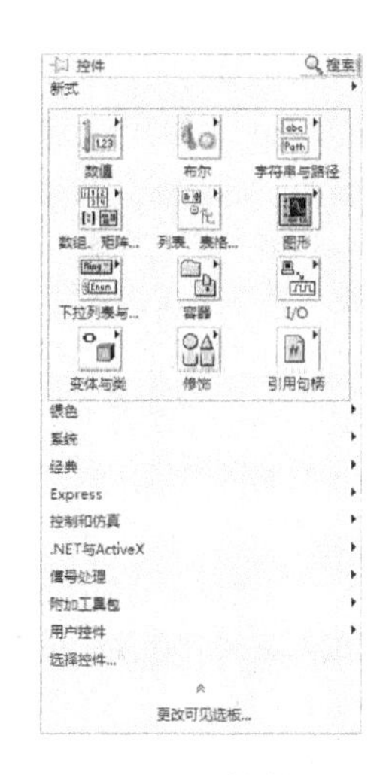

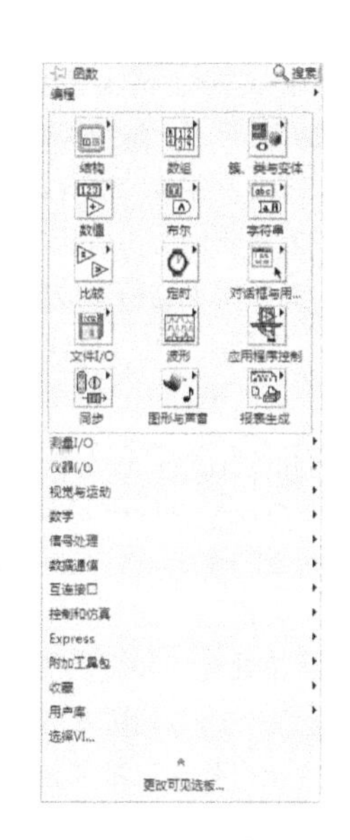

图 4.7.11　工具选板　　　　图 4.7.12　控件选板　　　　图 4.7.13　函数选板

② 仪器驱动程序。仪器驱动程序用来实现仪器硬件的通信和控制功能。传统的仪器驱动程序由仪器硬件厂商随硬件提供，由于不同厂家仪器硬件的差异，使得在更换仪器硬件的同时不得不修改测量代码，用户使用起来比较麻烦。为了能自由互换仪器硬件而无须修改测量程序，即解决仪器的互操作问题，1999 年 NI 公司提出了可互换虚拟仪器标准 IVI，使程序的开发完全独立于硬件。IVI 驱动器通过一个通用的类驱动器来实现对一种仪器类（如函数发生器、数字电压表和示波器等）的控制。应用程序调用类驱动器，类驱动器再通过专用的驱动器与物理的仪器通信。采用 IVI 技术，可以降低软件的维护费用，减少系统停运时间，提高测量代码的可重用性，使仪器编程直接面对操作用户。通过提供友好的测控操作界面和丰富的数据分析与处理功能，来完成自动检测任务。

③ I/O 接口软件。I/O 接口软件是虚拟仪器系统软件的基础，用于处理计算机与仪器硬件之间连接的低层通信协议。当今优秀的虚拟仪器测量软件都建立在一个标准化 I/O 接口软件组件的通用内核之上，为用户提供一个一致的、跨计算机平台的应用编程接口（API），使用户的测量系统能够选择不同的计算机平台和仪器硬件。

④ 通用数字处理软件。虚拟仪器的应用软件还包括通用数字处理软件，这主要是来对数字信号进行处理的功能函数。例如，用于时域分析的相关分析、卷积运算和差分运算等，用于频域分析的 FFT 和功率谱估计等，以及数字滤波。这些功能函数为广大虚拟仪器用户进一步扩展其测量功能提供了必要的基础。

习题与思考题 4

4-1　试说明电子计数器测量频率的工作原理。

4-2　试解释电子计数器产生计数误差 $\Delta N = \pm 1$ 的原因。

4-3　测量频率时，为什么要求门控信号的宽度应比较准确？

4-4　电子计数器怎样实现既能测量频率又能测量周期？为什么要通过测量周期来确定低频信号的频率？

4-5　用一台 6 位数字式频率计测量 2MHz 的信号频率，分别用控制门时间 1s、0.1s 和 10ms 测量，求由于 ± 1 误差引起的测量误差。

4-6　用数字式频率计的测频法(选控制门时间 1s)、测周期法(选时标为 $0.1\mu s$) 测量一个 500Hz 的信号频率,分别求由于 ±1 误差引起的测量误差。

4-7　试说明相位-时间式相位计的工作原理。

4-8　怎样测量交流电压的平均值、有效值和峰值?说明其特点和应用。

4-9　能否用平均值检波电压表测量波形畸变的交流电压的有效值?为什么?应该用什么方法测量?

4-10　为什么电压-时间型单斜率式数字电压表的抗干扰能力比较差?

4-11　试从原理上说明电压-时间型双斜率式数字电压表具有一定的抗干扰能力。另外,为克服 50Hz 工频的干扰,常在 T 的选取上采取哪种措施?

4-12　造成脉宽调制式电压表、电压-时间型单斜率式数字电压表和电压-时间型双斜率式数字电压表的测量速度慢的原因是什么?从原理上讲,它们之间的区别是什么?

4-13　怎样用直流数字电压表测量电流和电阻?

4-14　微处理器和微机的应用,为什么使数字测量仪表的测量准确度和可靠性得以提高?

4-15　为什么人们称带有微处理器或微机的数字式测量仪器仪表为智能仪器?

4-16　微机化仪表是如何对测量数据进行处理的?

4-17　为什么多周期等精度测量方法可以消除 ±1 的误差?

第5章 磁性电测仪表

磁测量主要包括对空间磁参量的测量和对磁性材料性质的测量。本章介绍这方面的基本测量方法和仪器。

空间磁参量测量的主要对象是空间磁场的磁通量Φ、磁场强度H和磁感应强度B等。在空间上,B与H存在线性关系,可以写成$B=\mu_0 H$,常数μ_0为磁导率,其值为$4\pi\times10^{-7}$H/m。

磁性材料主要分为软磁材料和硬磁材料。软磁材料包括软铁、硅钢、玻莫合金、软磁铁氧体、非晶和超微晶合金等,用作恒定磁场、交变磁场、交直流同时激励和脉冲磁场中的导磁体,具有损耗低和导磁性能好等特点。硬磁材料包括钨钢、铬钢、铝镍钴合金、含稀土元素的合金和硬磁铁氧体等,这些通常被称为永久磁铁。硬磁材料的保磁性能好,能提供恒定的磁场。

磁场测量的主要任务是揭示材料在外磁场的作用下所表现出的宏观磁特性。测量对象除Φ、H、B外,还包括磁性材料在不同激励情况下的磁导率和不同频率下的损耗等。这些是设计和制造电机、电器、仪表及自动控制和电信等领域所用磁性元件的重要依据。在磁性材料中,B与H之间的关系比较复杂,是非线性和非单值的关系。

5.1 基础知识

5.1.1 磁性材料的静态特性

所谓静态磁特性是指在材料恒定或非常低频(约几赫兹)的交变场的作用下的特性。对于金属磁性材料可以认为不存在涡流,从而不存在因涡流引起的去磁和损耗。

1. 磁化曲线及其非线性

磁性材料在外磁场H的作用下,将产生磁通密度,即磁感应强度B。表征B随H变化的所谓磁化曲线是非线性的,而且应当过坐标零点,即$H=0$时$B=0$。为保证这一条件,要在取曲线数据时,先对材料做退磁处理,使其处于上述情况,又称“磁中性”状态。然后逐渐单向增大H使材料加强磁化,于是,得到如图5.1.1所示的$Oabcd$单调上升曲线。一般的B-H曲线在弱磁场($H=0$附近)区上升稍缓,如Oa段;随后快速上扬,如abc段;到c点以后,曲线又变缓,出现明显的弯曲,这时H的增大只引起B很小的增加,认为已达“饱和”。对应的B_s和H_s称为饱和磁通密度和饱和磁场强度。

2. 磁滞现象与静态磁化曲线

磁性材料性质的另一重要特点是:它的磁通密度B与磁场强度H之间为非单值函数关系,即B的取值不仅与相应的H有关,还与材料以前的磁化状态有关。这主要是因为磁性材料具有滞后效应及黏滞性等。反映磁性材料或物质的非单值性质的封闭曲线称为(静态)磁滞回线或磁滞环,如图5.1.2所示。对应于不同的最大磁通密度B_{max}值,可获得图5.1.2(a)中的磁

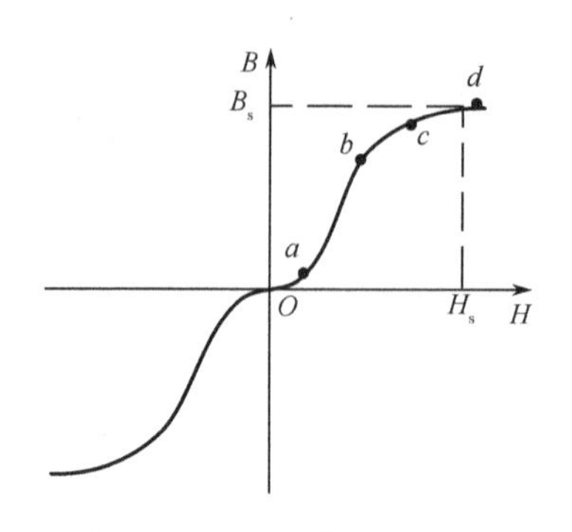

图 5.1.1　磁化曲线的非线性

滞回线族。磁滞回线所包容的面积代表一个激磁循环所产生的磁滞损耗。各环与 B 正向轴交点的磁感应强度值 B_r，称为剩磁；与 H 负向轴交点的磁场强度值 H_c，称为矫顽力。软磁材料的 B_r 和 H_c 都很小，即回线很窄(图中有所夸大)，这表明其磁滞损耗较小。

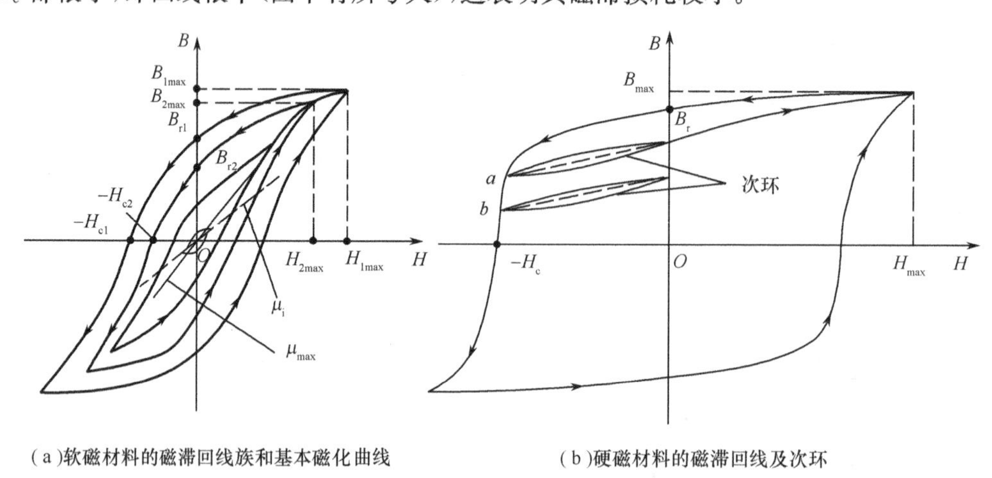

(a)软磁材料的磁滞回线族和基本磁化曲线　　(b)硬磁材料的磁滞回线及次环

图 5.1.2　磁性材料的磁化特性曲线

对于软磁材料，以不同的最大磁场强度 H_{1max}，H_{2max}，… 对它反复磁化，可获得一族大小不等的稳定的磁滞回线，如图 5.1.2(a) 所示。连接各回路第一象限顶点所得的曲线称为基本磁化曲线，它与前述的磁化曲线很接近。对一般直流磁器件的设计，大多是以基本磁化曲线为依据的。

硬磁材料有较大的 H_c 和适当的 B_r 值，在无外激励情况下，其自身仍能提供一定的 B 值，因此，具有较宽的磁滞回线，如图 5.1.2(b) 所示。对硬磁材料而言，重要的是磁滞回线的第二象限部分。若使磁化曲线在反向达到磁滞回线上的 a 点处后，又将 H 调回到零，即对应曲线由 a 点回至 B 正向轴，随后若重新使曲线反向再达到 a 点，将形成一个很狭窄的局部回线，称为次环。对于磁滞回线第二象限上的其他点，例如 b 点，也有类似的情况。为了保证工作的稳定，硬磁材料在使用时一般工作在次环上。

3. 磁导率

磁化曲线的磁导率 μ 定义为 B 与 H 的比值或 ΔB 和 ΔH 的比值。对于图 5.1.2(a) 中基本磁化曲线在接近 $H = 0$ 处的磁导率为

$$\mu_i = \lim_{H \to 0} \frac{B}{H} \tag{5.1.1}$$

称为初始磁导率；通过坐标原点对基本磁化曲线所做切线的斜率称为最大磁导率 μ_{max}；而基本磁化曲线上各点处切线的斜率 $\mu_d = dB/dH$ 为微分磁导率。由于磁化曲线的非线性，μ 随 H 的变化曲线如图 5.1.3 所示。对于硬磁材料，其磁化的斜率称为恢复磁导率 μ_{re}。这些不同的磁导率对仪表与磁性元件设计有重要的参考价值。

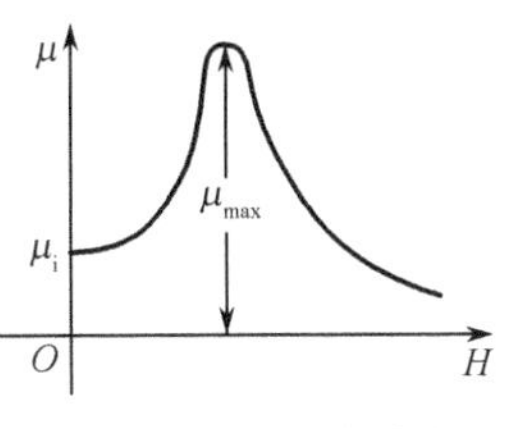

图 5.1.3　软磁材料的磁导率曲线

5.1.2　磁性材料的动态特性

1. 动态磁化曲线

动态磁化曲线一般指工作在工频以上交变磁场中的磁性材料的 B-H 曲线，纵坐标可以是 B_{max}（最大值）、B_{av}（平均值）或 B_{rms}（有效值）等；横坐标可以是 H_{max}、H_{rms} 等。到底采用何值，由工程技术要求决定。当然，这些特性参数的量值与 B 和 H 的波形有关。由于磁性材料的非线性，若 B 与 H 中的一个是正弦函数，另外一个必然是非正弦函数。

2. 动态磁滞回线

当磁性材料处于交变磁场中时，除有磁滞损耗外，还产生涡流损耗。因此，其动态磁滞回线较之静态磁滞回线要宽，即封闭曲线内面积大一些，并且由于涡流的去磁作用使对应于相同 H_{max} 值的 B_{max} 值要小一些。

对于更高的工作频率，一般软磁材料的动态曲线趋于椭圆形。

3. 动态磁导率

对于不同的磁化条件，可以有不同的磁导率的定义，例如，交流幅值磁导率被定义为

$$\mu_m = \frac{B_m}{H_m} \tag{5.1.2}$$

又如，一种同时反映 B 与 H 相位关系的磁导率称为复数磁导率，定义为取 B 与 H 的基波分量，写成向量形式即

$$\boldsymbol{B}_1 = B_1 e^{j\varphi_{B1}} \tag{5.1.3}$$

$$\boldsymbol{H}_1 = H_1 e^{j\varphi_{H1}} \tag{5.1.4}$$

于是

$$\boldsymbol{\mu} = \frac{\boldsymbol{B}_1}{\boldsymbol{H}_1} = \frac{B_1}{H_1} e^{-j\delta} = \mu_1 - j\mu_2 \tag{5.1.5}$$

式中，$\delta = \varphi_{H1} - \varphi_{B1}$，为 $\boldsymbol{B}_1$ 滞后于 $\boldsymbol{H}_1$ 的角度。$\mu_1 = B_1\cos\delta/H_1$ 称为弹性磁导率，$\mu_2 = B_1\sin\delta/H_1$ 与一个周期内磁化能量损耗成比例，称为黏性磁导率。

5.1.3　磁学量的度量单位

磁学量最早用的是绝对电磁单位制（CGSM），经过不断的演化，目前在工业中推荐采用国际单位制（SI）。表 5.1.1 给出了这两种单位制中的单位名称、符号和换算关系。

表 5.1.1 磁学量的度量单位

磁学量	CGSM 制		SI 制		换算关系
	单位名称	符号	单位名称	符号	
磁通量 Φ	麦(麦克斯韦)	Mx	韦伯	Wb	$1\text{Wb} = 10^8\text{Mx}$
磁通密度或磁感应强度 B	高(高斯)	Gs	特斯拉	$\text{T} = \text{Wb/m}^2$	$1\text{T} = 10^4\text{Gs}$
磁通势 F	吉伯特	Gilbert	安或安匝	A,NI	$1\text{A} = 0.1\text{Gilbert}$
磁场强度 H	奥斯特	Oe	安/米	A/m	$1\text{A/m} = 4\pi\times10^3\text{Oe}$
磁导率 μ	真空磁导率 $\mu_0 = 1$		$\mu_0 = 4\pi\times10^{-7}$	H/m	

5.2 空间磁场、磁通的测量

5.2.1 基于电磁感应原理的测量方法

1. 测量交流磁场

根据电磁感应定律,穿过某一线圈的变化磁通将在线圈两端产生感应电动势,如图 5.2.1 所示。若被测磁场是交流磁场,且按正弦规律变化,则穿过测量线圈的磁通也按正弦规律变化,即

$$\Phi = \Phi_{\rm m}\sin\omega t \tag{5.2.1}$$

在线圈两端产生的感应电动势

$$e = -\frac{\mathrm{d}\Psi}{\mathrm{d}t} = -N\frac{\mathrm{d}\Phi}{\mathrm{d}t} = -\omega N\Phi_{\rm m}\cos\omega t \tag{5.2.2}$$

由此可得

$$\Phi_{\rm m} = \frac{\sqrt{2}}{\omega N}U \tag{5.2.3}$$

式中,ω 为被测磁场的角频率;N 为被测线圈的匝数;U 为感应电动势 e 的有效值。

用有效值刻度的电压表测量出感应电动势 e,可以用式(5.2.3)算出穿过线圈的磁通幅值 $\Phi_{\rm m}$。若测量线圈的面积是 S,则被测磁场的磁感应强度的幅值 $B_{\rm m}$ 和磁场强度的幅值 $H_{\rm m}$ 为

$$B_{\rm m} = \frac{\Phi_{\rm m}}{S} = \frac{\sqrt{2}}{\omega SN}U \tag{5.2.4}$$

$$H_{\rm m} = \frac{B_{\rm m}}{\mu_0} \tag{5.2.5}$$

为了保证测量的准确性,测量线圈的平面应该与被测磁场方向垂直。

2. 测量直流磁场

若被测磁场是直流磁场,可以用人为的方法改变穿过测量线圈的磁通,以便在线圈中产生脉冲感应电动势,测量出脉冲感应电动势的数值,就可以测量出变化的磁通值及被测的直流磁场强度值。测量脉冲感应电动势常用的方法有冲击法和磁通表法两种。

(1) 冲击法

用冲击法测量直流磁通的接线图如图 5.2.2 所示。图中,G 为冲击检流计,N 为测量线圈的匝数,改变穿过测量线圈磁通的方法有多种。如果被测的直流磁通是由通电线圈产生的,切断线圈的电流或者突然改变线圈中电流的方向,可以使穿过线圈的磁通变化 Φ 或 2Φ;若被测

磁通是永久磁铁或者是地磁场产生的，可以把测量线圈从磁场中迅速地移到磁场为零的地方；或者把测量线圈在原地转动 180°，使穿过线圈的磁通变化 Φ 或 2Φ。无论哪种方法，均力求使磁通的变化时间尽量短，以便使测量线圈中的脉冲感应电动势值在冲击检流计偏转前已经消失。

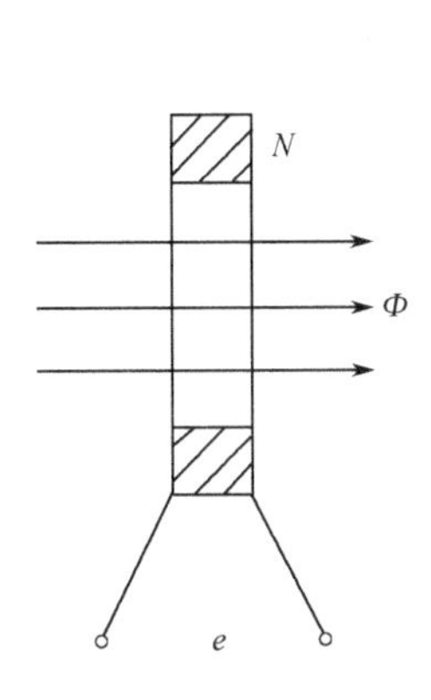

图 5.2.1　用感应法测量磁通的原理

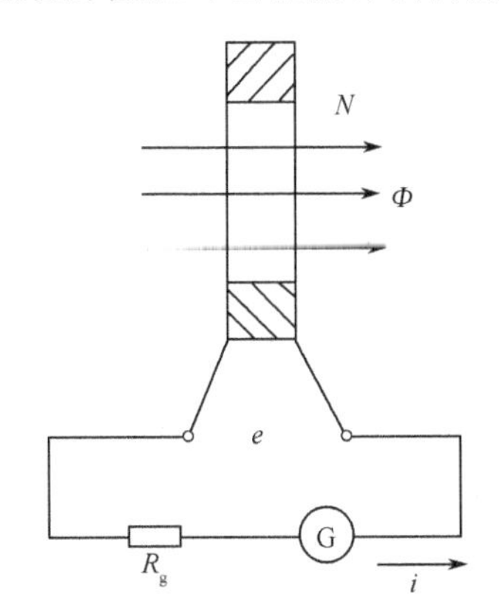

图 5.2.2　用冲击法测量直流磁通

若线圈中的感应电动势为 e，则

$$e = -N\frac{\mathrm{d}\Phi}{\mathrm{d}t} = iR + L\frac{\mathrm{d}i}{\mathrm{d}t} \tag{5.2.6}$$

式中，R 为冲击检流计的电阻 R_g 和测量线圈电阻 R_n 之和，即 $R = R_n + R_g$；i 为线圈中由感应电动势 e 引起的脉冲电流；L 为线圈的电感。

线圈中的磁通从 $t = t_1$ 时开始变化，到 $t = t_2$ 时停止变化，对式(5.2.6)积分得

$$\int_{t_1}^{t_2} -N\frac{\mathrm{d}\Phi}{\mathrm{d}t}\mathrm{d}t = R\int_{t_1}^{t_2} i\mathrm{d}t + L\int_{t_1}^{t_2}\frac{\mathrm{d}i}{\mathrm{d}t}\mathrm{d}t \tag{5.2.7}$$

因为 $t = t_1$ 和 $t = t_2$ 时磁通均停止变化，所以，$t = t_1$ 和 $t = t_2$ 时 $i = 0$，故式(5.2.7)右边第二项等于 0，则得

$$N(\Phi_2 - \Phi_1) = RQ \tag{5.2.8}$$

式中，$Q = \int_{t_1}^{t_2} i\mathrm{d}t$ 是在 $t_2 - t_1$ 这段时间间隔内流过冲击检流计的电量。

根据冲击检流计的工作原理，流过冲击检流计的脉冲电量为

$$Q = C_q\alpha_m \tag{5.2.9}$$

式中，C_q 为冲击检流计的电量冲击常数；α_m 为冲击检流计的第一次最大偏转角。所以，在 $t_2 - t_1$ 时间内，测量线圈中磁通变化量为

$$\Delta\Phi = \Phi_2 - \Phi_1 = \frac{C_qR}{N}\alpha_m \tag{5.2.10}$$

设 C_Φ 为磁通冲击常数，$C_\Phi = RC_q$，则式(5.2.10)变为

$$\Delta\Phi = \frac{C_\Phi}{N}\alpha_m \tag{5.2.11}$$

被测磁场的磁感应强度 B 和磁场强度 H 为

$$B = \frac{\Delta\Phi}{S} \tag{5.2.12}$$

$$H = \frac{B}{\mu_0} = \frac{\Delta\Phi}{\mu_0 S} \tag{5.2.13}$$

若被测磁场由通电线圈产生，把电流方向改变，或者把测量线圈原地转动 180°，则测量线圈中的磁通改变 $2\Delta\Phi$，被测的磁感应强度和磁场强度分别为

$$B=\frac{C_{\Phi}}{2NS}\alpha_{\mathrm{m}} \tag{5.2.14}$$

$$H=\frac{C_{\Phi}}{2\mu_0 NS}\alpha_{\mathrm{m}} \tag{5.2.15}$$

磁通冲击常数 C_{Φ} 的值和测量回路的电阻有关，C_{Φ} 值一般都用测量的方法求得。C_{Φ} 的测量是用标准互感线圈产生一个数值已知的磁通 $\Delta\Phi$，然后用式(5.2.11)求出 C_{Φ} 值。测量 C_{Φ} 的电路图如图 5.2.3 所示。图中，标准互感线圈的次级与有 N 匝的测量线圈、冲击检流计 G 和附加电阻 R_{g} 串联，R_{h}' 和 M 是互感线圈的次级电阻和互感值。电阻 $R_{\mathrm{h}}=R_{\mathrm{h}}'$，称为替代电阻。测量前开关 S_1 和 S_3 闭合，S_2 投向任意一侧(如投向 1 侧)，S_4 投向 1 侧，调节电阻 R_{P}，改变互感线圈的初级电流，使其达到一个合适的值 I，数值由电流表 A 读出。调整好电流后，打开开关 S_3，准备测量。测量操作是把开关 S_2 由位置 1 迅速投向位置 2，互感器初级中的电流由 I 变到 $-I$。互感线圈中的磁链变化量为 $\Delta\Psi$，在互感器次级中产生感应电动势，该感应电动势使冲击检流计偏转。第一次最大偏转角为 α_{m}，在互感线圈中有

$$e=-\frac{\mathrm{d}\Psi}{\mathrm{d}t}=-M\frac{\mathrm{d}i}{\mathrm{d}t}=-2IM \tag{5.2.16}$$

又因为

$$|\Delta\Psi|=C_{\Phi}\alpha_{\mathrm{m}} \tag{5.2.17}$$

所以

$$C_{\Phi}=\frac{2M}{\alpha_{\mathrm{m}}}I \tag{5.2.18}$$

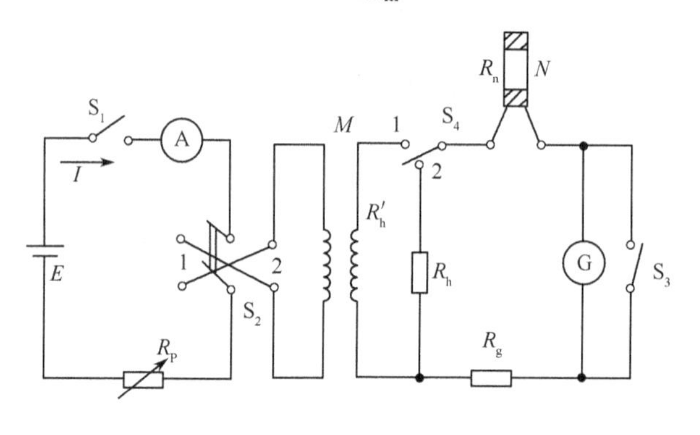

图 5.2.3　测量磁通冲击常数的电路

注意：用上述方法测量出的磁通冲击常数 C_{Φ} 是在回路电阻 $R=R_{\mathrm{g}}+R_{\mathrm{h}}'+R_{\mathrm{n}}$ 时的数值，回路电阻改变时，冲击常数 C_{Φ} 的值也发生变化。所以，用测量线圈测量磁通时，必须保持回路的总电阻 R 不变。为此，当测量磁通时把开关 S_4 投向位置 2 时，回路的总电阻 $R=R_{\mathrm{g}}+R_{\mathrm{h}}+R_{\mathrm{n}}$，因为 $R_{\mathrm{h}}=R_{\mathrm{h}}'$，保证来往回路总电阻 R 值不变。

用冲击法测量直流磁通的操作方法比较复杂、费时，但是，准确度比较高。

(2) 磁通表法

磁通表又称"韦伯计"，它是一种特殊结构的磁电系检流计。它与普通磁电系检流计的主要区别是没有产生反作用力矩的悬丝或张丝，即它的反作用力矩系数 $W=0$，根据

$$\beta=P_0/(2\sqrt{JW}) \tag{5.2.19}$$

式中，β 为阻尼因数，J 为转动惯量，P_0 为阻尼系数。

磁通表的阻尼因数 $\beta=\infty$，是严重的过阻尼。磁通表的指针能随意平衡，不返回零位。流过磁通表可动线圈中的电流是靠无力矩导流丝导入和导出可动线圈的。用磁通表测量直流磁通的接线示意图如图 5.2.4 所示。匝数为 N 的测量线圈置于待测的磁场中，线圈两端接到磁通表上。线圈中磁通的改变方法与冲击法相同，线圈中的磁通在 t_1-t_2 这段时间内变化，线圈内产生的感应电动势和电路参数有如下关系

$$N\frac{\mathrm{d}\Phi}{\mathrm{d}t}=e=iR+L\frac{\mathrm{d}i}{\mathrm{d}t} \tag{5.2.20}$$

式中，R 为包括测量线圈电阻在内的回路总电阻；L 为回路的总电感。

$$i=\frac{e}{R}-\frac{L}{R}\frac{\mathrm{d}i}{\mathrm{d}t} \tag{5.2.21}$$

磁通表的运动方程为

$$J\frac{\mathrm{d}^2\alpha}{\mathrm{d}t^2}+P_0\frac{\mathrm{d}\alpha}{\mathrm{d}t}=\Psi_0 i \tag{5.2.22}$$

式中，Ψ_0 是磁通表工作气隙中的磁链。在 $t=t_1$ 时，测量线圈中的磁通开始变化；在 $t=t_2$ 时停止变化。在 $t_1\sim t_2$ 时间内，测量线圈中产生感应电动势 e，线圈中有电流 i，把式(5.2.21) 代入式(5.2.22)，并在 $t_1\sim t_2$ 时间内积分得

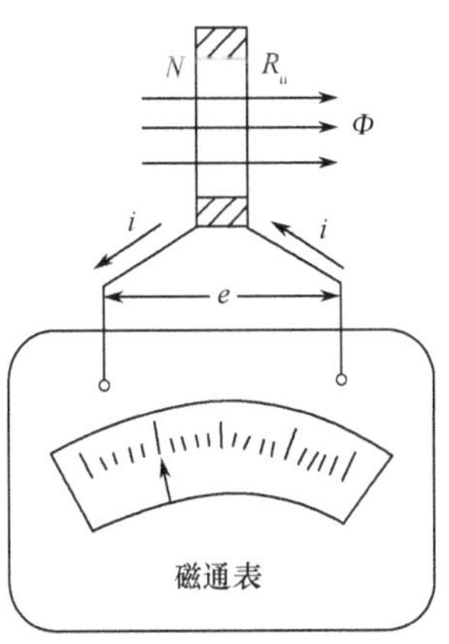

图 5.2.4　用磁通表测量直流磁通的示意图

$$J\int_{t_1}^{t_2}\frac{\mathrm{d}^2\alpha}{\mathrm{d}t^2}\mathrm{d}t+P_0\int_{t_1}^{t_2}\frac{\mathrm{d}\alpha}{\mathrm{d}t}\mathrm{d}t=\frac{\Psi_0}{R}\int_{t_1}^{t_2}\left(e-L\frac{\mathrm{d}i}{\mathrm{d}t}\right)\mathrm{d}t=\frac{\Psi_0}{R}\int_{t_1}^{t_2}\left(N\frac{\mathrm{d}\Phi}{\mathrm{d}t}-L\frac{\mathrm{d}i}{\mathrm{d}t}\right)\mathrm{d}t \tag{5.2.23}$$

式中，$e=N(\mathrm{d}\Phi/\mathrm{d}t)$。

对式(5.2.23) 积分，得

$$J\frac{\mathrm{d}\alpha}{\mathrm{d}t}\bigg|_{t_1}^{t_2}+P_0\alpha\bigg|_{t_1}^{t_2}=\frac{\Psi_0}{R}N\Phi\bigg|_{t_1}^{t_2}-\frac{\Psi_0}{R}Lit\bigg|_{t_1}^{t_2} \tag{5.2.24}$$

当 $t=t_1$ 时，测量线圈中的磁通 $\Phi=\Phi_1$，$i=0$；$t=t_2$ 时，变到 $\Phi=\Phi_2$，$i=0$。故式(5.2.24) 左边第一项等于 0。另一方面，当 $t=t_1$ 时，磁通表的偏转角 $\alpha=\alpha_1$，$\mathrm{d}\alpha/\mathrm{d}t=0$；$t=t_2$ 时，$\alpha=\alpha_2$，且 $\mathrm{d}\alpha/\mathrm{d}t=0$。故式(5.2.24) 右边第二项等于 0。所以，式(5.2.24) 为

$$P_0(\alpha_2-\alpha_1)=\frac{\Psi_0}{R}N(\Phi_2-\Phi_1) \tag{5.2.25}$$

$$\Delta\alpha=\frac{\Psi_0}{P_0R}N\Delta\Phi=\frac{1}{C_\Phi}N\Delta\Phi \tag{5.2.26}$$

式中，$\Delta\alpha=\alpha_2-\alpha_1$ 为磁通表的偏转角，$\Delta\Phi=\Phi_2-\Phi_1$ 为测量线圈中的磁通变化量，$C_\Phi=P_0R/\Psi_0$ 为磁通表的磁通常数。

被测的磁通 $\Delta\Phi$ 为

$$\Delta\Phi=\frac{1}{N}C_\Phi\Delta\alpha \tag{5.2.27}$$

被测磁场的磁感应强度和磁场强度分别为

$$B=\frac{\Delta\Phi}{S}=\frac{1}{NS}C_\Phi\Delta\alpha \tag{5.2.28}$$

$$H=\frac{B}{\mu_0} \tag{5.2.29}$$

C_Φ 值由仪表给出，不需要测量。但由式(5.2.26)可见，C_Φ 和回路的电阻有关，因此，磁通表对测量线圈的电阻也有一定的要求。要求测量线圈的内阻 R_n 不大于 8Ω，这样就限制了测量线圈的匝数或线径。

用磁通表测量磁通的操作比较简单，但准确度比冲击法低。后者是生产和科研中常用的方法。

5.2.2 用磁通门磁强计测量磁场

磁通门磁强计是利用高磁导率的铁心在交流励磁下调制铁心中的直流磁场分量，并将直流磁场转变为交流电压输出而进行测量的仪器。这种仪器的主要特点是灵敏度高、简单、可靠，体积可以做得很小。测量磁场的范围为$\pm 8\times 12^{-2}\sim\pm 8\times 10$A/m，分辨率为$(1\sim 2)\times 10^{-5}$A/m，准确度可达3%。也可以用来测量磁感应强度，测量上限在10^{-2}T，分辨率可达$10^{-18}\sim 10^{-19}$T，准确度视用途不同而异，在百分之几到千分之一之间。

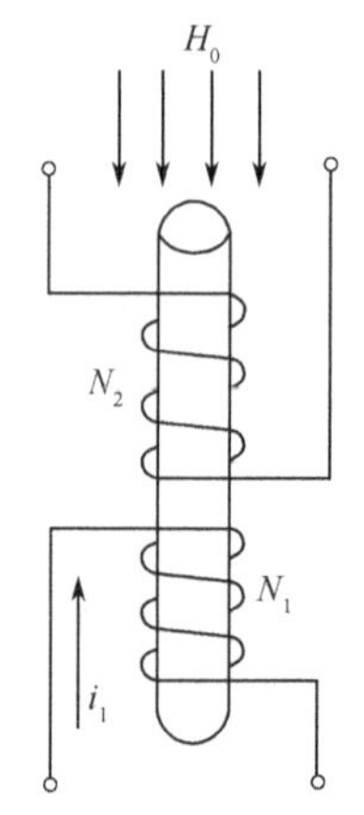

图 5.2.5　磁通门磁强计的探头结构

磁通门磁强计由探头和测量线路两部分组成。探头实际上是一个磁传感器，由高导磁、低矫顽力的软磁材料制成，其上绕有励磁线圈 N_1 和测量线圈 N_2，结构示意图如图 5.2.5 所示。励磁线圈 N_1 中流有三角波恒流源励磁电流 i_1（当然也可以是方波、正弦波等波形，也可以是恒压源），电流 i_1 足够大，使铁心充分饱和。假设铁心有如图 5.2.6(a) 所示的折线型磁特性，铁心中的直流磁场 $H_0=0$，在图 5.2.6(b) 中所示的交流三角波励磁磁场 H 的作用下，铁心中的磁感应强度 B（或磁通）是对称的梯形波，如图 5.2.6(c) 所示。对称梯形波的上升沿和下降沿在测量线圈中感应出的电势 e_s 将是对称的方波，如图 5.2.6(d) 所示，图中 $T_1=T_2$。对该方波进行谐波分析发现，其中只有奇次谐波而没有偶次谐波。

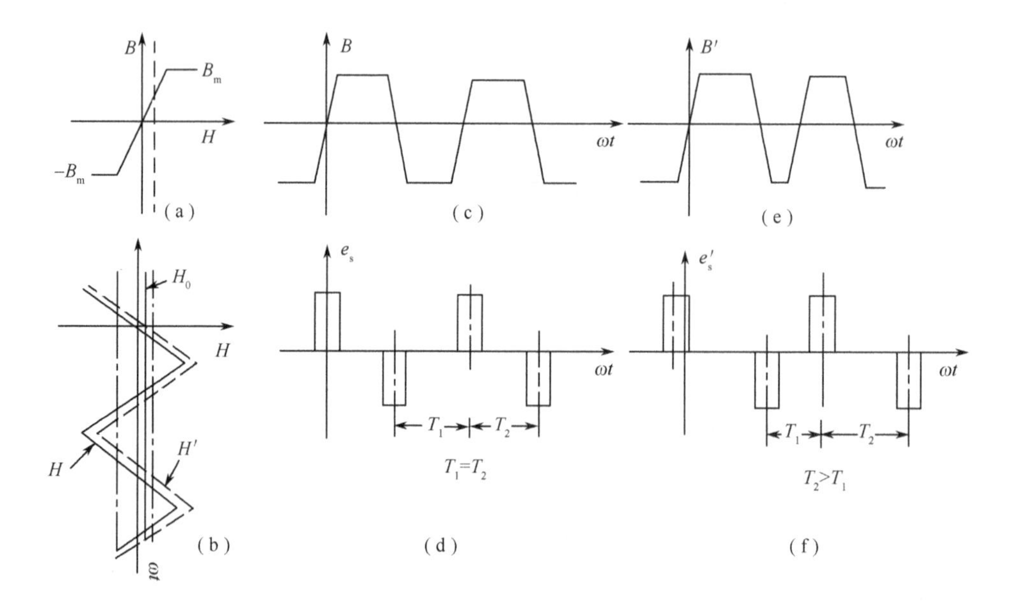

图 5.2.6　磁通门磁强计探头的工作原理图

若把探头放在待测的直流磁场 H_0 中，铁心中除了交流励磁磁场 H 外，还有直流磁场 H_0，铁心中的合成励磁磁场 H' 如图 5.2.6(b) 所示。在交流磁场与直流磁场方向相同的半周内，铁心提前进入饱和区，滞后退出饱和区；相反的半周内，铁心滞后进入饱和区，提前退出饱和区。因此，铁心中的磁感应强度 B' 是不对称的梯形波，如图 5.2.6(e) 所示。在测量线圈中，感应出的电势 e_s' 也是不对称的方波，如图 5.2.6(f) 所示，图中，$T_2 > T_1$。如果直流磁场是 $-H_0$，则 $T_2 < T_1$。对此方波进行谐波分析发现，其中不但有奇次谐波，还有偶次谐波，偶次谐波的大小和相位分别反映了直流磁场的幅值和方向，测量出测量线圈中的偶次谐波电压的幅值和相位，即可测得直流磁场的大小和方向。

采用图 5.2.5 所示的探头结构，在 $H_0 \neq 0$ 时，测量线圈中输出的感应电动势 e_s' 中既含有奇次谐波也有偶次谐波。奇次谐波中基波幅值最大，偶次谐波中二次谐波幅值最大，但是，基波幅值和二次谐波幅值相比，基波幅值远大于二次谐波的幅值。从较大的基波中把二次谐波检测出来很困难，所以，单铁心的探头实用价值不大。实际应用的探头是双铁心或其他结构的探头，如图 5.2.7 所示。铁心上绕有励磁线圈 2，通以具有一定波形的交变电流 i，产生交变励磁磁场，它的幅度应使铁心被反复磁化到饱和。在铁心的外部绕有检测线圈 3。传感器没有直流绕组，铁心中的直流磁通正是由待测磁场沿传感器轴向的分量所产生的。

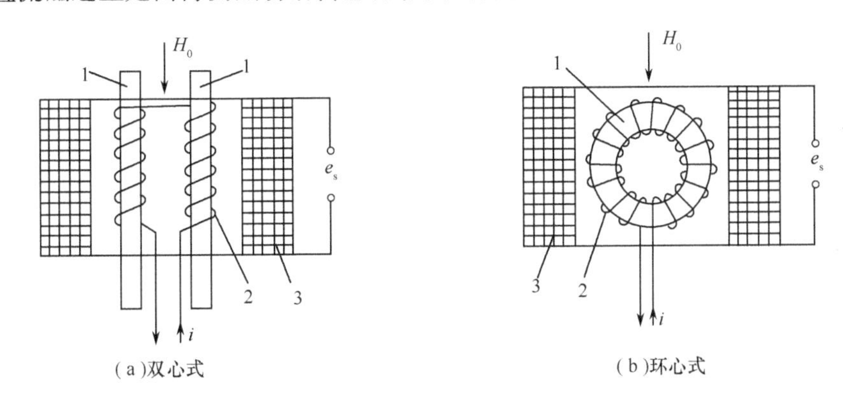

图 5.2.7　磁通门磁强计的传感器

1— 铁心；2— 励磁绕组；3— 检测线圈；i— 励磁电流；e_s— 次级感应电动势

由于铁心和绕组对于轴线是对称的，并且励磁线圈的绕向使交流励磁磁场在两部分铁心中产生的磁通大小相等，方向相反。当轴向直流磁场 $H_0 = 0$ 时，两部分铁心的磁通在任何时刻都合成为零，检测线圈的次级感应电动势为零。当 $H_0 \neq 0$ 时，上述磁通含有偶次谐波分量。任一时刻，交流励磁磁场和待测磁场在两部分铁心中，一为同向，一为反向，故两部分磁通的偶次分量是互相叠加的。在检测线圈两端有相应的感应电动势 e_s 输出。

磁通门磁强计原理电路框图如图 5.2.8 所示。图中励磁电流为一频率和幅值均较稳定的振荡器，振荡频率调整到 f_0，振荡的波形为良好的正弦波，所含的二次谐波分量很小。励磁电流流经励磁绕组将铁心反复磁化至饱和。当沿传感器轴向的待测磁场 H_0 不为零时，检测绕组就有偶次谐波电压 e_3 输出，经滤波网络送入选频放大器。在测量线路中加入低通滤波器，是为了消除噪声和防止谐振。选频放大器仅对频率为 $2f_0$ 的信号有放大作用，放大后的输出电压 e_2 送入相敏检波器。相敏检波器不仅有检波作用，还能把 e_2 的相位与经倍频器和移相器送来频率为 $2f_0$ 的参考电压的相位进行比较。根据相敏检波器输出电压的极性可以鉴别待测磁场的方向。相敏检波器输出为直流电压，经直流放大后送到测量仪或记录仪。输出的大小正比于待测磁场 H_0。地磁场补偿电路是一个可调的恒流源，它的电流流经补偿绕组在铁心中产生直流磁通，抵消地磁在待测磁场方向上的分量。

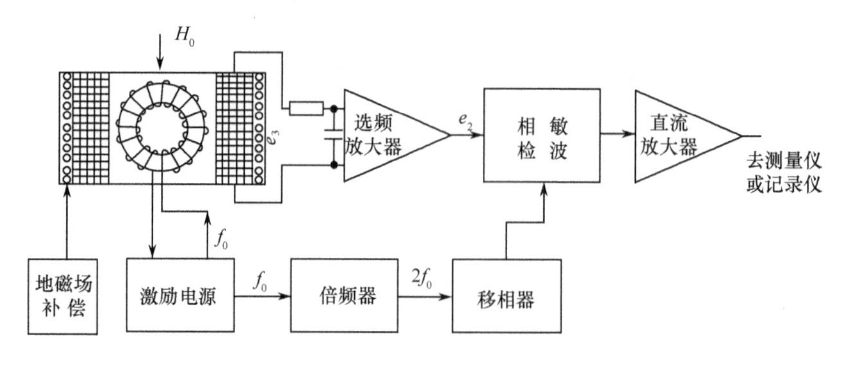

图 5.2.8　磁通门磁强计原理电路框图

5.2.3　用霍尔效应测量磁场

霍尔效应是德国物理学家霍尔(Hall)发现的。但是,由于一般材料的霍尔效应不十分明显,所以,当时这一现象没有得到应用。从 20 世纪 50 年代以来,由于半导体材料的发展,制成了霍尔效应特别显著的半导体材料,于是,应用霍尔效应测量磁场的技术得到了飞速的发展。

霍尔效应是指运动着的电荷在磁场中受力的一种效应。如图 5.2.9 所示,图中长方形片状半导体就称为霍尔元件,若将它放在磁场中,磁场方向与霍尔片垂直,并在霍尔片的一个对边通入电流,则在另一对边就会出现电压 U_H。

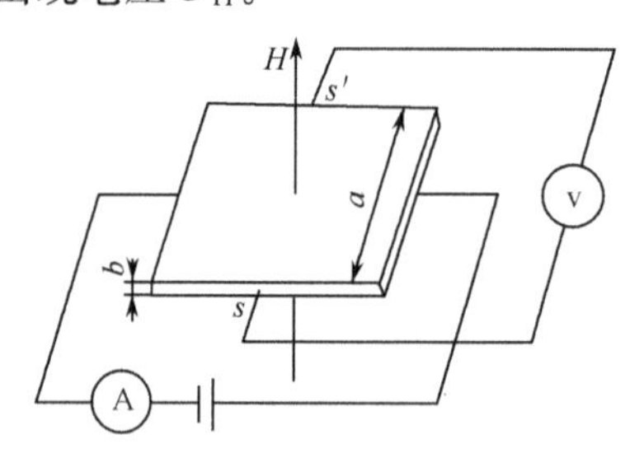

图 5.2.9　用霍尔效应测量磁场

设半导体每单位体积内的载流子数目为 N,每个载流子的电荷量为 q,霍尔元件通入的电流为 I,通过电流的横截面为 ab,则半导体内载流子的速度 v 为

$$v = \frac{I}{Nqab} \tag{5.2.30}$$

载流子在磁场内所受的电磁力为

$$F = Bqv \tag{5.2.31}$$

运动着的载流子在磁场力的作用下,必然要向侧面聚积,聚积起来的载流子将产生一个与式(5.2.31)方向相反的电场力,即

$$Bqv = Eq \tag{5.2.32}$$

式中,E 为由聚积的载流子电荷产生的电场强度。

霍尔片的两个侧面 ss' 将呈现出电压

$$U_H = Ea = \frac{B}{Nqb} \tag{5.2.33}$$

上式表明,霍尔电压 U_H 与霍尔元件所处的磁场强弱即磁感应强度 B 成正比。

在实际应用中,为了使 B 与 U_H 之间有线性关系,电流 I 由恒流源供电。因为霍尔电势 U_H

的数值较小，需经放大后测量，为了放大方便，希望 U_H 是交流。在测量直流磁场时用交流电流供电，这时的霍尔电势为交流。同理，当测量交流磁场时，用直流恒流源供电，也可以得到交流霍尔电势 U_H。

国产 CT_3 型特斯拉计是用霍尔效应测量磁感应强度的仪器，可以测量交流和直流磁感应强度，其结构框图如图 5.2.10 所示。其中，霍尔变换器的材料是半导体锗，尺寸是 2mm×4mm×0.12mm。测量直流磁场时，霍尔变换器的供电电流 I 由 2500Hz 振荡器产生的交流信号经功率放大后提供；测量交流磁场时，电流由直流电池组提供，用开关 S 切换。

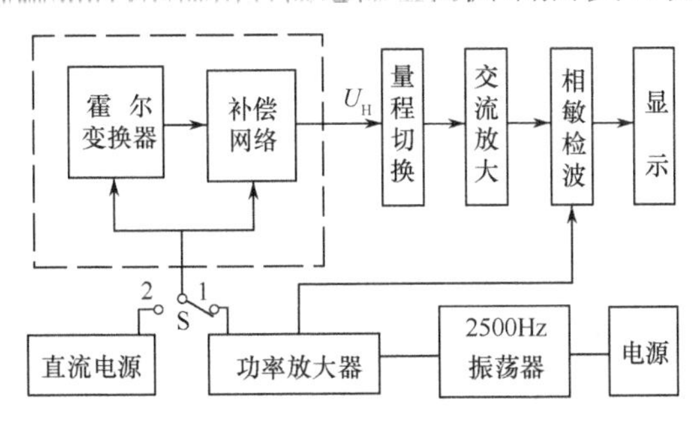

图 5.2.10　CT_3 型特斯拉计原理框图

用霍尔效应测量磁场的特点是可以连续读取被测磁感应强度的数值，无触点，可动元件，机械性能好，使用寿命长。因为霍尔变换器可以做得很小、很薄，能在很小的空间体积内（小到零点几立方毫米）和小气隙（几微米）中测量磁场。

5.2.4　用核磁共振法测量磁场

用核磁共振现象精确地测量磁场的理论是 1946 年以后提出来的。在电磁波的作用下，原子核在外磁场中的磁能级之间的共振跃进现象称为“核磁共振”。核磁共振理论提供了一种非常有用且准确的磁场测量方法，得到了广泛应用。目前，核磁共振磁强计在国内外均有商品出售，它的测量范围约为 $1\times10^{-2}\sim2$T，准确度可达到 10^{-5}。但是，它只能在均匀磁场中使用。

5.3　磁性材料的测量

磁性材料的性能主要表现在它的磁化曲线和磁滞回线上。所以，测量磁性材料的性能主要通过测量磁化曲线和磁滞回线取得。测量磁滞回线时要注意两个问题。第一，材料的磁性能与工作条件有关。例如，在直流条件下工作和在交流条件下工作，其性能是不同的。同样在交流条件下工作，交流电的频率不同，其动态特性也有差异。所以，测量磁性能要使材料工作在实际条件下，然后进行测定。例如，硬磁材料一般可以只测直流静态特性，而软磁材料则需要测动态特性等。第二，磁材料需要取出样品进行测量，而测量时要求样品全部工作在同一工作条件下，也就是说要求测试样品内部有一个均匀的磁场。否则，样品各点的 B 与 H 值不相同，测出的只是一种平均状态。

5.3.1　软磁材料静态特性的测量

1. 磁性材料样品

常用的样品有闭合磁路样品和棒状开路样品两种。闭合磁路样品有方形和圆形两种，以环形样品漏磁较少而应用较多。环形样品如图 5.3.1 所示。在环形样品上绕有励磁线圈 N 匝，当线圈中流过电流 I 时，样品中的磁势为

$$F = HL = IN \tag{5.3.1}$$

式中，L 为样品的磁路长度；I 为直流磁化电流。

若以 r 表示磁路周长的平均半径，样品中的磁场强度 H 等于

$$H = \frac{IN}{2\pi r} \tag{5.3.2}$$

因为样品的内、外径不同，使样品截面中的磁场不均匀。为了缩小径向磁化不均匀引起的测量误差，应使样品的内、外径相差不太大。一般要求

$$\frac{r_{外} - r_{内}}{r_{外} + r_{内}} \leqslant \frac{1}{8} \tag{5.3.3}$$

开磁路棒状样品的磁路不闭合，为了测定样品内的磁场，应对其磁化，应用磁导计能够将样品在铁磁材料构成的闭合磁路中磁化，这个闭合磁路则是由样品本身与磁导计的磁轭一起组成的，构成闭合磁路的好处是提高了样品磁化的均匀度。磁导计的种类很多，图 5.3.2 所示为一种常用的结构。图中，1、6 是磁导计的励磁线圈；2、5 是磁导计的磁轭；3 是测量样品中磁感应强度的测量线圈；4 是棒状样品。当励磁线圈中通入励磁电流时，样品可以被磁化。样品中磁场强度可以用样品表面上的线圈 7 测出。

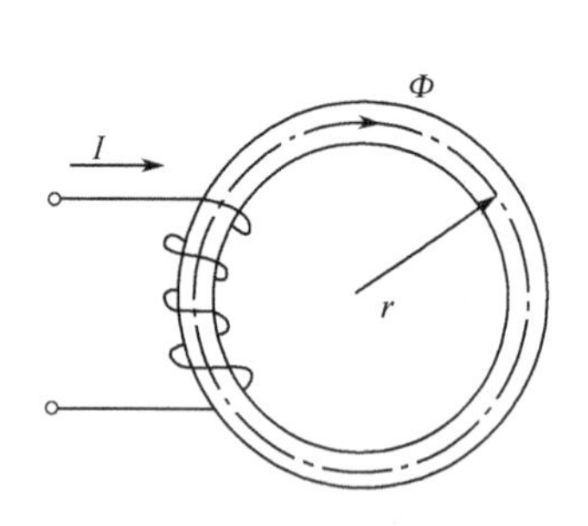

图 5.3.1　环形闭合磁样品

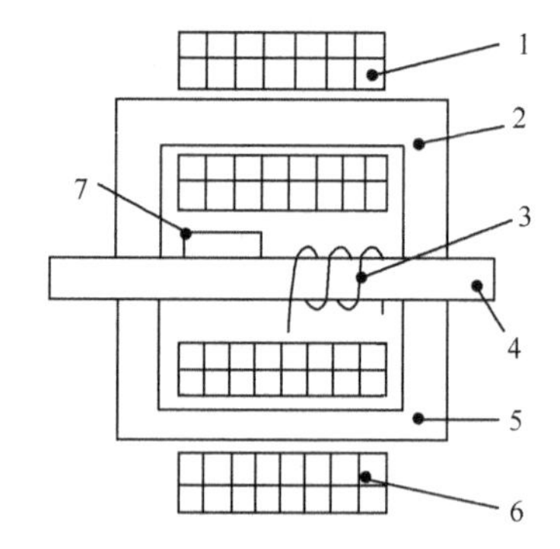

图 5.3.2　双磁轭磁导计

1、6— 励磁线圈；2、5— 磁轭；3— 测量线圈；
4— 样品；7— 样品表面线圈

2. 用冲击法测量环状样品的磁特性

用冲击法测量环状样品的直流磁特性时，样品中的磁场强度 H 通过测量磁化电流 I，然后用式(5.3.2) 计算得出结果。因此，测量任务主要是测量样品中的磁感应强度。测量的原理电路如图 5.3.3 所示。图中，N_1 是均匀绕在样品上的励磁线圈，它通过开关 S_2 和双向开关 S 由电源 E 供电。供电回路中的电阻 R_1 和 R_2 可调节供电回路中的电流，电流 I 由电流表 A 读出。测量基本磁化曲线时不用电阻 R_1，用开关 S_1 短路 R_1，且 R_1 仅在测量磁滞回线时使用。绕在样品上的线圈 N_2 是测量线圈，G 是冲击检流计，R_3 和 R_4 用来调节检流计外电路电阻，以便使检流计工作在最佳运动状态及得到适当的灵敏度。电阻 R_h 和线圈 N_2 的内阻 R'_h 相等，在测量检流计的冲击常数时，用 R_h 代替线圈内阻 R'_h。M 是确定冲击检流计的冲击常数时使用的标准互感器，其初级用开关 S_2 与电源 E 接通，次级接在样品的测量回路中。

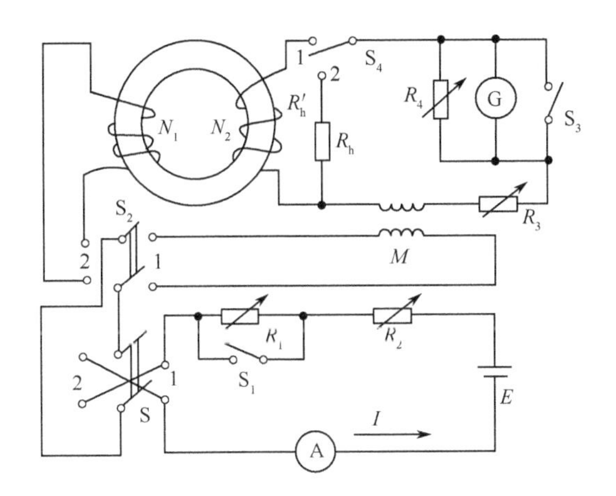

图 5.3.3　冲击法测量环状样品直流特性的电路

(1) 测量前的准备工作

测量应该在样品中磁场强度 $H=0$ 的情况下开始。一般样品初始状态是任意的，$H\neq 0$，所以，测量前必须给样品退磁。

退磁的方法有直流退磁和交流退磁两种。直流退磁时，先把开关 S_1、S_3 短路，S_4 任意，S_2 接向 2 侧，S任意(如接向 1 侧)。调节电阻 R_2，把回路中的电流 I 调节到等于磁性材料充分饱和时所需的电流 I_m。此时，样品已被磁化到充分饱和。逐渐缓慢地增大电阻 R_2，使磁化电流 I 逐渐减小，与此同时，不断地用开关 S 给电流换向，电流减到最小值后断开开关 S，使样品励磁线圈中的电流等于零，则样品中的磁场也是零，完成了去磁操作。

去磁也可以用交流方法。采用交流去磁时，把图 5.3.3 中的直流电源 E 换成交流 50Hz 电源，去磁的办法是渐渐增大电阻 R_2 的值，把励磁电流减到零。与直流去磁不同的是，开关 S 接在任意位置均可，在去磁的过程中不必改变它的位置。交流去磁的操作不能太快，需时 2 ～ 3 分钟。

去磁后的样品不能立刻测量，需要稳定一段时间。铁镍合金制成的磁性材料约需稳定 10 ～ 30 分钟，硅钢片还要长一些。

测量前的另一项准备工作是测定冲击检流计在该具体电流中的磁通冲击常数。去磁后把开关 S_2 投向 1 侧，S 任意，例如在 1 侧。S_1、S_3 短路，S_4 投向 2 侧。调节电阻 R_2，得到某一电流 I 值，由电流表读出其数值。上述工作完成后，把开关 S_3 断开，此时检流计接通。测量时，把开关 S 由位置 1 迅速投向位置 2，以改变标准互感器初级线圈中的电流方向，此时互感器初级线圈中的电流变化值为

$$\Delta I_1 = 2I \tag{5.3.4}$$

记下冲击检流计的最大偏转角 α_m。此时可得

$$\Delta\Phi_2 = M\Delta I_1 = RC_q\alpha_m \tag{5.3.5}$$

式中，$\Delta\Phi_2$ 为互感器次级线圈中磁通的变化量(Wb)，M 为互感线圈的互感值(H)，R 为回路的总电阻(Ω)，C_q 为冲击检流计的电量冲击常数(C/mm)。

冲击检流计的磁通冲击常数等于

$$C_\Phi = RC_q = \frac{M\Delta I_1}{\alpha_m} = \frac{2IM}{\alpha_m} \quad (\text{Wb/mm}) \tag{5.3.6}$$

读出检流计最大偏转角 α_m 后，开关 S_3 立刻短路。还需要注意的是，测量好磁通冲击常数后，回路的总电阻不允许再变化。

(2) 测量基本磁化曲线

样品中不同磁场强度下对应的磁滞回线顶点的连线称为基本磁化曲线，如图 5.3.4 所示。测量磁化曲线首先要测出磁滞回线顶点的纵坐标对应的磁感应强度 B 值，其横坐标对应的磁场强度 H 值用磁化电流 I 计算得到。

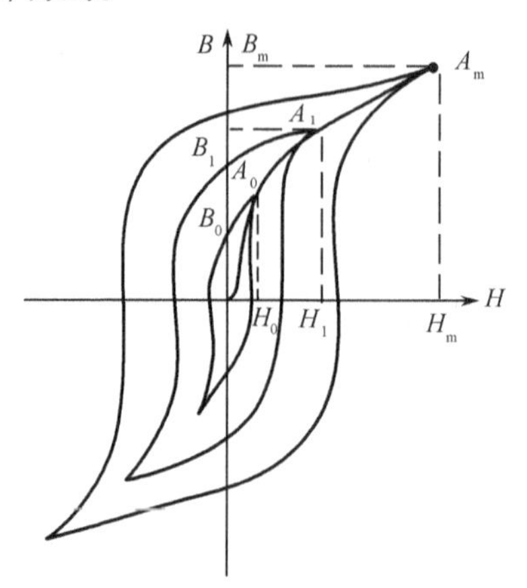

图 5.3.4　基本磁化曲线测量示意图

测量从实验条件下所能测出的最小磁场 H_0 开始。操作方法是先将 S_3、S_1 短路，S_4 投向 1 侧，开关 S_2 投向 2 侧，开关 S 任意(如投向 1 侧)。调节电阻 R_2，使电流 $I = I_0$，对应样品中的磁场强度 H_0 为

$$H_0 = \frac{I_0 N_1}{l} \text{（安匝 / 米）} \tag{5.3.7}$$

式中，l 是样品的磁路长度。为了得到稳定的磁滞回线，需要进行磁锻炼，锻炼的方法是把开关 S 反复变化多次，使样品中的磁感应强度在 B_0 和 $-B_0$ 之间变化多次，最后把开关 S 停在“正向”位置(如 1 侧)。把开关 S_3 断开，接通冲击检流计，开关 S 快速由位置 1 投向位置 2，此时样品中的磁场由 H_0 变到 $-H_0$，磁感应强度由 B_0 变到 $-B_0$，记下冲击检流计的最大偏转角 α_0 后，立刻把 S_3 短路以保护冲击检流计，样品中的磁通变化量 $\Delta\Phi_0$ 为

$$\Delta\Phi_0 = 2B_0 S = \frac{C_\Phi \alpha_0}{N_2} \tag{5.3.8}$$

式中，S 为样品的截面积(m^2)。

因此，样品中的磁感应强度为

$$B_0 = \frac{C_\Phi \alpha_0}{2SN_2} \tag{5.3.9}$$

H_0 和 B_0 的数值得到后，可求得磁化曲线上的 A_0 点。

用同样的方法可以求得 A_1、A_2 直到 A_m 点。

(3) 测量磁滞回线

实际中往往要求测量磁性材料的最大磁滞回线，测量方法是从 A_m 点开始。所以，在测量基本磁化曲线后开始测量磁滞回线最方便，不必再退磁。

磁滞回线的上升部分(即 H 由 $-H_m$ 上升到 H_m 所对应的 B 值变化曲线) 和下降部分相对应原点呈对称状，因此，只需测量出下降部分曲线，上升部分曲线可以对称地画出来。

测量下降部分磁滞回线的操作过程如下：首先将 S_1、S_3 短路，开关 S_2 置于 2 侧，S_4 置于 1 侧，开关 S 置于 1 侧，调节电阻 R_2，使电流 $I = I_m$，此时样品中的磁场强度 $H = H_m$、$B = B_m$，

是曲线上的 A_m 点，如图 5.3.5 所示。至此，固定电阻 R_2 值，在测量磁滞回线的全过程中不再改变。断开开关 S_1，调节电阻 R_1，使电流由 I_m 减小到 I_1，此时样品中的磁场强度 $H=H_1$、$B=B_1$，对应于图 5.3.5 中的 A_1 点。然后接通开关 S_1，使样品的磁状态又回到 A_m 点。连续变换开关 S 进行磁锻炼，使样品的最大磁滞回线处于稳定状态，开关最后停在 1 处。至此，做好了测量 A_1 点的准备工作。

断开开关 S_3，使冲击检流计接入线路，断开开关 S_1，此时励磁电流由 $I=I_m$ 下降到 $I=I_1$，检流计偏转，记下最大偏转角 α_1，样品的磁状态由 A_m 点变到 A_1 点，磁感应强度由 B_m 下降到 B_1，样品中磁通的变化为 $\Delta\Phi_1$，其数值等于

$$\Delta\Phi_1=(B_m-B_1)S=\frac{C_\Phi}{N_1}\alpha_1 \tag{5.3.10}$$

$$B_1=B_m-\frac{C_\Phi}{SN_1}\alpha_1 \tag{5.3.11}$$

式中，S 为样品的截面积(m^2)。

读出 α_1 后，闭合开关 S_3，把检流计保护起来，至此，完成了 A_1 点的测量任务。

A_2 点的测量是在 A_1 点的基础上进行的。此时，开关 S_1 已经断开，$I=I_1$，再调节 R_1 使电流 $I=I_2$，此时样品的磁状态对应图 5.3.5 中的 A_2 点。在调节 R_1 时要特别注意，只能使电流均匀地减小到 I_2，不能增加，以免出现局部磁滞回环，破坏被测样品的磁状态。把开关 S 由位置 1 变到位置 2，样品中的励磁电流 $I=-I_2$，再闭合开关 S_1，励磁电流由 $-I_2$ 变到 $-I_m$，最后再把开关 S 返回到位置 1，样品的磁状态由 $-A_m$ 点返回到 A_m 点。这样操作的目的是使样品的磁状态按图中箭头指示的方向返回到 A_m 点，以免产生局部磁滞回线而影响测量的准确度。完成所示操作后，即完成了 A_2 点测量前的准备工作。

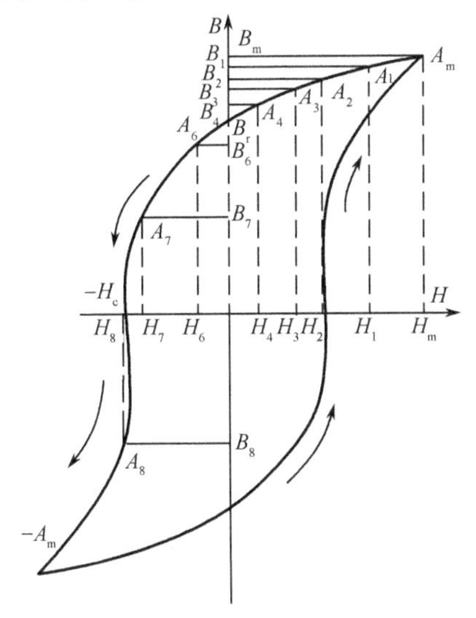

图 5.3.5　冲击法测量磁滞回线

测量时，首先断开开关 S_3，使检流计接入电路。再断开开关 S_1，使电流由 I_m 跃变到 I_2，冲击检流计最大偏转角为 α_2，记下 α_2 值后立刻闭合开关 S_3，A_2 点对应的磁感应强度 B_2 为

$$B_2=B_m-\frac{C_\Phi}{SN_2}\alpha_2 \tag{5.3.12}$$

完成了 A_2 点的测量任务。

第一象限中的 A_3、A_4 等点的测量方法与 A_2 点相同。

第二、三象限中的 $A_6 \sim A_8$ 点的测量与第一象限不同。A_6 点的测量可以在 A_4 点测量的基础上进行。此时，开关 S_1 处在打开的状态，$I = I_4$。把开关 S 由位置 1 接向位置 2，闭合 S_1，再把 S 返回到位置 1，此时样品的磁状态已按箭头的方向返回到 A_m 点，完成了 A_6 点测量前的准备工作。测量 A_6 点的操作是首先打开 S_3，继而在打开 S_1 的同时把开关 S 由位置 1 投向位置 2，此时励磁线圈中的电流由 I_m 到 I_4 再到 $-I_4$，而磁状态由 A_m 点到 A_4 点再到 A_6 点。记下检流计最大偏转角 α_6，于是对应于 A_6 点的磁感应强度 B_6 为

$$B_6 = B_m - \frac{C_\Phi}{SN_2}\alpha_6 \tag{5.3.13}$$

记下 α_6 的同时闭合开关 S_3。

A_7 点的测量是在 A_6 点的基础上进行的。此时，开关 S_1 已打开，开关 S 在位置 2，调节电流使 $I = -I_7$；闭合 S_1，把 S 置于位置 1，此时样品又从 $-A_m$ 点沿图中箭头所指的方向返回到 A_m 点。测量 A_7 点的操作是：打开 S_3，在打开 S_1 的同时把 S 置于位置 2，记下检流计的偏转角 α_7，A_7 点对应的 B_7 为

$$B_7 = B_m - \frac{C_\Phi}{SN_2}\alpha_7 \tag{5.3.14}$$

第二、三象限其他点的测量方法与 A_7 点相似。

剩磁感应强度 B_r 可以在测磁滞回线的过程中得到。矫顽磁力 H_c 一般不能直接测得，可在测量 A_7、A_8 点后作图得出。

用基本磁化曲线可以推算出 $\mu = B/H$ 曲线，求出初始磁导率和最大磁导率等参数。

棒状样品直流磁特性的测量借助于导磁计磁化样品，B 值的测量方法和环状样品的相同，只是样品中的磁场强度 H 值不能算出，只能靠测量来得到，因此，增加了测量的工作量。棒状样品的优点是更换样品方便。

5.3.2 软磁材料动态特性的测量

磁性材料在交流下工作的性能与直流有很大差别。由于反复磁化，其磁滞回线称为“动态磁滞回线”。由于磁滞损耗和涡流损耗的影响，使得在较低磁场下的磁滞回线接近椭圆形。当磁化场强度一定时，磁化场的频率越高，磁滞回线越接近椭圆形。各磁滞回线顶点的连线称为交流磁化曲线。

在交流下，磁性材料中的磁感应强度 B 和磁场强度 H 之间存在着相位差，两者波形不同。若其中一个是正弦量，另一个则是含有高次谐波的交流变量。材料的交流磁导率 μ 是复数。

磁性材料动态磁特性的测量的主要对象是软磁材料，测量的主要任务是测量交流磁滞回线、交流磁化曲线和损耗。测量都是在感应法的基础上进行的，通过测量电学量或电参数，然后再进行计算，从而得到交流磁性参数。

(1) 用示波器测量交流磁滞回线

用示波器可以在较宽的频率范围内直接测量磁性材料的磁滞回线，可以测量磁滞回线的专用示波器称为“铁磁示波器”。根据示波器上磁滞回线的图形，还可以确定磁性材料的有关参数，测量误差为 $\pm(7 \sim 10)\%$。

铁磁示波器的原理电路如图 5.3.6 所示。图中，N_1 为励磁绕组，磁化电流在 R_s 上的电压经放大器放大后送到示波器的 x 轴上，因此，示波器 x 方向的偏转正比于样品中的磁场强度。为了避免磁化电流波形畸变产生的测量误差，采样电阻 R_s 的值应尽量小。

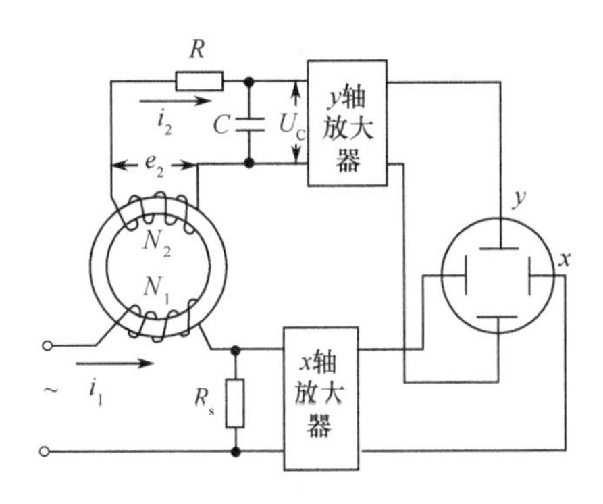

图 5.3.6　铁磁示波器原理图

在样品次级绕组 N_2 中产生感应电动势 e_2，次级回路电流流过 R、C 组成的积分电路对电容器 C 积分，积分电压 U_C 被示波器的 y 轴放大后送往示波器的 y 方向偏转板。下面来证明电压 U_C 正比于样品中的磁感应强度 B。次级回路的方程式为

$$e_2 = i_2 R + L\frac{\mathrm{d}i_2}{\mathrm{d}t} + U_C \tag{5.3.15}$$

式中，i_2 为次级回路电流；R 和 L 分别为次级回路的总电阻和电感。若电阻 R 选择足够大，上式中的后两项可以忽略，因此，上式变为

$$e_2 \approx i_2 R = -N_2 S\frac{\mathrm{d}B}{\mathrm{d}t} \tag{5.3.16}$$

$$i_2 = -\frac{N_2 S}{R}\frac{\mathrm{d}B}{\mathrm{d}t} \tag{5.3.17}$$

式中，S 和 N_2 分别为样品的截面积和次级绕组的匝数。电容器 C 两端的电压为

$$U_C = \frac{1}{C}\int i_2 \mathrm{d}t = -\frac{N_2 S}{RC}\int \mathrm{d}B \tag{5.3.18}$$

$$|U_C| = \frac{N_2 S}{RC}B \tag{5.3.19}$$

可见，示波器 y 轴上的偏转电压正比于样品中的磁感应强度。可以在铁磁示波器的屏幕上观察到交流下样品的动态磁滞回线。

为了使样品次级回路中的感应电动势和初级磁化电流无畸变地被采样放大，以便不失真地显示磁滞回线的形状，必须使次级回路的电流 i_2 很小，这样，次级绕组的电感和积分电容上的电压就很小，不会引起显著的相移。通常认为，积分电路的时间常数 RC 应该比 $1/(2\pi f)$ 大100倍，其中，f 是测量时采用的电源频率。当然，RC 增大会使积分电压大大降低，使 y 轴方向测量灵敏度大大下降。为此，要求 y 轴有较高且稳定的增益和尽可能低的相移。

(2) 动态磁化曲线的测量方法

从磁性材料的动态磁滞回线上可以得到若干回线参数，并可以作为软磁材料性能好坏的依据。但是，一条回线仅对应某一磁感应强度 B 和磁场强度 H 下的值，若要求多个 B 值下的数据，就要画很多个回线，这是很不方便的。在实际应用中，常常希望测量磁化曲线，以便了解磁场强度由低而高、或由高而低变化时，磁感应强度 B 是如何变化的，以及它与静态磁化曲线相比有何特征等。

动态磁化曲线的测量方法有伏安法、互感法、电阻法、自动测试记录等方法，这里仅介绍常用的电阻法，其原理电路如图5.3.7所示。若电阻 R 的数值比较小，它的存在不会影响励磁电流 i_1 的

波形时，用峰值电压表测量出电阻 R 两端的电压降，因此，样品中的磁场强度 H_m 的幅值为

$$H_m = \frac{N_1}{l} I_{1m} = \frac{N_1}{l} \frac{U_{1m}}{R} \tag{5.3.20}$$

式中，l 为环形样品的平均磁路长度；N_1 为初级绕组的匝数；U_{1m} 为峰值电压表的读数；I_{1m} 为励磁电流 i_1 的幅值。与 H_m 相应的样品中的磁感应强度 B_m 值由样品的次级线圈 N_2 和平均值电压表测得。在次级回路中的感应电动势 e_2 的值为

$$e_2 = - N_2 S \frac{dB}{dt} \tag{5.3.21}$$

式中，S 为样品的截面积；B 为样品中的磁感应强度；N_2 为次级绕组的匝数。

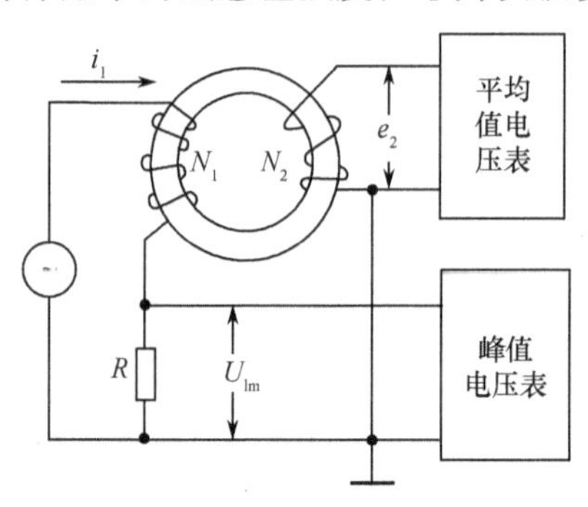

图 5.3.7　用电阻法测量 B-H 曲线的原理电路图

对式(5.3.21) 两边积分求平均值，得

$$\frac{1}{T}\int_0^T e_2 dt = \frac{1}{T}\int_0^T N_2 S \frac{dB}{dt} dt \tag{5.3.22}$$

对正弦波而言，式(5.3.22) 积分得

$$\frac{2}{T}\int_0^{\frac{T}{2}} e_2 dt = \frac{2}{T}\int_{-B_m}^{B_m} N_2 S dB \tag{5.3.23}$$

式(5.3.23) 左边为次级绕组感应电动势的平均值，即

$$\overline{e_2} = \frac{2}{T}\int_0^{\frac{T}{2}} e_2 dt \tag{5.3.24}$$

式(5.3.23) 右边为

$$\frac{2}{T}\int_{-B_m}^{B_m} N_2 S dB = 4 f N_2 S B_m \tag{5.3.25}$$

式中，f 为励磁电流的频率；B_m 为样品中磁感应强度的幅值。因此，有

$$\overline{e_2} = 4 f N_2 B_m \tag{5.3.26}$$

$$B_m = \frac{\overline{e_2}}{4 f N_2 S} \tag{5.3.27}$$

用上述方法不断改变励磁电流 i_1 的值，可以测量作出 B-H 曲线。

5.3.3　软磁材料损耗的测量

铁损是指在交流条件下，软磁材料每磁化一周所消耗能量的大小与磁化频率 f 的乘积。单位质量的损耗称为“比铁损”。有时也用单位体积的损耗来表示材料的铁损。单位体积的损耗除以材料的密度 ρ 即为比铁损。铁损按其机理可分为磁滞、涡流和后效损耗 3 大部分。对于金属软磁材料来说，主要是前两者，对于铁氧体软磁材料，主要是磁滞和后效损耗。

软磁材料应用量最大的是硅钢片，每年全世界硅钢片的产量占全部软磁材料总产量的95%。硅钢片的损耗直接影响到电力设备的效率、重量、体积和成本。因此，硅钢片的铁损测量在国民经济中占有极重要的地位。

硅钢片铁损的测量方法主要是功率表法，也称“艾泼斯坦方圈”法，这是世界各国用来测量铁损的标准方法。在高频下，也可以用电桥法、量热仪法等。

图 5.3.8 所示为 10kg 艾泼斯坦方圈的结构图。硅钢片的整张尺寸为 2m×1m。从大批来料中，抽出一些硅钢片，裁成 50cm×3cm 的长条（如何剪裁，有国家标准可循），然后按图 5.3.8 所示方式叠成方圈形铁心，总重量为 10kg。方圈每边各缠两个 150 匝的线圈，分别串联成初级 N_1 和次级 N_2 两个 600 匝的绕组。N_1 为励磁绕组，N_2 为测量绕组。

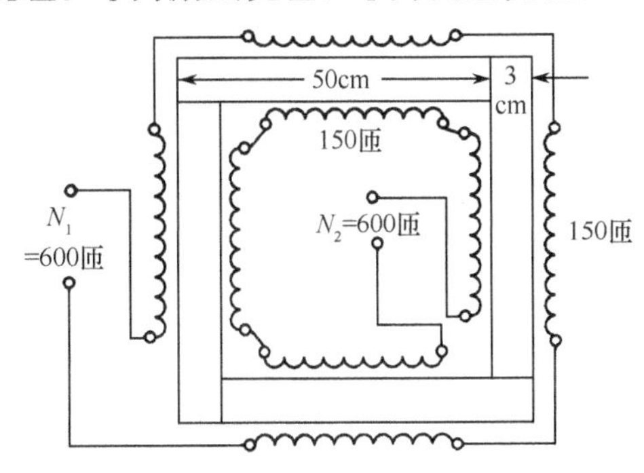

图 5.3.8　10kg 艾泼斯坦方圈

这种尺寸的方圈要浪费大量材料，于是出现裁成 28cm × 3cm 的长条，只取 1kg 材料叠成小方圈的方案。这时有 N_1/N_2 为 440 匝 /220 匝和 880 匝 /880 匝两种，前者用于在 400Hz 下测铁损，后者用于 50Hz 下铁损的测定。

图 5.3.9 所示为用艾泼斯坦方圈 —— 功率表法测铁损的线路，其中，“Hz” 表示频率表；V_2 为有效值电压表；V_3 是平均值电压表，用以反映 B_m；A 是有效值电流表，用来反映励磁磁场强度 H 的情况。不需读 B_m 时，用开关 S 断开 V_3 即可。

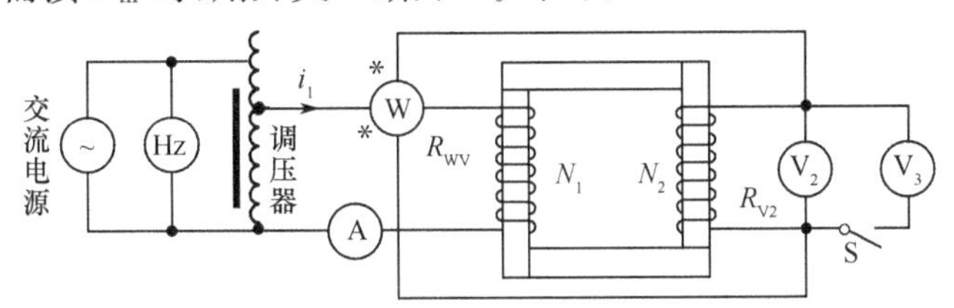

图 5.3.9　测铁损的艾泼斯坦方圈 —— 功率表法

由于绕组 N_1 的铁损 $I_1^2R_1$（R_1 是 N_1 的电阻）数值较大且不稳定，因此不希望它出现在功率表的读数中。按图 5.3.9 接线，功率表 W 的电压线圈接到 N_2 两端虽然排除了 $I_1^2R_1$，但是，功率表 W 的读数中却包括功率表电压回路的损耗 U_2^2/R_{WV} 和电压表 V_2 的损耗 U_2^2/R_{V2}，U_2 是电压表 V_2 的示值，R_{WV}、R_{V2} 分别是功率表电压回路的电阻和 V_2 的内阻。这两项损耗数值较小，且较稳定，很容易从功率表 W 的读数中扣除，从而可获得准确的被测材料的铁损值。此值除以铁心质量 10kg（或 1kg），就是每 1kg 质量的硅钢片的损耗值。

用调压器改变励磁电流 i_1，由电流表 A 的一组示值和相应的平均值电压表 V_3 的示值及铁心几何尺寸，根据式（5.3.20）和式（5.3.27），便可绘出 B-H 动态曲线。

习题与思考题 5

5-1　试说明磁测量的对象和特征量。

5-2　磁测量特征量和电测量特征量的性质有何不同？

5-3　试说明软磁材料的静态、动态曲线和回线之间的关系和差别。

5-4　为什么用 B-H 曲线而不是 Φ-f 曲线表示磁性材料的特性？

5-5　怎样理解感应法是磁测量的基本方法？

5-6　简述用感应法测量磁通的工作原理。

5-7　对用冲击法检流计和磁通表测量直流磁通做一比较。

5-8　简述磁通门磁强计的工作原理。

5-9　简述用冲击法测量磁滞回线的方法。

5-10　比较测量直流磁化曲线和交流磁化曲线的相同之处和不同之处。

5-11　测量铁损的意义是什么？简述用功率表法测量铁损的工作原理。

第6章　温度测量传感器

温度是一个重要的物理参数，许多重要的物理、化学过程都要求在一定的温度条件下进行，所以温度的检测方法和仪表在科学研究和工农业生产、日常生活中有着广泛的应用。本章首先介绍温标的概念，然后分别介绍热电阻式传感器和热电偶传感器。

6.1　温　　标

温度是表征物体或系统冷热程度的物理量。物体的许多物理现象和化学性质都与温度有关，许多生产过程，特别是化学反应过程，都是在一定的温度范围内进行的。所以，在工业生产和科学实验中，经常会遇到温度的检测与控制问题。

温标是用来度量物体温度高低的标尺，它是温度的一种数值表示。温标主要包括两个方面内容：一是给出温度数值化的一套规则和方法，例如规定温度的读数起点（零点）；二是给出温度的测量单位。

6.1.1　温标的演变

随着人们认识的深入，温标不断地发展和完善，下面进行简单介绍。

1. 经验温标

借助于某一种物质的物理量与温度变化的关系，用实验方法或经验公式所确定的温标称为经验温标，它主要有摄氏温标和华氏温标两种。

摄氏温标是把在标准大气压下水的冰点定为0℃，水的沸点定为100℃的一种温标。在0～100℃之间划分100等分，每一等分为1℃，单位符号为℃。摄氏温标虽然不是国际统一规定的温标，但我国目前还在继续使用。

华氏温标规定在标准大气压下水的冰点为32℉，水的沸点为212℉，中间划分为180等分，每一等分为1℉，单位符号为℉。

由此可见，经验温标是借助于一些物质的物理量与温度之间的关系，用实验方法得到的经验公式来确定的温度值的标尺，有其局限性和任意性。

2. 热力学温标

热力学温标又称开尔文温标，单位符号为K。热力学温标是以热力学第二定律为基础的一种理论温标，已被国际计量大会采纳作为国际统一的基本温标，它有一个热力学零度，低于热力学零度的温度不可能存在。热力学温标的特点是不与某一特定的温度计相联系，并与测温物质的性质无关，是由卡诺定理推导出来的，所以用热力学温标所表示的热力学温度被认为是最理想的温度数值。

热力学中的卡诺热机是一种理想的机器，实际上并不存在，因此热力学温标是一种纯理论的理想温标，无法直接实现。

3. 国际温标

为了使用方便，国际上协商决定，建立一种既能体现热力学温度（即能保证较高的准确度），又使用方便、容易实现的温标，这就是国际温标。国际温标选择了一些固定点（可复现的平衡态）温度作为温标基准点；规定了不同温度范围内的基准仪器；固定点温度间采用内插公式，这些公式建立了标准仪器示值与国际温标数值间的关系。随着科学技术的发展，固定点温度的数值和基准仪器的准确度会越来越高，内插公式的精度也不断提高，因此国际温标在不断更新和完善，准确度不断提高，并尽可能接近热力学温标。

第一个国际温标是1927年建立的，记为ITS-27。1948年、1968年和1990年进行了几次较大修改，相继有ITS-48、ITS-68和ITS-90。目前我国采用的是ITS-90。

6.1.2 1990年国际温标(ITS-90)简介

根据第18届国际计量大会决议，自1990年1月1日起开始在全世界实行90国际温标(ITS-90)，我国自1994年1月1日开始全面实施90国际温标。90国际温标主要有3方面内容。

1. 温度单位

热力学温度是基本物理量，符号为T，单位为开尔文(K)，K的定义为水的三相点温度的1/273.15。用与冰点273.15K的差值表示的热力学温度称为摄氏温度，符号为t，单位为摄氏度(℃)，即$t = T - 273.15$，并有1℃ = 1K。温差可用开尔文，也可用摄氏度表示，即$\Delta T = \Delta t$。这里讲的摄氏度(℃)与古典的经验温标的摄氏度是完全不同的。这里的摄氏度(℃)是由国际温标重新定义的，是以热力学温标为基础的。

90国际温标定义国际开尔文温度T_{90}和国际摄氏温度t_{90}间的关系为

$$t_{90} = T_{90} - 273.15 \tag{6.1.1}$$

它们的单位与热力学温度T和摄氏温度t的单位一致。

2. 定义固定温度点

90国际温标定义固定温度点是利用一系列纯物质相间可复现的平衡状态或蒸气压所建立起来的特征温度点。这些特征温度点的温度指定值是由国际公认的最佳测量手段测定的。

3. 复现固定温度点的方法

90国际温标把温度分为4个温区，各个温区的范围、使用的标准测温仪器分别为：

- 0.65 ~ 5.0K为^{3}He或^{4}He蒸气压温度计；
- 3.0 ~ 24.5561K为^{3}He或^{4}He定容气体温度计；
- 13.8033K ~ 961.78℃为铂电阻温度计；
- 961.78℃以上为光学或光电高温计。

在使用中，一般在水的冰点以上的温度使用摄氏温度单位(℃)，在冰点以下的温度使用热力学温度单位(K)。

6.1.3 温度检测的主要方法

温度检测方法根据敏感元件和被测介质接触与否，可分为接触式测温和非接触式测温两大类。接触式测温时，温度敏感元件与被测对象接触，经过换热后两者温度相等。目前常用的接触式测温仪表有：基于物质受热体积膨胀性质的膨胀式温度计；基于导体或半导体电阻值随温度变化的热电阻温度计；基于热电效应的热电偶温度计。非接触测温时，温度敏感元件不与被测对象接触，而是通过辐射能量进行热交换，由辐射能量的大小来推算被测物体的温度。目前常用的非接触测温仪表有：光学高温计、光电高温计、辐射温度计和比色温度计。

各种温度检测方法（仪表）有自己的特点和测温范围，主要温度检测方法及特点见表 6.1.1。本书主要介绍热电偶和热电阻测温原理和使用方法，其他测温方法可参阅有关仪表使用说明书和文献。

表 6.1.1　主要温度检测方法及特点

测温方式	测温种类和仪表		测温范围(℃)	主要特点
接触式	膨胀式	玻璃液体	－100 ～ 600	结构简单、使用方便、测量精度较高、价格低廉；测量上限和精度受玻璃质量的限制，易碎，不能远距离检测
		双金属	－80 ～ 600	结构紧凑、牢固、可靠；测量精度较低、量程和使用范围有限
	压力式	液体	－40 ～ 200	耐振、坚固、防爆、价格低廉；工业用压力式温度计精度较低、测温范围小、滞后大
		气体	－100 ～ 500	
	热电阻	铂电阻	－260 ～ 850	测量精度高，便于远距离、多点、集中检测和自动控制；不能测高温，需注意环境温度的影响
		铜电阻	－50 ～ 150	
		半导体热敏电阻	－50 ～ 300	灵敏度高、体积小、结构简单、使用方便；互换性较差，测量范围有一定限制
	热电效应	热电偶	－200 ～ 1800	测温范围大、测量精度高、便于远距离、多点、集中检测和自动控制；需冷端温度补偿，在低温段测量精度较低
非接触式	辐射式		0 ～ 3500	不破坏温度场，测温范围大，可测运动物体的温度；易受外界环境的影响，标定较困难

6.2　热电阻式传感器

大多数金属导体和半导体材料的电阻率都随温度的变化而发生变化。纯金属具有正的温度系数，半导体具有负的温度系数。利用电阻率随温度变化的特性制成的传感器称为热电阻式传感器或电阻式温度传感器。按照采用的电阻材料可分为金属热电阻（简称热电阻）和半导体热敏电阻（简称热敏电阻）两大类。

6.2.1　金属热电阻

虽然各种金属材料的电阻率均随温度发生变化，但适用于制作温度测量的敏感元件的电阻材料还要具备以下特性：

● 要有尽可能大且稳定的电阻温度系数；

● 电阻率要大，以便在同样灵敏度下减小元件的尺寸；

● 电阻温度系数要保持单值或常数，以保证电阻随温度变化的线性关系；

● 物理、化学性能要稳定，在电阻的使用环境和温度范围内，其物理、化学性能基本保持不变。

根据以上要求，纯金属是制造热电阻的主要材料。目前，广泛应用的热电阻材料有铂、铜、镍和铁等。

1. 常用热电阻

(1) 铂电阻

铂电阻的主要优点是其物理、化学性能极为稳定，具有良好的工艺性，易于提纯，可以制成极细的铂丝(直径达0.02mm以下)或极薄的铂箔，是目前制造热电阻的最好材料。用铂电阻制成的铂电阻温度计测温的长时间稳定的复现性可达 10^{-4}K，优于其他温度计。它的缺点是电阻温度系数较小。

铂电阻的精度与铂的提纯程度有关，通常用百度电阻比 $W(100)$ 来表示铂的纯度，即

$$W(100)=\frac{R_{100}}{R_0} \tag{6.2.1}$$

式中，R_{100} 为 100℃ 时的电阻阻值；R_0 为 0℃ 时的电阻阻值。

$W(100)$ 的值越高，表示铂丝纯度越高。国际实用温标规定，作为基准器的铂电阻，其比值 $W(100)$ 不得小于 1.3925。目前的技术水平已经达到 $W(100)=1.3930$，与之相应的铂纯度为 99.9995%，工业用铂电阻 $W(100)$ 为 1.387 ～ 1.390。

按照我国国家标准，铂电阻 $W(100)\geqslant 1.391$。R_0 分为 10Ω 和 100Ω 两种，它们的分度号(即型号)分别为Pt10和Pt100，其中Pt100更为常用。选定 R_0 值，根据式(6.2.2)和式(6.2.3)即可列出铂电阻的分度表 —— 温度与电阻值对照数据表。只要测出热电阻 R_t，就可以通过查分度表来确定被测温度值大小。附录A为铂热电阻分度表。

铂电阻与温度之间的关系接近线性关系，可用下式表示

在 −200 ～ 0℃ 范围内

$$R_t=R_0[1+At+Bt^2+C(t-100℃)t^3] \tag{6.2.2}$$

在 0 ～ 650℃ 范围内

$$R_t=R_0[1+At+Bt^2] \tag{6.2.3}$$

式中，R_t、R_0 为温度为 t℃ 和 0℃ 时的电阻值，A、B、C 为常数。A、B 和 C 常数的选取，对于常用工业铂电阻纯度 $W(100)=1.391$ 时，有 $A=3.96847\times10^{-3}$/℃，$B=-5.847\times10^{-7}$/℃^{2}，$C=-4.22\times10^{-12}$/℃^{4}。

(2) 铜电阻

铜丝可用来制造 −50 ～ 150℃ 范围内的工业用电阻温度计。由于铂是贵重金属，在测量精度要求不高且温度又较低的情况下，用铜来代替很有必要。铜来源广泛，在低温范围内线性关系好，灵敏度、温度系数比铂电阻高，也容易提纯加工，价格便宜。但铜易于氧化，不适合在腐蚀介质或高温下工作，一般只用于 150℃ 以下的低温测量和没有水分及无侵蚀性介质的温度测量。另外，铜的电阻率很低，所以制作出的铜电阻的体积也较大。

在 −50 ～ 150℃ 温度范围内，铜电阻与温度之间的关系为

$$R_t = R_0(1 + \alpha t) \tag{6.2.4}$$

式中，R_t、R_0 为 t℃和 0℃时的电阻值；α 为铜的温度系数，$\alpha = (4.25 \sim 4.28) \times 10^{-3}$/℃。可见，铜电阻与温度呈线性关系。

按照国家标准，铜电阻 R_0 取 50Ω 和 100Ω 两种，它们的分度号分别为 Cu50 和 Cu100。铜电阻分度表可查阅附录 B。

(3) 其他热电阻

镍和铁电阻的温度系数都较大，电阻率也较高，因此，也适合作为热电阻，但由于存在易氧化或非线性严重等缺点，所以这两种热电阻目前应用较少。铂、铜热电阻不适宜用于低温和超低温测量。近年来，一些新颖的测量低温和超低温领域的热电阻材料相继出现，如铟电阻、锰电阻、碳电阻、铑电阻等。

2. 热电阻的结构

热电阻结构相对比较简单，一般由电阻丝绕在云母、石英、陶瓷或塑料等绝缘骨架上，经过固定，外面再加上保护套管。普通工业用热电阻式温度传感器的结构如图 6.2.1 所示。它由热电阻、内部导线、保护管、绝缘管和接线座等组成。传感器内热电阻的结构随着其用途的不同而各异。

铂电阻一般用直径为 0.05 ～ 0.07mm 铂丝双绕在云母、石英或陶瓷支架上，铂丝的引线采用银线，其结构如图 6.2.2 所示。铂电阻也有采用溅射工艺在石英或陶瓷基座上生成铂薄膜来构成电阻体，电阻体端线与银质引出线焊接，外面再套上玻璃或陶瓷或涂釉加以绝缘和保护处理，构成了铂电阻传感器。

铜电阻传感器是用漆包铜线双绕在圆柱形陶瓷或塑料支架上并引出连线，整体采用环氧树脂封固，以提高其导热性和机械强度，其结构如图 6.2.3 所示。

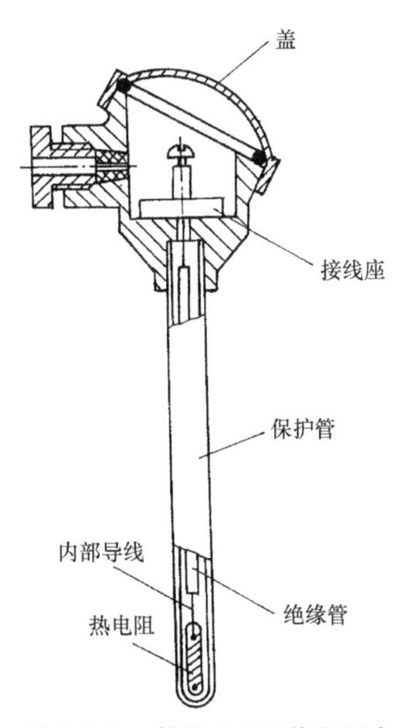

图 6.2.1　普通工业用热电阻式温度传感器结构图

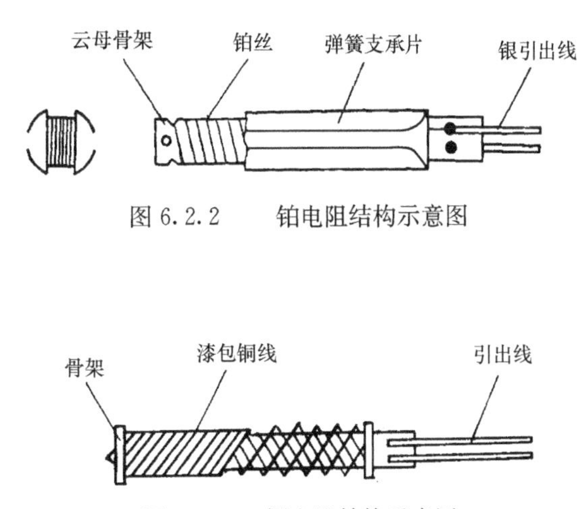

图 6.2.2　铂电阻结构示意图

图 6.2.3　铜电阻结构示意图

6.2.2 半导体热敏电阻

热敏电阻是用半导体材料制成的热敏器件。因为半导体比金属具有更大的电阻温度系数，所以热敏电阻传感器敏感元件就是利用半导体的电阻值随温度显著变化的特性而制成的。

1. 热敏电阻的特点和类型

热敏电阻是由某些金属氧化物和其他化合物按照不同比例烧结制成的。热敏电阻具有以下优点：

① 电阻温度系数大，灵敏度高，约为热电阻的 10 倍；

② 结构简单，体积小，可以测量点温度；

③ 电阻率高，热惯性小，适宜动态测量。

热敏电阻的最大缺点是线性度较差，阻值与温度变化呈明显的非线性关系，只是在某一较窄的温度范围内有较好的线性度。由于半导体材料本身的特点，也决定了其元件稳定性和互换性较差。

根据热敏电阻的电阻率随温度变化的特性不同，热敏电阻可分为 3 类。

① 正温度系数热敏电阻(Positive Temperature Coefficient，PTC)。PTC 热敏电阻是以钛酸钡($BaTiO_3$)掺稀土合金烧结而成的半导体陶瓷结构元件，具有正的电阻温度系数。当温度超过某一数值时，其电阻朝正的方向快速变化。其用途主要是彩电消磁、各种电器设备的过热保护和发热源定温控制，也可以用作限流元件。

② 负温度系数热敏电阻(Negative Temperature Coefficient，NTC)。NTC 热敏电阻主要是由 Mn、Co、Ni、Fe 和 Cu 等过渡族金属氧化物混合烧结而成的，改变混合物的成分和配比，就可以获得相应的测温范围、阻值及温度系数不同的 NTC 热敏电阻。它具有很高的负电阻温度系数，特别适合于 $-100 \sim 300$℃ 之间测温。在点温、表面温度、温差和温度场等测量中得到日益广泛的应用，同时也被广泛应用于自动控制及电子线路的热补偿线路中。

③ 临界温度系数热敏电阻(Critical Temperature Coefficient，CTC)。CTC 热敏电阻是以三氧化二钒(V_2O_3)与钡、硅等氧化物在磷、硅氧化物的弱还原气氛中混合烧结而成的，它呈半玻璃状，具有负电阻温度系数。通常 CTC 热敏电阻用树脂包封成珠状或厚膜形使用，其阻值为 $1k\Omega \sim 10M\Omega$。在一定温度范围内，电阻值随着温度改变而发生剧烈变化，具有开关特性，因此主要用途是作为温度开关元件。

3 种热敏电阻的典型特性如图 6.2.4 所示。由图可见，PTC 型和 CTC 型特性曲线变化很陡，NTC 型特性曲线变化平缓，在实际温度测量中使用最多的是 NTC 型热敏电阻。下面只介绍 NTC 热敏电阻。

2. 热敏电阻的结构

热敏电阻主要由热敏探头、引线、壳体等构成。一般做成二端器件，也有做成三端或四端器件的。二端和三端器件为直热式，即热敏电阻直接由连接的电路获得功率，四端器件则是旁热式的。热敏电阻的结构和符号如图 6.2.5 所示。根据不同的使用要求，热敏电阻可做成不同的形状结构。其典型结构如图 6.2.6 所示。

陶瓷工艺技术的进步，使得热敏电阻体积小型化、超小型化得以实现。现在陶瓷基热敏电阻已可以生产出直径 $\phi0.5$mm 以下的珠状和松叶状，它们在水中的时间常数仅为 $0.1 \sim 0.2$s。

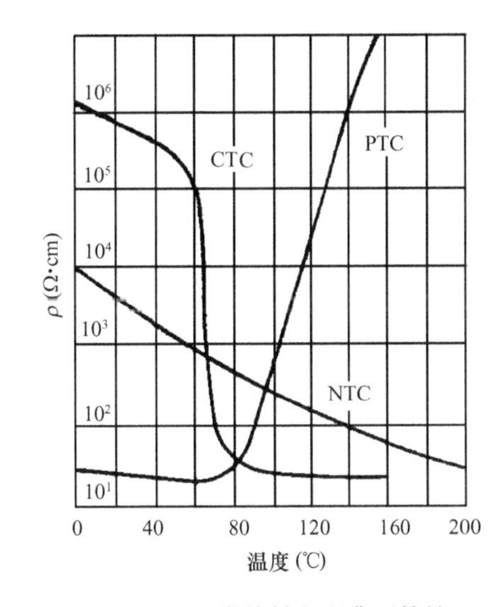

图 6.2.4　3 类热敏电阻典型特性

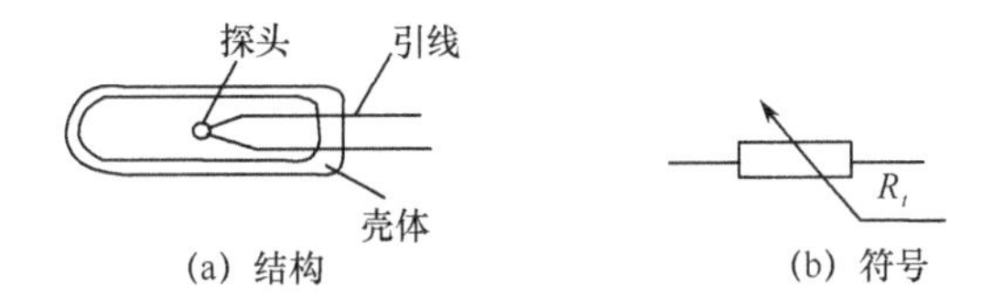

图 6.2.5　热敏电阻的结构及符号

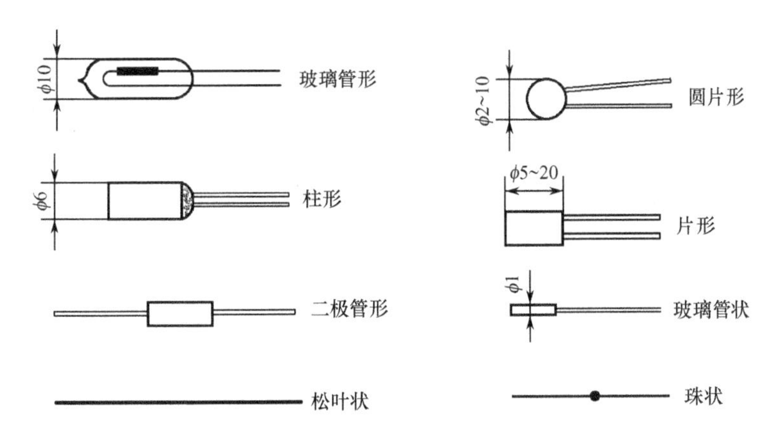

图 6.2.6　常用热敏电阻的结构形式(单位:mm)

3. 热敏电阻的主要特性

(1) 温度特性

用于测量的 NTC 型热敏电阻,在较小的温度范围内,电阻 - 温度特性符合负指数规律,其关系式为

$$R_T = R_0 e^{B\left(\frac{1}{T}-\frac{1}{T_0}\right)} = R_0 \exp\left[B\left(\frac{1}{273+t} - \frac{1}{273+t_0}\right)\right] \tag{6.2.5}$$

式中,R_T、R_0 为热敏电阻在热力学温度 T、T_0 时的阻值(Ω);T_0、T 为介质的起始温度和变化终

止温度(K);t_0、t 为介质的起始温度和变化温度(℃);B 为热敏电阻材料常数,一般为 2000 ~ 6000K,其大小取决于热敏电阻的材料。

$$B = \ln\left(\frac{R_T}{R_0}\right) \bigg/ \left(\frac{1}{T} - \frac{1}{T_0}\right) \tag{6.2.6}$$

若已知两个电阻值及相应的温度值,就可以利用上式求得B值。一般取20℃和100℃时的电阻 R_{20} 和 R_{100} 计算 B 值,即将 $T = 373.15\text{K}$,$T_0 = 293.15\text{K}$ 代入上式,得

$$B = 1365\ln\left(\frac{R_{20}}{R_{100}}\right)$$

将 B 值及 $R_0 = R_{20}$ 代入式(6.2.5),就确定了热敏电阻的温度特性,如图 6.2.7 所示。

热敏电阻在其本身温度变化 1℃ 时,电阻值的相对变化量称为热敏电阻的电阻温度系数。即

$$\alpha = \frac{1}{R_T}\frac{\mathrm{d}R_T}{\mathrm{d}T} = -\frac{B}{T^2} \tag{6.2.7}$$

B 和 α 值是表征热敏电阻材料性能的两个重要参数,热敏电阻的电阻温度系数比金属丝的电阻温度系数高得多,所以,其灵敏度很高。

(2) 伏安特性

在稳定情况下,通过热敏电阻的电流 I 与其两端的电压 U 之间的关系称为热敏电阻的伏安特性,如图 6.2.8 所示。

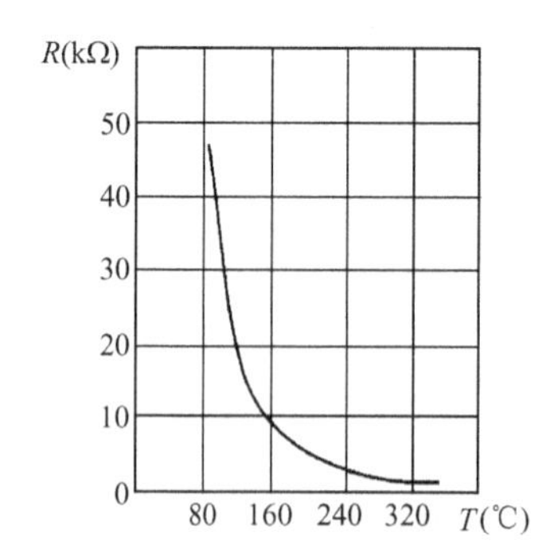

图 6.2.7　热敏电阻的温度特性

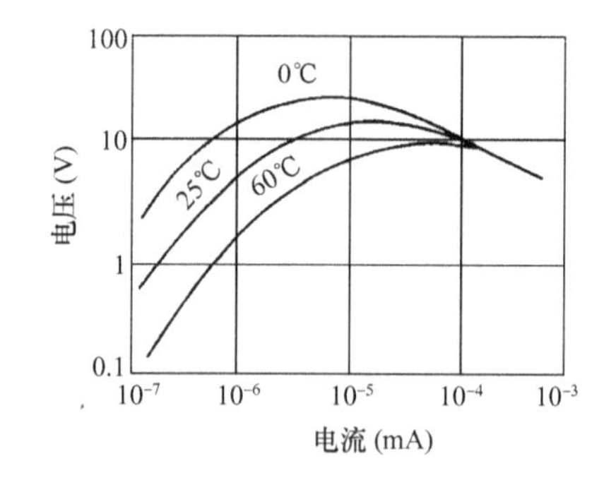

图 6.2.8　热敏电阻的伏安特性

由图可见,当流过热敏电阻的电流很小时,不足以使之加热,电阻值只决定于环境温度,伏安特性是直线,遵循欧姆定律,主要用来测温。

当电流增大到一定值时,流过热敏电阻的电流使之加热,本身温度升高,出现负阻特性。因电阻减小,即使电流增大,端电压反而下降,其所能升高的温度与环境条件(周围介质温度与散热条件) 有关。当电流和周围介质温度一定时,热敏电阻的电阻值取决于介质的流速、流量、密度等散热条件。根据这个原理,可用它来测量流体速度和介质密度等。

(3) 安时特性

图 6.2.9 所示为热敏电阻的安时(电流 - 时间) 特性曲线。热敏电阻的这个特性曲线表示为热敏电阻在不同的外加电压作用下,电流达到稳定最大值所需的时间。热敏电阻受电流加热后,一方面使自身温度升高,另一方面也向周围介质散热,只有在单位时间内从电流得到的能量与向四周介质散发的热量相等,即达到热平衡时,才能有相应的平衡温度,即有固定的电阻值。完成这个热平衡过程需要一定时间。

从图 6.2.9 中可以看出,所有曲线都有一段延迟时间,这是在自热过程中为达到新的热平

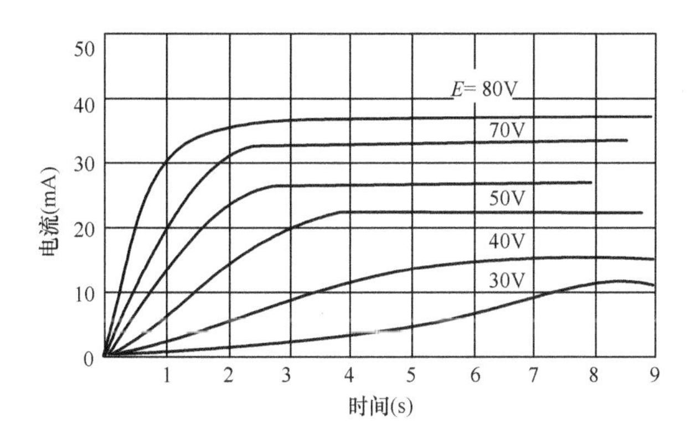

图 6.2.9　热敏电阻的安时特性

衡状态所必需的，延迟时间反映了热敏电阻的动态特性。适当选择热敏电阻的结构及采取相应的电路来调整这个时间，可使这段延迟时间具有 0.001s 到几个小时的数值。对于一般结构的热敏电阻，其值为 0.5 ～ 1s。

4. 热敏电阻的主要参数

① 标称电阻值 R_H(Ω)，是指在环境温度为 25±0.2℃ 时测得的电阻值，又称为冷电阻。冷电阻大小取决于热敏电阻的材料和几何尺寸。

② 材料常数 B(K)，它描述的是热敏电阻材料物理特性的一个常数，其大小取决于热敏电阻材料的激活能。一般 B 值越大，则阻值越大，灵敏度得以提高。在工作温度范围内，B 值并不是一个严格的常数，它随着温度的升高而略有增加。

③ 电阻温度系数 α(%/℃)，是指热敏电阻温度变化 1℃ 时电阻值的相对变化量。电阻率越大，电阻温度系数也越大。

④ 耗散系数 H(W/℃)，指热敏电阻的温度与周围介质的温度相差 1℃ 时所耗散的功率。

⑤ 热容量 C(J/℃)，指热敏电阻的温度变化 1℃ 所需要吸收或释放的热量。

⑥ 能量灵敏度 G(W)，指能够使热敏电阻的阻值变化 1% 所需要耗散的功率。能量灵敏度 G 与耗散系数 H 及电阻温度系数 α 之间的关系为

$$G = H/\alpha$$

⑦ 时间常数 τ，指温度为 T_0 的热敏电阻突然置于温度为 T 的介质中，热敏电阻的温度增量 $\Delta T = 0.63(T - T_0)$ 时所需的时间。

⑧ 额定功率 P_E(W)，是指热敏电阻在规定的技术条件下，长期连续使用所允许的耗散功率。在实际使用时，热敏电阻所消耗的功率不得超过额定功率。

5. 热敏电阻的线性化

热敏电阻的电阻与温度成指数关系，即热敏电阻具有较大的非线性特性，而测量和控制总是希望输出与输入成线性关系，因此一般需要经过线性化处理，使输出电压与温度基本上成线性关系。热敏电阻线性化方法很多，应用电路中最简单的方法是用电阻温度系数很小的电阻与热敏电阻串联或并联，使其等效电阻与温度的关系在一定的温度范围内是成线性的。

图 6.2.10 所示是一种简单的线性化电路，在测量温度变化范围不大时，可获得较满意的

效果。例如，测温范围为100℃时，其非线性误差为3℃左右；若在50℃范围内，误差为0.6℃；若在30℃范围内，则误差可降到0.05℃。

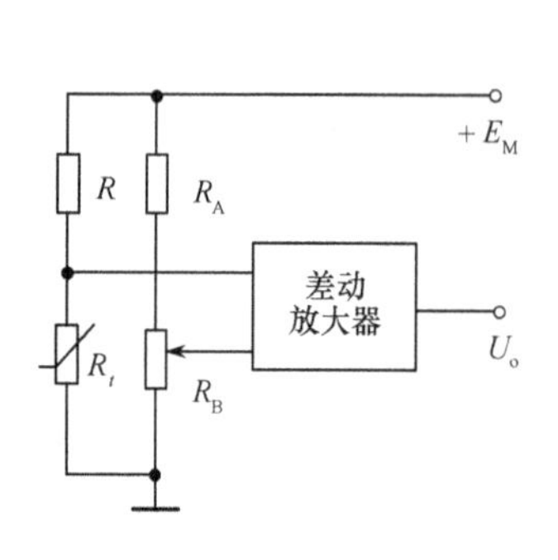

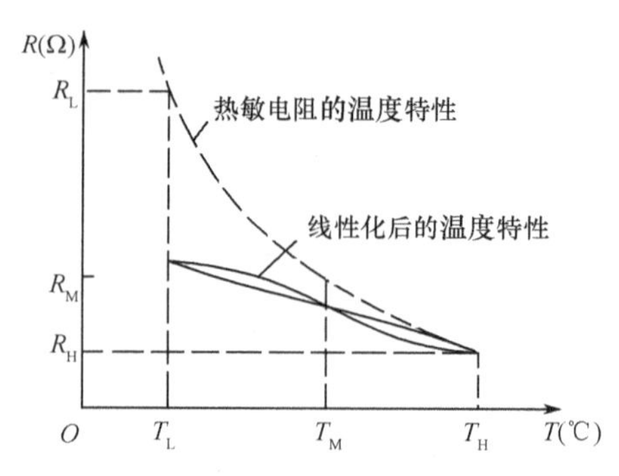

图6.2.10 简单的线性化电路

设 T_L 为测温的下限，T_H 为测温的上限，T_M 为测温范围的中点，其相应的电阻值为 R_L、R_H 及 R_M。R_L、R_H 及 R_M 可由特性曲线中获得或实测获得。串联在热敏电阻中的 R 的最佳值为

$$R=\frac{E_M(R_L+R_H)-2R_LR_H}{R_L+R_H-2R_M} \tag{6.2.8}$$

电源电压 E_M 的变化会影响输出，所以必须采用稳压电源。一般的热敏电阻参数中，仅提供25℃时的标称电阻值，它存在有5%～10%的误差，因此，在确定 T_L、T_H 后，R_L、R_H 及 R_M 实测较为精确。

6.2.3 热电阻式传感器的应用

1. 金属热电阻传感器

金属热电阻特别是铂电阻，除了作为标准温度计被广泛应用于温度测量外，还被广泛应用于温度基准和温度标准的传递中。工业上广泛使用金属热电阻传感器进行－200～500℃范围内的温度测量。在特殊情况下，测量的低温端可达3.4K，甚至更低，达到1K左右。高温端也可测到1000℃。金属热电阻传感器进行温度测量的特点是精度高，适于低温测量。

(1) 金属热电阻测量电路

金属热电阻传感器经常采用电桥形式作为其测量电路，精度较高的是自动电桥。如果热电阻安装的地方与仪表相距很远，当环境温度变化时，其连接导线电阻也要发生变化。因为它与热电阻 R_t 是串联的，也是电桥臂的一部分，所以会造成测量误差。为了消除由于连接导线电阻随着环境温度变化而造成的测量误差，常采用三线制和四线制连接方法。图6.2.11是热电阻测温电桥电路的三线制连接方法。

图6.2.11中，G为指示检流计，R_1、R_2、R_3 为固定电阻，R_a 为零位调节电阻。热电阻 R_t 通过电阻分别为 r_1、r_2 和 r_3 3根导线与电桥连接，r_1 和 r_2 分别接在相邻的两桥臂内，当温度变化时，只要它们的长度和电阻温度系数相等，它们的电阻变化就不会影响电桥的状态，即不会产生温度误差。电桥在零位调整时，使用 $R_3=R_a+R_{t0}$。R_{t0} 为热电阻在参考温度(如0℃)时的电阻值。在三线制接法中，可调电阻 R_a 的触点，接触电阻和电桥臂的电阻相连，可能导致电桥的零点不稳。

在精密测量中，则采用四线制接法，即金属热电阻线两端焊上两根引出线，如图6.2.12所示。这种接法不仅可以消除热电阻与测量仪表之间连接导线电阻的影响，而且可以消除测量线

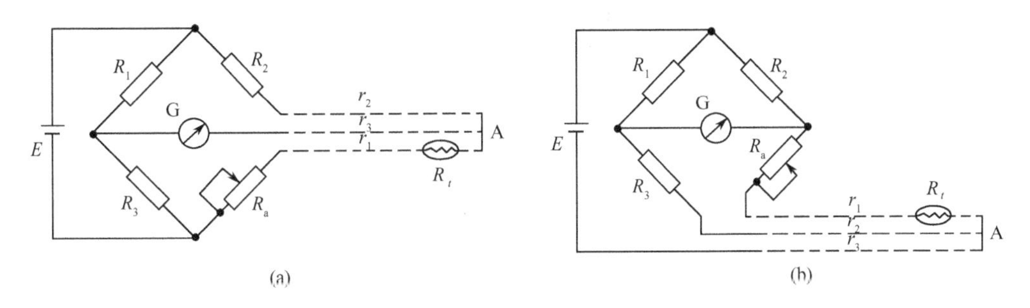

图 6.2.11　热电阻测温电桥的三线制接法

路中寄生电势引起的测量误差，多用于标准计量或实验室中。图中，r 为导线电阻。尽管导线上有电阻 r，但是，电流在导线上形成的压降 Ir 不在电压测量范围内。在电压测量回路中，虽然有导线电阻 r，但是，没有电流，因为电位差计测量时不取电流。所以，4 根导线的电阻 r 对测量均无影响。这种接法不仅可以消除热电阻与测量仪表之间连接导线电阻的影响，而且可以消除测量线路中寄生电动势引起的测量误差，多用于标准计量或实验室中。

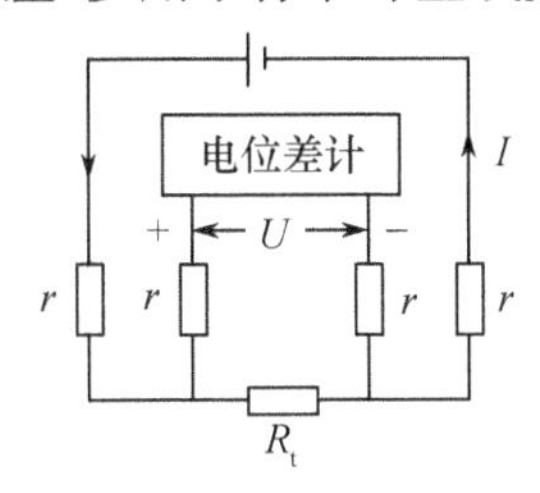

图 6.2.12　热电阻测温电桥的四线制接法

在设计电桥时，应该考虑热电阻工作电流的热效应问题。当测量环境中有不稳定气流时，工作电流的热效应有可能产生很大误差。为避免热电阻中流过电流的加热效应，要保证流过热电阻的电流尽量地小，一般要小于 10mA，小负荷工作状态一般为 4 ～ 5mA。

近年来，温度检测和控制有向高精度、高可靠性发展的趋势，特别是各种工艺的信息化及运行效率的提高，对温度的检测提出了更高水平的要求。以往铂电阻具有响应速度慢、容易破损、难于测定狭窄位置的温度等缺点，现已逐渐使用能大幅度改善上述缺点的极细型铠装铂测温电阻，其应用领域进一步扩大。

金属铂电阻传感器主要应用于钢铁、石油和化工等工艺过程的温度检测；纤维等工业的热处理工艺的温度检测；食品工业的各种自动装置、空调、冷冻冷藏工业，宇航和航空、物化设备及恒温槽等的温度检测。

(2) 金属热电阻气体真空度测量仪

金属热电阻气体真空度测量仪的结构如图 6.2.13(a) 所示。把铂丝装于与被测介质相连通的玻璃管内。铂电阻丝由较大的恒定电流来加热，大负荷工作状态时驱动电流为 40 ～ 50mA。在环境温度与玻璃管内介质的导热系数恒定的情况下，当铂电阻所产生的热量和主要经玻璃管内介质导热而散失的热量相平衡时，铂丝就有一定的平衡温度，相对应的就有一定的电阻值。当被测介质的真空度升高时，玻璃管内的气体变得更稀薄，即气体分子间碰撞进行热量传递的能力降低(热导率变小)，铂丝的平衡温度及其电阻值随即增大，其大小反映了被测介质真空度的高低。这种真空度测量方法对环境温度变化比较敏感，在实际应用中附加有恒温或温度补偿装置。其一般可测到 133.322×10^{-5} Pa。

利用图 6.2.13(b) 所示的流通式玻璃管内装有铂丝的装置,可对管内气体介质成分比例变化进行检测,或对管内热风速变化进行测量,因为两者的变化均可引起管内气体导热系数的变化,而使得铂丝电阻值发生变化。但是,必须使其他非被测量保持不变,以减少误差。

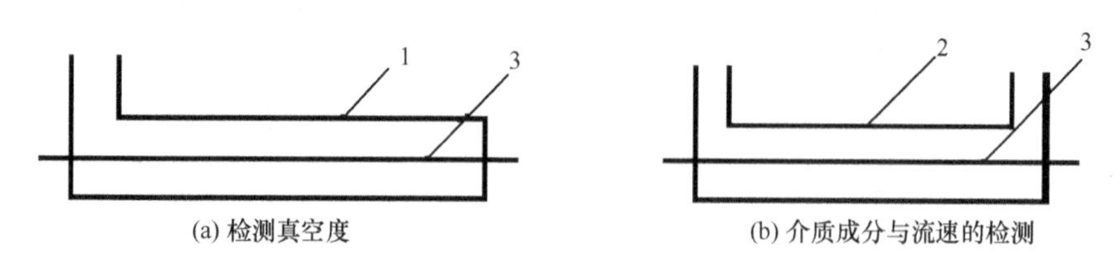

图 6.2.13　金属丝热电阻作为气体传感器的应用

1— 连通玻璃管;2— 流通玻璃管;3— 铂丝

如同其他测温一样,经常要接成电桥测量电路,而且根据需要可接到灵敏仪表或放大器的输入级。

2. 半导体热敏电阻传感器

由于热敏电阻具有许多优点,所以热敏电阻传感器的应用范围很广。在宇宙飞船、医学、工业及家用电器等方面用于测温、控温、温度补偿、流速测量、液面指示等。

(1) 热敏电阻点温计

热敏电阻点温计的电路结构原理如图 6.2.14 所示。使用时先将切换开关 S 旋到 1 处,接通校正电路,调节 R_6,使显示仪表的指针至测量上限,用以消除由于电源 E 变化而产生的误差。当热敏电阻感温元件插入被测介质后,再将切换开关 S 旋到 2 处,接通测量电路,这时显示仪表的示值即为被测介质的温度值。

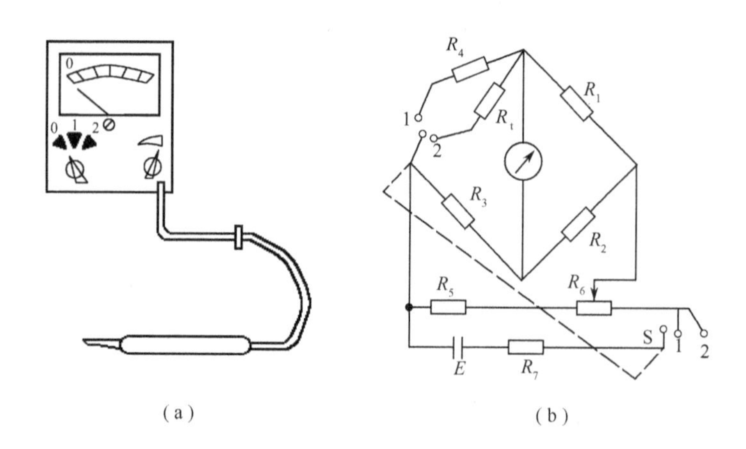

图 6.2.14　热敏电阻点温计

(2) 热敏电阻自动控温仪

热敏电阻自动控温仪简易电路结构如图 6.2.15 所示。该温度控制仪由 RV 设定动作温度,其工作原理如下:当要控制的温度比实际温度高时,VT_1 的 be 间电压大于导通电压,VT_1 导通,相继 VT_2 也导通,继电器吸合,电热丝加热。当实际温度达到要求控制的温度时,由于 R_t(NTC 型) 的阻值降低,使 VT_1 的 be 间电压过低($<0.6V$),VT_1 截止,相继 VT_2 截止,继电器断开,电热丝断电而停止加热,这样便达到控制温度的目的。

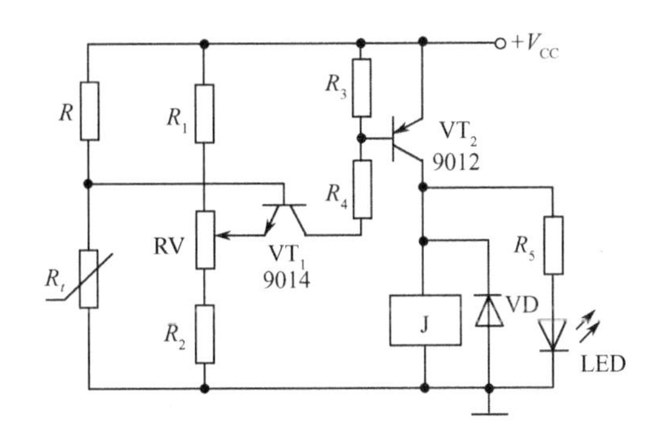

图 6.2.15　热敏电阻自动控温仪简易电路结构

当控制温度确定后，选择热敏电阻，并根据热敏电阻的参数设计 R，$R_1 \sim R_4$，设计自由度相当高。所选的继电器应与电源电压 $+V_{CC}$ 相匹配。为保证控制的稳定性，应采用稳压电源。R_5 为限流电阻，设计时让流过 LED 的电流为 5mA 左右即可，LED 为加热指示器。

(3) 热敏电阻温度补偿器

仪表中通常用的一些零件，多数是用金属丝做成的，如线圈、线绕电阻等，金属一般具有正的温度系数，采用负温度系数的热敏电阻进行补偿，可以抵消由于温度变化所引起的误差。实际应用中，将负温度系数的热敏电阻与锰铜丝电阻并联后再与被补偿元件串联，如图 6.2.16 所示。

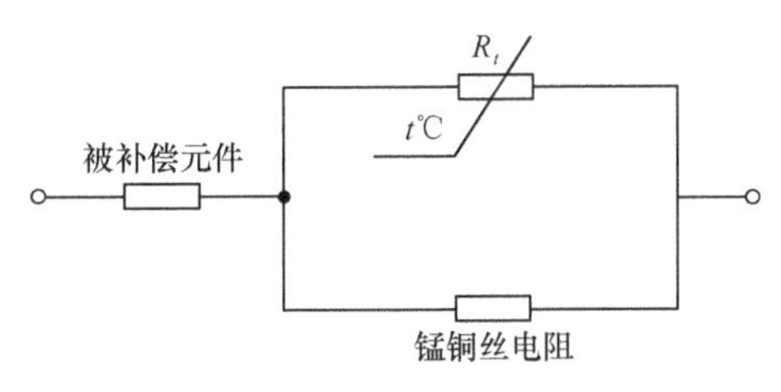

图 6.2.16　仪表中的电阻温度补偿电路

(4) 热敏电阻流量计

热敏电阻流量计电路结构如图 6.2.17 所示。利用热敏电阻上的热量消耗和介质流速的关系，可以测量流量、流速等。在热敏电阻流量计中，热敏电阻 R_{t1} 和 R_{t2} 分别置于管道中央和不受介质流速影响的小室中，当介质处于静止状态时，使电桥平衡，桥路输出为零；当介质流动时，将 R_{t1} 的热量带走，致使 R_{t1} 阻值变化，桥路就有相应的输出量。介质从 R_{t1} 上带走的热量多少与介质流量有关，所以可以用 R_{t1} 测量流量。

(5) 热敏电阻过热保护器

过热保护器设计分为直接保护和间接保护两种。对于小电流场合，可把热敏电阻直接串入负载中，防止用电器过热损坏，起到保护作用。对于大电流场合，可通过继电器、晶体管电路等来对用电器加以保护。然而不管是哪种情况，都是热敏电阻与被保护器件紧密结合在一起，充分参与热交换，一旦发生过热，热敏电阻的阻值马上随之发生改变，起到保护作用。图 6.2.18 为几种常用的过热保护器电路。如图 6.2.18(a) 所示，正温度系数热敏电阻限制流过变压器原边电流，起过热保护作用。如图 6.2.18(b) 所示，当三极管过热，正温度系数热敏电阻阻值增加，三极管截止，起保护作用。

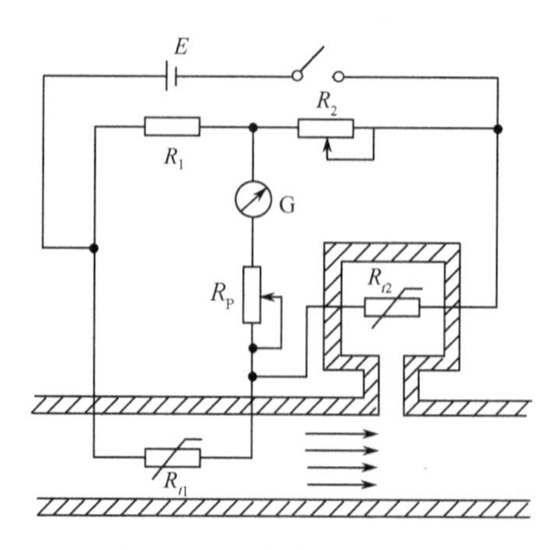

图 6.2.17　热敏电阻流量计

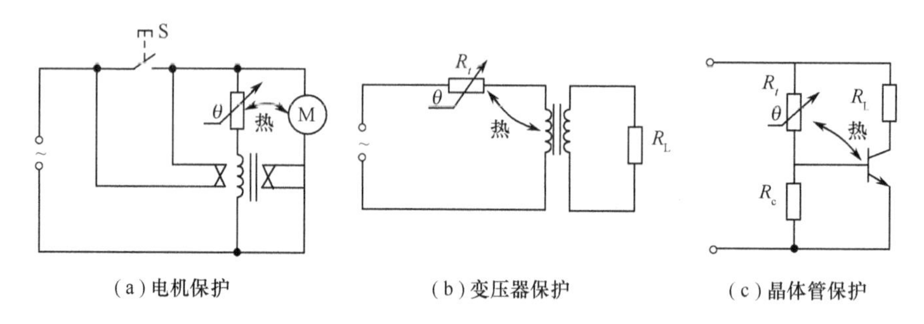

(a) 电机保护　　(b) 变压器保护　　(c) 晶体管保护

图 6.2.18　几种热敏电阻过热保护器电路

6.3　热电偶传感器

6.3.1　热电偶测温原理

热电偶的测温原理是基于热电偶的热电效应，如图 6.3.1 所示。将两种不同材料的导体或半导体 A 和 B 连在一起组成一个闭合回路，而且两个接点的温度 $t \neq t_0$，则回路内将有电流产生，电流大小正比于接点温度 t 和 t_0 的函数之差，而其极性则取决于 A 和 B 的材料。显然，回路内电流的出现，证实了当 $t \neq t_0$ 时内部有热电动势存在，即热电效应。图 6.3.1(a) 中 A、B 称为热电极，A 为正极，B 为负极。接点放置于被测介质温度为 t 的一端，称为工作端或热端；另一端称为参比端或冷端(通常处于室温或恒定的温度之中)。在此回路中产生的热电动势可用下式表示

$$E_{AB}(t,t_0) = E_{AB}(t) - E_{AB}(t_0) \tag{6.3.1}$$

式中，$E_{AB}(t)$ 表示工作端(热端) 温度为 t 时在 A，B 接点处产生的热电动势，$E_{AB}(t_0)$ 表示参比端(冷端) 温度为 t_0 时在 A、B 另一端接点处产生的热电动势。

为了达到正确测量温度的目的，必须使参比端温度维持恒定，这样对一定材料的热电偶总热电动势 E_{AB} 便是被测温度的单值函数了。即

$$E_{AB}(t,t_0) = f(t) - C = \varphi(t) \tag{6.3.2}$$

式中，C 为常数，此时只要测出热电动势的大小，就能判断被测介质的温度。

在用热电偶测量温度时，要想得到热电动势数值，必须要在热电偶回路中引入第 3 种导

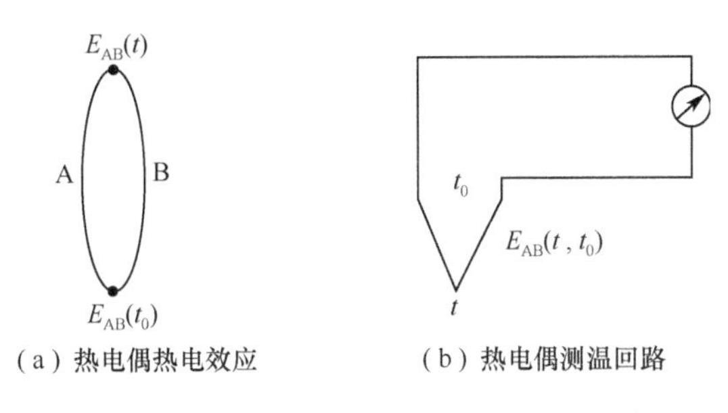

图 6.3.1 热电偶测温原理及测温回路示意图

体,接入测量仪表。根据后面将要介绍的热电偶“中间导体定律”可知,热电偶回路中接入第 3 种导体后,只要该导体两端的温度相同,热电偶回路中所产生的总热电动势与没有接入第 3 种导体时热电偶回路所产生的总热电动势相同。同理,如果回路中接入更多种导体时,只要同一导体两端温度相同,也不影响热电偶回路所产生的热电动势值。因此,热电偶回路可以接入各种显示仪表、变送器、连接导线等,如图 6.3.1(b) 所示。

在参比端温度为 0℃ 条件下,常用热电偶热电动势与温度一一对应的关系都可以从标准数据表中查到,这种表称为热电偶的分度表。与分度表所对应的该热电偶的代号则称为分度号。本书附录 C 和附录 D 中列出了两种常用的标准化热电偶分度表。

6.3.2 热电偶基本定律

1. 中间导体定律

如图 6.3.2 所示,将 A、B 构成的热电偶的 t_0 端断开,接入第三种导体 C,并使 A 与 C 和 B 与 C 接触处的温度均为 t_0,则接入导体 C 后对热电偶回路中的总热电动势没有影响。即

$$E_{ABC}(t,t_0) = E_{AB}(t,t_0) \tag{6.3.3}$$

同理,加入第 4、第 5 种导体后,只要加入导体的两端温度相等,则回路的总热电动势与原热电偶回路的热电动势值相同。根据热电偶的这一性质,可以在热电偶回路中引入各种仪表、变送器、连接导线等,如图 6.3.1(b) 所示。例如,在热电偶的冷端接入一只测量热电动势的仪表,并保证两个接点的温度一致就可以对热电动势进行测量,且不影响热电偶的输出。

2. 均质导体定律

由一种均质导体组成的闭合回路,不论导体的截面如何以及各处的温度分布如何,都不能产生热电动势。这条定律说明,热电偶必须由两种不同性质的材料构成。

3. 中间温度定律

热电偶 AB 在接点温度为 t、t_0 时的热电动势 $E_{AB}(t,t_0)$ 等于热电偶 AB 在接点温度为 t、t_c 和 t_c、t_0 的热电动势 $E_{AB}(t,t_c)$ 和 $E_{AB}(t_c,t_0)$ 的代数和,如图 6.3.3 所示,即

$$E_{AB}(t,t_0) = E_{AB}(t,t_c) + E_{AB}(t_c,t_0) \tag{6.3.4}$$

4. 等值替代定律

如果使热电偶 AB 在某一温度范围内所产生的热电动势等于热电偶 CD 在同一温度范围内所产生的热电动势,即 $E_{AB}(t,t_0) = E_{CD}(t,t_0)$,则这两支热电偶在该温度范围内可以互相代用。

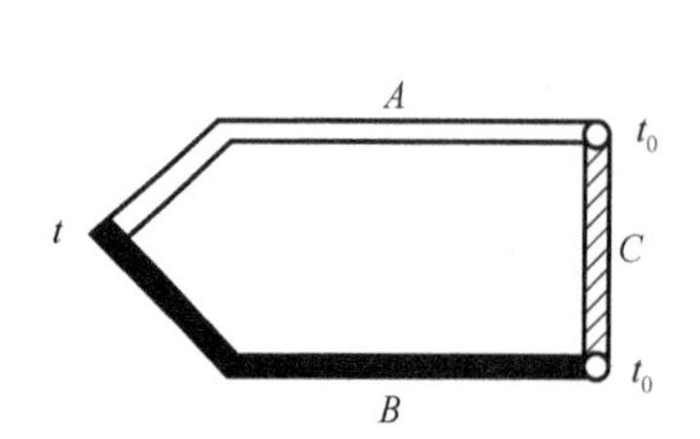

图 6.3.2　接入第 3 种导体的热电回路

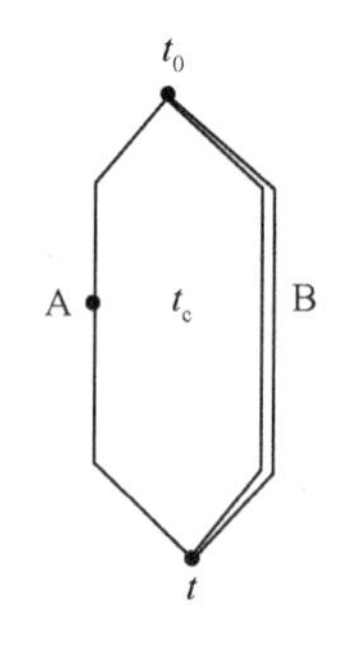

图 6.3.3　中间温度定律

6.3.3　标准化热电偶与分度表

根据热电偶的测温原理，似乎任何两种导体都可以组成热电偶用来测量温度。但是，为了保证在工程技术中应用可靠，并具有足够精度，不是所有材料都能作为热电偶的电极材料。一般来说，对热电偶电极材料有以下要求。

① 在测温范围内，热电性质稳定，不随时间和被测介质变化；物理化学性能稳定，不易氧化或腐蚀。

② 电导率高，电阻温度系数较小。

③ 由它们组成的热电偶，热电动势随温度的变化率要大，并且希望该变化率在测温范围内接近常数。

④ 材料的机械强度要高，复制性好，复制工艺简单，价格便宜。

目前在国际上被公认的比较好的热电材料只有几种。所谓标准化热电偶，是指由这些材料组成的热电偶，它们已列入工业标准化文件中，具有统一的分度表。标准化文件还对同一型号的标准化热电偶规定了统一的热电极材料及化学成分、热电性质和允许偏差，故同一型号的标准化热电偶具有良好的互换性。

目前国际上经常使用的有 8 种标准化热电偶。这些热电偶的型号（分度号）、热电极材料及测温范围见表 6.3.1。表 6.3.1 中所列的每种型号的热电极材料前者为热电偶正极，后者为热电偶负极；温度的测量范围是指热电偶在良好的使用环境下允许测量温度的极限值，实际使用特别是长时间使用时，一般允许测量的温度上限是极限值的 60% ～ 80%。

表 6.3.1　标准化热电偶

分度号	电极材料	测温范围（℃）	分度号	电极材料	测温范围（℃）
S	铂铑$_{10}$-铂①	0 ～ 1300	N	镍铬硅-镍硅	−200 ～ 1300
P	铂铑$_{13}$-铂	0 ～ 1300	E	镍铬-铜镍合金（康铜）	−200 ～ 900
B	铂铑$_{30}$-铂铑$_{6}$	0 ～ 1600	J	铁-铜镍合金（康铜）	−40 ～ 600
K	镍铬-镍硅	−200 ～ 1300	T	铜-铜镍合金（康铜）	−200 ～ 350

① 铂铑$_{10}$ 表示铂 90%，铑 10%，依此类推。

下面简单介绍几种常见的标准化热电偶的主要性能和特点。

(1) 铂铑$_{10}$-铂热电偶（S 型）

这是一种贵金属热电偶，由直径为 0.5mm 以下的铂铑合金丝（铂 90%，铑 10%）和纯铂丝制成。这种热电偶的复制精度和测量准确度较高，可用于精密温度测量。S 型热电偶在氧化性或中性介质中具有较高的物理化学稳定性，在 1300℃ 以下可长时间使用。其主要缺点是金属材料的价格昂贵；热电动势小，且热电特性曲线非线性较大；在高温时易受还原性气体所发出的蒸气和金属蒸气的侵害而变质，失去测量准确度。

(2) 铂铑$_{30}$-铂铑$_{6}$ 热电偶(B 型)

这种类型的热电偶具有S型热电偶的各种特点，其长期使用温度可达1600℃。但这种热电偶产生的热电动势很小(在所有标准化热电偶中热电动势为最小)，当 $t \leqslant 50$℃，热电动势小于 $3\mu V$，因此在测量高温时基本不考虑冷端的温度补偿。

(3) 镍铬-镍硅热电偶(K 型)

这是一种使用十分广泛的廉价金属热电偶，热电丝直径一般为1.2～2.5mm。由于热电极材料具有良好的高温抗氧化性能，可在氧化性或中性介质中长时间地测量900℃以下的温度。K 型热电偶具有复现性好、产生的热电动势大，且线性好、价格便宜等优点。这种热电偶的主要缺点是如果用于还原性介质中，热电极会很快受到腐蚀，在此环境下，只能用于测量500℃以下的温度。

(4) 镍铬-铜镍合金热电偶(E 型)

这种热电偶在我国通称为镍铬-康铜热电偶，虽不及K型热电偶应用广泛，但它的热电动势大，在所有标准化热电偶中为最大，可测量微小变化的温度。它的另一个特点是对于高湿度气体的腐蚀并不灵敏，宜在我国南方地区使用或湿度环境较高的纺织工业使用。其缺点是负极(铜镍合金)难于加工，热电均匀性比较差，不能用于还原性介质中。

以上几种常用标准化热电偶的温度与热电动势特性曲线如图6.3.4所示。

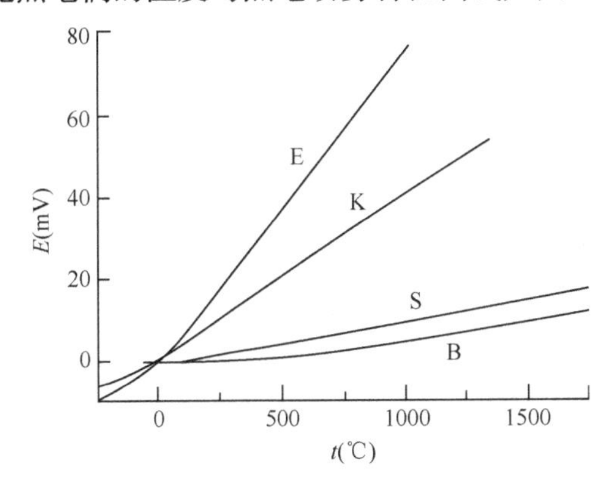

图6.3.4　常用标准热电偶的热电特性

根据上述热电偶的分度表和热电特性曲线，可以得出以下结论。

① $t = 0$℃ 时，所有型号的热电偶的热电动势均为零；当 $t < 0$℃ 时，热电动势为负值。

② 不同型号的热电偶在相同温度下，热电动势一般有较大的差别；在所有标准化热电偶中，B型热电偶的灵敏度最低，E型热电偶灵敏度最高。

③ 如果把温度和热电动势间关系绘成曲线(如图6.3.4所示)，则可以看到温度与热电动势之间的关系一般为非线性；正是由于热电偶的这种非线性特性，当冷端温度 $t_0 \neq 0$℃ 时，则不能用测得的热电动势 $E(t,t_0)$ 直接查分度表得 t'，然后再加 t_0，而应该根据下列公式先求出 $E(t,0)$，即

$$E(t,0) = E(t,t_0) + E(t_0,0) \tag{6.3.5}$$

然后查分度表得到热端温度 t。

【例6.3.1】 S型热电偶在工作时冷端温度 $t_0 = 30$℃，现测得热电偶的热电动势为

7.5mV,求被测介质的实际温度。

解 由题意热电偶测得的热电动势为 $E(t,30)$,即 $E(t,30)=7.5\text{mV}$,其中 t 为被测介质温度。

由分度表可查得 $E(30,0)=0.173\text{mV}$,则

$$E(t,0)=E(t,30)+E(30,0)=(7.5+0.173)\text{mV}=7.673\text{mV}$$

再由分度表中查出与其对应的实际温度为 830℃。

6.3.4 热电偶结构

工业常用热电偶外形结构基本上有以下几种。

(1) 普通型热电偶

普通型热电偶主要由热电极、绝缘子(或绝缘管)、保护管、接线盒、接线柱(或端子) 等组成,如图 6.3.5 所示。

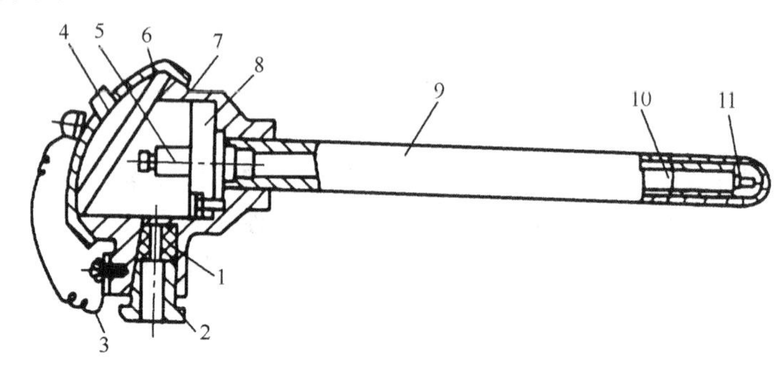

图 6.3.5 普通热电偶的基本结构

1— 出线孔密封圈;2— 出线孔螺母;3— 链条;4— 面盖;5— 接线柱;
6— 密封圈;7— 接线盒;8— 接线座;9— 保护管;10— 绝缘子;11— 热电偶

在普通型热电偶中,绝缘子(或绝缘管) 用于防止两根热电极短路,其材质取决于测温范围。保护管的作用是保护热电极不受化学腐蚀和机械损伤,其材质要求耐高温、耐腐蚀、不透气和具有较高的导热系数等。但是,热电偶加上保护套后,其动态响应变慢,因此要使用时间常数小的热电偶保护管。

(2) 铠装热电偶

铠装热电偶用金属套管、陶瓷绝缘材料和热电极组合加工而成,其结构如图 6.3.6 所示。铠装热电偶具有能弯曲、耐高压、热响应时间短和坚固耐用等优点,可适应复杂结构的安装要求。

(3) 多点式热电偶

多点式热电偶是用多支不同长度的热电偶感温元件,用多孔的绝缘管组装而成,适合于化工生产中反应器不同高度的多点温度测量,如测量合成塔不同位置的温度。

(4) 隔爆外壳型热电偶

隔爆外壳型热电偶基本参数与普通热电偶一样,区别在于采用了防爆结构的接线盒。当生产现场存在易燃易爆气体时,必须使用隔爆外壳型热电偶。

(5) 表面型热电偶

表面型热电偶是利用真空镀膜法将两电极材料蒸镀在绝缘基底上的薄膜热电偶,专门用于测量各种形状的固体表面温度,反应速度极快,热惯性极小。它作为一种便携式测温计,在纺织、印染、橡胶、塑料等领域广泛应用。

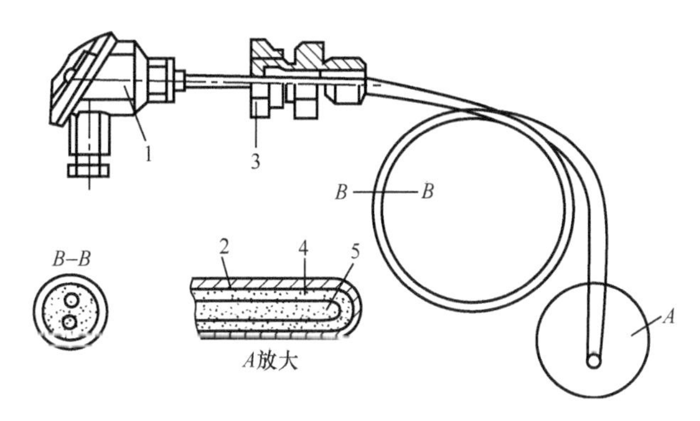

图 6.3.6 铠装热电偶

1— 接线盒；2— 金属套管；3— 固定装置；4— 绝缘材料；5— 热电极

6.3.5 补偿导线

热电偶测温时要求参比端温度恒定。由于热电偶工作端与参比端靠得很近，热传导、辐射会影响到参比端温度。此外，参比端温度还受到周围设备、管道、环境温度的影响，这些影响很不规则，因此，参比端温度难以保持恒定，这就希望将热电偶做得很长，使参比端远离工作端且进入恒温环境，但这样做要消耗大量贵重的电极材料，很不经济。因此，使用专用的廉价导线，将热电偶的参比端延伸出来，以解决参比端温度的恒定问题，这种导线就称为补偿导线。

补偿导线通常用比两根热电极材料便宜得多的两种金属材料做成，它在 0 ～ 100℃ 范围内的热电性质与要补偿的热电偶的热电性质几乎完全一样，所以使用补偿导线犹如将热电偶热电极延长，把热电偶的参比端延伸到离热源较远、温度较恒定又较低的地方。补偿导线的连接如图 6.3.7 所示。

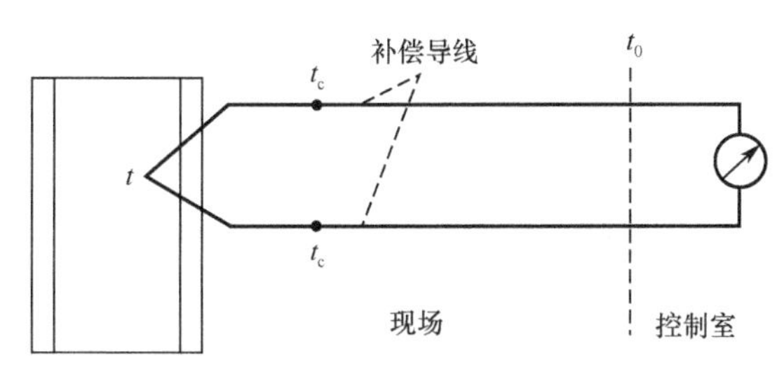

图 6.3.7 补偿导线的连接图

图 6.3.7 中原来的热电偶参比端温度 t_c 很不稳定，使用补偿导线后，参比端可移到温度恒定的 t_0 处。常用热电偶的补偿导线见表 6.3.2。

表 6.3.2 常用热电偶的补偿导线

补偿导线型号	配用热电偶的分度号	补偿导线材料		绝缘层着色	
		正极	负极	正极	负极
SC	S(铂铑$_{10}$ - 铂)	铜	铜镍	红	绿
KC	K(镍铬 - 镍硅，镍铬 - 镍铝)	铜	铜镍	红	蓝
EX	E(镍铬 - 康铜)	镍铬	康铜	红	棕

注：C 代表补偿型；X 代表延伸型。

在使用补偿导线时必须注意以下问题：

① 补偿导线只能在规定的温度范围内(一般为 0 ～ 100℃)与热电偶的热电动势相等或相近；

② 不同型号的热电偶有不同的补偿导线；

③ 热电偶和补偿导线的两个接点处要保持相同温度；

④ 补偿导线有正、负极，需分别与热电偶的正、负极相连；

⑤ 补偿导线的作用只是延伸热电偶的冷端，当冷端温度 $t_0 \neq 0$ 时，还需进行其他的补偿与修正。

6.3.6 热电偶参比端(冷端)的温度补偿

使用补偿导线只解决了参比端(冷端)温度恒定的问题。但是，在配热电偶显示仪表上面的温度标尺分度或温度变送器的输出信号都是根据分度表来确定的。分度表是在参比端温度为 0℃ 的条件下得到的。由于现场使用的热电偶其参比端温度通常并不是 0℃，因此，测量得到的热电动势如不经修正就输出显示，会带来测量误差。测量得到的热电动势必须通过修正，即参比端温度补偿，才能使被测温度与热电动势的关系符合分度表中热电偶静态特性关系，以使被测温度能真实地反映到仪表上来。

下面介绍参比端温度补偿原理。当热电偶工作端温度为 t，参比端温度为 t_0 时，热电偶产生的热电动势为

$$E(t,t_0) = E(t) - E(t_0) = E(t,0) - E(t_0,0) \tag{6.3.6}$$

也可写成

$$E(t,0) = E(t,t_0) + E(t_0,0) \tag{6.3.7}$$

这就是说，要使热电偶的热电动势符合分度表，只要将热电偶的热电动势加上 $E(t_0,0)$ 即可。各种补偿方式都是基于此原理进行的。

参比端温度补偿方法有以下几种。

1. 计算法

根据补偿原理计算修正。由式(6.3.7)可知，将热电偶测得的热电动势 $E(t,t_0)$ 加上根据参比端温度查分度表所得热电动势 $E(t_0,0)$，就可得到工作端温度相对于参比端温度为 0℃ 时对应的热电动势 $E(t,0)$，再反查分度表得到工作端温度 t。

例如，用镍铬 - 镍硅(K)热电偶测温，热电偶参比端温度 $t_0 = 20℃$，测得的热电动势 $E(t,t_0) = 32.479\text{mV}$。由 K 分度表查得 $E(20,0) = 0.798\text{mV}$，则

$$E(t,0) = E(t,20) + E(20,0) = (32.479 + 0.798)\text{mV} = 33.277\text{mV}$$

再反查 K 分度表，得实际温度是 800℃。计算法由于要查表计算，使用时不太方便，因此仅在实验室或临时测温时采用。但是可在智能仪表和计算机控制系统中通过事先编好的查分度表和设计的软件程序进行自动补偿。

2. 冰浴法

冰浴法是将热电偶的参比端放入冰水混合物中，使参比端温度保持 0℃。这种方法一般用于实验室。

3. 机械调零法

一般仪表在未工作时指针指在零位(机械零点)。当参比端温度不为 0℃ 时，可以预先将仪

表指针调到参比端温度处。如果参比端温度就是室温，那么就将仪表指针调到室温，但若室温不恒定，则也会带来测量误差。

4. 补偿电桥法

在温度变送器、电子电位差计中采用补偿电桥法进行自动补偿。补偿电桥法是利用参比端温度补偿器产生的不平衡电动势去补偿热电偶因冷端温度变化而引起的热电动势变化值。

习题与思考题 6

6-1 ITS-90 国际温标主要包括哪三方面内容?

6-2 热电阻温度计的测温原理是什么?

6-3 半导体热敏电阻随温度变化的典型特性有哪几种?

6-4 简述热电阻传感器测量电路三线制和四线制连接，并说明其优点。

6-5 常用的热电偶主要有哪几种?所配用的补偿导线是什么?为什么要使用补偿导线?并说明使用补偿导线时要注意哪些问题。

6-6 用热电偶测温时，为什么要进行冷端温度补偿?其冷端温度补偿的方法有哪几种?

6-7 用K型热电偶测量某设备的温度，测得的热电动势为20mV，冷端(室温)为25℃，求设备的温度。如果改用S型热电偶来测温，在相同的条件下，热电偶测得的热电动势是多少?

6-8 现用一支铂铑$_{10}$-铂热电偶测某换热器内的温度，其冷端温度为30℃，显示仪表的机械零位在0℃时，这时指示值为400℃，则认为换热器内的温度为430℃对不对?为什么?正确值为多少?

第7章　转速测量传感器

物体运动的速度可分为线速度和角速度(转速)。转速是机械运动的重要参数,转速测量是实现运动机械控制的必要前提。随着生产过程自动化程度的提高,研发了各种各样检测线速度和角速度的传感器和仪器仪表,如磁电式速度计、光电码盘式转速计、电磁转速计、测速发电机、离心式转速表等。本章介绍目前应用广泛的、可以用于转速测量的磁电式传感器、霍尔传感器和光电式传感器。

7.1　磁电式传感器

磁电感应式速度传感器也称为感应式传感器或电动式传感器。它是利用导体和磁场相对运动产生感应电动势的一种机-电能量变换型传感器。其特点是不需要供电电源,具有电路简单、性能稳定、输出阻抗小、频率响应范围宽等特点,适用于动态测量,通常用于振动、速度、扭矩等测量。

7.1.1　磁电式传感器的结构和原理

1. 动圈式磁电传感器的结构与原理

动圈式磁电感应式传感器的结构原理如图7.1.1所示。根据电磁感应定律,N匝线圈中的感应电动势e取决于穿过线圈磁通Φ的变化率,即

$$e=-N\frac{\mathrm{d}\Phi}{\mathrm{d}t} \tag{7.1.1}$$

图7.1.1(a)为线圈在磁场中作直线运动时产生感应电动势的磁电式传感器。当线圈在磁场中做直线运动时,它所产生的感应电动势e为

$$e=NBl\sin\theta\frac{\mathrm{d}x}{\mathrm{d}t}=NBlv\sin\theta \tag{7.1.2}$$

式中,B为磁感应强度;l为单匝线圈的有效长度;N为线圈的匝数;v为线圈与磁场的相对运动速度;θ为线圈运动方向与磁场方向的夹角。

当$\theta=90^\circ$时,式(7.1.2)可写为

$$e=NBlv \tag{7.1.3}$$

图7.1.1(b)所示结构为线圈作旋转运动的磁电式传感器。线圈在磁场中转动时产生的感应电动势e为

$$e=NBA\sin\theta\frac{\mathrm{d}\theta}{\mathrm{d}t}=NBA\omega\sin\theta \tag{7.1.4}$$

式中,ω为角速度,$\omega=\mathrm{d}\theta/\mathrm{d}t$;$A$为单匝线圈的截面积;$N$为线圈的匝数;$\theta$为线圈法线方向与磁场之间的夹角。

当$\theta=90^\circ$时,式(7.1.4)可写为

$$e=NBA\omega \tag{7.1.5}$$

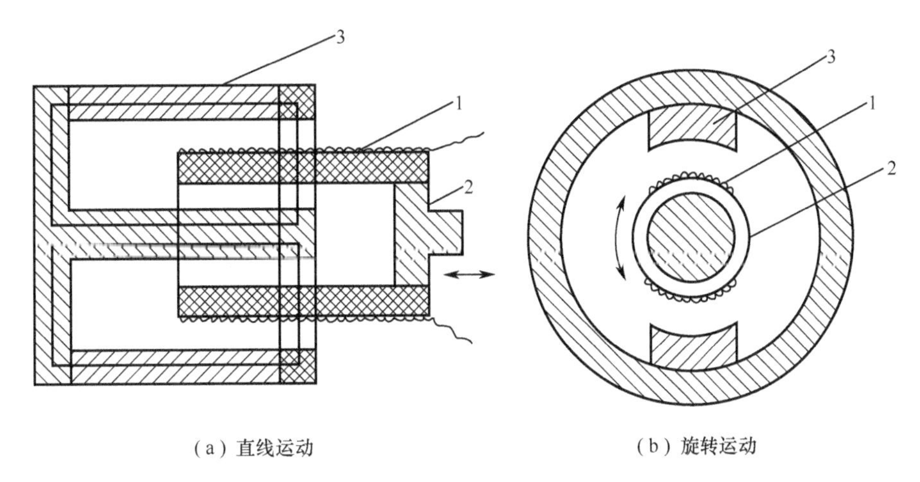

(a) 直线运动　　　　(b) 旋转运动

图 7.1.1　动圈式磁电式传感器的结构原理图

1— 线圈；2— 运动部分；3— 永久磁铁

可见，当传感器结构一定时，B、A、N、l 均为常数，因此感应电动势和线圈与磁场的相对运动速度 $\mathrm{d}x/\mathrm{d}t$（或 $\mathrm{d}\theta/\mathrm{d}t$）成正比，所以，磁电式传感器可用来测定线速度和角速度。由于速度与位移或加速度之间存在着积分或微分的关系，因此，若在感应电动势测量电路中接入一积分电路，则输出电压就与运动的位移成正比；若在测量电路中接入一微分电路，那么输出电压就与运动的加速度成正比。故磁电式传感器除可测量速度外，还可以用来测量位移和加速度。

2. 磁电式传感器的灵敏度

对于直线运动的磁电式传感器，其灵敏度可由式(7.1.3)导出

$$K = e/v = NBl$$

对于旋转运动的磁电式传感器，其灵敏度可由式(7.1.5)导出

$$K = e/\omega = NBA$$

为了提高传感器的灵敏度 K，总是希望线圈的匝数 N 或导线长度 l 大一些，但要注意线圈电阻与负载的匹配、线圈的发热及温度影响等因素。

3. 磁阻式传感器

将位移、转速、加速度等非电物理量转换为磁阻变化的传感器称为磁阻式传感器。在这类磁电式传感器中，产生磁场的永久磁铁和线圈都固定不动，而是通过磁通的变化产生感应电动势。其结构如图 7.1.2 所示。

磁阻式传感器按结构不同，分为开磁路式和闭磁路式两种。开磁路式转速传感器结构比较简单，输出信号较小，不宜在振动剧烈的场合使用。闭磁路式转速传感器由装在转轴上的外齿轮、内齿轮、线圈和永久磁铁构成。内、外齿轮有相同的齿数。当转轴连接到被测轴上一起转动时，由于内、外齿轮的相对运动，产生磁阻变化，在线圈中产生交流感应电动势。测出电动势的大小便可测出相应的转速值。

磁阻式转速传感器主要由两部分组成。第一部分是固定部分，包括磁铁、感应线圈、用软铁制成的极靴（又称极掌）。第二部分是可动部分，主要是传感齿轮，它由铁磁材料制成，安装在被测轴上，随轴转动。

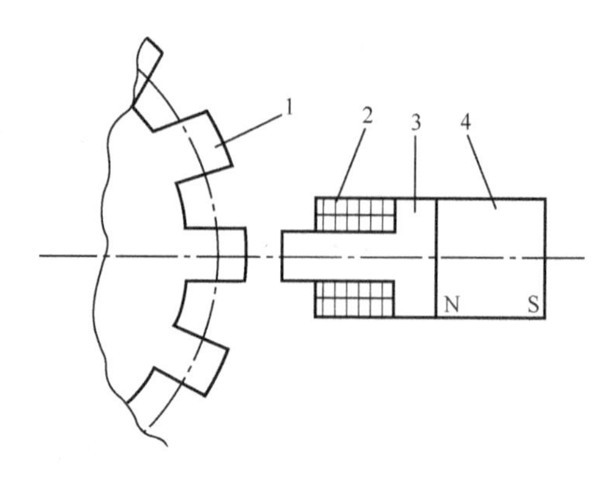

图 7.1.2　磁阻式传感器的基本结构

1— 传感齿轮；2— 感应线圈；3— 软铁极靴；4— 永久磁铁

当被测轴以一定角速度旋转时，带动传感齿轮一起转动。齿轮的轮齿和齿槽交替经过极靴。由于极靴与齿轮之间的气隙交替变化，引起磁场中磁路磁阻的改变，使得通过线圈的磁通也交替地变化，从而导致线圈两端产生感应电动势。传感齿轮每经过一个齿，感应电动势对应经历一个周期 T。若齿轮齿数为 z，转速为 n(r/min)，则有

$$T=\frac{60}{zn}$$

或

$$f=\frac{zn}{60} \tag{7.1.6}$$

式中，T 为感应电动势周期，单位为 s；f 为感应电动势频率，单位为 Hz。

式(7.1.6)表明，传感器输出电动势的频率与被测转速成正比。因此，只要将该电动势放大整形成矩形波信号，送到计数器或频率计中，即可由频率计算出转速。

上面介绍的磁阻式转速传感器的基本结构，在实际应用中，它的具体结构形式很多。根据形成磁场的方式，磁阻式转速传感器可以分为永磁型和励磁型两种结构类型。在式(7.1.6)中，传感器的磁场是由永久磁铁产生的，属于永磁型。励磁型磁阻式转速传感器的磁场是由励磁线圈产生的，工作时需外加励磁电源。根据极靴的结构形式，又可分为单极型、双极型和齿型3种结构类型。在图7.1.2中，传感器的极靴只有一个极，结构很简单，属于单极型。双极型的传感器有两个极靴，分别代表N极和S极，与传感齿轮上的两个对应齿轮形成气隙。齿型传感器的极靴被制成其齿数与传感齿轮齿数相等的齿座，齿座与齿轮以极小的工作间隙相对安装在同一轴线上，齿座的齿轮与传感齿轮分别代表磁场的两极。采用双极型或齿型的极靴能大大提高传感器的灵敏度。此外，根据磁路形式，可分为开磁路式和闭磁路式。根据安装形式，又可分为分离式和整体式。

7.1.2　磁电式速度传感器

磁电式速度传感器分为相对速度传感器和绝对速度传感器。

1. 相对速度传感器

图7.1.3为国产CD-2型磁电式相对速度传感器的结构示意图。磁钢5通过壳体3构成磁回路，线圈4置于磁回路的缝隙中。当被测物体的振动通过顶杆1使线圈运动时，因切割磁力

线，而在线圈的两端产生感应电动势，其值可由式求得。可见，线圈的输出电压与被测物体之间的相对振动速度成正比。若将传感器的外壳固定在被测振动物体上，而将活动部分的顶杆压在被测物上，这时可测出两个构件之间的相对速度。

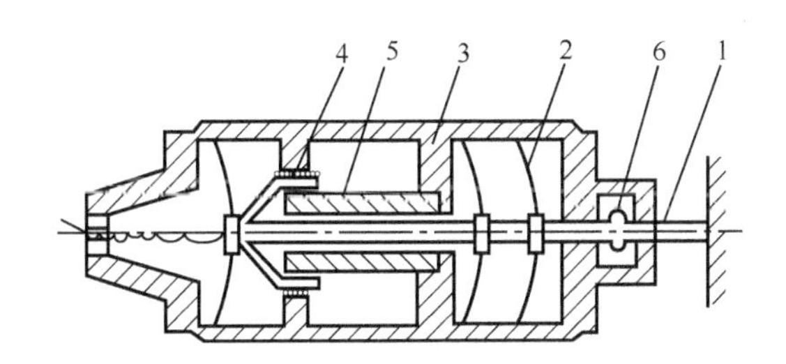

图 7.1.3　CD-2 型磁电式相对速度传感器

1— 顶杆；2— 弹簧；3— 壳体；4— 线圈；5— 磁钢；6— 限幅器

2. 绝对速度传感器

图 7.1.4 为国产 CD-1 型磁电式绝对速度传感器的结构示意图。图中，磁钢 1 及铝架 2 固定在壳体 3 内，并通过壳体形成磁回路。线圈 5 和阻尼环 6 装在芯杆 4 上，芯杆用弹簧 7 和 8 支撑在壳体内，构成传感器的活动部分。当传感器的壳体与振动物体一起振动时，如振动频率较高，由于芯杆组件的质量很大，产生的惯性力也大，可以阻止芯杆随壳体一起运动。当振动频率高到一定程度时，可以认为芯杆组件基本不动，只是壳体随被测物体振动。此时，线圈以物体的振动速度切割磁力线而在线圈两端产生感应电动势，并且线圈的输出电动势与线圈相对壳体的运动速度 v 成正比。当振动频率高到一定程度时，线圈与壳体的相对速度 v 就是被测振动物体的绝对速度。

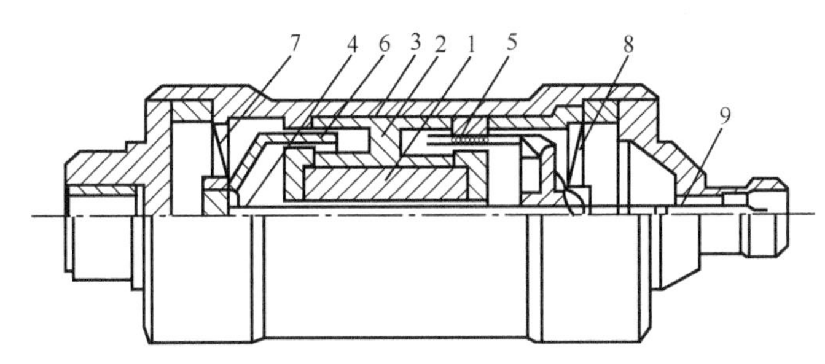

图 7.1.4　CD-1 型磁电式绝对速度传感器

1— 磁钢；2— 铝架；3— 壳体；4— 芯杆；5— 线圈；6— 阻尼环；7、8— 弹簧；9— 输出端

3. 磁阻式转速传感器

图 7.1.5 是国产 SZMB-3 型磁阻式转速传感器的外形图。使用时该传感器通过连轴器与被测轴连接，当转轴旋转时将角位移转换成脉冲信号，供二次仪表使用。该传感器每转输出 60 个脉冲，输出信号幅值大于或等于 300mV(50r/min)，测速范围为 50 ～ 5000r/min。

图 7.1.6 是国产 SZMB-5 型磁阻式转速传感器的外形图。该传感器输出信号的波形为近似正弦波，幅值与 SZMB-3 型相同。工作时，信号幅值大小与转速成正比，与铁心和齿顶间隙的大小成反比。被测齿轮的模数 $m=2$，齿数 $z=60$，传感器铁心和被测齿顶间隙 $\delta=0.5\text{mm}$，测量范围为 50 ～ 5000r/min。

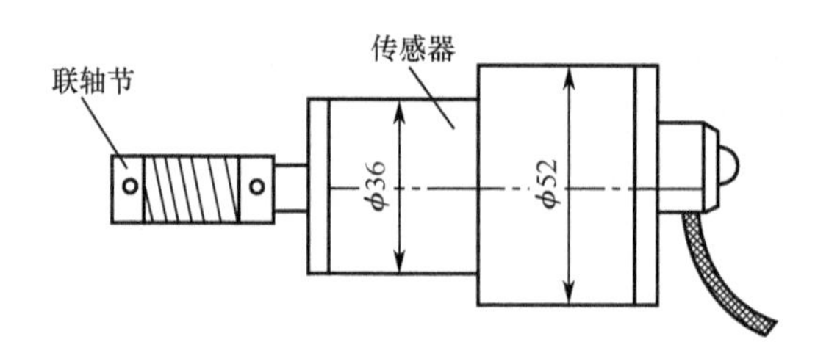

图 7.1.5　SZMB-3 型磁阻式转速传感器外形图

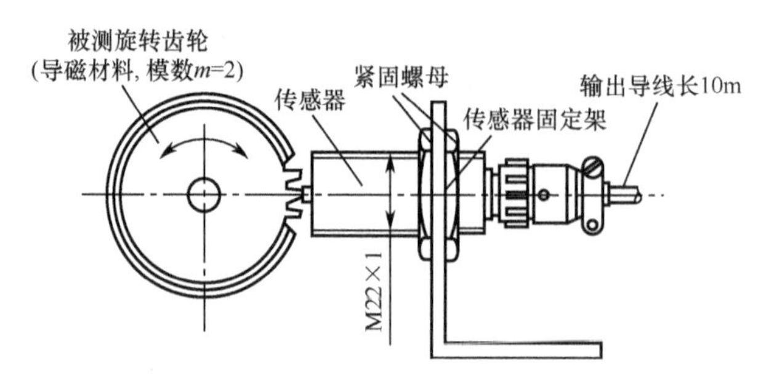

图 7.1.6　SZMB-5 型磁阻式转速传感器外形图

上述磁阻式转速传感器的主要优点是结构简单、体积小、工作稳定，不受工作环境中的烟雾等介质的影响，使用寿命长。

7.2　霍尔传感器

霍尔传感器是利用霍尔效应来进行磁信号、电信号测量的一种非接触式传感器，具有结构简单、体积小、频率响应宽、动态范围(输出电动势的变化) 大、可靠性高等特点，易于微型化和集成化。它的主要类型有霍尔元件和霍尔集成电路两类。霍尔元件为分立型结构，霍尔集成电路是把霍尔元件、放大器、温度补偿电路及稳压电源等做在一个芯片上。霍尔集成电路可分为线性型和开关型两种。霍尔传感器的应用日益广泛。

7.2.1　霍尔传感器的工作原理

1. 霍尔效应

能够产生霍尔效应的器件称为霍尔元件，它是由半导体材料制成的薄片，常用的材料有锗、锑化铟和砷化铟。如图 7.2.1 所示的霍尔元件，若在它的两端通过控制电流 I，并在薄片的垂直方向上施加磁感应强度为 B 的磁场，那么在垂直于电流和磁场的方向上(即霍尔元件输出端之间) 将产生电动势 U_H(霍尔电动势)，这种现象称为霍尔效应。

2. 工作原理

霍尔效应的产生是由于运动电荷在磁场中受到洛仑兹力作用的结果。假设在 N 型半导体薄片中通以电流 I，那么半导体中的载流子(电子) 将沿着和电流相反的方向运动。若在垂直于半导体薄片平面的方向加以磁场 B，则由于洛仑兹力的作用，电子向一边偏转，在该边积累电子，而另一边则积累正电荷，于是产生电场。该电场阻止运动电子的继续偏转，当作用在电子上的电场力与洛仑兹力相等时，电子的积累达到动态平衡，此时，在薄片两端建立的电场称为霍

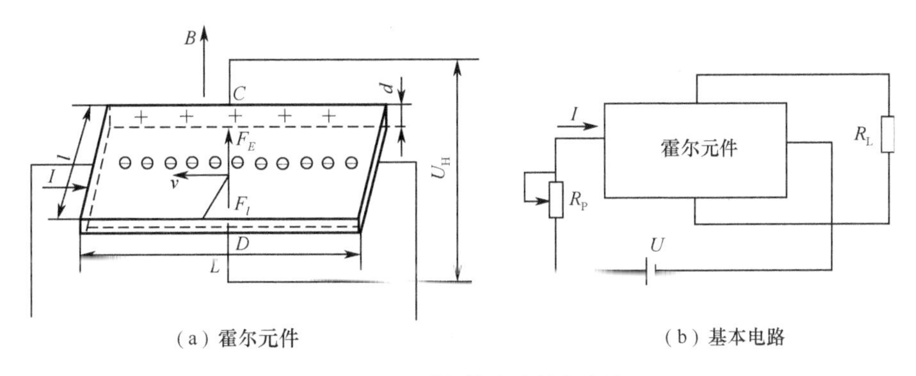

（a）霍尔元件　　　　　　（b）基本电路

图 7.2.1　霍尔效应及基本电路

尔电场，相应的电动势称为霍尔电动势 U_H，即

$$U_H = \frac{R_H IB}{d} \tag{7.2.1}$$

式中，R_H 为霍尔系数；I 为控制电流；B 为磁感应强度；d 为霍尔元件的厚度。

在霍尔元件形状一定的情况下，改变通过霍尔元件的电流 I 或磁感应强度 B 使霍尔电动势大小发生变化，因而可制成各种类型的传感器。

7.2.2　霍尔元件的结构和特性

1. 霍尔元件的结构

霍尔元件的结构如图 7.2.1(a) 所示，基本测量电路如图 7.2.1(b) 所示。图中，R_P 调节通过霍尔元件的电流 I；R_L 为霍尔元件的负载电阻，通常为放大器或测量电路的输入阻抗。

2. 霍尔元件的特性

(1) U_H-I 特性

磁感应强度 B 为常数，在一定温度下，电流 I 与 U_H 之间的关系称为 U_H-I 特性，如图 7.2.2(a) 所示。由图可见，U_H-I 是线性的。曲线的斜率为灵敏度 k_I，k_I 可由(7.2.1) 求导得到

$$k_I = \frac{dU_H}{dI} = \frac{R_H}{d}B = k_H B$$

式中，k_H 称为霍尔元件灵敏度(灵敏系数)。因此，$U_H = k_I I$。

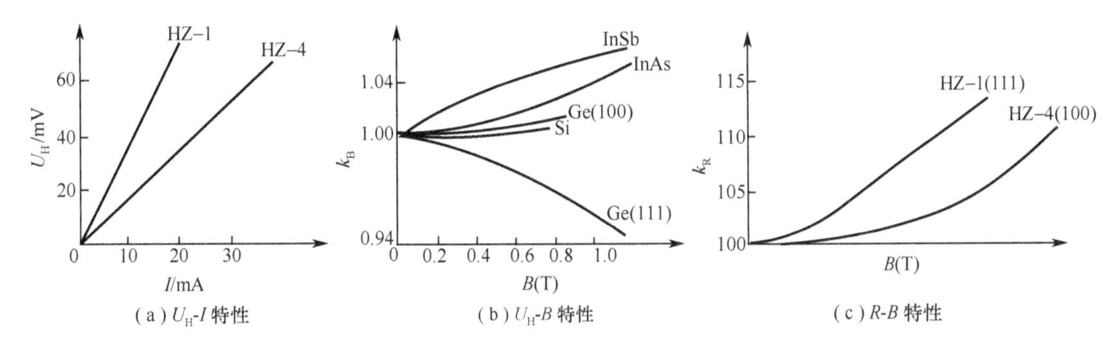

（a）U_H-I 特性　　（b）U_H-B 特性　　（c）R-B 特性

图 7.2.2　霍尔元件的特性

由此可见，k_I 与 k_H 成正比。k_I 大的元件，其输出电压 U_H 不一定高，这是由于 k_I 大的元件厚度 d 较薄，元件的横截面积较小，不能通过较大的电流的缘故。而 k_I 小的元件的横截面积较大，可通过较大的电流。

(2) U_H-B 特性

电流固定，霍尔元件开路输出电压 U_H 与磁感应强度 B 的关系称为元件的 U_H-B 特性，如图 7.2.2(b) 所示。图中，纵坐标为相对灵敏度 k_B。k_B 定义为磁感应强度为 B 和 B_0 时输出 $U_H(B)$ 和 $U_H(B_0)$ 之比，即

$$k_B = \frac{U_H(B)}{U_H(B_0)}$$

由图 7.2.2(b) 可见，元件的 U_H-B 特性是非线性的，它与霍尔元件的材料和沿晶面的切割方向有关。测量磁场时应进行补偿。

(3) R-B 特性

霍尔元件的输入电阻或输出电阻与磁感应强度 B 的关系称为元件的 R-B 特性，如图 7.2.2(c) 所示。图中，纵坐标为磁感应强度为 B 和 0 时，元件的内阻 $R(B)$ 与 $R(0)$ 之比的百分数，称为内阻相对灵敏度 k_R，即

$$k_R = \frac{R(B)}{R(0)} \times 100\%$$

由图 7.2.2(c) 可见，元件的 R-B 特性也是非线性的。这是由电子在元件内运动的速度不一致而引起的。若某些电子的运动速度为 v，其产生的洛仑兹力恰好等于电场力，这些电子做直线运动通过元件。若另外一些电子的运动速度大于或小于 v，这些电子将向各自的方向偏转，电流 I 方向的电流密度减小，相对于元件的内阻增加。

3. 温度误差及不等位电动势补偿

霍尔元件用半导体材料制成。由于半导体材料的性能受环境温度的影响较严重，因此采用霍尔元件做传感器时必须进行温度误差补偿，如图 7.2.3 所示。

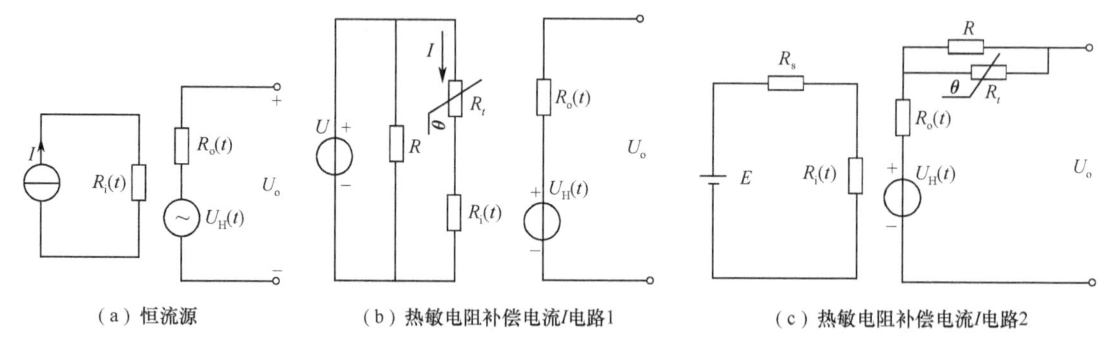

图 7.2.3　霍尔元件温度误差补偿

(1) 温度误差补偿

温度 t 的变化主要引起霍尔元件的输入电阻、输出电阻和霍尔电动势系数的变化。必须进行温度误差补偿，常用的补偿方法有以下几种。

① 恒温：将霍尔元件置于恒温容器内。

② 恒流源供电：$R_i(t)$ 随温度 t 变化，引起电流 I 的变化，若采用恒流源供电，则消除了 t 的影响，如图 7.2.3(a) 所示。

③ 热敏电阻补偿：多数霍尔元件的 $R_i(t)$ 为正的电阻温度系数，在 $R_i(t)$ 支路串接负电阻温度系数的热敏电阻 R_t，从而保证 I 不随温度而变化，如图 7.2.3(b)、(c) 所示。

④ 霍尔元件工作于小电流状态或安装散热器，减小元件自身的温升，也能取得一定的补偿效果。

(2) 不等位电动势及其补偿

引起霍尔元件的零位误差的原因有不等位电动势、寄生直流电动势、感应零电动势和自励电动势。其影响主要是不等位电动势，其他的影响均可忽略。

作用于霍尔元件的磁感应强度 $B=0$，控制电流 $I\neq 0$，$U_H\neq 0$，而 $U_H=U_{H0}$，U_{H0} 称为不等位电动势。产生不等位电动势的原因有两个方面：其一为元件的电流极或电势极不是焊接在等位面上；其二为元件的电阻率不均匀，使霍尔电势极不在等位面上。

霍尔元件的等效电路如图 7.2.4(a) 所示。电流极和电势极将元件分成相同的 4 个部分，每部分的电阻分别为 R_1、R_2、R_3、R_4。若 4 个电极均焊接在等位面上，且材料电阻率均匀，$R_1=R_2=R_3=R_4$，不等位电动势为零。若 4 个电极不焊接在等位面上或材料电阻率不均匀，$R_1\sim R_4$ 不相等，电桥不平衡，$U_H=U_{H0}$。不等位电动势的补偿电路如图 7.2.4(b)、(c) 所示。调整电位器 R_P，使电桥重新平衡即可消除不等位电动势的影响。

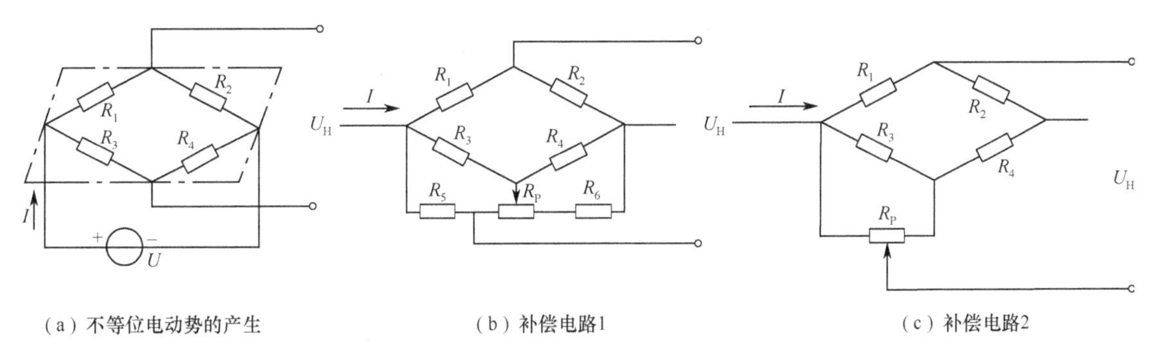

(a) 不等位电动势的产生　(b) 补偿电路1　(c) 补偿电路2

图 7.2.4　不等位电动势及其补偿

7.2.3 霍尔式传感器的应用

随着微电子技术的发展，霍尔元件已广泛地应用于各个领域，目前霍尔元件与测量电路已集成化。霍尔集成块有线性集成块和开关型集成块两种。线性集成块又分为内部有线性化补偿和内部无线性化补偿两种形式。

1. 开关型集成电路

开关型集成电路内部组成框图如图 7.2.5(a) 所示。该电路由放大器、施密特触发电路和输出电路组成。为了提高抗共模干扰能力，放大器多为两级直接耦合的对称输出的差分放大器。②、③ 脚是功能完全相同的两根输出信号引脚，它们分别为集电极开路的晶体三极管的集电极，应用时二者选一，并且 ② 或 ③ 脚到 ① 脚间要外接一只数千欧的上拉电阻。图 7.2.5(b) 为外形图，应用时磁敏感面应正对磁感应强度 B。

2. 线性集成电路

线性霍尔集成电路的组成框图如图 7.2.6(a) 所示，由放大器、非线性补偿电路和输出电

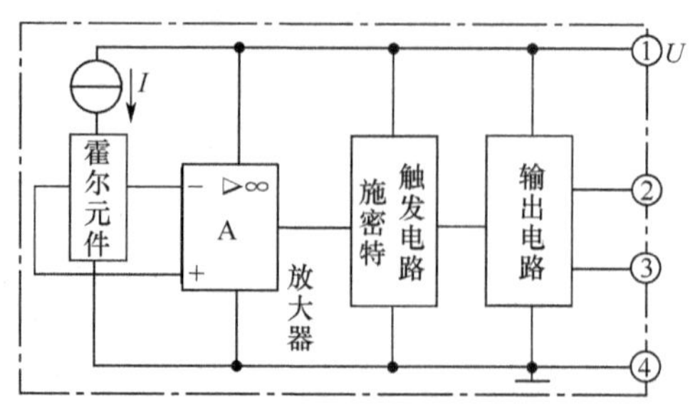

（a）开关型集成电路内部组成框图

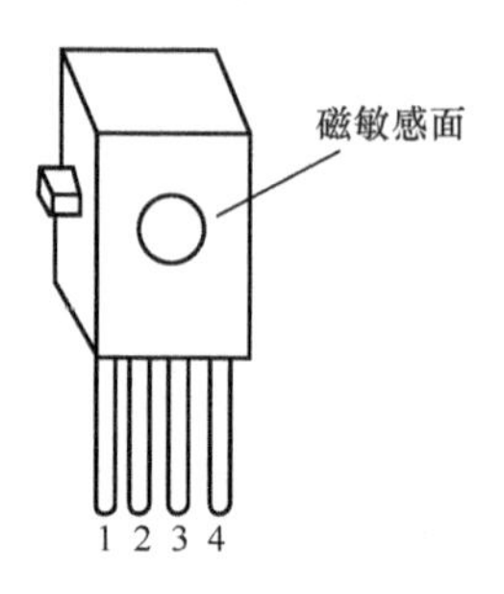

（b）外形图

图 7.2.5　开关型霍尔集成电路

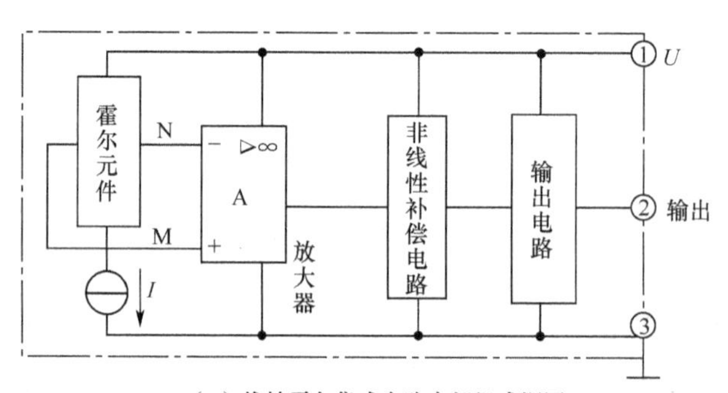

（a）线性霍尔集成电路内部组成框图

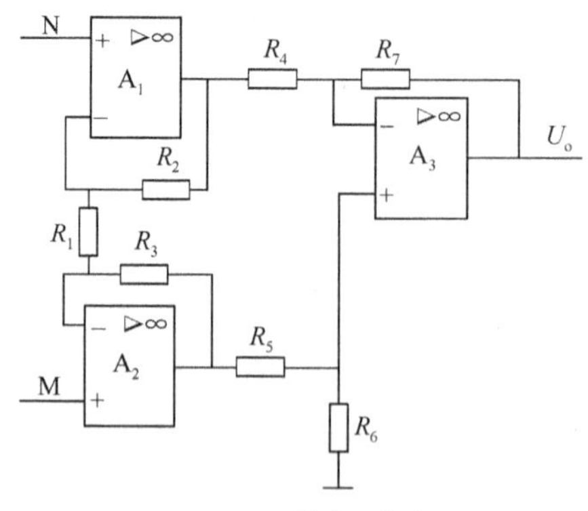

（b）放大器电路图

图 7.2.6　线性霍尔集成电路

路组成。放大电路由三运算放大器构成精密电桥放大器。其输出与输入关系为

$$U_o = \left(1 + \frac{R_2 + R_3}{R_1}\right)(U_N - U_M)$$

这种放大器具有较强的抗共模干扰能力。

3. 霍尔传感器的应用

(1) 交直流钳形数字电流表

测量原理如图 7.2.7 所示，在环形钳口式磁集束器的空气隙中放置一块线性霍尔集成片。磁集束器的作用是将载流导线与磁集束器相互作用产生的磁场集中到霍尔片上，以提高灵敏度。作用在霍尔片的磁感应强度 B 为

$$B = k_B I_x$$

式中，k_B 为电磁转换灵敏度，I_x 为被测电流。

线性霍尔集成片的输出电压 U_o 为

$$U_o = k_H IB = k_H k_B I I_x = k I_x$$

式中，k 为电流灵敏度，$k = k_H k_B I =$ 常数。

若 I_x 为直流电流，U_o 可供数字电压表显示；若 I_x 为交流电流，U_o 亦为交流，应经桥式整流、滤波后送入数字电压表。

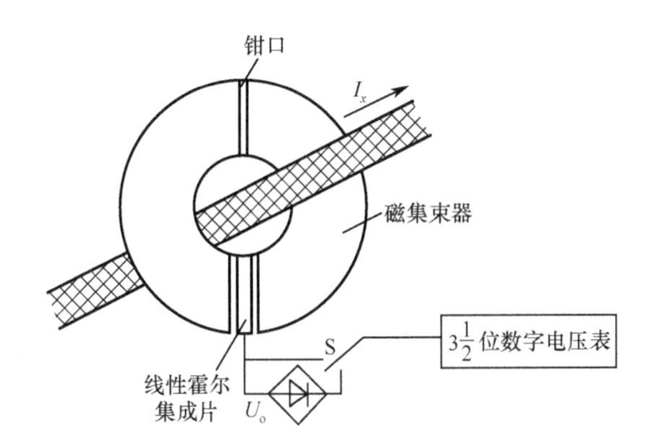

图 7.2.7　交直流钳形数字电流表原理图

(2) 转速测量仪

霍尔转速测量仪原理如图 7.2.8 所示。采用开关型霍尔集成片作为检测元件，简化了信号处理电路。设调制盘固定有 p 对永久磁极，调制盘与转轴刚性连接，若被测转速为 n，调制盘每转过一对磁极，霍尔片产生一个脉冲，因此霍尔片输出脉冲的频率为 $f = np$。设频率计采样时间为 t(单位为 s)，其间计数值为 N，则

$$N = npt$$

因此可得

$$n = \frac{N}{pt}$$

设 $pt = 60000$，则 $n = 0.001N$(rad/min)。

可见，频率计的示值代表了被测转速。霍尔转速传感器具有测量精度高、稳定性好及非接触测量等优点，因而在工程实践中得到了广泛应用。

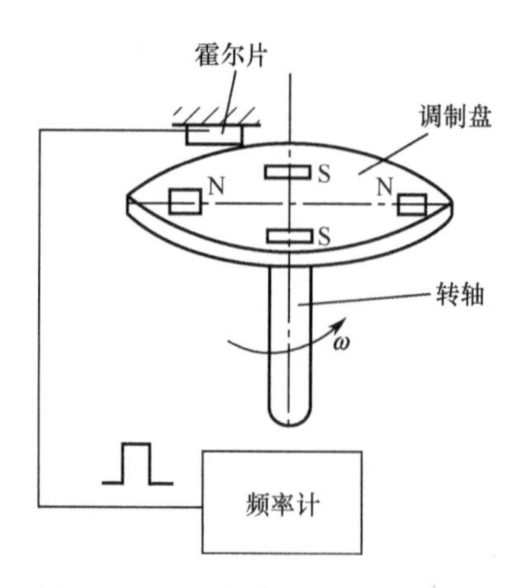

图 7.2.8　霍尔转速测量仪原理图

图 7.2.9 是国产 KH103-12 型磁电式相对速度传感器示意图，它的敏感部位是一个集成霍尔传感器。在霍尔集成电路内部，控制电流 I 的大小及方向已设定，故 U_H 大小及方向由磁感应强度 B 的大小与方向确定。若 B 反向，则 U_H 为负值，因而安装磁铁时，要注意磁铁的极性。磁铁的 B 值越大，作用距离也越大。该传感器具有输出波形好、抗干扰能力强、定位精度高、重量轻、体积小等特点。其主要技术指标如下：

电源电压：12±20%V(DC)；

动作逻辑：接近输出低电平≤0.5V；

远离输出高电平≥11V；

负载电阻：3kΩ；

最大作用距离：≥6mm；

接近尺寸：磁铁 ϕ10mm×6mm；

输出功率：≤80mW；

响应频率：≤300Hz；

作用方向：轴向、切向。

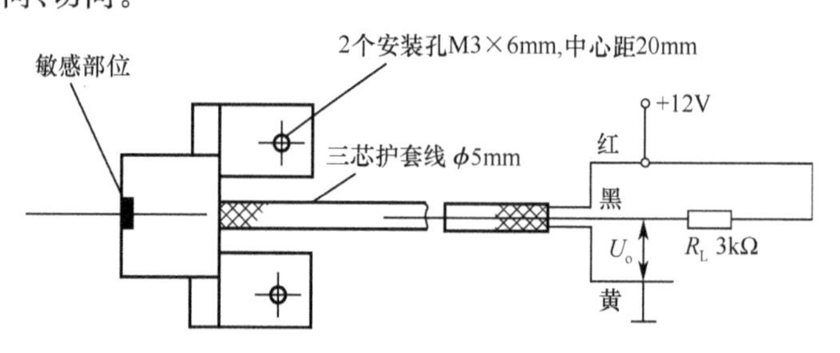

图 7.2.9　KH103-12 型磁电式相对速度传感器

7.3　光电式传感器

光电式传感器是一种将被测量通过光量的变化转换成电量的传感器，它首先把被测量的变化转换成光信号的变化，然后借助光电元件参数的变化将光信号转换成电信号，它的物理基础是光电效应。光电传感器一般由光源、光学通路和光电元件 3 部分组成。在检测时，被测量使光源发射出的光通量变化，因而使接收光通量的光电元件的输出量也做相应的变化，最后用电量来表示被测量的大小。其输出的电量可以是模拟量，也可以是数字量。光电检测方法具有精度高、反应快、非接触等优点，有多种参数都可测量，传感器的结构简单，形式灵活多样，因此在检测和控制领域得到广泛应用。

7.3.1　光电效应及光电器件

光电元件是光电传感器中最重要的部件，常见的有真空光电元件和半导体光电元件两大类。它们的工作原理基于不同形式的光电效应。根据光的波粒二重性：① 光在传播时体现出波动性；② 当光与物质互相作用时体现出粒子性。因此可以认为，光是一种以光速运动的粒子流，这种粒子称为光子，每个光子具有的能量为

$$E = h\nu \tag{7.3.1}$$

式中，ν 为光的频率；h 为普朗克常量，$h = 6.63 \times 10^{-34} \mathrm{J \cdot s}$。

由此可见，对不同频率的光，其光子能量是不相同的，光波频率越高，光子能量越大。用光照射某一物体，可以看作一连串能量为 $h\nu$ 的光子轰击在这个物体上，此时光子能量就传递给电子，并且是一个光子的全部能量一次性地被一个电子所吸收，电子得到光子传递的能量后其状态就会发生变化，从而使受光照射的物体产生相应的电效应，我们把这种物理现象称为光电效应。光电效应通常可分为 4 类。

① 外光电效应：指在光线作用下，使电子逸出物体表面而产生光电子发射的现象。基于外光电效应原理的器件属于真空光电元件，有光电管、光电倍增管等。

② 内光电效应：指在光线作用下，使物体的电阻率改变的现象。基于内光电效应原理的器件属于半导体光电元件，有光敏电阻、光敏晶体管等。

③ 光生伏特效应：指在光线作用下，物体产生一定方向电动势的现象。基于光生伏特效应原理的器件属于半导体光电元件，有光电池等。

④ 热释电现象：指热电材料受红外光等照射时，若其表面温度上升或下降，则该表面产生电荷的现象。

以下介绍几种典型的光电器件及其转换原理。

1. 光电管

根据外光电效应制成的光电管类型很多，最典型的是真空光电管（见图 7.3.1），它由一个阴极 K 和一个阳极 A 构成，共同封装在一个真空玻璃泡内。阴极 K 和电源负极相连，阳极 A 通过负载电阻同电源正极相接，因此管内形成电场。当光照射阴极时，电子便从阴极逸出，在电场作用下被阳极收集，形成电流 I，该电流及负载 R_L 上的电压将随光照强弱而变化，实现了光信号转换为电信号的目的。电信号输出的外接电路如图 7.3.2 所示。

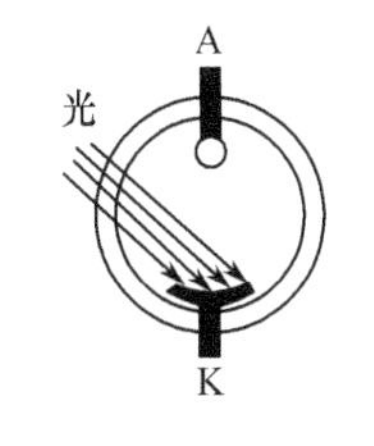

（a）反射式阴极光电管

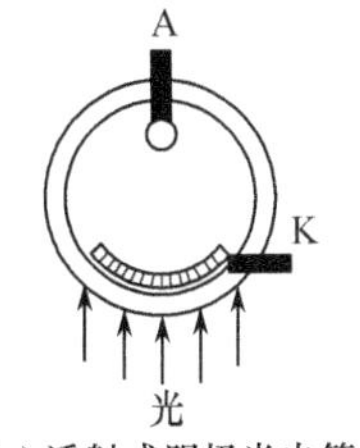

（b）透射式阴极光电管

图 7.3.1　真空光电管结构示意图

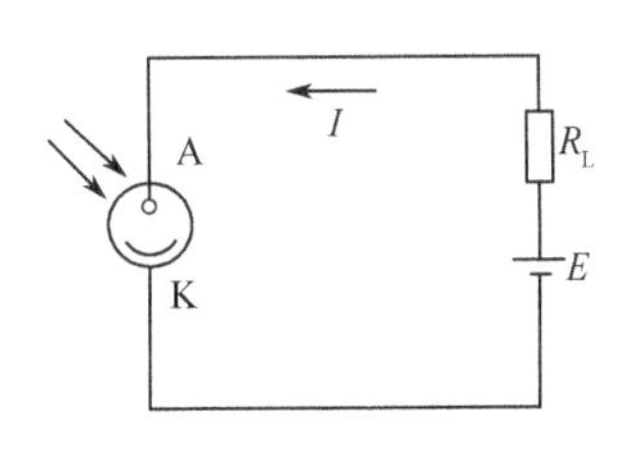

图 7.3.2　外接电路

2. 光电倍增管

当入射光很微弱时，光电管产生的光电流很小(零点几微安)，不易检测，误差也大。这时常用光电倍增管对光电流放大，以提高灵敏度。在光电管的阴极与阳极之间安装若干个倍增极 D_1、D_2、…、D_n，就构成了光电倍增管。光电倍增管结构形式很多，有直线型、圆形“鼠笼式”和盒-网结构等，如图 7.3.3 所示。

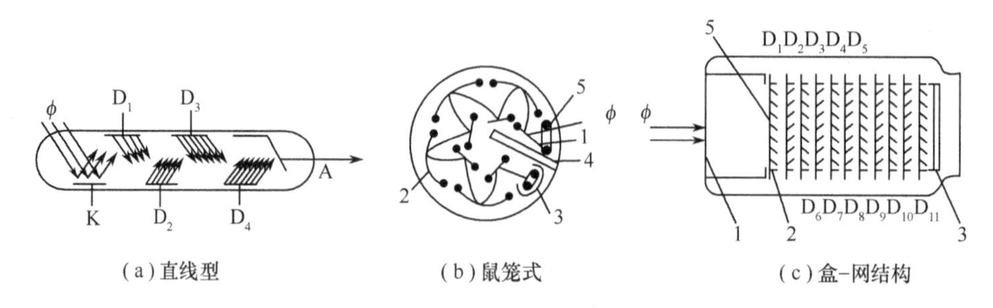

(a)直线型　　(b)鼠笼式　　(c)盒-网结构

图 7.3.3　光电倍增管的结构原理图

1— 阴极；2— 倍阴极；3— 阳极；4— 绝缘隔板；5— 栅极

光电倍增管的工作原理建立在光电发射和二次发射的基础上。工作时，倍增极电位是逐渐增高的，当入射光照射光电阴极 K 时，立刻有电子逸出，逸出的电子受到第一倍增极 D_1 正电位作用，再次被加速射在 D_2 极上，D_2 又会产生二次电子发射，这样逐级前进，直到电子被阳极 A 收集为止。

假设每个电子落到任一倍增极上都打出 σ 个电子，则阳极电流 I 为

$$I = i_0\sigma^n \tag{7.3.2}$$

式中，i_0 为光电阴极发出的光电流；n 为光电倍增极数(通常为 9 ～ 11 个)。

这样，光电倍增管的电流放大系数 β 为

$$\beta = \frac{I}{i_0} = \sigma^n \tag{7.3.3}$$

式(7.3.3)所述为理想情况，实际上各倍增极的二次电子发射系数不完全相同，加之上一次电子的散射现象，要在电流放大系数值前乘以收集系数 c 进行修正，它反映了倍增极收集电子的效率。

3. 光敏电阻

光敏电阻是采用半导体材料制作，利用内光电效应工作的光电元件。在光线的作用下，其阻值往往变小，这种现象称为光导效应，因此光敏电阻又称光导管。

用于制造光敏电阻的材料主要是金属的硫化物、硒化物和碲化物等半导体。通常采用涂敷、喷涂、烧结等方法在绝缘衬底上制作很薄的光敏电阻体及梳状欧姆电极，然后接出引线，封装在具有透光镜的密封壳体内，以免受潮影响其灵敏度。光敏电阻的结构如图 7.3.4 所示。在黑暗环境里，它的电阻值很高；当受到光照时，只要光子能量大于半导体材料的禁带宽度，则价带中的电子吸收一个光子的能量后就可跃迁到导带，并在价带中产生一个带正电荷的空穴，这种由光照产生的电子-空穴对增加了半导体材料中载流子的数目，使其电阻率变小，从而造成光敏电阻阻值下降。光照越强，阻值越低。入射光消失后，由光子激发产生的电子-空穴对将逐渐复合，光敏电阻的阻值也就逐渐恢复原值。

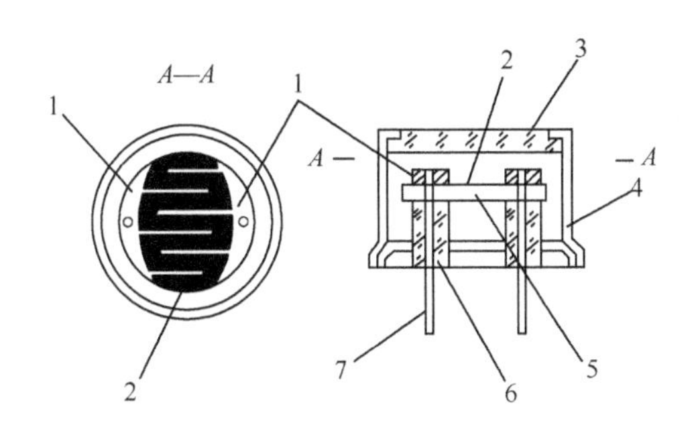

图 7.3.4　光敏电阻结构图

1— 梳状电极；2— 光导体；3— 透光窗口；4— 外壳；5— 绝缘基体；6— 黑色玻璃支柱；7— 引脚

在光敏电阻两端的金属电极之间加上电压，其中便有电流通过，光敏电阻受到适当波长的光线照射时，光敏电阻的阻值变小，电流就会随光强的增加而变大。根据电流表测出的电流变化值，便可得知照射光线的强弱，从而实现光电转换。光敏电阻没有极性，纯粹是一个电阻元件，使用时既可加直流电压，也可以加交流电压。光敏电阻主要有以下技术特性。

（1）暗电阻、暗电流

若将光敏电阻置于无光照的黑暗条件下，测得光敏电阻的阻值称为暗电阻，这时，在给定工作电压下测得光敏电阻中的电流值称为暗电流。

（2）亮电阻、光电流

光敏电阻在光照下，测得的光敏电阻的阻值称为亮电阻，这时在工作电压下测得的电流称为亮电流。亮电流和暗电流之差称为光电阻的光电流 I_{Φ}。

（3）光谱特性

对于不同波长的入射光，光敏电阻的相对灵敏度是不相同的。各种材料的光谱特性如图 7.3.5 所示，从图中看出，每种光敏电阻对不同波长的入射光有着不同的灵敏度，硫化镉的峰值在可见光区域，而硫化铅的峰值在红外区域。因此在选用光敏电阻时，应当把元件和光源的种类结合起来考虑，才能获得满意的结果。

（4）光电特性

光敏电阻的光电流与光照度之间的关系称为光电特性。如图 7.3.6 所示，光敏电阻的光电特性呈非线性。做检测元件时，要对其值进行曲线拟合，响应曲线不连续，这是光敏电阻的缺点之一，在自动控制中它常用作开关式光电传感器。

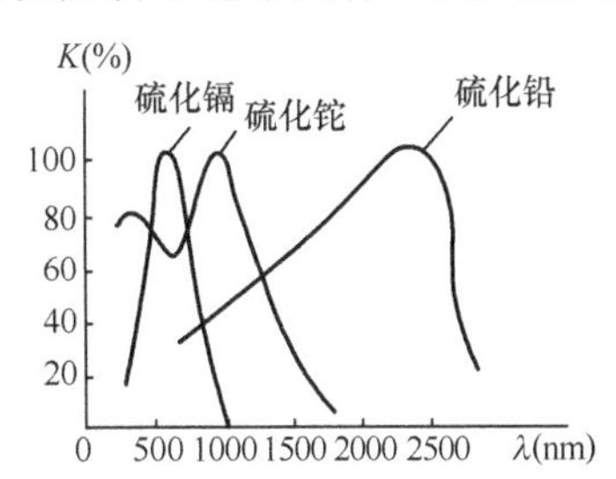

图 7.3.5　光敏电阻的光谱特性

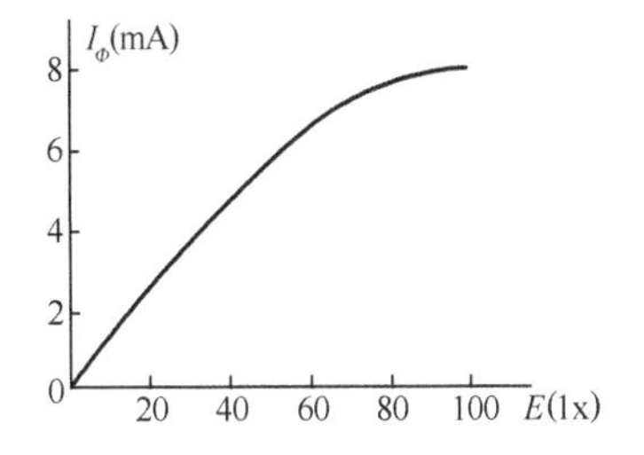

图 7.3.6　光敏电阻的光电特性

（5）频率特性

当光敏电阻受到脉冲光照时，光电流要经过一段时间才能达到稳态值，光照突然消失时，光电流也不立刻为零，这说明光敏电阻有时延特性。由于不同材料的光敏电阻的时延特性不同，所以它们的频率特性也不相同。图 7.3.7 给出相对灵敏度 K_r 与光强变化频率 f 之间的关系曲线，可以看出硫化铅的使用频率比硫化铊高得多。一般光敏电阻的响应时间为 $10^{-2} \sim 10^{-6}$ s。光敏电阻的响应时间除与材料种类有关外，还与照度、负载电阻及环境温度有关，照度越大，光敏电阻达到额定值所需时间越短。

（6）温度特性

光敏电阻和其他半导体器件一样，受温度影响较大，当温度升高时，它的暗电阻会下降。温度的变化对光谱特性也有很大影响。图 7.3.8 所示为硫化铅光敏电阻的光谱温度特性曲线，从图中可以看出，它的峰值随温度上升向波长短的方向移动。因此在使用光敏电阻检测时，为了能接收远红外光，或为了提高灵敏度，要采取控制温度的措施。

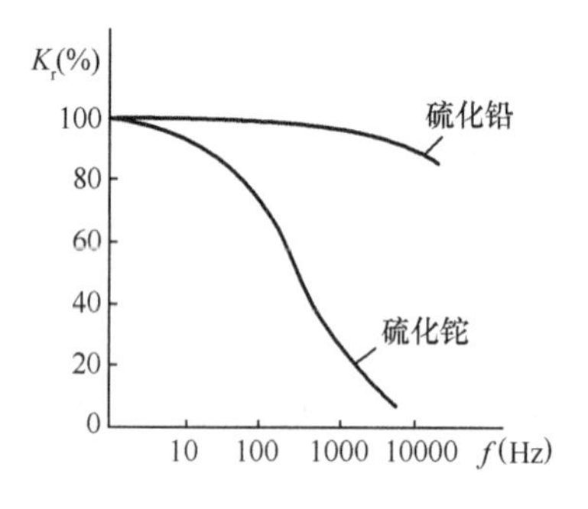

图 7.3.7　光敏电阻的频率特性

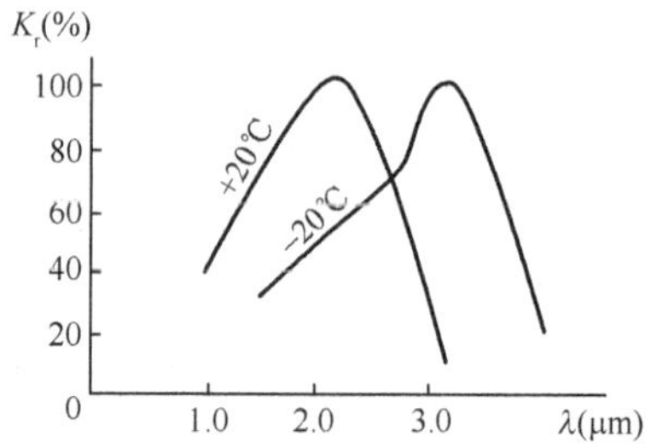

图 7.3.8　硫化铅光敏电阻的光谱温度特性

光敏电阻用途很广，常用于照相机、防盗和火灾报警器及利用光的作用检测物体等。

4. 光敏二极管

光敏二极管的工作原理也是基于内光电效应，与光敏电阻的差别仅在于光线照射在半导体 PN 结上，PN 结参与了光电转换过程。

光敏二极管的结构和普通二极管相似，只是它的 PN 结装在管壳顶部，光线通过透镜制成的窗口，可以集中照射在 PN 结上，图 7.3.9 是其结构示意图。光敏二极管在电路中通常处于反向偏置状态，如图 7.3.9(b) 所示。

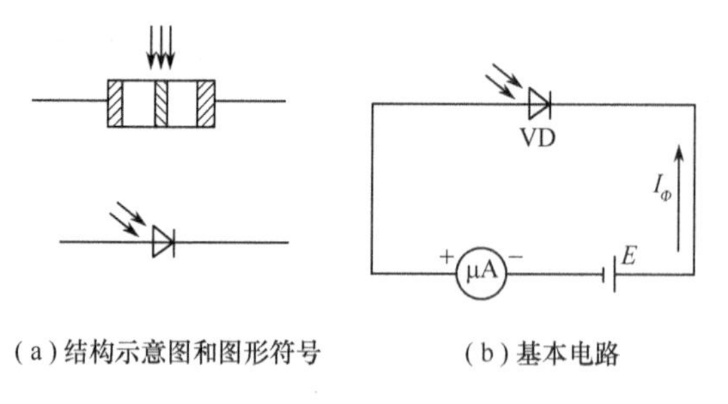

(a) 结构示意图和图形符号　　(b) 基本电路

图 7.3.9　光敏二极管

通常，PN 结加反向电压时，反向电流的大小取决于 P 区和 N 区中少数载流子的浓度。无光照时，P 区中少数载流子(电子) 和 N 区中的少数载流子(空穴) 都很少，因此反向电流很小。但是当光照 PN 结时，只要光子能量 $h\nu$ 大于材料的禁带宽度，就会在 PN 结及其附近产生光生电子 - 空穴对，从而使 P 区和 N 区少数载流子的浓度大大增加，它们在外加反向电压和 PN 结内电场作用下定向运动，分别在两个方向上穿越 PN 结，使反向电流明显增大。如果入射光的照度变化，光生电子-空穴对的浓度将相应变动，通过外电路的光电流强度也会随之变动，光敏二极管就把光信号转换成了电信号。

5. 光敏晶体管

光敏晶体管通常指光敏三极管，光敏三极管有两个 PN 结，因而可以获得电流增益，它比光敏二极管具有更高的灵敏度。其结构如图 7.3.10(a) 所示。

当光敏三极管按图 7.3.10 (b) 所示的电路连接时，它的集电结反向偏置，发射结正向偏置，无光照时仅有很小的穿透电流流过，当光线通过透明窗口照射在集电结时，和光敏二极管的情况相似，将使流过集电结的反向电流增大，这就造成基区中正电荷的空穴的积累，发射区中的多数载流子(电子) 将大量注入基区，由于基区很薄，只有一小部分从发射区注入的电子与基区的空穴复合，而大部分电子将穿过基区流向与电源正极相接的集电极，形成集电极电流 I_c。这个过程与普通三极管的电流放大作用相似，它使集电极电流 I_c 是原始光电流的$(1+\beta)$ 倍。这样集电极电流 I_c 将随入射光照度的改变而有更加明显的变化。

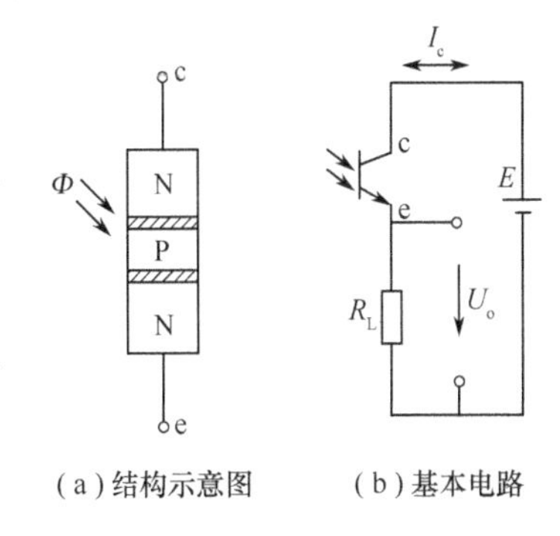

图 7.3.10　光敏三极管

光敏晶体管具有以下几种基本特性。

(1) 光谱特性

在入射光照度一定时，光敏晶体管的相对灵敏度随光波波长的变化而变化，一种光敏晶体管只对一定波长范围的入射光敏感，这就是光敏晶体管的光谱特性，如图 7.3.11 所示。由曲线可以看出，当入射光波长增加时，相对灵敏度下降，这是因为光子能量太小，不足以激发电子-空穴对。当入射光波长太短时，光波穿透能力下降，光子只在半导体表面附近激发电子-空穴对，却不能达到 PN 结，因此相对灵敏度也下降。

从曲线还可以看出，不同材料的光敏晶体管，光谱峰值波长不同。硅管的峰值波长为 0.9μm 左右，锗管的峰值波长为 1.5μm 左右。由于锗管的暗电流比硅管大，所以锗管性能较差。因此，在探测可见光或赤热物体时，多采用硅管。但对红外光进行探测时，采用锗管较为合适。

(2) 伏安特性

光敏三极管的伏安特性是指在给定的光照度下光敏三极管上的电压与光电流的关系。光敏三极管在不同照度下的伏安特性，就像普通三极管在不同基极电流下的输出特性一样，如图 7.3.12 所示。在此改变光照就相当于改变普通三极管的基极电流，从而得到一簇曲线。

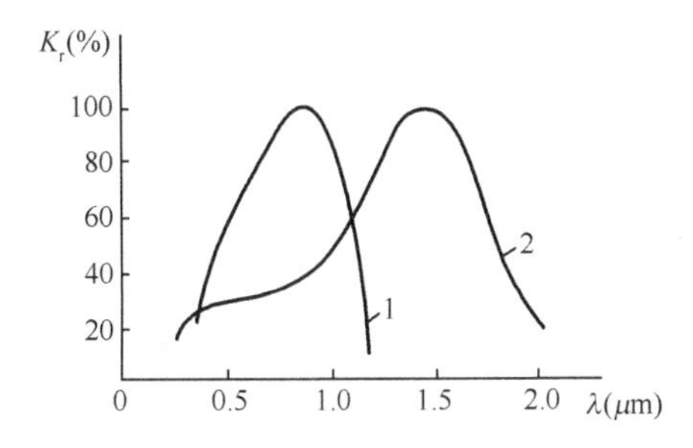

图 7.3.11　光敏晶体管的光谱特性

1—硅管；2—锗管

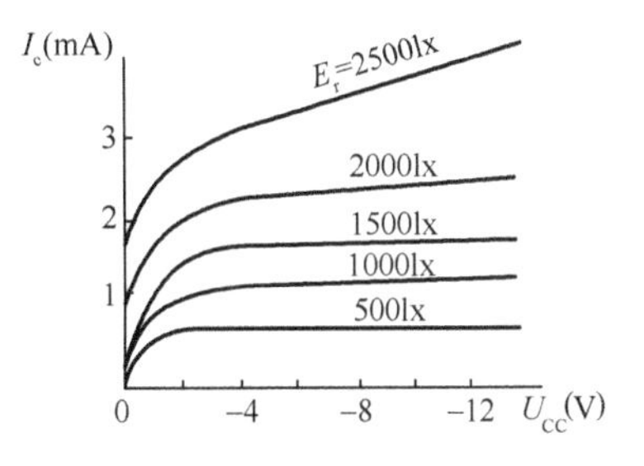

图 7.3.12　光敏三极管伏安特性

(3) 光电特性

光电特性是指外加偏置电压一定时，光敏晶体管的输出电流和光照度的关系。一般来说，光敏二极管光电特性的线性较好，而光敏三极管在照度小时，光电流随照度增加而减小，并且在光照足够大时，输出电流有饱和现象。这是由于光敏三极管的电流放大倍数在小电流和大电流时都下降的缘故。

(4) 温度特性

温度的变化对光敏晶体管的亮电流影响较小，但是对暗电流的影响却十分显著，如图 7.3.13 所示。因此，光敏晶体管在高照度下工作时，由于亮电流比暗电流大得多，温度的影响相对来说比较小。但在低照度下工作时，因为亮电流较小，暗电流随温度变化就会严重影响输出信号的温度稳定性。在这种情况下，应当选用硅光敏晶体管，这是因为硅管的暗电流要比锗管小几个数量级，同时还可以在电路中采取适当的温度补偿措施，或者将光信号进行调制。对输出的电信号采用交流放大，利用电路中隔直电容的作用，就可以隔断暗电流，消除温度误差的影响。

(5) 频率特性

光敏晶体管受调制光照射时，相对灵敏度与调制频率的关系称为频率特性，如图 7.3.14 所示。减少负载电阻能提高响应频率，但输出值降低。一般来说，光敏三极管的频率响应比光敏二极管差得多，锗光敏三极管的频率响应比硅管小一个数量级。

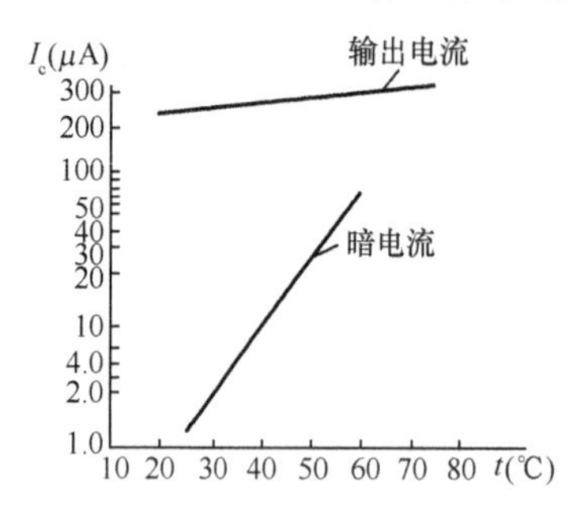

图 7.3.13 光敏晶体管的温度特性

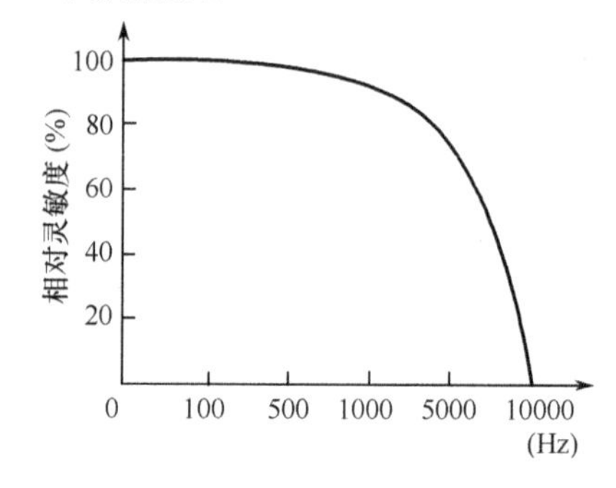

图 7.3.14 光敏晶体管的频率特性

6. 光电池

光电池是一种自发电式的光电元件，它受到光照时自身能产生一定方向的电动势，在不加电源的情况下，只要接通外电路，便有电流通过。光电池的种类很多，有硒、氧化亚铜、硫化铊、硫化镉、锗、硅、砷化镓光电池等，其中应用最广泛的是硅光电池，因为它有一系列优点，如性能稳定、光谱范围宽、频率特性好、转换效率高、能耐高温辐射等。另外，由于硒光电池的光谱峰值处于人眼的感觉范围，所以很多分析仪器、测量仪表也常用到它。下面着重介绍硅光电池。

硅光电池的工作原理基于光生伏特效应，它是一块 N 型硅片上用扩散的方法掺入一些 P 型杂质而形成的一个大面积 PN 结，如图 7.3.15 所示。当光照射 P 区表面时，若光子能量 $h\nu$ 大于硅的禁带宽度，则在 P 型区内每吸收一个光子便产生一个电子 - 空穴对，P 区表面吸收的光子最多，激发的电子 - 空穴对越多，越向内部则越少。这种浓度差便形成从表面向体内扩散的自然趋势。由于 PN 结内电场的方向是由 N 区指向 P 区的，它使扩散到 PN 结附近的电子 - 空穴对分离，光生电子被推向 N 区，光生空穴被留在 P 区，从而使 N 区带负电，P 区带正电，形成光生电动势。若用导线连接 P 区和 N 区，电路中就有光电流流过。

光电池具有以下主要特性。

(1) 光谱特性

光电池对不同波长的光,灵敏度是不同的。图 7.3.16 是硅光电池和硒光电池的光谱特性曲线,从图中可知,不同材料的光电池适用的入射光波长范围也不相同。硅光电池的适用范围宽,对应的入射光波长可为 0.45 ~ 1.1μm;而硒光电池只能为 0.34 ~ 0.57μm,它适用于可见光检测。

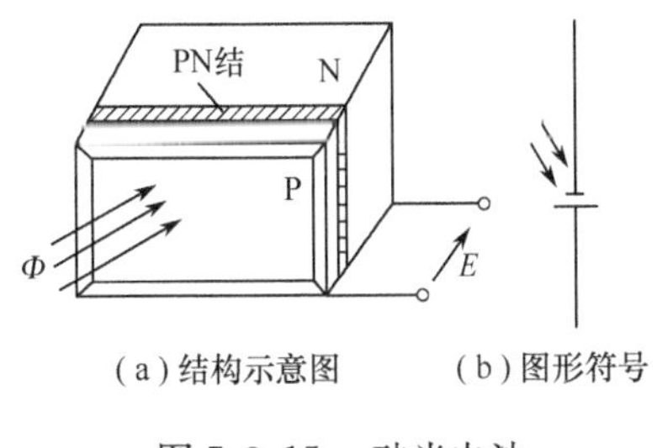

图 7.3.15 硅光电池

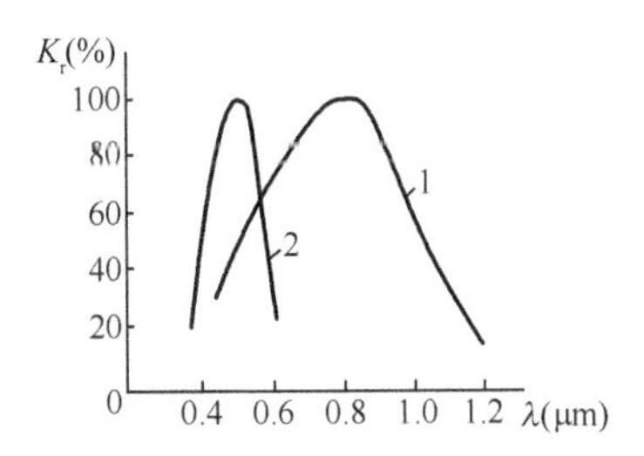

图 7.3.16 光电池的光谱特性

1— 硅光电池;2— 硒光电池

在实际使用中,应根据光源的性质来选择光电池,当然也可根据现有的光电池来选择光源,但是要注意光电池的光谱峰值位置不仅和制造光电池的材料有关,同时也和制造工艺有关,而且随着使用温度的不同会有所变化。

(2) 光电特性

光电池在不同的光照度下,光生电动势和光电流是不相同的。硅光电池的光电特性如图 7.3.17 所示。其中,曲线 1 是负载电阻无穷大时的开路电压特性曲线,曲线 2 是负载电阻相对于光电池内阻很小时的短路电流特性曲线。开路电压与光照度的关系是非线性的,而且在光照变为 2000lx 时就趋于饱和,而短路电流在很大范围内与光照度成线性关系,负载电阻越小,这种线性关系越好,而且线性范围越宽。因此,检测连续变化的光照度时,应当尽量减小负载电阻,使光电池在接近短路的状态工作,也就是把光电池作为电流源来使用。在光信号断续变化的场合,也可以把光电池作为电压源使用。

(3) 温度特性

光电池的温度特性是指开路电压和短路电流随温度变化的情况。由于它关系到应用光电池的仪器设备的温度漂移,影响测量精度或控制精度等重要指标,因此,温度特性是光电池的重要特性之一。从图 7.3.18 中可以看出,硅光电池的开路电压随温度上升而明显下降,温度每上升 1℃,开路电压约降低 3mV。短路电流却随温度上升而缓慢增加。因此,光电池作为检测元件时,应考虑温度漂移的影响,并采用相应的措施进行补偿。

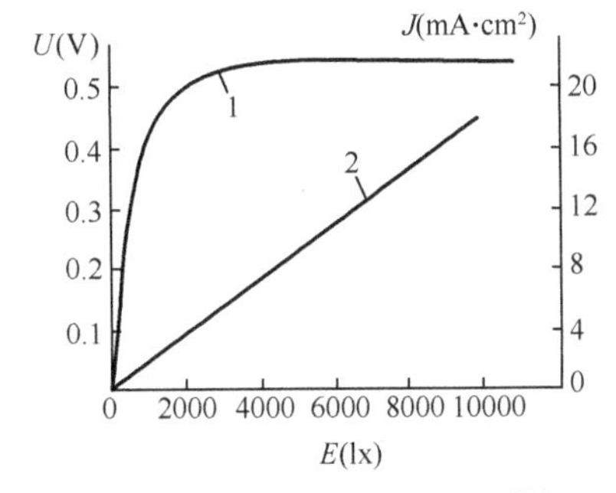

图 7.3.17 硅光电池的光电特性

1— 开路电压特性曲线;2— 短路电流特性曲线

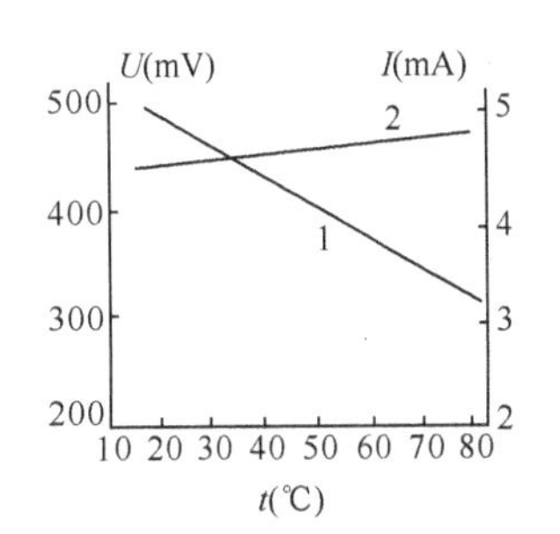

图 7.3.18 硅光电池的温度特性

1— 开路电压;2— 短路电流

(4) 频率特性

光电池的频率特性是指输出电流与入射光调制频率的关系。当入射光照度变化时，由于光生电子 - 空穴对的产生和复合都需要一定时间，因此入射光调制频率太高时，光电池输出电流的变化幅度将下降。硅光电池的频率特性较好，工作频率的上限为数十千赫，而硒光电池的频率特性较差。在调制频率较高的场合，应采用硅光电池，并选择面积较小的硅光电池和较小的负载电阻，以进一步减少响应时间，改善频率特性。

7.3.2 光电传感器的应用

由于光电传感器具有结构简单、质量轻、体积小、价格便宜、响应快、性能稳定及很高的灵敏度等优点，因此在检测和自动控制等领域中应用很广。

光电传感器按其工作原理可分为模拟式和脉冲式两类。① 模拟式，是指光敏器件的光电流的大小随光通量的大小而变化，为光通量的函数。② 脉冲式，光敏器件的输出状态仅有两种稳定状态，也就是“通”与“断”的开关状态，即光敏器件受光照射时，有电信号输出；不受光照射时，无电信号输出，这多用于光电计数和光电式转速测量等场合。

光电传感器在工业应用中可归纳为直射式、透射式、反射式和遮蔽式等 4 种基本形式。

直射式如图 7.3.19(a) 所示，光源本身就是被测物体。被测物体的光通量指向光敏器件，产生光电流输出。这种形式常用于光电比色高温计中作为光电器件。

透射式如图 7.3.19 (b) 所示，光源的光通量一部分由被测物体吸收，另一部分则穿过被测物体投射到光敏器件上。该形式常用于测量混合气体、液体的透明度、浓度等。

反射式如图 7.3.19 (c) 所示，光源发射出的光通量投射到被测物体上，被测物体又将部分光通量反射到光敏器件上。反射的光通量取决于被测物体的反射条件，该形式一般用于测量工件表面的粗糙度及测量转速等。

遮蔽式如图 7.3.19 (d) 所示，光源发射出的光通量投射到被测物体上，被测物体遮蔽光通量改变，则投影到光敏器件上的光通量也随着改变。这种形式常用于测量位置、位移、振动、频率等，在自动控制中用作自控开关。

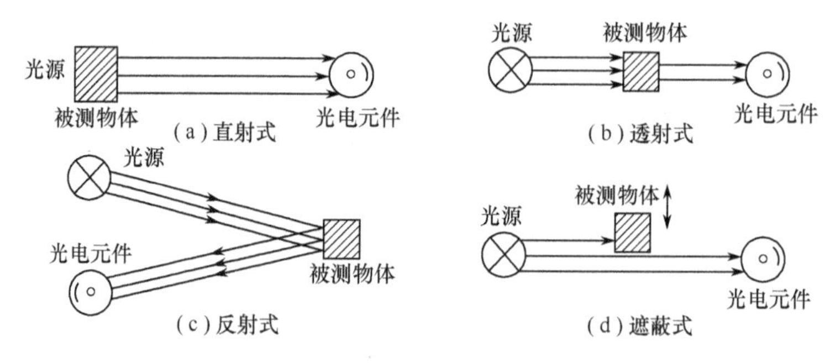

图 7.3.19 光电传感器在工业应用中的基本形式

下面列举部分实例，说明光敏器件的具体应用。

(1) 测量工件表面的缺陷

用光电传感器测量工件表面缺陷的工作原理如图 7.3.20 所示。激光管发出的光束经过透镜变为平行光束，再由透镜把平行光束聚焦在工件的表面上，形成宽约 0.1mm 的细长光带，光栏用于控制光通量。如果工件表面有缺陷（如非圆、粗糙、裂纹等），则会引起光束偏转或散射，这些光被硅光电池接收，即可转换成电信号输出。

(2) 测温功能

使用时，将感温头插入被测温环境中，外部法兰安装密封。感温管是经过特殊处理的高钢管或特殊材质管，光电转换器由光学透镜、硅光电池和温度稳定性装置组成。传感器输出端与二次仪表输入端经辐射至光电转换器接收，转换成毫伏电压信号，信号传输导线为双芯屏蔽铜电缆，将传感器输出端按正负端与仪表信号输入端相接，接地端与地线相接，仪表上电即可实现测温。

(3) 测量转速

如图 7.3.21 所示为反射式光电传感器测量转速的工作原理。在电动机的旋转轴上涂上黑白相间两种颜色，当电动机转动时，反射光与不反射光交替出现，光电元件相应地间断接收光的反射信号，并输出呈脉冲状的电信号，再经放大及整形电路输出方波信号，送后续电路显示电动机的转速。

(4) 光电数字转速表

光电数字转速表如图 7.3.22 所示，该装置是一种典型的遮蔽式光敏器件。在被测的电动机转轴上固定一个调速盘，将光源发出的恒定光调制成随时间变化的调制光。光线每射到光敏器件上一次，则该光敏器件就产生一个电信号脉冲，经放大及整形后记录或显示。

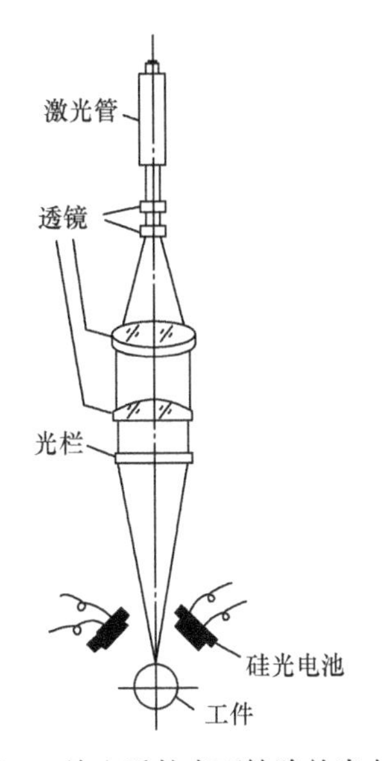

图 7.3.20　检查零件表面缺陷的光电传感器

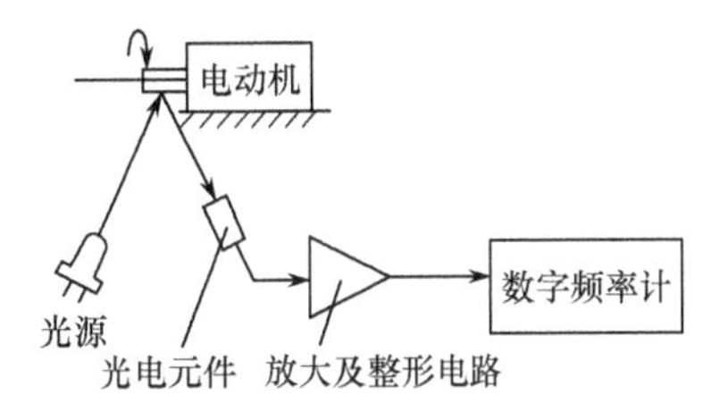

图 7.3.21　光电转速计工作原理

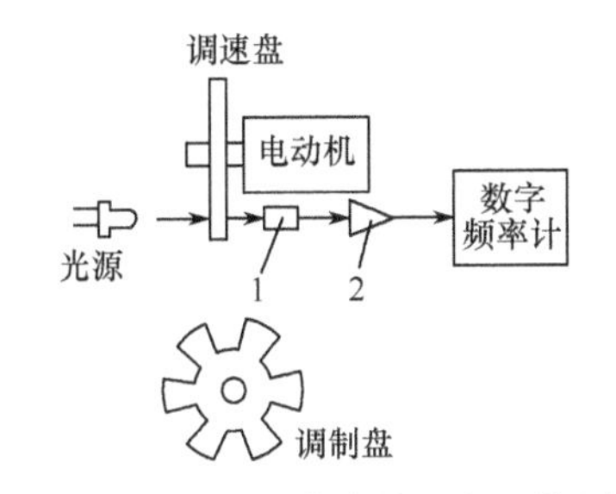

图 7.3.22　光电数字转速表工作原理

若调制盘上开有 z 个缺口，测量计数时间为 t(s)，被测转速为 n(r/min)，则此时得到的计数值 C 为

$$C = \frac{ztn}{60} \tag{7.3.4}$$

(5) 烟尘浊度连续监测仪

消除工业烟尘污染是环境保护的重要措施之一，需对烟尘源进行连续监测、自动显示和超标报警。烟尘浊度的检测可用光电传感器，将一束光通入烟道，如果烟道里烟尘浊度增加，通过的光被烟尘颗粒吸收和折射就增多，到达光检测器上的光减少，用光检测器的输出信号变化便可测出烟尘浊度的变化。

图 7.3.23 是装在烟道出口处的吸收式烟尘浊度监测仪的组成框图。为检测出烟尘中对人体危害性最大的亚微米颗粒的浊度，光源采用纯白炽平行光源，光谱范围为 400 ～ 700nm，该光源还可避免水蒸气和二氧化碳对光源衰减的影响。光检测器选取光谱响应范围为 400 ～ 600nm 的光电管，变换为随浊度变化的相应电信号。为提高检测灵敏度，采用具有高增益、高输入阻抗、低零漂、高共模抑制比的运算放大器，对获取的电信号进行放大。显示器可显示浊度的瞬时值。为保证测试的准确性，用刻度校正装置进行校零与调满量程。报警发生器由多谐振荡器、扬声器等组成。当运算放大器输出的浊度信号超出规定值时，多谐振荡器工作，其信号经放大推动扬声器发出报警信号。

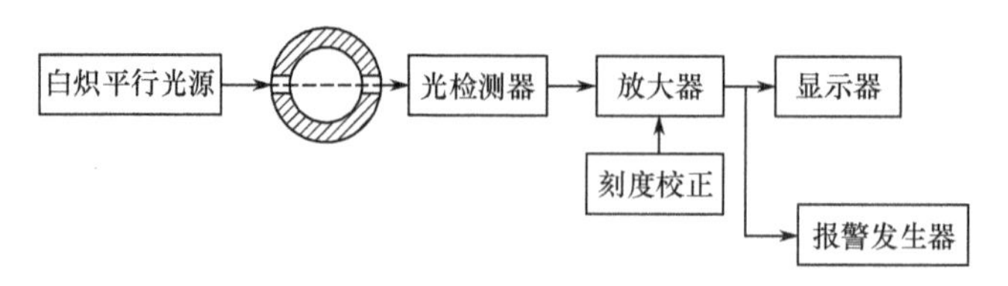

图 7.3.23　吸收式烟尘浊度监测仪框图

7.3.3　光电码盘

光电码盘是一种集光、机、电为一体的数字化检测装置，具有分辨率高、精度高、结构简单、体积小、使用可靠、易于维护、性价比高等优点。近年来，已发展成为多规格、高性能的系列工业化产品，在数控机床、伺服系统、高精度闭环调速系统、机器人、雷达、光电经纬仪、地面指挥仪等诸多领域中得到了广泛的应用。

光电码盘（又称光电编码器）可以定义为：一种通过光电转换，将机械轴上的机械、几何位移量转换成脉冲或数字量的传感器，它主要用于速度或位置（角度）的检测。典型的光电码盘由码盘（Disk）、检测光栅（Mask）、光电转换电路（包括光源、光敏器件、信号转换电路）、机械部件等组成。

光电码盘具有下列特点：① 具有高的测量精度和分辨率，测量范围大；② 抗干扰能力强，稳定性好；③ 信号易于处理、传送和自动控制；④ 便于动态及多路测量，读数直观；⑤ 安装方便，维护简单，工作可靠性高。

1. 工作原理

光电码盘主要由安装在旋转轴上的编码圆盘（码盘）、窄缝及安装在圆盘两边的光源和光敏元件等组成。码盘由光学玻璃制成，其上刻有许多同心码道，每个码道上都有按一定规律排列的透光和不透光部分，即亮区和暗区。当光源将光投射在码盘上时，转动码盘，通过亮区的光线经窄缝后，由光敏元件接收。光敏元件的排列与码道一一对应，对应于亮区和暗区的光敏元件输出的信号，分别为“1”或“0”。当码盘旋至不同位置时，光敏元件输出信号的组合，反映出按一定规律编码的数字量，代表了码盘轴的角位移大小。

图 7.3.24 可用于说明透射式旋转光电编码器的原理。在与被测轴同心的码盘上刻制了按一定编码规则形成的遮光和透光部分的组合。在码环的一侧是发光二极管或白炽灯光源，另一侧是接收光线的光电器件。码盘随着被测轴的转动使得透过码盘的光束产生间断，通过光电器件的接收和电子线路的处理，产生特定电信号的输出，再经过数字处理可计算出位置和速度量。

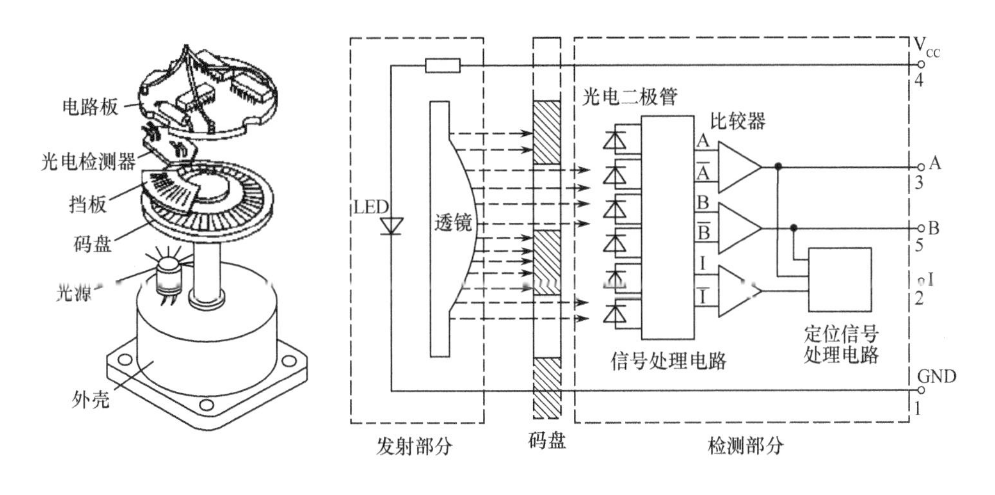

图 7.3.24　透射式旋转光电码盘

2. 码盘和码制

编码器有两种 —— 增量编码器和绝对编码器。严格地说，绝对编码器才是真正的直接数字式传感器，它不需要基准数据，更不需要计数系统。它在任意位置都可给出与位置相对应的固定数字码输出。编码器码盘按其所用码制可分为二进制码、十进制码、循环码等。

通常编码器的编码盘与旋转轴相连，沿码盘的径向固定数个敏感元件(这里是电刷)。每个电刷分别与码盘上的对应码道直接接触，图 7.3.25 所示为一个 4 位二进制编码器的码盘示意图。它是在一个绝缘的基体上制有若干金属区(图中涂黑部分)。金属区连在一起构成导电区域，并通过一个固定电刷供电激励。固定电刷压在与旋转轴固定连接的导电环上。所以，无论转轴处于何位置，都有激励电压加在导电区域上。当码盘与轴一起旋转时，4 个电刷分别输出信号。若某个电刷与码盘导电区接触，该电刷便被接到激励电源上，输出逻辑“1” 电平；若某电刷与绝缘区相接触，则输出逻辑“0” 电平。在各转角位置上，都能输出一个与转角位置相对应的二进制编码。转角位置与输出编码见表 7.3.1。

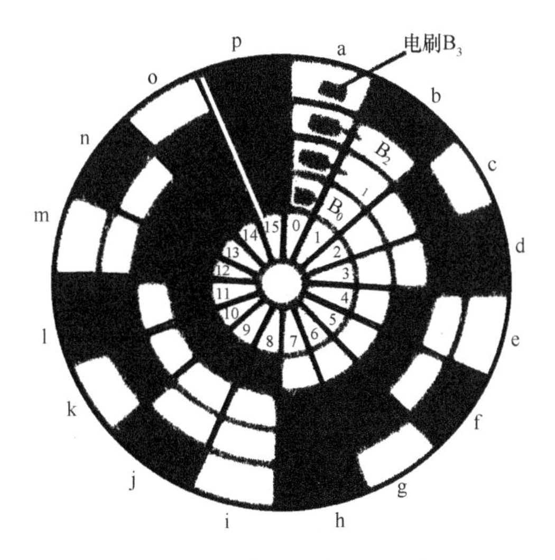

图 7.3.25　接触式编码盘示意图

表 7.3.1　二进制码、十进制码与格雷码对照表

角度	电刷位置	二进制码	十进制码	格雷码	角度	电刷位置	二进制码	十进制码	格雷码
0	a	0000	0	0000	8α	i	1000	8	1100
1α	b	0001	1	0001	9α	j	1001	9	1101
2α	c	0010	2	0011	10α	k	1010	10	1111
3α	d	0011	3	0010	11α	l	1011	11	1110
4α	e	0100	4	0110	12α	m	1100	12	1010
5α	f	0101	5	0111	13α	n	1101	13	1011
6α	g	0110	6	0101	14α	o	1110	14	1001
7α	h	0111	7	0100	15α	p	1111	15	1000

绝对编码器二进制输出的每一位都必须有一个独立的码道。一个编码器的码道数目决定了该编码器的分辨率。一个n位的码盘，它的分辨角度为$\alpha = 360°/2^n$。显然，n越大，能分辨的角度就越小，测量角位移也就越精确。为了得到高的分辨率和精度，就要增大码盘的尺寸，以容纳更多的码道。

编码器的精度则取决于码盘本身的精度、码盘与旋转轴线的不同心度和不垂直度误差。接触式编码器最大的缺点在于电刷与码盘的直接接触，接触磨损会影响其寿命，降低可靠性。因此不适宜在转速较高或具有振动的环境中使用。

编码器的使用中还有一个错码的问题，从图 7.3.25 可见，当电刷从位置 7 转到 8 时，4 个电刷中有 3 个电刷从导电区移至绝缘区，另一个电刷则相反变化，对应的二进制输出从 0111 变成 1000。4 个电刷只有同时改变接触状态(即同步)，才能得到正确的输出码变化。若其中某一个电刷与其他 3 个电刷不同步，例如，第 3 码道上的电刷 B_2 先离开导电区，则输出码先变为 0101，然后再变为 1000。显然，出现 0101 是错误的，但即使使用最精密的制造技术，也难以做到所有电刷完全同步，因此就会输出一个错误的编码。解决错误的方法有多种，最常用的方法是采用循环码编码技术。

从编码技术上分析，造成错码的原因是从一个码变为另一个码时存在几位码需要同时改变的问题。若每次只有一位码改变，就不会产生错码，如循环码（格雷码）。循环码的两个相邻数的码变化只有一位码是不同的(见表 7.3.1)。从循环码到二进制码的转换可用硬件实现，也可用软件来完成。

3. 旋转式光电编码器

接触式编码器的实际应用受到电刷的限制，目前应用最广的是利用光电转换原理构成的非接触式光电编码器。由于其精度高，可靠性好，性能稳定，体积小和使用方便，在自动测量和自动控制技术中得到了广泛的应用。

(1) 绝对编码器

光电编码器的码盘通常是一块光学玻璃。玻璃上刻有透光和不透光的图形，它们相当于接触式编码器码盘上的导电区和绝缘区，如图 7.3.26 所示。编码器光源产生的光经光学系统形成一束平行光投射在码盘上，并与位于码盘另一面成径向排列的光敏元件相耦合。码盘上的码道数就是该码盘的数码位数，对应每一码道有一个光敏元件。当码盘处于不同位置时，各光敏元件根据受光照与否转换输出相应的电平信号。

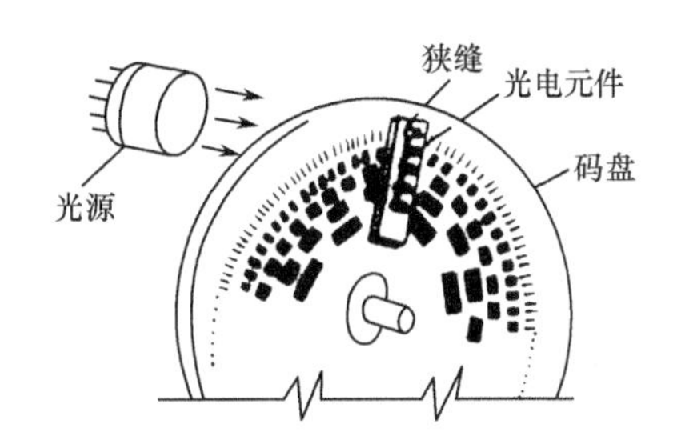

图 7.3.26　光电绝对编码器结构示意图

光学码盘通常用照相腐蚀法制作。现已生产出径向线宽为 6.7×2^{-8} rad 的码，其精度高达 $1/10^8$ rad。

与其他编码器一样，光码盘的精度决定了光电编码器的精度。为此，不仅要求码盘分度精确，而且要求它在阴暗交替处有陡峭的边缘，以便减少逻辑“0”和“1”相互转换时引起的噪声。这要求光学投影精确，并采用材质精细的码盘材料。

目前，光电编码器大多采用循环码盘，输出信号可用硬件或软件进行二进制转换。光源采用发光二极管，光敏元件为硅光电池或光电晶体管。光敏元件的输出信号经放大及整形电路，得到具有足够高的电平与接近理想方波的信号。为了尽可能减少干扰噪声，通常放大及整形电路都装在编码器的壳体内。此外，由于光敏元件及电路的滞后特性，使输出波形有一定的时间滞后，限制了最大测量转速。

(2) 增量编码器

绝对编码器在转轴的任意位置都可给出一个固定的与位置相对应的数字码输出。对于一个具有 n 位二进制分辨率的编码器，其码盘必须有 n 条码道。而对于增量编码器，其码盘要比绝对编码器码盘简单得多，一般只需 3 条码道。这里的码道实际上已不具有绝对码盘码道的意义。

在增量编码器码盘最外圈的码道上均匀分布着相当数量的透光与不透光的扇形区，这是用来产生计数脉冲的增量码道。扇形区的多少决定了编码器的分辨率，扇形区越多，分辨率越高。例如，一个每转 5000 脉冲的增量编码器，其码盘的增量码道上共有 5000 个透光和不透光扇形区。中间一圈码道上有与外圈码道相同数目的扇形区，但错开半个扇形区，作为辨向码道。在正转时，增量计数脉冲波形超前辨向脉冲波形 $\pi/2$；反转时，增量计数脉冲滞后 $\pi/2$。这种辨向方法与光栅的辨向原理相同。同样，用这两个相位差为 $\pi/2$ 的脉冲输出可进一步细分。第三圈码道上只有一条透光的狭缝，它作为码盘的基准位置，所产生的脉冲信号将给计数系统提供一个初始的零位(清零)信号。与绝对编码器类似，增量编码器的精度主要取决于码盘本身的精度。用于光电绝对编码器的技术，大部分也适用于光电增量编码器。

4. 光电码盘的应用

图 7.3.27 所示为一光电码盘测角装置，有一光源通过大孔径非球面聚光镜(棱镜)形成狭长的光束照射到码盘上。根据码盘所处的转角位置，位于狭缝后面的光电器件输出相应的电信号。该输出信号经放大、鉴幅(检测“0”或“1”电平)、整形，必要时加纠错和寄存电路，再经当量变换，最后译码显示。

光电码盘的优点是没有触点磨损，因而允许转速高，频率响应高，稳定可靠、坚固耐用、精度高。但有结构较复杂、价格较贵等弱点。目前已在数控机床、伺服电机、机器人、旋转机械、传

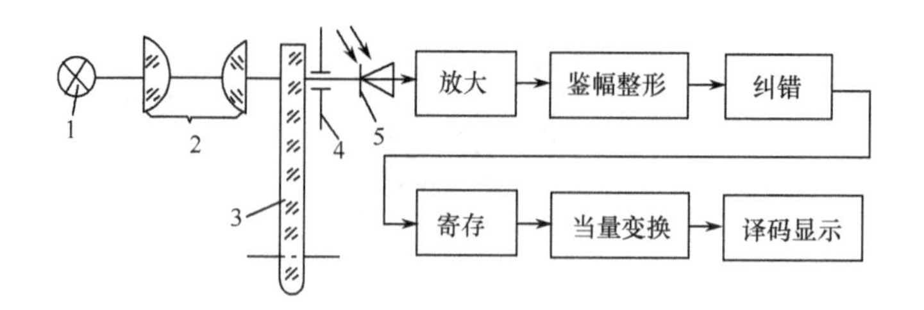

图 7.3.27　光学码盘测角仪的原理图

1— 光源；2— 大孔径非球面聚光镜；3— 码盘；4— 狭缝；5— 光电元件

动机械、仪器仪表及办公设备、自动控制技术和检测传感技术领域得到广泛的应用，且应用领域不断扩大。

数字式光电编码控制随动系统的工作原理如图 7.3.28 所示。在这种系统中，检测元件一般是光电编码器或其他数字反馈发送器，借助于转换电路得到二进制码信号，二者联合构成“角度-数码”转换器或“线位移-数码” 转换器，它的输出信号与数码给定信号同时送入计算机进行比较并确定误差，按一定控制规律运算后（如 PID 运算等）构成数字形式的校正信号，再经数模转换变成电压信号作为速度控制器的给定。系统的控制规律可很方便地通过软件来改变，增强了系统控制的灵活性。

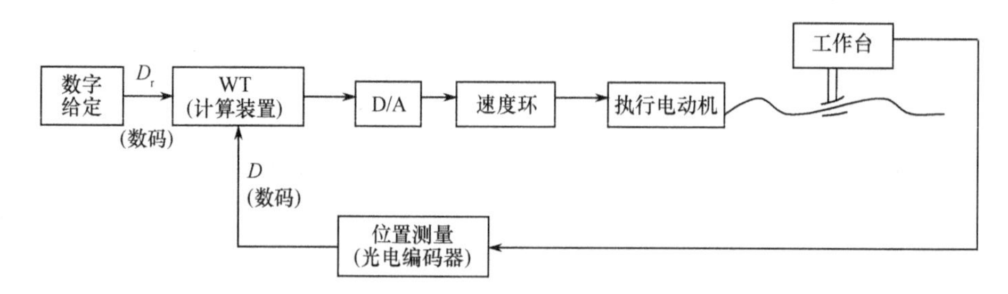

图 7.3.28　光电编码控制随动系统

习题与思考题 7

7-1　说明磁电式传感器的工作原理。

7-2　试通过转速测量系统的实例说明磁电式传感器的应用。

7-3　采用 SZMB-3 型磁阻式转速传感器测量转速，当传感器输出频率为 1kHz 的正弦信号时，被测轴的转速是多少？

7-4　什么是霍尔效应？

7-5　集成霍尔传感器有什么特点？

7-6　如题 7-6 图所示为一个采用霍尔传感器的钳形电流表结构图，试分析它的工作原理。

7-7　通过一个实例说明开关型集成霍尔传感器的应用。

7-8　光电传感器的特点是什么？采用光电传感器可能测量的物理量有哪些？

7-9　什么叫外光电效应？光电效应方程式得出的两个基本概念是什么？

7-10　光电器件的基本特性有哪些？它们各是如何定义的？

7-11　试述光电管的简单结构及其光谱特性、伏安特性、光电特性和暗电流的特点。

7-12　试述光电倍增管的结构和工作原理与光电管的异同点。若入射光子为 10^3 个（1 个光子等效于 1 个电子电量）。光电倍增管共有 16 个倍增极，输出阳极电流为 10A，且 16 个倍增极二次发射电子数按自然数的平方递增，试求光电倍增管的电流放大倍数和倍增系数。

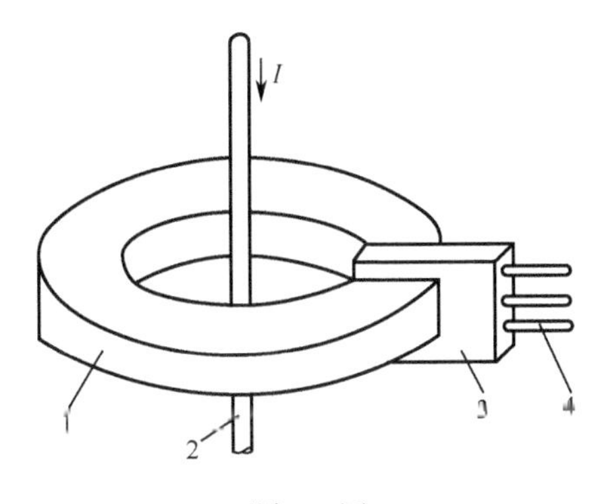

题 7-6 图

1— 冷轧硅钢片圆环；2— 被测电流导线；3— 霍尔元件；4— 霍尔元件引脚

7-13　比较光敏电阻、光电池、光敏二极管和光敏晶体管的性能差异，给出什么情况下应选用哪种器件最为合适的评述。

7-14　光电转速传感器的测量原理是将被测轴的转速变换成相应频率的脉冲信号，然后测出脉冲频率即可测得转速的数值。试根据这一思路画出光电转速传感器的检测变换部分的工作原理示意图，图中的光电转换元件选用哪种光电器件比较合适？为什么？

7-15　光电码盘测位移有何特点？

第 8 章　扭矩测量传感器

扭矩是机械设备轴及轴类零件重要的技术参数之一，对设备和人身安全有着重要的影响，准确地检测扭矩可有效地防止过度设计或设计不足。扭矩测量方法很多，各具特色。本章主要介绍常用的电阻应变式扭矩传感器、振弦式扭矩传感器和磁电相位差式扭矩传感器。

8.1　应变式扭矩传感器

目前在非电量电测系统中应用最为普遍的是应变式扭矩传感器。应变式扭矩传感器具有以下优点：① 精度高，线性度好，灵敏度高；② 滞后和蠕变现象较小，抗疲劳，寿命长；③ 容易与二次仪表匹配；④ 结构简单，体积小巧，应用灵活；⑤ 工作稳定可靠，维护保养方便。应变式扭矩传感器除可以用于测量力参数外，还可用于测量压差、加速度、振幅等其他物理量。

8.1.1　金属电阻应变片的工作原理

1. 金属的应变效应

金属导体在外力作用下发生机械变形时其电阻值发生变化的现象，称为电阻应变效应。电阻应变效应是应变式传感器工作的物理基础。

金属导体的电阻之所以会随着其变形而发生变化，是因为导体的电阻与本身材料的电阻率及其几何尺寸（长度或截面积）密切相关。在金属导体承受机械变形过程中，其电阻率、长度和截面积都会发生改变，最终引起该导体的电阻值发生变化。

设有如图 8.1.1 所示的一根金属电阻丝，其电阻值为 R，电阻率为 ρ，截面积为 A，长度为 l，则电阻值的表达式为

$$R=\rho\frac{l}{A} \tag{8.1.1}$$

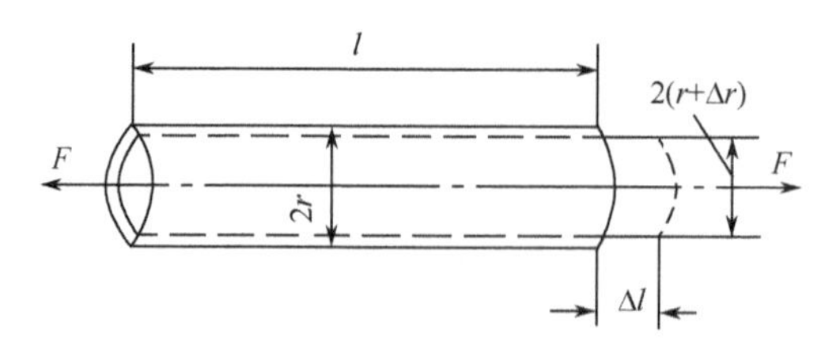

图 8.1.1　金属电阻丝的应变效应

当电阻丝受到拉力作用时将沿轴线方向伸长，伸长量为 Δl，横截面积相应减小为 ΔA，电阻率的变化量为 $\Delta\rho$，则电阻的相对变化量为

$$\frac{\Delta R}{R}=\frac{\Delta \rho}{\rho}+\frac{\Delta l}{l}-\frac{\Delta A}{A} \tag{8.1.2}$$

对于半径为 r 的圆柱形导体，当截面积为 $A=\pi r^2$ 时，则有 $\Delta A/A=2\Delta r/r$。令金属导体的轴向应变为 $\varepsilon=\Delta l/l$，径向应变为 $\Delta r/r$，由材料力学可知，$\Delta r/r=-\mu(\Delta l/l)=-\mu\varepsilon$，代入式(8.1.2)得

$$\frac{\Delta R}{R}=(1+2\mu)\varepsilon+\Delta\rho/\rho \tag{8.1.3}$$

式中，ε 为导体的纵向应变，其数值一般很小，常以微应变度量；μ 为电阻丝材料的泊松比，一般金属材料的 μ 为 0.3～0.5。

通常把单位应变所引起的电阻值相对变化称为电阻丝的应变灵敏系数，用 K_0 表示，其表达式为

$$K_0=\frac{\Delta R/R}{\varepsilon}=(1+2\mu)+\frac{\Delta\rho/\rho}{\varepsilon} \tag{8.1.4}$$

K_0 与金属材料和电阻丝形状有关。显然，K_0 越大，单位纵向应变所引起的电阻值相对变化越大，说明应变片越灵敏。大量实验证明，在电阻丝拉伸极限内，电阻值的相对变化与应变成正比，即 K_0 为常数。

因为$\frac{\Delta R/R}{\varepsilon}$表示由于几何尺寸的变化而引起的电阻的相对变化量的改变，所以，从式(8.1.4)可以看出，电阻丝的应变灵敏系数 K_0 由两部分组成：受力后材料的几何尺寸变化引起的$(1+2\mu)$和材料电阻率的变化而引起电阻的相对变化量$\frac{\Delta\rho/\rho}{\varepsilon}$。对于不同属性的导体，这两项所占的比例相差很大，其中，$\frac{\Delta\rho/\rho}{\varepsilon}$项相对于$(1+2\mu)$项的值要小得多，可以忽略，故 $K_0=1+2\mu$。因此，式(8.1.4)可表示为

$$\frac{\Delta R}{R}=K_0\varepsilon \tag{8.1.5}$$

表 8.1.1 给出了常用的金属电阻丝材料的一些性能数据。表中所列出的性能数据均是在常温下测得的平均数值，灵敏系数 K_0 的数据会由于材料的机械加工方式和热处理工艺的不同，以及杂质含量大小、温度范围、应变范围的不同而发生变化。

表 8.1.1　常用金属电阻丝材料性能

材料名称	成分		灵敏系数	在20℃时的电阻率（μΩ·m）	在0～100℃内电阻温度系数	最高使用温度(℃)	对铜的热电动势（μV/℃）	线膨胀系数（10^{-6}/℃）
	元素	%						
康铜	Ni Cu	45 55	1.9～2.1	0.45～0.52	±20	300(静态) 400(动态)	40	15
镍铬合金	Ni Cr	80 20	2.1～2.3	0.9～1.1	110～130	450(静态) 800(动态)	3.8	14

续表

<table>
<tr><th rowspan="2">材料名称</th><th colspan="2">成分</th><th rowspan="2">灵敏系数</th><th rowspan="2">在 20℃ 时
的电阻率
(μΩ·m)</th><th rowspan="2">在 0 ～ 100℃ 内
电阻温度系数</th><th rowspan="2">最高使用
温度(℃)</th><th rowspan="2">对铜的
热电动势
(μV/℃)</th><th rowspan="2">线膨胀系数
(10^{-6}/℃)</th></tr>
<tr><th>元素</th><th>%</th></tr>
<tr><td>镍铬
铝合金</td><td>Ni
Cr
Al
Fe</td><td>14
20
3
3</td><td>2.4 ～ 2.6</td><td>1.24 ～ 1.42</td><td>±20</td><td>450(静态)
800(动态)</td><td>3</td><td>13.3</td></tr>
<tr><td>铁铬
铝合金</td><td>Fe
Cr
Al</td><td>70
25
5</td><td>2.8</td><td>1.3 ～ 1.5</td><td>30 ～ 40</td><td>700(静态)
1000(动态)</td><td>2 ～ 3</td><td>14</td></tr>
<tr><td>铂</td><td>Pt</td><td>100</td><td>4 ～ 6</td><td>0.09 ～ 0.11</td><td>3900</td><td rowspan="2">800(静态)
1000(静态)</td><td>7.6</td><td>8.9</td></tr>
<tr><td>铂钨合金</td><td>Pt
W</td><td>92
8</td><td>3.5</td><td>0.68</td><td>227</td><td>6.1</td><td>8.3 ～ 9.2</td></tr>
</table>

在金属电阻应变材料选用中，有以下具体要求：

① K_0 值应取大值，且在相当大的应变范围内保持为常数；

② ρ 值应取大值，即在同样长度、同样横截面积的电阻丝中具有较大的电阻值；

③ 电阻温度系数要小，否则因环境温度变化也会改变其阻值；

④ 确保电阻丝与铜线的焊接质量，并与其他金属的接触电势要小；

⑤ 机械强度要足够高，具有优良的机械加工性能。

目前常用的电阻应变丝材料有康铜和镍铬合金。

康铜是应用最为广泛的应变材料，这是因为它的材料性能和价格因素比较占优势。康铜丝的 K_0 值对应变的恒定性非常好，不但在弹性变形范围内保持为常数，当进入塑性变形范围内也基本保持常数；康铜的电阻温度系数较小且稳定，当采用合适的热处理工艺时，可使电阻温度系数在 $\pm 50\times 10^{-6}$/℃ 的范围之内；康铜的加工性能好，易于焊接，因而在国内外多以康铜作为应变丝材料。

镍铬合金与康铜相比，其电阻率 ρ 高，且抗氧化能力较好，因此它比康铜的使用温度高，但镍铬合金的缺点是电阻温度系数较大。

镍铬铝合金是在镍铬合金的基础上添加铝等合金元素而制成的。镍铬铝合金既保持了高电阻率和抗氧化能力强的特点，又改善了由电阻温度系数带来的负面影响，但镍铬铝合金的缺点是加工工艺和焊接性能较差。从表 8.1.1 也可以看出，贵重稀有金属及其合金的特点是具有很强的抗氧化能力，适合于制作高温应变片，但缺点是电阻率小，电阻温度系数较大，且价格昂贵。

2. 应变片的结构与组成

电阻应变式传感器通常是由弹性体(元件)、电阻应变片与应变胶、桥路组成。金属电阻应变片是传感器的核心元件。用应变胶将应变片粘贴在弹性元件表面的合适位置，并将应变片连接成四臂电桥，使得应变片与弹性元件同步发生应变时，应变片感受到被测物理量并将其应变转化为成比例的电阻相对变化量，再由电桥将电阻相对变化量转换为电压信号输出。所以粘贴在弹性元件表面的电阻应变片的电阻值随着弹性元件的应变作出相应的变化，通过测量电阻应变片的电阻值的变化，完成相应物理参数的测量。

金属电阻应变片可以分为丝式电阻应变片、箔式电阻应变片和薄膜电阻应变片3种类型。

(1) 金属丝式电阻应变片

投入使用最早的金属应变片是丝式电阻应变片，其结构如图8.1.2所示。金属丝式电阻应变片由敏感栅、基片(底)、覆盖层、引线等组成。其中，敏感栅是应变片的最主要部分，一般栅丝直径为0.015～0.05mm，根据不同用途，栅长可采用0.2～200mm。基片用以保持敏感栅及引线的几何形状和相对位置，并将被测物体上的应变能够迅速准确地传递到敏感栅上，基片厚度要求较薄，一般为0.02～0.4mm。覆盖层起到保护敏感栅的作用。将具有高电阻率的电阻应变丝弯曲成型的敏感栅粘贴在绝缘基片和覆盖层之间，由引线与外部电路连接构成金属丝电阻应变片，再通过黏结剂与感受被测物理量的弹性体相黏结。

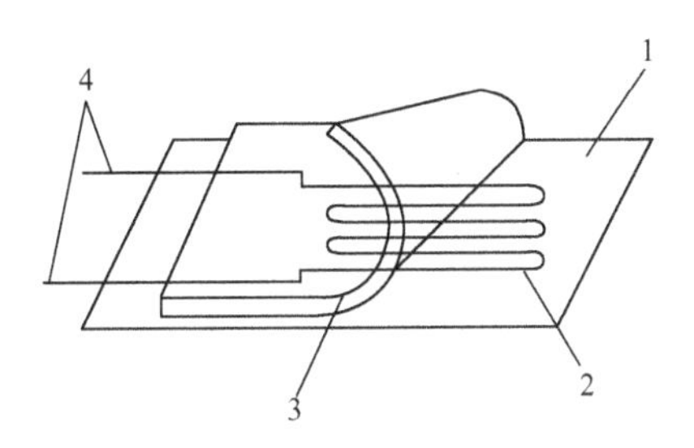

图8.1.2　金属电阻丝式应变片的基本结构

1— 基片；2— 敏感栅；3— 覆盖层；4— 引出线

对于金属电阻应变片，材料的电阻率随应变产生的变化率相对很小，在此可以忽略，由式(8.1.3)可得

$$\frac{\Delta R}{R} \approx (1+2\mu)\varepsilon = K_0\varepsilon \tag{8.1.6}$$

由此可见，应变片电阻的相对变化与应变片纵向应变成正比，并且对同一电阻材料，$K_0=(1+2\mu)$ 是常数。一般用于制造丝式电阻应变片的金属丝，其灵敏系数多为1.7～3.6。

(2) 金属箔式电阻应变片

金属箔式电阻应变片如图8.1.3所示。敏感栅由很薄的金属箔片通过照相制板或光刻腐蚀技术制作加工在一块绝缘基底上，箔厚只有0.003～0.10mm，可以根据需要制作出各种形状的应变片。箔式电阻应变片具有很多独特优点：① 用光刻技术可以制成各种形状复杂的敏感栅，加工尺寸准确；② 横向效应小；③ 散热性好，允许通过较大电流；④ 抗疲劳，寿命长；⑤ 便于批量生产。由于金属箔式电阻应变片加工技术的不断成熟和发展，现在已经得到广泛的应用，已经逐步取代了金属丝式电阻应变片。

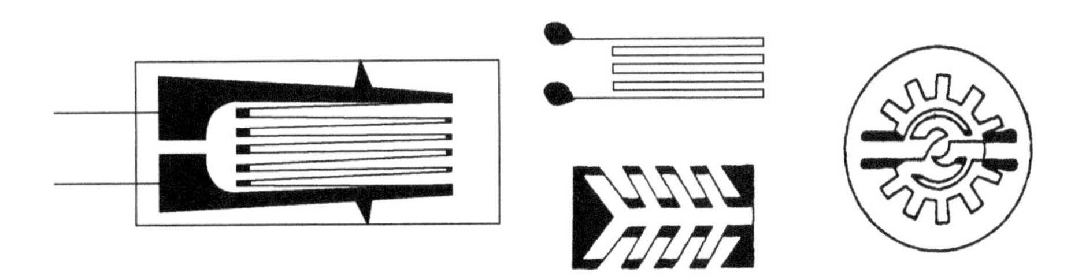

图8.1.3　各种箔式电阻应变片

金属箔式电阻应变片的敏感栅材料通常采用康铜、镍铬及其合金。

(3) 金属薄膜电阻应变片

金属薄膜电阻应变片采用真空蒸镀、沉积或溅射的方法,将金属材料敷在绝缘基底上制成一定形状和厚度的薄膜而构成敏感栅,金属薄膜厚度一般在 0.1mm 以下。制作成型的敏感栅加上保护覆盖层和引线构成金属薄膜电阻应变片。金属薄膜电阻应变片的优点是:① 灵敏系数高;② 允许通过的电流密度大;③ 工作适应范围广;④ 易实现工业化生产。所以,金属薄膜电阻应变片是一种很有前途的新型电阻应变片。

不论是哪种电阻应变片,制成后必须被粘贴在被测工件或弹性元件上才能工作。黏合剂和黏合技术对测量结果有着直接的影响,因此,在黏合剂的选择、黏结技术和应变片的保护工作中,一定要仔细、认真,确保各个环节的技术质量。

3. 应变片的特性

电阻应变片在选用和使用时,应该首先了解应变片的性能参数。这些性能参数主要有:应变片的电阻值、灵敏系数、允许电流和应变极限等。用于动态测量时,还需要考虑应变片本身的动态响应特性。目前市场销售的金属电阻应变片的电阻值已趋于标准化,主要规格有 60Ω、120Ω、350Ω、600Ω 和 1000Ω 等,其中 120Ω 为主流产品。

(1) 灵敏系数

当应变片安装于被测工件表面,在其轴线方向的单向应力作用下,应变片的电阻相对变化量与工件表面上安装应变片区域的轴向应变 ε 之比称为该应变片的灵敏系数 K。其表达式为

$$\frac{\Delta R}{R} = K\varepsilon \quad 或 \quad K = \frac{\Delta R/R}{\varepsilon} \tag{8.1.7}$$

将电阻应变丝制作成电阻应变片后,由于应变片的灵敏系数 K 与制作该应变片的应变电阻材料本身的灵敏系数 K_0 并不相等,其电阻 - 应变特性与金属单丝的情况是不同的,因此必须要通过实验来重新测定。此实验必须按照所规定的标准来进行。因为应变片粘贴在被测工件上后不能取下再用,所以只能在每批产品中抽样测定,取平均 K 值作为该批产品的“标称灵敏系数”。实验表明:$K < K_0$,究其原因,除了黏合层传递应变有失真外,另一个重要原因就是存在横向效应。实验证明,灵敏系数 K 在被测应变的很大范围内都能够保持常数。

(2) 横向效应

由图 8.1.2 和图 8.1.3 可知,应变片的敏感栅通常由多条轴向纵栅和圆弧形或直线的横栅组成。横栅既对应变片轴线方向的应变敏感,又对垂直于轴线方向的横向应变敏感。当电阻应变片粘贴在一维拉力状态下的工件上时,应变片的纵向丝栅发生纵向拉伸应变,使得其电阻值增加,而应变片的横栅因同时也感受到纵向拉伸应变和横向挤压应变,而使得其电阻值减小。所以,应变片的横栅部分将纵向丝栅部分的电阻变化抵消了一部分,从而降低了整个电阻应变片的灵敏度。

沿应变片轴向的应变必然引起应变片电阻的相对变化,而沿垂直于应变片轴向的横向应变也会引起其电阻的相对变化,这种现象称为横向效应。由上面分析可知,应变片的横向效应的产生和影响与应变片的结构有关。敏感栅的端部具有半圆形横栅,其横向效应较为严重。为了减小横向效应的产生,现在一般多采用箔式电阻应变片。由于箔式应变片的圆弧部分的截面积较之栅丝式应变片截面积大得多,电阻值较小,因而电阻变化量也就小得多。

(3) 机械滞后、零漂与蠕变

当对粘贴有应变片的被测工件进行循环加载时，应变片的电阻－应变特性（$\Delta R/R$-ε）曲线与卸载时的电阻－应变特性曲线不重合，称为机械滞后。将应变片粘贴在被测工件上，保持工件的载荷为恒定值，而使得其温度反复升高和降低。在温度循环中，同一温度下应变片指示应变的差值称为应变片的热滞后。一般对于新粘贴好的应变片，最好测试前先对工件进行 3 次以上的加载、卸载循环，以减小应变片的机械滞后和非线性误差。为减小应变片的热滞后，应对工件在超过工作温度 30% 左右反复进行升温、降温的多次循环。

粘贴在工件上的应变片在不承受载荷和恒定温度环境条件下，电阻值随时间变化的特性称为应变片的零漂。粘贴在工件上的应变片，保持温度恒定，使得工件在某恒定应变下（如 500×10^{-6}、1000×10^{-6}），应变片的指示应变随时间而变化的特性称为蠕变。零漂和蠕变都是用来衡量应变片的时间稳定性的参数，它们直接影响长时间测量的结果的稳定性。

(4) 温度效应

粘贴在工件上的电阻应变片，除了感受机械应变而产生电阻的相对变化外，在环境温度变化时也会引起电阻的相对变化，产生虚假应变现象，这种现象称为温度效应。温度变化对电阻应变片的影响是多方面的，其中主要有两个方面产生的影响较大：一方面是当环境温度变化时，由于敏感栅材料的电阻温度系数的存在，将引起电阻的相对变化；另一方面是当环境温度变化时，由于敏感材料和被测工件材料的膨胀系数不同，应变片产生附加的拉伸（或压缩）引起的电阻的相对变化。所以温度变化形成的总电阻相对变化量为两方面电阻相对变化量之和，从而会产生虚假应变现象并带来误差。如果消除此项误差，则必须采取适当措施，如温度补偿。

(5) 应变极限与疲劳寿命

粘贴在被测工件上的应变片所能测量的最大应变值称为应变极限。在恒温的工件上施加均匀而缓慢变化的拉伸载荷，当应变的指示应变值低于真实应变值的 10% 时，该真实应变值作为该批应变片的应变极限。

对于已安装的应变片，在恒定极值的交变应力作用下，可以灵敏系数工作而不产生疲劳损坏的循环次数，称为应变片的疲劳寿命。当出现以下 3 种情况之一时，都可以认为是疲劳破坏：① 应变片的敏感栅或引线发生短路或断路；② 应变片输出指示应变的极值变化 10%；③ 应变片输出信号波形上出现穗状尖峰。疲劳寿命反映了应变片对动态响应测量的适应性。

(6) 绝缘电阻与最大工作电流

应变片绝缘电阻是指已粘贴的应变片的引线与被测工件之间的电阻值。通常要求绝缘电阻为 50 ～ 100MΩ 以上。应变片安装后，其绝缘电阻下降将使测量系统的灵敏度降低，使应变片的指示应变产生误差。

对已安装的应变片，允许通过敏感栅而不影响其工作特性的最大电流称为应变片最大工作电流。显然，工作电流越大，应变片输出信号也大，灵敏度提高。但是过大的工作电流将使应变片本身过热，使得灵敏系数发生变化，零漂及蠕变增加，甚至导致应变片烧毁。

(7) 动态响应特性

电阻应变片在测量变化频率较高的动态应变时，应变是以应变波的形式在材料中传播的，它的传播速度与声波相同。对于钢材，其应变波的波速约为 5000m/s。应变波经由工件材料表面、黏合层、基片传播到敏感栅，所需的时间是非常短暂的，如应变波在黏合层和基片中的传播速度为1000m/s，黏合层和基片的总厚度为0.05mm，则所需时间约为5×10^{-8}s，因此可以忽略不计。但是由于应变片的敏感栅相对较长，当应变片在纵栅长度方向上传播时，只有在应变波通过敏感栅全部长度后，应变片所反映的波形经过一定时间的延迟后才能达到最大值。

当测量按照正弦规律变化的应变波时，由于应变片反映出来的应变波波形是应变片纵栅长度内所感受应变量的平均值，因此，应变片所反映的波幅将低于真实应变波，从而带来一定的测量误差。

4. 温度误差及其补偿

电阻应变片由于温度变化所引起的电阻相对变化与被测工件应变所造成的电阻相对变化几乎具有相同的数量级，如果不采取必要的措施克服温度的影响，测量精度将无法保证。下面分析产生温度误差的原因和补偿方法。

(1) 温度误差

温度变化时，电阻应变片的电阻值也随之变化。由于测量现场环境温度的改变给测量带来相应的附加误差，称为应变片的温度误差。产生温度误差的主要原因与电阻应变片材料的两个参数有关。

① 电阻温度系数的影响。敏感栅的电阻丝阻值随着温度变化的关系式可表示为

$$R_T = R_0(1 + \alpha\Delta T) \tag{8.1.8}$$

式中，R_T 为温度 T(℃) 时的电阻值；R_0 为温度 T_0(℃) 时的电阻值；ΔT 为温度变化值，$\Delta T = T - T_0$；α 为敏感栅材料的电阻温度系数。

当温度变化 ΔT 时，电阻丝的电阻变化值为

$$\Delta R_{T\alpha} = R_T - R_0 = R_0\alpha\Delta T \tag{8.1.9}$$

② 被测工件和电阻丝材料的线膨胀系数的影响。当被测工件与电阻丝材料的线膨胀系数相同时，不论环境温度如何变化，电阻丝的变形仍和自由状态一样，不会产生附加变形。

当工件与电阻丝材料的线膨胀系数不同时，由于环境温度的变化，电阻丝会产生附加变形，从而产生附加电阻。

设粘贴在工件上的应变丝的长度为 l_0，应变丝和工件的线膨胀系数分别为 β_s 和 β_g，当温度变化 ΔT 时，应变丝受热膨胀至 l_{T1}，而应变丝在 l_0 下的工件伸长量为 l_{T2}，则应变丝和工件的膨胀量分别为

$$\Delta l_{T1} = l_{T1} - l_0 = l_0\beta_s\Delta T \tag{8.1.10}$$

$$\Delta l_{T2} = l_{T2} - l_0 = l_0\beta_g\Delta T \tag{8.1.11}$$

由于应变丝和被测工件是粘贴在一起的，若 $\beta_s < \beta_g$，则应变丝被迫从 Δl_{T1} 拉长至 Δl_{T2}，从而使得应变丝产生附加变形 $\Delta l_{T\beta}$、附加应变 $\varepsilon_{T\beta}$ 和附加电阻变化 $\Delta R_{T\beta}$，其表达式分别为

$$\Delta l_{T\beta} = \Delta l_{T2} - \Delta l_{T1} = l_0(\beta_g - \beta_s)\Delta T \tag{8.1.12}$$

$$\varepsilon_{T\beta} = \frac{\Delta l_{T\beta}}{l_0} = (\beta_g - \beta_s)\Delta T \tag{8.1.13}$$

$$\Delta R_{T\beta} = R_0K_0\varepsilon_{T\beta} = R_0K_0(\beta_g - \beta_s)\Delta T \tag{8.1.14}$$

由式(8.1.9)和式(8.1.14)，可得由于温度变化而引起的总电阻变化为

$$\Delta R_T = \Delta R_{T\alpha} + \Delta R_{T\beta} = R_0\alpha\Delta T + R_0K_0(\beta_g - \beta_s)\Delta T \tag{8.1.15}$$

总附加虚假应变量为

$$\varepsilon_T = \frac{\dfrac{\Delta R_T}{R_0}}{K_0} = \frac{\alpha\Delta T}{K_0} + (\beta_g - \beta_s)\Delta T \tag{8.1.16}$$

由式(8.1.16)可知，由于温度变化而引起的附加电阻给测量带来误差。该误差除与环境

温度有关外，还与应变片本身的性能参数(K_0，α，β_s)及工件的线膨胀系数 β_g 有关。

(2) 温度误差补偿方法

电阻应变片的温度误差补偿方法通常有电桥补偿、应变片自补偿和热敏电阻补偿3种类型。

① 电桥补偿方法，也称补偿片法或线路补偿法，其原理如图8.1.4所示。电桥输出电压 U_o 与桥臂参数的关系为

$$U_o = A(R_1R_4 - R_BR_3) \tag{8.1.17}$$

式中，A 为由桥臂电阻和电源电压决定的常数。

由式(8.1.17)可知，当 R_3 和 R_4 为常数时，R_1 和 R_B 对电桥输出电压 U_o 的作用方向相反。利用这一基本关系可实现对温度误差的补偿。

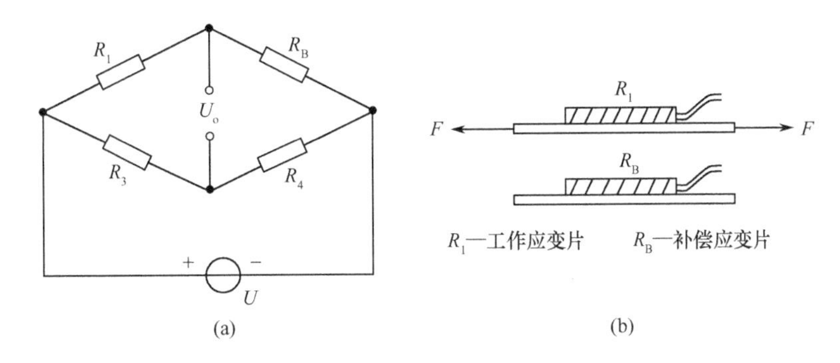

图8.1.4 电桥电路补偿法

测量应变时，工作应变片 R_1 粘贴在被测工件表面，补偿应变片 R_B 粘贴在与被测工件材料完全相同的补偿块上，置于工件附近，且仅工作应变片承受应变。

当被测工件不承受应变时，R_1 和 R_B 处于同一环境温度为 T(℃)的温度场中，调整电桥参数使之达到平衡，则有

$$U_o = A(R_1R_4 - R_BR_3) = 0 \tag{8.1.18}$$

工程上，一般按照 $R_1 = R_B = R_3 = R_4$ 选取桥臂电阻。

当温度升高或降低 ΔT 时，两个应变片因温度变化而引起的电阻变化量相同，电桥仍处于平衡状态，即

$$U_o = A[(R_1 + \Delta R_{1T})R_4 - (R_B + \Delta R_{BT})R_3] = 0 \tag{8.1.19}$$

若此时被测工件上施有应变 ε 的作用，则工作应变片电阻 R_1 又有新的增量 $\Delta R_1 = R_1K\varepsilon$，而补偿片因不承受应变，故不产生新的增量，此时电桥的输出电压为

$$U_o = AR_1R_4K\varepsilon \tag{8.1.20}$$

由式(8.1.20)可知，电桥输出电压 U_o 仅与被测工件的应变 ε 有关，而与环境温度无关。

电桥补偿法的优点是简单、方便，在常温下补偿效果较好，其缺点是在温度变化梯度较大的条件下，很难做到工作片与补偿片处于温度完全一致的情况，从而影响补偿效果。

② 应变片自补偿方法。粘贴在被测部位上的是一种特殊应变片，当温度变化时，产生的附加应变为零或相互抵消，这种应变片称为温度自补偿应变片。利用这种应变片实现温度补偿的方法称为应变片自补偿法。下面介绍两种自补偿应变片。

● 选择式自补偿应变片

选择式自补偿应变片也称单金属丝敏感栅自补偿应变片。由式(8.1.16)可知，实现温度补偿的条件为

$$\varepsilon_T = \frac{\alpha \Delta T}{K_0} + (\beta_g - \beta_s)\Delta T = 0$$

当被测工件的线膨胀系数 β_g 已知时，通过选择敏感栅材料，使得下式成立

$$\alpha = -K_0(\beta_g - \beta_s) \tag{8.1.21}$$

即可达到温度自补偿的目的。

● 双金属丝敏感栅自补偿应变片

这种应变片也称组合式自补偿应变片。它是利用两种金属电阻丝材料的电阻温度系数不同(一个为正，一个为负) 的特性，将二者串联组成敏感栅，如图 8.1.5 所示。若两段敏感栅 R_1 和 R_2 由于温度变化而产生的电阻变化为 ΔR_{1T} 和 ΔR_{2T}，其大小相等而符号相反，则可在一定的温度范围内和一定的工件材料上实现温度误差补偿。两段敏感栅的电阻 R_1 与 R_2 的大小可按如下选择

$$\frac{R_1}{R_2} = -\frac{\dfrac{\Delta R_{2T}}{R_2}}{\dfrac{\Delta R_{1T}}{R_1}} = -\frac{\alpha_2 + K_2(\beta_g - \beta_2)}{\alpha_1 + K_1(\beta_g - \beta_1)} \tag{8.1.22}$$

这种补偿效果比前者好，在工作温度范围内通常可以达到 $\pm 0.14 \times 10^{-6}\varepsilon/℃$。

③ 热敏电阻补偿法，如图 8.1.6 所示。图中的热敏电阻 R_T 处在与应变片相同的温度条件下，当电桥的灵敏度随着温度的升高而下降时，热敏电阻 R_T 的阻值也下降，使电桥的输入电压随着温度升高而增加，从而提高电桥的输出，补偿因应变片温度变化引起的输出下降。适当选择分流电阻 R_5 的值，可以得到良好的补偿。

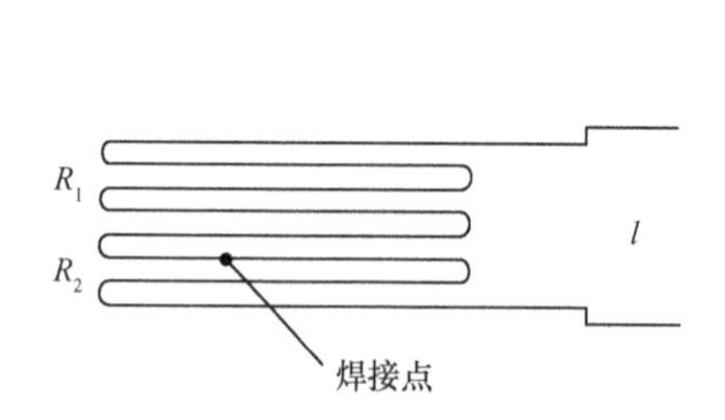

图 8.1.5　双金属丝栅法

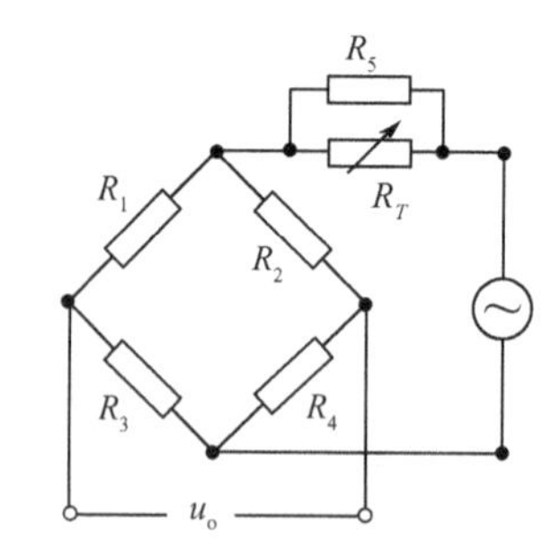

图 8.1.6　热敏电阻补偿法

8.1.2　电阻应变片测量电路

电阻应变片可以将应变转换为电阻的变化。在实际应用中，为了显示与记录应变的大小，还要把电阻的变化再转换为电压或电流的变化。因此，需要采用专用的测量电路，进行转换和匹配连接，便于用电测仪表进行测量。一般都采用直流电桥和交流电桥作为应变片的测量电路。为方便起见，下面仅对直流不平衡电桥进行介绍。

1. 电桥电路的工作原理

由于应变片电桥电路的输出信号一般都比较微弱，所以目前大部分电阻应变式传感器的电桥输出端与直流放大器相连，如图 8.1.7 所示。

设电桥各臂的电阻分别为 R_1、R_2、R_3 和 R_4，它们可以全部或部分是应变片。由于直流放大器的输入电阻比电桥输出电阻大得多，因此可将电桥输出端看成开路，这种电桥称为“输出电

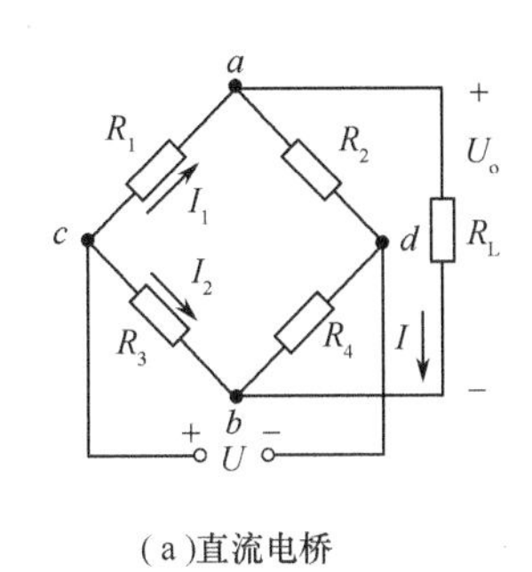

(a)直流电桥

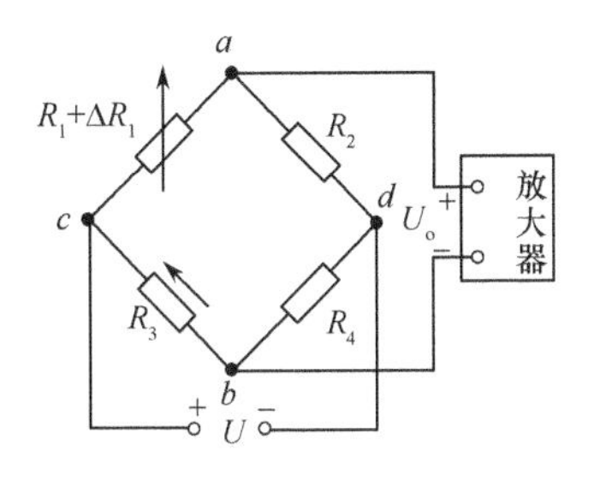

(b)单臂电桥

图 8.1.7　电桥电路

桥”，输出电压 U_o 为

$$U_o = U\frac{R_1R_4 - R_2R_3}{(R_1+R_2)(R_3+R_4)} \tag{8.1.23}$$

当 $R_1R_4 = R_2R_3$ 时，电桥处于平衡状态，输出电压 $U_o = 0$。若电桥各臂均有相应的电阻增量 ΔR_1、ΔR_2、ΔR_3 和 ΔR_4，则由式(8.1.23)得

$$U_o = U\frac{(R_1+\Delta R_1)(R_4+\Delta R_4)-(R_2+\Delta R_2)(R_3+\Delta R_3)}{(R_1+\Delta R_1+R_2+\Delta R_2)(R_3+\Delta R_3+R_4+\Delta R_4)} \tag{8.1.24}$$

实际使用中往往采用等臂电桥，即 $R_1 = R_2 = R_3 = R_4 = R$。此时式(8.1.24)可写为

$$U_o = U\frac{R(\Delta R_1 - \Delta R_2 - \Delta R_3 + \Delta R_4) + \Delta R_1\Delta R_4 - \Delta R_2\Delta R_3}{(2R+\Delta R_1+\Delta R_2)(2R+\Delta R_3+\Delta R_4)} \tag{8.1.25}$$

当 $\Delta R_i \ll R(i=1,2,3,4)$ 时，略去上式中的高阶微量项，则

$$U_o = \frac{U}{4}\left(\frac{\Delta R_1}{R} - \frac{\Delta R_2}{R} - \frac{\Delta R_3}{R} + \frac{\Delta R_4}{R}\right) \tag{8.1.26}$$

由式(8.1.7)和式(8.1.26)可得到

$$U_o = \frac{UK}{4}(\varepsilon_1 - \varepsilon_2 - \varepsilon_3 + \varepsilon_4) \tag{8.1.27}$$

从式(8.1.27)中可以得出电桥电路的以下特性：

① $\Delta R_i \ll R$ 时，电桥的输出电压与应变成线性关系。

② 若相邻两桥臂的应变极性一致，即同为拉伸应变或同为压缩应变时，输出电压为两者之差；若相邻两桥臂的应变极性不同，则输出电压为两者之和。

③ 若相对两桥臂应变的极性一致，输出电压为两者之和，反之为两者之差。

④ 电桥供电电压 U 越高，输出电压 U_o 越大。但是，当 U 大时，电阻应变片通过的电流也大，若超过电阻应变片所允许通过的最大工作电流，传感器就会出现蠕变和零漂。

⑤ 增大电阻应变片的灵敏系数 K，可提高电桥的输出电压。

合理地利用上述特性，可以进行温度误差补偿和提高传感器的测量灵敏度。如安装敏感元件及接成电桥时，应当使得应变 ε_1，ε_4 与 ε_2，ε_3 的符号相反，这样便可增大电桥的输出电压。

上面讨论了直流电桥的情况，如果在上述表达式中用复数阻抗 Z 代替电阻 R，且电流与电压都用复数代替，则上述各表达式和原理在交流电桥中同样适用。

应变式传感器的桥路额定输出电压一般为数毫伏到数十毫伏，因此，还需要将其放大后再进行显示和记录。对于应用较多的直流电桥，多采用低漂移的集成运放构成零点和增益可调的直流放大器，进行直流电压放大。同时还需要附设桥路的供桥电源和初始平衡校准等附加电路。

2. 非线性误差及其补偿

式(8.1.27)的线性关系是在应变片的参数变化很小，即$\Delta R_i \ll R$的情况下得出的。若应变片承受的应变太大，则上述假设就不能成立，电桥的输出电压与应变之间成非线性关系。在这种情况下，用按线性关系刻度的检测仪表进行测量就必然会带来非线性误差。

当考虑电桥单臂工作时，即R_1桥臂变化ΔR，由式(8.1.26)得理想的线性关系为

$$U_o' = \frac{U}{4} \cdot \frac{\Delta R}{R} \tag{8.1.28}$$

而由式(8.1.25)得到电桥的实际输出电压为

$$U_o = U \frac{\Delta R}{4R + 2\Delta R} = \frac{U}{4} \cdot \frac{\Delta R}{R}\left(1 + \frac{1}{2} \cdot \frac{\Delta R}{R}\right)^{-1} \tag{8.1.29}$$

则电桥的相对非线性误差为

$$\begin{aligned} \delta &= \frac{U_o}{U_o'} - 1 = \left(1 + \frac{1}{2} \cdot \frac{\Delta R}{R}\right)^{-1} - 1 \\ &\approx 1 - \frac{1}{2} \cdot \frac{\Delta R}{R} - 1 = -\frac{1}{2} \cdot \frac{\Delta R}{R} = -\frac{1}{2}K\varepsilon \end{aligned} \tag{8.1.30}$$

由上式可知，$K\varepsilon$越大，则δ也越大。为了消除非线性误差，在实际应用中，常采用半桥差动或全桥差动电路，如图8.1.8所示，以改善非线性误差和提高输出灵敏度。

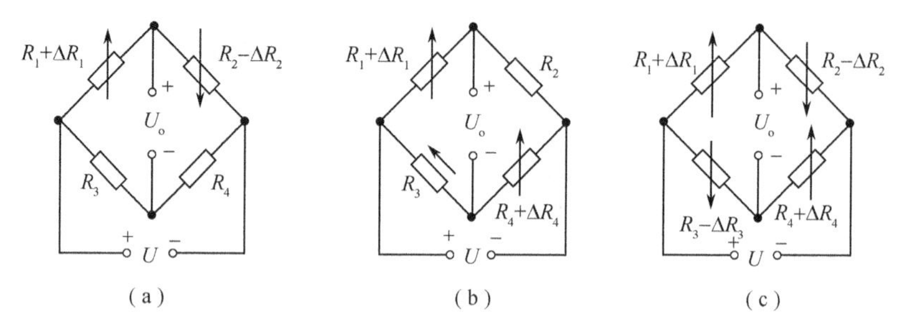

图8.1.8　差动电桥

图8.1.8(a)、(b)构成双臂半桥差动电路，传感器中经常使用这种接法。在粘贴应变片时，使得两个应变片一个受拉，另一个受压，应变符号相反。电路工作时，将两个应变片接入桥路的相邻两臂。设电桥在初始时处于平衡状态，且为等臂电桥，考虑到$|\Delta R_1| = |-\Delta R_2| = \Delta R$，则由式(8.1.25)得到半桥差动电路的输出电压为

$$U_o = \frac{1}{2}U \cdot \frac{\Delta R}{R} \tag{8.1.31}$$

由式(8.1.31)可知，半桥差动电路不仅能消除非线性误差，而且还使电桥的输出灵敏度比单臂工作时提高了一倍，同时还能起到温度误差补偿的作用。

图8.1.8(c)构成全桥差动电路，4个臂均为电阻应变片，同样考虑到$|\Delta R_1| = |-\Delta R_2| = |-\Delta R_3| = |\Delta R_4| = \Delta R$，则由式(8.1.25)得到全桥差动电路的输出电压为

$$U_o = U\frac{\Delta R}{R} \tag{8.1.32}$$

可见，全桥的电压灵敏度比单臂工作时的灵敏度提高了4倍。全桥电路和相邻臂工作的半桥电路不仅灵敏度高，而且当负载电阻$R_L = \infty$时，非线性误差也得以消除，同时还具有温度误差补偿的作用，该电路也得到了广泛的应用。

8.1.3　电阻应变式传感器的应用

金属电阻应变式传感器根据实际应用工作状态和用途分为应变式力传感器、应变式压力传感器、应变式加速度传感器、应变式位移传感器等。

应变式传感器由弹性元件和粘贴在上面的应变片构成。弹性元件将获得与被测量成正比的应变，再通过应变片转换为电阻的变化后由测量电路调理输出。

1. 应变式力传感器

被测量为荷重或力的应变式传感器统称为应变式力传感器。应变式力传感器是工业测量中应用较多的一种传感器，传感器量程从零点几牛顿到几百万牛顿，主要用于各种电子称与材料试验机的测力元件、发动机的推力测试、水坝坝体承载状况监测等。

应变式力传感器要求具有较高的灵敏度和稳定性，当传感器受到侧向作用力或力的作用点发生轻微变化时，不应对输出有明显的影响。

应变式力传感器的弹性元件有圆柱式、梁式、环式和框式等数种。

（1）圆柱式测力传感器

圆柱式测力传感器的弹性元件分为实心和空心两种，如图 8.1.9 所示。实心圆柱可以承受较大的负荷，在弹性范围内，应力 σ 与应变 ε 成正比关系，即

$$\varepsilon=\frac{\Delta l}{l}=\frac{\sigma}{E}=\frac{F}{AE} \tag{8.1.33}$$

式中，F 为作用在弹性元件上的集中力；A 为圆柱体的横截面积；E 为弹性元件的弹性模量。

空心圆筒多用于小集中力的测量。应变片粘贴在弹性体外壁应力分布均匀的中间部分，对称地粘贴多片，电桥接线时应尽量减小载荷偏心和弯矩的影响，贴片在圆柱面上的位置及其在桥路中的连接如图 8.1.9(c)、(d) 所示，R_1 和 R_3 串接，R_2 和 R_4 串接，并置于桥路对称臂上以减小弯矩影响，横向贴片可作为温度补偿使用。

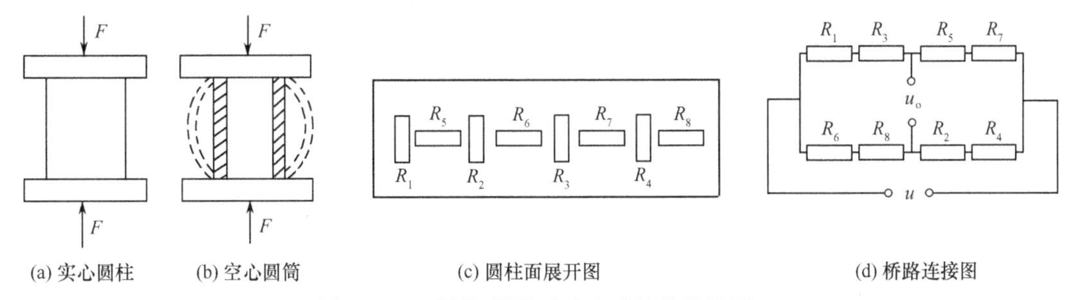

(a) 实心圆柱　(b) 空心圆筒　(c) 圆柱面展开图　(d) 桥路连接图

图 8.1.9　圆柱、圆筒式应变弹性体结构图

（2）梁式测力传感器

① 等截面悬臂梁应变式力传感器，其结构如图 8.1.10 所示。弹性元件为一端固定的悬臂梁，力作用于自由端。在梁的固定端附近的上、下表面顺着长度方向各粘贴两片电阻应变片。此时，若 R_1 和 R_4 受拉，则 R_2 和 R_3 受压，两者发生极性相反的等量应变，4 个电阻应变片组成如图 8.1.13 所示的全桥测量电路。粘贴应变片处的应变为

$$\varepsilon=\frac{6lF}{bh^2E} \tag{8.1.34}$$

由梁式弹性元件制作的测力传感器适于测量 5000N 以下的载荷，最小的可测量零点几牛

顿的力。这种传感器具有结构简单、加工容易、应变片容易粘贴、灵敏度高等优点。

② 等强度悬臂梁应变式力传感器，其应变片在悬臂梁上的粘贴位置如图 8.1.11 所示，应变片的组桥方式与 ① 相同。当在自由端上作用力时，在梁上各处产生的应变大小相等。因此，应变片沿纵向的粘贴位置误差为零，但上、下片对应位置要求仍然很严格。梁上各点的应变为

$$\varepsilon = \frac{6lF}{b_0 h^2 E} \tag{8.1.35}$$

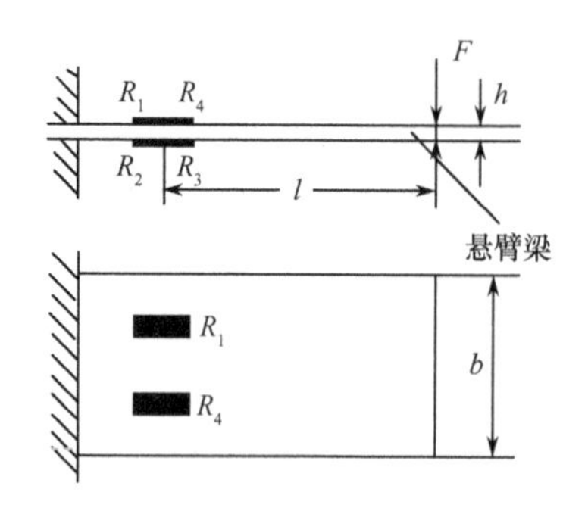

图 8.1.10 等截面悬臂梁应变式传感器原理图

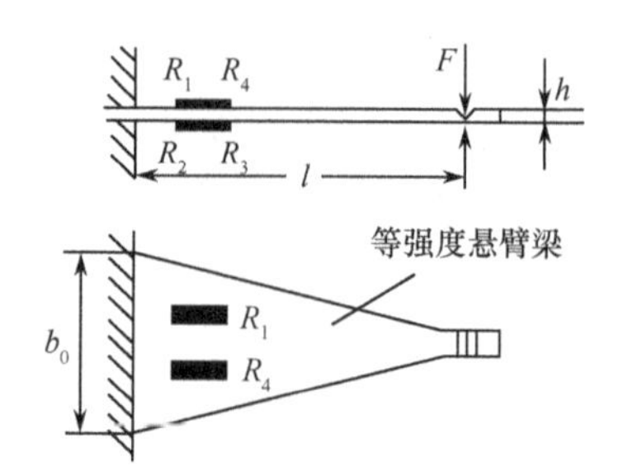

图 8.1.11 等强度悬臂梁应变式传感器原理图

③ 双端固定梁应变式力传感器，其结构如图 8.1.12 所示。梁的两端都固定，中间加载荷，应变片粘贴在中间位置，并按照图 8.1.13 组成全桥。双端固定梁的应变为

$$\varepsilon = \frac{3lF}{4bh^2 E} \tag{8.1.36}$$

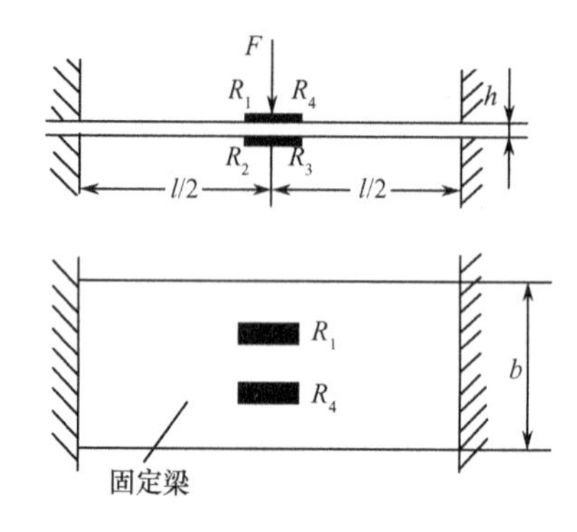

图 8.1.12 双端固定梁应变式传感器原理图

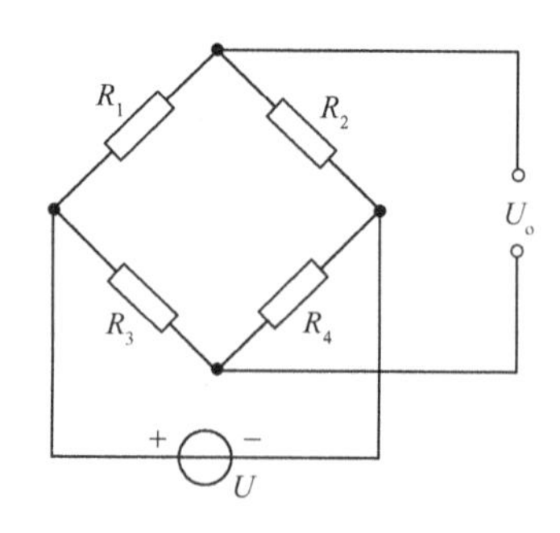

图 8.1.13 全桥电路

(3) 薄壁圆环应变式力传感器

薄壁圆环应变式力传感器的圆环弹性元件的结构如图 8.1.14 所示，其特点是在外力作用下，各点的应力差别较大。应变片按图示位置粘贴，并按图 8.1.13 组成全桥。贴片处的应变为

$$\varepsilon = \pm \frac{3F\left[R - \frac{h}{2}\right]}{bh^2 E}\left(1 - \frac{2}{\pi}\right) \tag{8.1.37}$$

2. 应变式扭矩传感器

扭矩测量技术是应用机械、电子、物理、计算机等多门技术的综合技术。实现扭矩测量需要

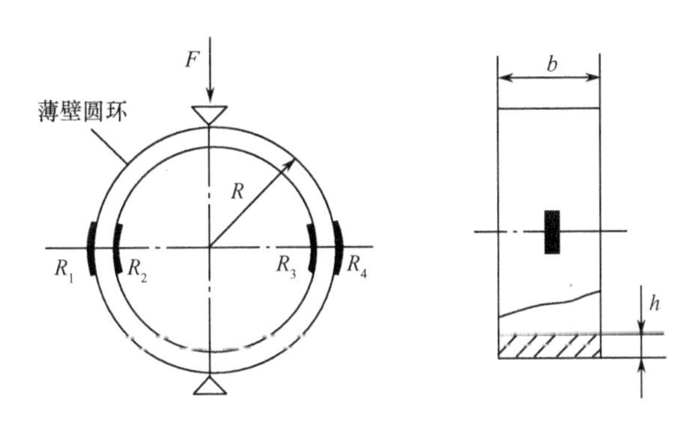

图 8.1.14　薄壁圆环应变式传感器原理图

解决传感器、能量供给和信号传输 3 个方面的问题，其中传感器的准确度是关键技术之一。应变片传感器是目前测量扭矩中广泛应用的传感器。它采用在旋转轴表面按照一定方式粘贴电阻应变片，利用适当的电路提取信号，然后进行分析处理。这种方法被广泛应用在静态和低速旋转系统测量上。

还有将专用的测扭应变片用应变胶粘贴在被测弹性轴上，并组成应变电桥，若向应变电桥提供工作电源即可测试该弹性轴受扭的电信号。将该应变信号放大后，经过压 / 频转换，变成与扭应变成正比的频率信号。这里主要介绍利用电阻应变片测量转轴扭矩。

(1) 静力学分析

根据剪切胡克定律可知，当剪应力不超过材料的剪切比例极限时，弹性轴横截面上任一点 Q 的剪应力 τ_ρ 与该点处的剪切应变 γ_ρ 成正比，即

$$\tau_\rho = G\gamma_\rho = Gl\left(\frac{d\varphi}{dx}\right) \tag{8.1.38}$$

式中，G 为材料的剪切弹性模量，为常数；l 为点 Q 到弹性轴任一点圆心 O 的距离；$\frac{d\varphi}{dx}$ 为扭转角沿轴线 x 的变化率。

由式(8.1.38) 可知，弹性轴横截面上某点的剪应力大小与该点到圆心的距离 l 成正比，圆心处为零，弹性轴表面最大，其方向与半径相垂直。

图 8.1.15 所示为弹性轴的静力学分析结构图。图 8.1.15(a) 为弹性轴剪应力分布图，在弹性轴横截面上距圆心的距离 l 处，取一块微小面积 dA，此面积 dA 上内力的合力为 $\tau_\rho dA$。该合力对圆心的微力矩为

$$dM = \tau_\rho dAl$$

横截面积上所有这些微力矩的总和等于横截面上的扭矩 M，即

$$M = \int_A l\tau_\rho dA \tag{8.1.39}$$

式中，A 为整个横截面积；τ_ρ 为 l 处的剪应力。

把式(8.1.38) 代入式(8.1.39)，得

$$M = \int_A Gl^2 \frac{d\varphi}{dx} dA = G\frac{d\varphi}{dx}\int_A l^2 dA \tag{8.1.40}$$

式中，$\int_A l^2 dA$ 是仅与界面形状和尺寸有关的几何量，称为横截面对圆心 O 点的极惯性矩，对于直径为 D 的弹性圆轴，极惯性矩为

$$I_\rho = \frac{\pi}{32}D^4 \tag{8.1.41}$$

当 $\mathrm{d}x = 1$ 时,扭转角 $\mathrm{d}\varphi$ 为

$$\mathrm{d}\varphi = \frac{M}{GI_\rho} \tag{8.1.42}$$

单位长度的扭转角为 $\theta = \frac{\mathrm{d}\varphi}{\mathrm{d}x} = \frac{M}{GI_\rho}$,将其代入式(8.1.38)中,得

$$\tau_\rho = \frac{Ml}{I_\rho} \tag{8.1.43}$$

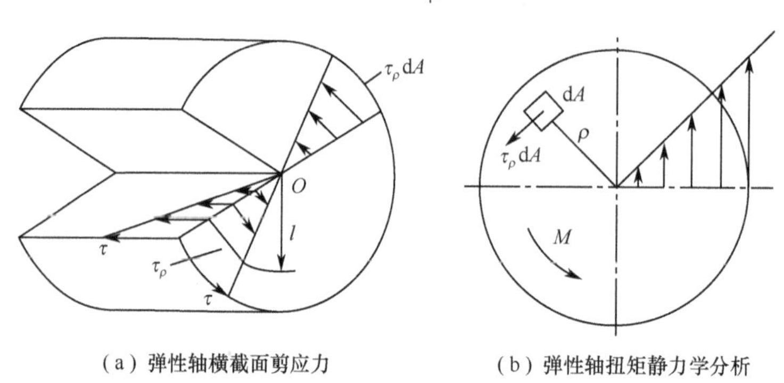

(a) 弹性轴横截面剪应力　　(b) 弹性轴扭矩静力学分析

图 8.1.15　弹性轴的静力学分析结构图

图 8.1.15(b) 所示为弹性轴扭矩的静力学分析。当 l 达到最大值时,剪应力为最大值,由式(8.1.38)得到应变为

$$\gamma = \frac{\tau_\rho}{G} = \frac{Ml}{GI_\rho} = \frac{16M}{G\pi D^3} \tag{8.1.44}$$

由式(8.1.44)可知,对于某一弹性测量轴,扭矩 M 与应变 γ 成正比。D 为弹性轴直径。

(2) 电阻应变仪的扭矩测量原理

将 4 个同型号电阻应变片按图 8.1.16 所示进行布置,R_1,R_3 粘贴在与杆轴线成 135° 的位置,R_2,R_4 粘贴在与杆轴线成 45° 的位置。图 8.1.16 为圆杆表面的展开图,$2\pi l$ 为表面周长。

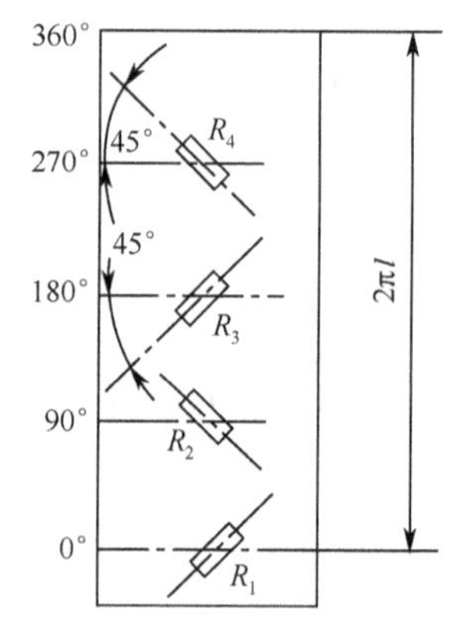

图 8.1.16　应变片测扭矩时的布置

圆杆扭转时,应变计产生的应变与轴所产生的应变相同,并在轴的同一截面上,R_1,R_3 产生拉应变,R_2,R_4 产生压应变,拉、压应变的绝对值相等,各应变片上的应变分别为

$$\varepsilon_1 = \varepsilon_3 = \varepsilon_M + \varepsilon_T$$

$$\varepsilon_2 = \varepsilon_4 = -\varepsilon_M + \varepsilon_T$$

式中,ε_1,ε_2,ε_3,ε_4 分别为应变片 R_1,R_2,R_3,R_4 的应变值;ε_T 为温度变化引起的应变;ε_M 为扭矩变化引起的应变。

从电阻应变原理可知,应变与电阻相对变化的关系为

$$\frac{\Delta R}{R} = K\varepsilon$$

由此得到 4 个应变片的电阻相对变化

$$\frac{\Delta R_1}{R} = \frac{\Delta R_3}{R} = K(\varepsilon_M + \varepsilon_T)$$

$$\frac{\Delta R_2}{R}=\frac{\Delta R_4}{R}=K(-\varepsilon_M+\varepsilon_T)$$

式中，R 为电阻应变片的电阻值；K 为电阻应变片的灵敏系数。把 4 个电阻应变片连接成电桥形式，如图 8.1.17 所示。

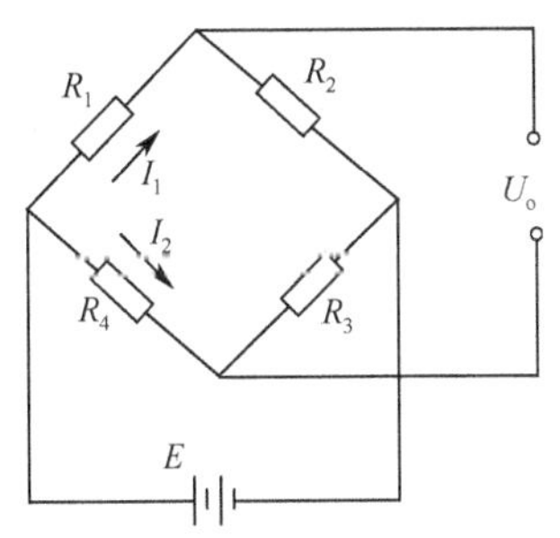

图 8.1.17　由电阻应变片构成的电桥

设电桥的供电电压为 E，其输出 U_o 为

$$U_o=\frac{E}{4}(\frac{\Delta R_1}{R}-\frac{\Delta R_2}{R}+\frac{\Delta R_3}{R}-\frac{\Delta R_4}{R})$$

$$=KE\varepsilon=KE\frac{Ml}{GI_\rho}=KE\frac{16M}{G\pi D^3} \tag{8.1.45}$$

由式(8.1.45)可知，电阻应变片构成的电桥输出电压 U_o 与扭矩 M 成正比。只要测出电桥输出电压 U_o，就可得出扭矩 M 值的大小。在 $\varepsilon_{45°}$ 和 $\varepsilon_{135°}$ 的位置粘贴电阻应变片组成惠斯登电桥，其应变片阻值随弹性轴表面的应变导致扭矩的变化而变化。

3. 箔式应变片电桥法直接测扭矩系统

传统测量扭矩系统需要用到电阻应变仪。将测量电桥输出信号送入电子应变仪后再通过光线示波器输出。箔式应变片电桥法直接测扭矩是利用 4 片 BR-16×20 型箔式应变片组成全桥测量电路，不经过应变仪直接通过光线示波器记录测量扭矩的方法。因此，简化了测量系统，节约了设备投资，简化了操作程序，节约了测试人员。箔式应变片电桥法直接测扭矩系统采用 24V 直流供电，只需要考虑电阻平衡，而不需要考虑电容平衡。在常用的测量扭矩系统中，常常是因为应变仪的电容平衡带来很大困惑。因此，在有电磁干扰的情况下，这种直接测扭矩系统就更显出其优越性。

箔式应变片电桥法的电流输出，可直接运用测扭矩系统的测量电桥，如图 8.1.18 所示。测量电桥的输出端直接接入示波器的端子负载 R_L 上。

这时的应变电桥为电流输出，其电流 I 为

$$I=\frac{E(R_1R_3-R_2R_4)}{R_1R_2(R_3+R_4)+R_3R_4(R_1+R_2)+(R_1+R_2)(R_3+R_4)R_L} \tag{8.1.46}$$

设 $R_1=R_2=R_3=R_4=R$，变化后各桥臂的电阻为

$$R_1=R+\Delta R$$
$$R_2=R+\Delta R$$
$$R_3=R+\Delta R$$
$$R_4=R+\Delta R$$

将其代入式(8.1.46)，并消去 ΔR^2 项，得

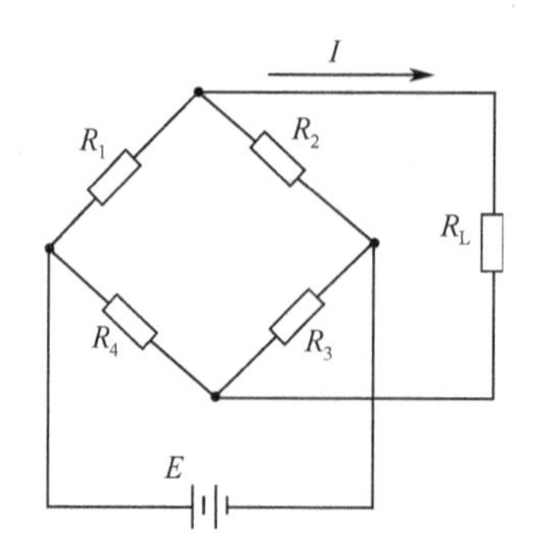

图 8.1.18　箔式应变片直接测扭矩的电桥结构

$$\Delta I=\frac{\Delta RE}{R^2+RR_L}=\frac{\frac{\Delta R}{R}E}{R+R_L}=\frac{K\varepsilon E}{R+R_L} \tag{8.1.47}$$

式中，K 为应变片的灵敏系数；ε 为应变。

式(8.1.47)只适用于四臂全桥应变片的应变绝对值相等，应变片排布时保证极性使R_1 和 R_3 的 ΔR 值与 R_2 和 R_4 的 ΔR 值符号相反。

4. 应变式扭矩传感器的特性分析

(1) 应变式扭矩传感器的优点

应变式扭矩传感器因其成本低廉、操作方便受到广泛关注和应用。采用应变片测量扭矩具有明显优点：从应变片本身的特点可以看出，将应变片粘贴在被测对象弹性体表面指定位置，由于弹性受力产生应变，致使电阻应变片的电阻值发生变化，测量的灵敏度和检测精度高；应变片本身由于箔式应变片的出现，使得体积更加小巧，质量很小，对被测扭转件的工作状态和应力分布基本不构成影响；应变片的测量范围较大，既可以测量弹性变形，也可以测量塑性变形；应变式扭矩传感器可以适应各种复杂环境，且便于多点测量。

(2) 应变式扭矩传感器应用存在的问题

在旋转动力传递系统中，最棘手的问题是旋转体上的应变桥的电压输入及检测到的应变信号输出如何可靠地在旋转部分与静止部分之间传递，通常的做法是用导电滑环来完成的。由于导电滑环属于摩擦接触，因此不可避免地存在着磨损并发热，因而限制了旋转轴的转速及导电滑环的使用寿命；以及由于接触不可靠引起信号波动，因而造成测量误差大甚至测量不成功的现象。因此，运用应变片扭矩传感器时，需要妥善解决旋转条件下的可靠供电和信号传输问题。

8.2　振弦式扭矩传感器

振弦式扭矩传感器具有良好的测量特性，它可以做到小于0.1%的非线性，0.05%的灵敏度和小于0.01%/℃的温度误差。此外，传感器的结构和测量电路都比较简单。因此，它已被广泛应用于精密的压力、力、扭矩等测量中。

8.2.1　工作原理

振弦式扭矩传感器的工作原理如图 8.2.1 所示。传感器由一根放置在永久磁铁两极之间的金属振弦和振荡放大电路组成。金属振弦承受着拉力，并且根据不同的拉力大小和振弦的不同长度有着不同的固有振荡频率。因此,改变拉力的大小可以得到相应的振弦固有振荡频率的变化。振弦有很高的品质因数。在图8.2.1(b)中,它可以等效为一个并联的LC回路。由于振弦的高Q值,电路只有在振弦的固有振动频率上才能满足振荡条件。因此,电路的输出信号频率就严格地控制在振弦的固有振动频率上,而与作用力的大小有关。这样,就可以通过测量输出信号的频率来测量力、压力、扭矩变形等。

图8.2.1(b)中,R_1、R_2和场效应管组成负反馈网络,起着控制起振条件和振荡幅度的作用,而R_4、R_5、VD和C控制场效应管的栅极电压,作为稳定输出信号幅值之用。

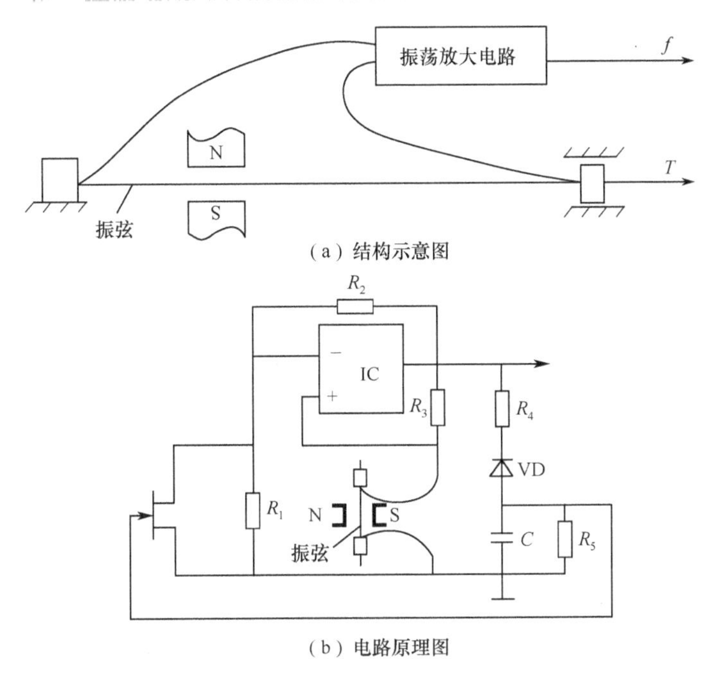

图8.2.1　振弦式扭矩传感器工作原理

振弦在电路中可以等效为一个并联的LC回路。如图8.2.1(a)所示,一根有效长度为l_e的振弦在磁感应强度为B的磁场中振动时,振弦上有感应电动势e产生和电流i流过。此时,振弦所感受的力为

$$F = Bl_e i$$

它可以分为两部分:一部分F_c用来克服振弦的质量m的惯性,使它获得运动速度v;另一部分F_L用来克服振弦作为一个横向弹性元件的弹性力。据此,可以写出

$$F_c = Bl_e i_c = m\frac{dv}{dt} \tag{8.2.1}$$

$$v = \int \frac{Bl_e i_c}{m}dt \tag{8.2.2}$$

式中,i_c为对应于力F_c的电流。感应电动势e等于

$$e = Bl_e v = \frac{B^2 l_e^2}{m}\int i_c dt \tag{8.2.3}$$

由式(8.2.3)可以看出,振弦在磁场中运动相当于电路中电容的作用,其等效电容为

$$C = \frac{m}{B^2 l_e^2} \tag{8.2.4}$$

当振弦偏离初始平衡位置时，有一个横向变形位移 δ，它的弹性力为

$$F_{\mathrm{L}} = -k\delta \tag{8.2.5}$$

式中，k 为振弦的横向刚度系数。从

$$v = \frac{\mathrm{d}\delta}{\mathrm{d}t}, \quad e = Bl_{\mathrm{e}}v, \quad F_{\mathrm{L}} = Bl_{\mathrm{e}}i_{\mathrm{L}}$$

可得

$$e = Bl_{\mathrm{e}}\frac{\mathrm{d}\delta}{\mathrm{d}t} = -\frac{Bl_{\mathrm{e}}}{k}\frac{\mathrm{d}F_{\mathrm{L}}}{\mathrm{d}t} = -\frac{B^2 l_{\mathrm{e}}^2}{k}\frac{\mathrm{d}i_{\mathrm{L}}}{\mathrm{d}t} \tag{8.2.6}$$

式中，i_{L} 为对应于力 F_{L} 的电流。

由式(8.2.6) 可以看出，振弦的弹簧作用相当于电路中的电感，其等效电感为

$$L = \frac{B^2 l_{\mathrm{e}}^2}{k} \tag{8.2.7}$$

振弦上流过的电流 $i = i_{\mathrm{c}} + i_{\mathrm{L}}$。于是，振弦的振动频率就可以按一般 LC 回路来计算，为

$$\omega - 1/\sqrt{LC} = \sqrt{k/m} \tag{8.2.8}$$

可见，这个结果与从二阶振动系统求得的结果一致。

振弦的横向刚度系数与振弦的张力 T 的关系为

$$k = \pi^2 T/l$$

代入式(8.2.8)，则振弦的振动频率可以写成

$$f = \frac{1}{2}\sqrt{\frac{T}{ml}} \tag{8.2.9}$$

式(8.2.9) 可以换算成

$$f = \frac{1}{2l}\sqrt{\frac{\sigma}{\rho}} = \frac{1}{2l}\sqrt{\frac{\varepsilon E}{\rho}} \tag{8.2.10}$$

式中，σ 为振弦内的机械应力；ρ 为振弦的材料密度；E 为振弦材料的弹性模量；ε 为振弦的应变。对式(8.2.10) 取 f 对 ε 的微分，则得振弦的应变灵敏度表达式为

$$\frac{\mathrm{d}f}{\mathrm{d}\varepsilon} = \frac{1}{4l}\sqrt{\frac{\rho}{\varepsilon E}}\frac{E}{\rho} = \frac{E}{8l^2\rho f} \tag{8.2.11}$$

8.2.2 激振装置

振弦振动有强迫振动、自由振动和自激振动 3 种方式。图 8.2.2 给出了振弦传感器在自激振动状态下的两种激励方式的原理图。其中，图 8.2.2 (a) 为磁电式变换器，图 8.2.2 (b) 为电磁式变换器。

(1) 磁电式变换器

如图 8.2.2(a) 所示。振弦也作为振荡电路的一部分位于磁场中，当振弦通入电流后就产生振动，并输出一个信号，经放大后又正反馈给振弦使其连续振动。振弦的等效 LC 谐振回路作为整个振荡电路中的正反馈网络，由于振弦对于它的固有振动频率有着非常尖锐的阻抗特性，电路只在其信号频率等于振弦的固有振动频率时才能达到振荡条件。R_1、R_2 和场效应管组成负反馈网络，起着控制起振条件和振荡幅值的作用，而 R_4、R_5、VD 和 C 支路控制场效应管 V_1 的栅极电压，起稳定输出信号幅值的作用，并为起振创造条件。当电路停振时，输出信号等于零，场效应管处于零偏压状态，场效应管漏源极对 R_2 的并联作用使反馈电压近似等于零，从而大大削弱了电路的负反馈作用，使回路的正增益大大提高，有利于起振。

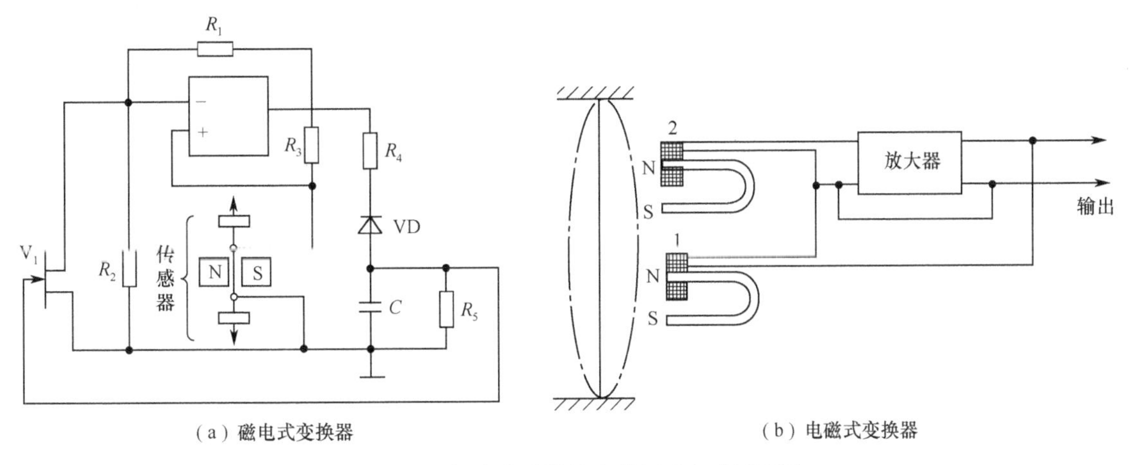

（a）磁电式变换器　　（b）电磁式变换器

图 8.2.2　振弦传感器的自激振动方式原理图

(2) 电磁式变换器

图 8.2.2(b) 为电磁式变换器的原理图，其中有两个磁钢和两个线圈。线圈 1 激励振弦振动，线圈 2 拾振并产生感应电动势。图中线圈 2 检测到的电动势 e 被送到放大器输入端，经放大后送到电磁铁线圈 1 以补充能量。只要放大器输出电流能满足构成振荡器的振幅和相位条件，振弦由于及时得到恰当的能量补充将维持连续振动，振动频率即为振弦的固有频率。

综上所述，无论是磁电式变换器，还是电磁式变换器，电路输出信号频率与作用力的大小有关，可以通过测量输出信号的频率来测量作用力。

8.2.3　测量误差

1. 非线性误差

从式(8.2.9) 可知，振弦式扭矩传感器的输出信号频率与作用力的关系是非线性的。当振弦的初始作用力为 T_0 和被测力为 ΔT 时，其输出信号频率从式(8.2.9) 可得

$$f=\frac{1}{2}\sqrt{\frac{T_0+\Delta T}{ml}}=\frac{1}{2}\sqrt{\frac{T_0}{ml}}\left(1+\frac{\Delta T}{T_0}\right)^{1/2} \tag{8.2.12}$$

展开上式，并令 $f_0=\sqrt{T_0/ml}/2$，得

$$f=f_0\left[1+\frac{1}{2}\frac{\Delta T}{T_0}-\frac{1}{8}\left(\frac{\Delta T}{T_0}\right)^2+\frac{1}{16}\left(\frac{\Delta T}{T_0}\right)^3-\cdots\right] \tag{8.2.13}$$

当 $\Delta T/T_0\ll 1$ 时，略去高次项，相对非线性误差 δ 等于

$$\delta=\frac{1}{4}\frac{\Delta T}{T_0}\times 100\%$$

因此，振弦式扭矩传感器要求有较高的初始频率，也即需要施加一定的初始应力。为了满足线性度的要求，$\Delta T/T_0$ 的值必须限制在一定范围内。为了改善非线性误差，振弦式扭矩传感器常采用差动工作方式。

2. 温度误差

振弦式扭矩传感器的温度误差比较复杂。当温度从 t_0 变到 t_1 时，由于膨胀系数的不一致，

振弦所受到的预加力和被测力都会发生变化。因此，温度变化时将引起传感器的零点漂移和灵敏度漂移，在传感器的结构设计中常采用一些补偿措施，如采用差动工作方式。

8.2.4 振弦式传感器应用

1. 振弦式压力传感器

图 8.2.3 为测量地层压力用的振弦式压力传感器。测量时，底座 11 上的膜片 2 和所要测量的地层面直接接触，地层压力变化，膜片便受压力，发生挠曲，带动两个支架 10 向两侧拉开，振弦 3 被拉紧，改变了振弦的频率，根据频率变化测定膜片所受压力的大小。该传感器膜片厚 2.5mm，弦长 78mm。压力变化 9.8×10^3 Pa，频率变动 17Hz，量程为 9.8×10^6 Pa。

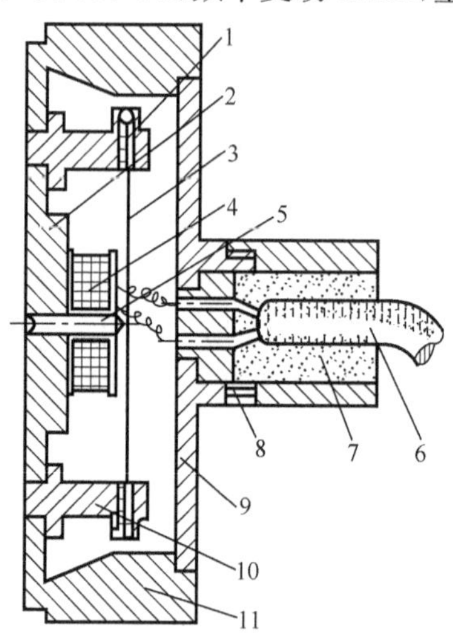

图 8.2.3　振弦式压力传感器

1— 夹紧装置；2— 膜片；3— 振弦；4— 线圈；5— 铁心；6— 电缆；7— 绝缘材料；
8— 塞子；9— 盖子；10— 支架；11— 底座

2. 振弦式扭矩传感器

图 8.2.4 为振弦式扭矩传感器原理图。在被测轴的两个相邻面上装两个套筒体 1 和 2，在套筒的凸台 1A、2A 和 1B、2B 之间夹有两根振弦 A 和 B。当轴转动传递扭矩时，轴产生扭转形变，两相邻的截面间产生一扭转角度，两个套筒体也随着转过同一角度，振弦 A 和 B 中一根受拉而另一根受压，引起振弦的振动频率发生变化。在弹性变形范围内，轴的扭转角与外加扭矩成正比，而振弦的振动频率的平方差与两端所受应力成正比，因此，可通过测量传感器输出的差频信号的频率来测量轴所承受的扭矩。

3. 振弦式加速度计

图 8.2.5 为振弦式加速度计原理图。通过两边端盖 4 的引线通以交流电可使质量块 2 两边的振弦 6A、6B 产生振动。交流电可通过控制电源调节，使交流电压的频率和两边振弦的谐振频率一致。当无加速度作用时，两边振弦的谐振频率相同。当有加速度作用时，质量块受到加速度作用，由惯性力引起振弦的强迫振动，两边振弦的频差与加速度成正比。

为了保证这种加速度计的正常工作，需要调节振弦 6A、6B 的初始张力，使弦丝振荡频率

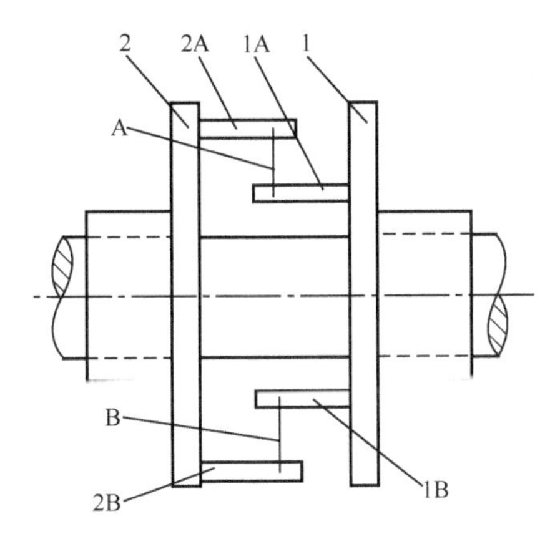

图 8.2.4　振弦式扭矩传感器原理图

1、2— 套筒；1A、2A、1B、2B— 套筒的凸台；A、B— 振弦

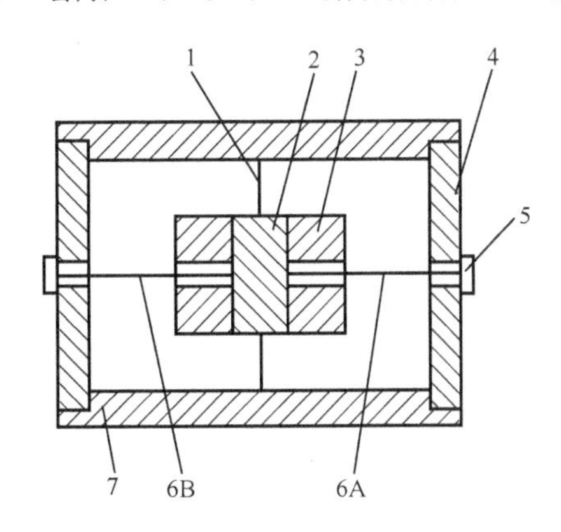

图 8.2.5　振弦式加速度计原理图

1— 固定弦；2— 质量块；3— 激振磁铁；4— 端盖；5— 螺钉；6A、6B— 振弦；7— 壳体

保持不变，这可通过调整图 8.2.5 中两边的端盖与螺钉来达到。

振弦式加速度计可测量的最小加速度与最小频差 $\Delta f_{\min}$ 有关，而 $\Delta f_{\min}$ 又取决于振弦频率的稳定性。设振弦稳定系数为 α，则有

$$\Delta f_{\min} = \alpha f_0$$

α 一般可达 10^{-6}，故可测量的最小加速度为 10^{-6}g。

振弦式加速度计具有灵敏性高、测量范围大、耐冲击等特点，不仅可用于火箭、导弹的惯性导航系统中，也可用于航空与地面重力测量、地震测量、爆破振动与地基振动测量，比通常的摆式加速度计更优越。

8.3　磁电相位差式扭矩传感器

8.3.1　测量原理

磁电式相位差式扭矩传感器是利用具有机械弹性的被测轴在转矩作用下产生弹性变形，两横截面的相对扭转角与转矩成正比的原理来测量转矩的。其工作原理如图 8.3.1 所示，在转轴上 A、B 两处分别附着一定厚度的非晶态合金薄带条；磁电式传感器测量探头 C 和 D 对准非

晶态合金薄带安装。当转轴不受转矩作用时，两传感器输出信号有一初始相位差。承载后，该相位差将随非晶态合金薄带所在横截面之间的相对扭转角的增加而增大，其大小与相对扭转角、转矩成正比。如果两横截面之间的相位差为 $\Delta\varphi$，则转轴所受扭矩为

$$M=\frac{GI_{\mathrm{P}}\Delta\varphi}{ZL} \tag{8.3.1}$$

式中，Z 为转轴一圈所产生的信号脉冲个数，L 为两截面间的距离，I_{P} 为转轴断面惯性矩，G 为剪切弹性模量。可见，转矩 M 与两信号相位差的变化量 $\Delta\varphi$ 成正比，若能测出 $\Delta\varphi$，即可计算出转矩 M。

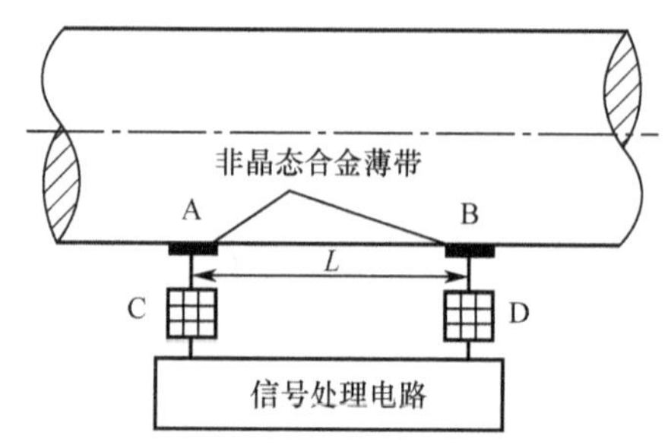

图 8.3.1　磁电相位差式扭矩传感器的工作原理

8.3.2　测量方式

图 8.3.2 为采用单侧安装的磁电相位差式扭矩传感器测量扭矩的工作原理。传感器探头采用"E"字型磁极，其中间为激磁极，两侧为测量磁极，测量磁极相距长度为 L。传感器探头安装在专用的骨架和支座上。在转轴表面附着一条钴基非晶态合金薄带，其轴向和径向尺寸与传感器铁心尺寸相对应，厚度为 0.035mm。当传感器激磁绕组通入一定频率的激磁电流时，形成闭合磁路。当传感器探头正对非晶态合金薄带和正对转轴表面时，由于气隙 δ 大小发生变化，非晶态合金的磁导率与转轴材料的磁导率也不同(钴基非晶态合金的磁导率是普通碳钢的 3300 倍)。根据磁路欧姆定律与法拉第电磁感应定律，磁路中磁阻的变化将引起磁通的变化，从而导致测量绕组中感应电动势的变化。测量两测量线圈输出感应电动势的相位差，就可以根据式(8.3.1) 计算转轴所受扭矩的大小。此时，轴旋转 1 圈时传感器输出 1 个脉冲。

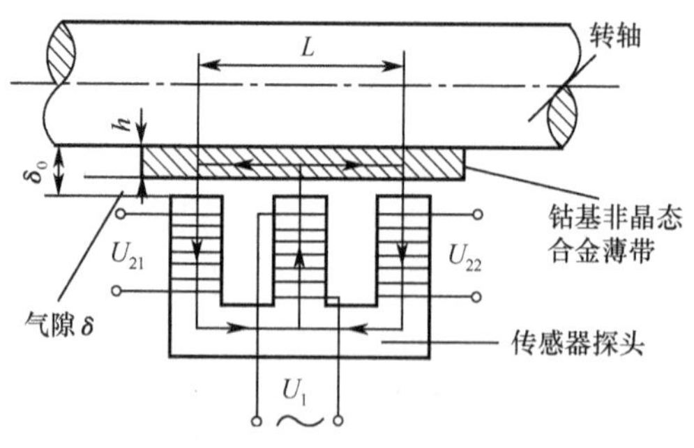

图 8.3.2　单侧安装测量原理

为了提高测量灵敏度和线性度，也可以采用如图 8.3.3 所示的双侧差动式安装。在沿转轴径向对称安装两个相同的三磁极传感器，转轴表面附着一层厚度为 h 的普通铁基非晶态合金薄带，型号为 $\mathrm{Fe_{28}Si_{10}B_{12}}$，其最大磁导率为 $5\times10^5\,\mathrm{H/m}$。在轴上方一侧的薄带上裁剪出与传感器探头铁心投影尺寸相同的矩形槽，使磁力线直接进入轴表面。而在轴下方一侧，在普通铁基

非晶态合金薄带的基础上又附着一层与传感器探头铁心投影尺寸相同的高磁导率的钴基非晶态合金薄带，其最大磁导率为 $1\times10^8\,\mathrm{H/m}$，其厚度也为 h。此时，轴上方的探头的气隙 $\delta=\delta_0+h$，轴下方探头气隙 $\delta=\delta_0-h$。此外，轴上方附着的铁基非晶态合金的磁导率小于轴下方附着的钴基非晶态合金的磁导率。所以，轴上方的磁阻大于轴下方的磁阻，因此，轴上方测量绕组中的感应电动势小于轴下方测量绕组中的感应电动势。将上、下测量绕组反向串联，形成差动，使感应电动势总输出增加，测量灵敏度提高。当传感器探头未对准非晶态合金薄带时，传感器输出电压为零。此时，轴旋转 1 圈时传感器输出 2 个脉冲。

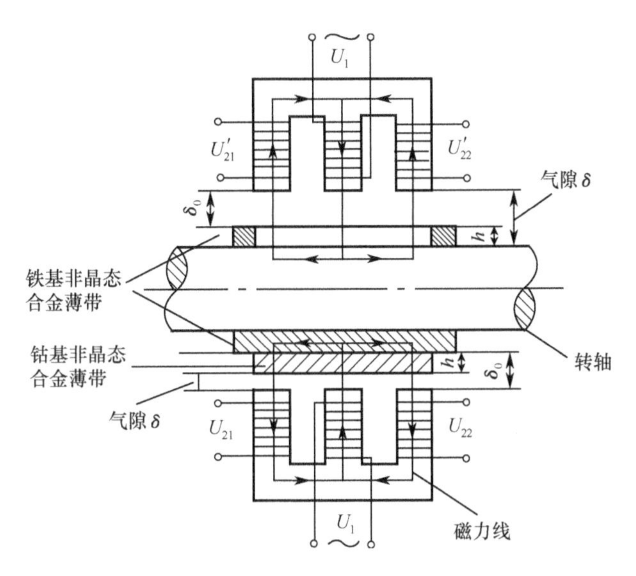

图 8.3.3　双侧差动式安装测量原理

8.3.3　输出特性

根据磁路欧姆定律，图 8.3.2 或图 8.3.3 所示磁路中的瞬时磁通为

$$\Phi=\frac{\sqrt{2}N_1I_1\sin\omega t}{\dfrac{\delta_0}{\mu_0S_{\mathrm{m}}}+\sum\limits_{i=1}^{n}\left(\dfrac{l_{\mathrm{f}i}}{\mu_{\mathrm{f}}S_{\mathrm{f}i}}+\dfrac{l_{\mathrm{t}i}}{\mu_{\mathrm{t}}S_{\mathrm{t}i}}\right)} \tag{8.3.2}$$

式中，δ_0 为磁极下的气隙厚度；μ_0 为真空磁导率，μ_{f} 为转轴材料的磁导率，μ_{t} 为铁心的磁导率；S_{m}为探头端面投影各段磁路的截面积，$S_{\mathrm{f}i}$ 为磁通在磁心中从探头激磁极到测量磁极端面各段磁路的截面积，$S_{\mathrm{t}i}$ 为转轴表面中各段磁路的截面积；$l_{\mathrm{f}i}$ 为磁心中磁通从探头激磁极到测量极端面磁通的路径长度，$l_{\mathrm{t}i}$ 为在转轴表面磁通的路径长度；N_1 为激磁线圈匝数；I_1 为激磁线圈中电流的有效值；ω 为激磁电流的角频率。

由法拉第电磁感应定律知

$$e_2=-\sqrt{2}\omega K_{\mathrm{m}}N_1N_2I_1\cos\omega t$$

式中，e_2 为测量绕组中的脉冲感应电动势，N_2 为测量线圈匝数，$K_{\mathrm{m}}=\dfrac{1}{\dfrac{\delta_0}{\mu_0S_{\mathrm{m}}}+\sum\limits_{i=1}^{n}\left(\dfrac{l_{\mathrm{f}i}}{\mu_{\mathrm{f}}S_{\mathrm{f}i}}+\dfrac{l_{\mathrm{t}i}}{\mu_{\mathrm{t}}S_{\mathrm{t}i}}\right)}$。

当传感器探头和转轴对准时，K_{m} 为常数。测量线圈中的脉冲感应电动势的有效值 U_{mag} 为

$$U_{mag} = \frac{\omega K_m N_1 N_2 I_1 R_L}{\sqrt{r_1^2 + X_1^2}} \tag{8.3.3}$$

式中，R_L 为负载的有效电阻，r_1 为测量线圈的电阻，X_1 为测量线圈的电抗。

当传感器探头和非晶态合金薄带对准时，K_m 改变为 K_{m1}

$$K_{m1} = \frac{1}{\frac{\delta_0 - h}{\mu_0 S_m} + \sum_{i=1}^{n}\left(\frac{l_{fi}}{(\mu_f + \Delta\mu_f)S_{fi}} + \frac{l_{ti}}{\mu_t S_{ti}}\right)} \tag{8.3.4}$$

式中，$\Delta\mu_f$ 为转轴表面磁导率的增量，即非晶态合金薄带的磁导率与转轴材质的磁导率之差。

显然，测量线圈中感应电动势的幅值增加，令

$$\Delta K_m = K_m - K_{m1}$$

则测量线圈中的脉冲感应电动势有效值的增量为

$$\Delta U_{mag} = \frac{\omega \Delta K_m N_1 N_2 I_1 R_L}{\sqrt{r_1^2 + X_1^2}} \tag{8.3.5}$$

8.3.4 传感器安装

传感器有水平安装和垂直安装两种方式，图 8.3.4 为扭矩传感器水平安装示意图。在传感器安装时，需注意以下几个方面：

① 传感器的安装同心度应不大于 0.1mm，否则仪器的测量精度不易保证；

② 传感器负载侧的联轴节应能方便地脱开，以便零点调整；

③ 传感器在使用时应力求避免振动；

④ 环境温度的变化会直接影响仪器的测量精度，当测量精度要求不高时，相对于传感器的标定温度温差在 ±10℃ 时，对标定系数可不做修改，如果环境温度超过这一范围，就须对传感器所标定的系数进行修改。

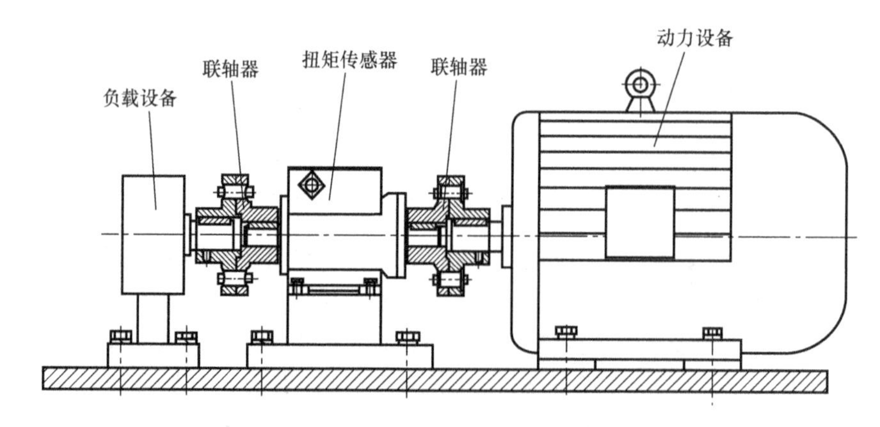

图 8.3.4 扭矩传感器水平安装示意图

习题与思考题 8

8-1 什么是金属导体应变效应？试利用应变效应解释金属电阻应变片的工作原理。

8-2 金属应变片与半导体应变片的工作原理有何区别？各有何优点？

8-3 金属电阻应变片传感器由哪几部分组成？各部分的功能是什么？

8-4 有一金属电阻应变片，其灵敏系数 $K = 2.5$，$R = 120\Omega$，设工作时其应变为 $1200\mu\varepsilon$，则 ΔR 是多少？

若将此应变片与 2V 直流电源组成回路，试求无应变时和有应变时回路的电流。

8-5　应变片称重传感器，其弹性体为圆柱体，直径 $D=10\text{cm}$，材料弹性模量 $E=205\times10^9\text{N/m}^2$，用它称重 500kN 的物体，若用电阻丝式应变片，应变片的灵敏系数 $K=2$，$R=120\Omega$，问电阻变化多少？

8-6　试述应变片温度误差的概念、产生原因和补偿办法。

8-7　简介测量电阻应变的直流电桥。按桥臂工作方式不同，可分为哪几种？各自的输出电压如何计算？

8-8　拟在等截面的悬臂梁上粘贴 4 个完全相同的电阻应变片组成差动全桥电路，试问：

(1) 4 个应变片应怎样粘贴在悬臂梁上？

(2) 画出相对应的电桥电路图。

8-9　如题 8-9 图所示为一直流应变电桥。图中 $U=4\text{V}$，$R_1=R_2=R_3=R_4=120\Omega$，试求：

(1) R_1 为金属应变片，其余为外接固定电阻。当 R_1 的增量为 $\Delta R_1=1.2\Omega$ 时，电桥输出电压 U_o 为多少？

(2) R_1 和 R_2 都是应变片，且批号相同，感受应变的极性和大小也相同，其余为外接固定电阻，电桥输出的电压 U_o 为多少？

(3) 题(2) 中，如果 R_2 与 R_1 感受应变的极性相反，且 $|\Delta R_1|=|\Delta R_2|=1.2\Omega$，电桥输出电压 U_o 为多少？

8-10　如题 8-10 图所示为等强度梁测力系统，R_1 为电阻应变片，应变片灵敏系数 $K=2.05$，未受应变时，$R_1=120\Omega$。当试件受力 F 时，应变片承受平均应变 $\varepsilon=8\times10^{-4}$，求：

(1) 应变片电阻变化量 ΔR_1 和电阻相对变化量 $\Delta R_1/R_1$。

(2) 将电阻应变片 R_1 置于单臂测量电路，电桥电源电压为直流 3V，求电桥输出电压及电桥非线性误差。

(3) 若要减小非线性误差，应采取何种措施？并分析其电桥输出电压及非线性误差大小。

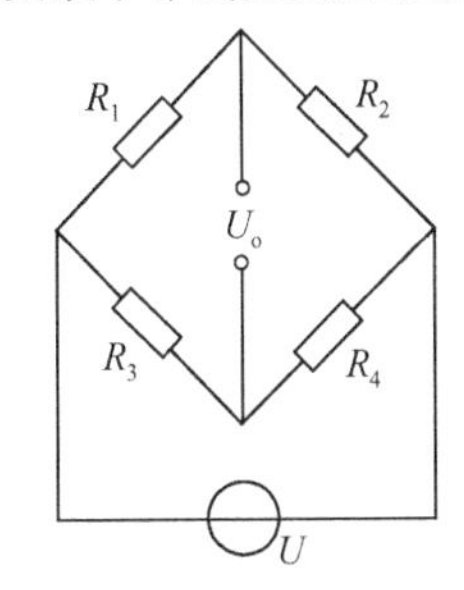

题 8-9 图　直流应变电桥

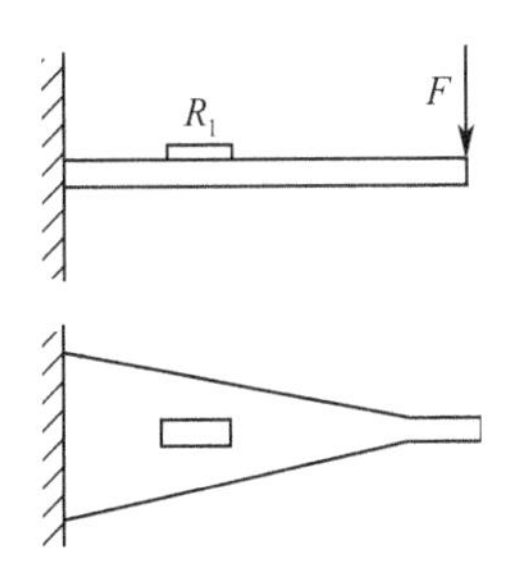

题 8-10 图　等强度梁测力系统

8-11　在题8-10的条件下，如果试件材质为合金钢，线膨胀系数$\beta_g=11\times10^{-6}/℃$，电阻应变片敏感栅材质为康铜，其电阻温度系数 $\alpha=15\times10^{-6}/℃$，线膨胀系数 $\beta_g=14.9\times10^{-6}/℃$。当传感器的环境温度从 10℃ 变化到 50℃ 时，引起附加电阻相对变化量$(\Delta R/R)_t$ 为多少？折合成附加应变 ε_t 为多少？

8-12　简述振弦式扭矩传感器的基本工作原理。

8-13　简述磁电式变换器和电磁式变换器的基本工作原理。

8-14　简述磁电相位差式扭矩传感器的基本工作原理。

8-15　查阅有关资料，介绍用相对位移法、光电法测量扭矩的传感器工作原理。

第9章　电气测试技术新进展

随着科学技术的发展，一方面对电气测试提出了更高的要求，另一方面又为电气测试注入了新的技术，特别是传感技术、数据采集技术和信号处理技术的应用，使得电气测试仪表的功能得到很大的提升，性能指标有了很大的提高。本章以信号传感、转换、采集和处理为线索，介绍电气测试技术的新发展，包括传感器动态误差修正技术、传感器自评估技术、多传感器数据融合技术、高精度模数转换技术和DSP应用技术，以实现更加快速、更加可靠、融合更多信息、更为准确的电气测试。

9.1　动态误差修正技术

电气测试的目的是要得到被测电量和非电量准确的数量概念，但是，在测量过程中不可避免地存在误差。为了消除或减少测量误差，必须研究误差的特点和修正方法。可以从不同的角度，对误差进行分类。我们从时间角度，把误差分为静态误差和动态误差。静态误差包括通常所说的系统误差和随机误差。动态误差是指电气测试仪表输入与输出信号之间的差异。由于产生动态误差的原因不同，动态误差又可分为第一类和第二类。因测量系统中各环节存在惯性、阻尼及非线性等原因，动态测试时造成的误差，称为第一类动态误差。因各种随时间改变的干扰信号所引起的动态误差，称为第二类动态误差。针对不同的误差，有不同的修正方法；就是对同一误差，也有多种修正方法。第4章介绍了针对静态系统误差所采用的数字修正方法，本节针对第一类动态误差，分别介绍时域在线的动态响应补偿和频域离线的动态误差修正方法。

9.1.1　时域在线动态响应补偿

随着科学技术和生产建设的发展，人们对测试仪表提出了更高的要求，要求能够测量一些瞬变的电量和非电量。同时，传感器广泛应用于生产过程的检测，作为为控制系统提供信息的单元，要能够迅速地反映被控参量的变化，否则，整个控制系统就无法正常工作。但是，很多传感器的阻尼比太小，阶跃响应振荡剧烈，达到稳态的时间长；固有频率不够高，对高频信号没有反应。这些因素导致传感器的动态响应速度慢。

为了提高传感器动态响应的快速性，可以从两方面入手。一是在传感器本身想办法，改变传感器的结构、参数和设计。二是在传感器输出信号的后续处理方面想办法，设计用于动态补偿的模拟或数字滤波器（通常称为动态补偿器），对传感器的信号进行校正，改善其动态性能。所谓动态补偿就是通过在传感器输出端级联动态补偿器，使得整个级联系统的动态性能得到改善。动态补偿示意图如图9.1.1所示。设计动态补偿器的方法有零极点配置法、系统辨识法和神经网络方法等，本节仅介绍前两种方法。

1. 零极点配置法

传感器的动态特性与其传递函数的极点位置密切相关。例如，对于一个属于二阶系统的传

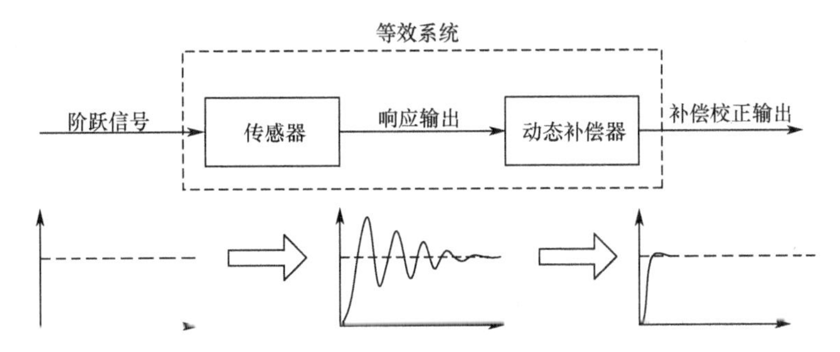

图 9.1.1　动态补偿示意图

感器，其传递函数为

$$H(s)=\frac{k}{(s-a-\mathrm{j}b)(s-a+\mathrm{j}b)} \tag{9.1.1}$$

当其动态响应不满足要求时，可以在传感器后面串接一个补偿器：

$$H_{\mathrm{b}}(s)=\frac{(s-a-\mathrm{j}b)(s-a+\mathrm{j}b)k_{\mathrm{m}}}{(s-a'-\mathrm{j}b')(s-a'+\mathrm{j}b')}=\frac{(s-a-\mathrm{j}b)(s-a+\mathrm{j}b)k_{\mathrm{m}}}{s^2+2\zeta\omega_{\mathrm{n}}s+\omega_{\mathrm{n}}^2} \tag{9.1.2}$$

式中，$k_{\mathrm{m}}=\omega_{\mathrm{n}}^2/(a^2+b^2)$。选择 ζ 和 ω_{n} 来调整新加入的极点位置，而原来的极点将被消去，使传感器的动态特性得以改善。

(1) 一阶模型的补偿器

AD590 集成温度传感器可以等效为一阶系统

$$H(s)=\frac{k}{Ts+1}=\frac{1}{6.75s+1} \tag{9.1.3}$$

式中，T 由实验测定。这种传感器的时间常数较大，响应速度在某些场合不能满足要求。设计动态补偿器为

$$H_{\mathrm{b}}(s)=\frac{Ts+1}{T's+1} \tag{9.1.4}$$

经过动态补偿后，等效系统（传感器和补偿器的组合）为

$$H_{\mathrm{d}}(s)=\frac{k}{T's+1} \tag{9.1.5}$$

因为 $T'<T$，所以等效系统的响应速度比原传感器的快。

(2) 二阶模型的补偿器

设传感器为二阶系统，其传递函数为

$$H(s)=\frac{b_1s+b_2}{s^2+a_1s+a_2} \tag{9.1.6}$$

有两种方法构造补偿器。第一种是将传感器的零极点全部消去，换上合适的极点。此时，补偿器为

$$H_{\mathrm{b}}(s)=\frac{b_2\omega_{\mathrm{n}}^2(s^2+a_1s+a_2)}{a_2(s^2+2\zeta\omega_{\mathrm{n}}s+\omega_{\mathrm{n}}^2)(b_1s+b_2)} \tag{9.1.7}$$

等效系统为

$$H_{\mathrm{d}}(s)=\frac{k\omega_{\mathrm{n}}^2}{(s^2+2\zeta\omega_{\mathrm{n}}s+\omega_{\mathrm{n}}^2)} \tag{9.1.8}$$

式中，$k=b_2/a_2$。对 $H_{\mathrm{b}}(s)$ 进行变换，得

$$H_b(s)=\frac{B_1s^2+B_2s+B_3}{s^3+A_1s^2+A_2s+A_3} \tag{9.1.9}$$

式中，$A_1=(b_2+2\zeta\omega_n b_1)/b_1$，$A_2=(2\zeta\omega_n b_2+\omega_n^2 b_1)/b_1$，$A_2=\omega_n^2 b_2/b_1$，$B_1=\omega_n^2 b_2/(a_2 b_1)$，$B_2=\omega_n^2 a_1 b_2/(a_2 b_1)$，$B_3=\omega_n^2 b_2/b_1$。

根据需要，确定 ζ 和 ω_n，代入式(9.1.9)，即可求出补偿器的模型。

第二种方法是替换传感器的极点，不动零点。补偿器为

$$H_b(s)=\frac{\omega_n^2(s^2+a_1s+a_2)}{a_2(s^2+2\zeta\omega_n s+\omega_n^2)}=\frac{B_0s^2+B_1s+B_2}{s^2+A_1s+A_2} \tag{9.1.10}$$

式中，$A_1=2\zeta\omega_n$，$A_2=\omega_n^2$，$B_0=\omega_n^2/a_2$，$B_1=a_1\omega_n^2/a_2$，$B_2=\omega_n^2$。

当确定 ζ 和 ω_n 后，同样可以得到补偿器的模型。

这两种方法的效果相当。但是，第一种方法得出的补偿器是三阶非齐次模型；第二种是二阶齐次模型，较易实现，更为可靠。用零极点配置法设计补偿器，要依据传感器的模型，所以对传感器建模精度有一定要求，但并不严格。由于人为控制极点，补偿效果非常明显。对于高阶系统，一可以采用降阶的方法去近似处理，二可以用低阶补偿器去校正。

2. 系统辨识设计方法

(1) 理想的动态响应

设等效系统为一阶系统

$$H_d(s)=\frac{k}{Ts+1} \tag{9.1.11}$$

式中，k 为传感器的静态灵敏度。调整时间常数 T，使阶跃响应的上升时间满足要求，就得到了等效系统的理想动态响应。

设等效系统为二阶系统

$$H_d(s)=\frac{k\omega_n^2}{s^2+2\zeta\omega_n s+\omega_n^2} \tag{9.1.12}$$

式中，取 ζ 为 0.707，选取不同的 ω_n，展宽等效系统的工作频带。

(2) 设计步骤

把传感器的阶跃响应作为补偿器的输入，把等效系统的理想阶跃响应作为补偿器的输出，用最小二乘辨识方法建立补偿器的模型。如果对传感器做阶跃响应法标定不方便，没有传感器的阶跃响应数据，可以依据其他标定方法的数据，建立传感器的模型，再计算出传感器的阶跃响应。

无论等效系统构造成一阶或二阶，均可用系统辨识方法求出动态补偿器的模型。通过比较发现，用二阶等效系统构造理想动态响应，得出的补偿器效果更好些。当传感器可做阶跃标定时，无须知道其模型，就可构造出补偿器模型。当传感器为一、二阶系统时，用系统辨识方法设计补偿器，效果较佳。当传感器是高阶系统时，可用降阶的方法处理。

9.1.2 频域离线动态误差修正

在动态测试中存在动态误差。这是因为测量系统的频率响应总是有限的，特别是传感器的频率响应往往成为限制整个测量系统频率响应的主要环节。由于幅频特性的不平坦，因而被测信号中的各次谐波有的被放大，有的被衰减。传感器的幅频特性如图 9.1.2 所示。图中，以

$\pm A\%$ 增益误差带为传感器工作频带带宽计算标准，可确定传感器工作频带带宽 f_w。即传感器测量频率在此工作带宽内的信号时，测量误差保持在 $\pm A\%$ 内。由于相频特性不是理想的直线，因而各次谐波之间的相位差也改变了。

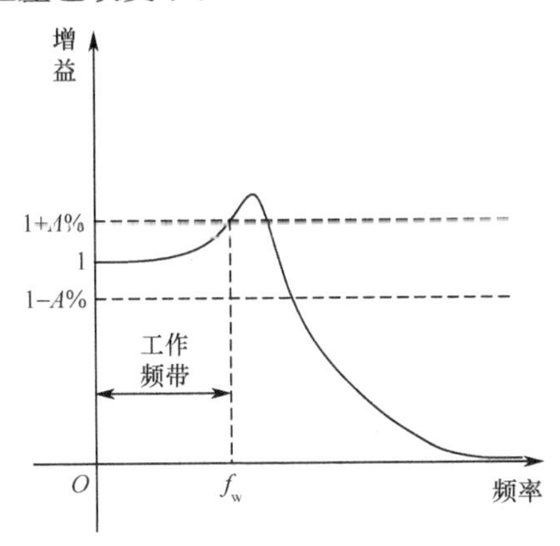

图 9.1.2　传感器工作频带示意图

频域修正法的基本思路是由动态标定的实验数据求出传感器的频率响应函数 $H(f)$，再对实际测得的信号 $y(t)$，即传感器的输出信号进行傅里叶变换得到 $Y(f)$，由此可算出被测信号 $x(t)$ 的傅里叶变换 $X(f)$，再进行反变换，就得到了经过动态误差修正的被测信号 $x'(t)$，应该比传感器的输出 $y(t)$ 更接近实际被测信号。由于在动态误差修正过程中用到傅里叶变换，而傅里叶变换需要对一段数据进行处理，所以，这种动态误差修正是离线进行的。

传感器一般为线性定常系统，其动态特性可采用脉冲响应函数 $h(t)$ 来描述。对于任意时刻的输入 $x(t)$，系统的响应输出 $y(t)$ 可表示为脉冲响应函数 $h(t)$ 与系统输入 $x(t)$ 的卷积。通过傅里叶变换，传感器的频率响应函数 $H(f)$ 就可直接由传感器的输入 - 输出数据的傅里叶变换计算得到，即

$$H(f)=\frac{Y(f)}{X(f)}=A(f)\angle\varphi(f) \tag{9.1.13}$$

式中，f 为信号的频率，$A(f)$ 和 $\varphi(f)$ 分别为频率响应函数 $H(f)$ 的幅频特性和相频特性。由于传感器频率响应函数 $H(f)$ 的幅频特性 $A(f)$ 和相频特性 $\varphi(f)$ 均是关于频率 f 的函数，而非恒定值，从而导致了传感器的动态误差。

传感器动态误差频域修正就是在传感器的频域模型后面级联一个频域修正模型，通过频域修正函数 $C(f)$ 来对传感器的实际频率响应特性进行修正，使得级联系统的幅频特性为 1，相频特性为 0。传感器频域修正示意图如图 9.1.3 所示。图中，$X'(f)$ 是用 $C(f)$ 对传感器输出 $Y(f)$ 修正的结果。

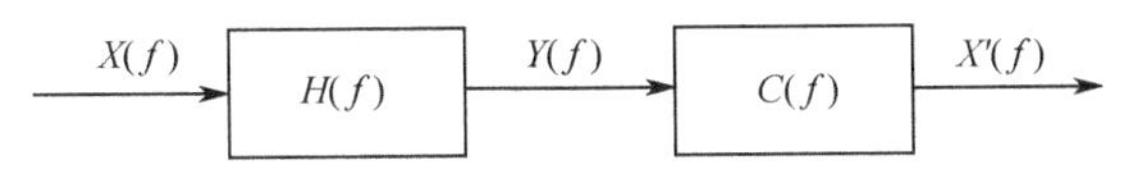

图 9.1.3　传感器频域修正示意图

频域修正函数 $C(f)$ 为

$$C(f)=\frac{1}{H(f)}=\frac{X(f)}{Y(f)} \tag{9.1.14}$$

但是，在实际测量中，不可避免地存在噪声，式(9.1.14) 就成了有偏估计。针对噪声问题，

频率响应函数的求解中采用功率谱估计法以尽可能地降低估计偏差。同样，采用功率谱估计法，由式(9.1.14)可得

$$\begin{cases} C_1(f) = \dfrac{X^*(f) \cdot X(f)}{X^*(f) \cdot Y(f)} = \dfrac{G_{xx}(f)}{G_{xy}(f)} \\ C_2(f) = \dfrac{Y^*(f) \cdot X(f)}{Y^*(f) \cdot Y(f)} = \dfrac{G_{yx}(f)}{G_{yy}(f)} \end{cases} \tag{9.1.15}$$

式中，$X^*(f)$ 和 $Y^*(f)$ 分别为 $X(f)$ 和 $Y(f)$ 的共轭，$G_{xx}(f)$、$G_{yy}(f)$、$G_{xy}(f)$ 和 $G_{yx}(f)$ 分别为传感器输入信号 $x(t)$ 和输出信号 $y(t)$ 的自功率谱和互功率谱。

由于传感器输入信号 $x(t)$ 和输出信号 $y(t)$ 中会不可避免地掺入白噪声，所以，$x(t)$ 的自功率谱 $G_{xx}(f)$ 和 $y(t)$ 的自功率谱 $G_{yy}(f)$ 均为过估计，而互功率谱 $G_{xy}(f)$ 和 $G_{yx}(f)$ 估计则基本不受输入和输出白噪声的影响。因此，式(9.1.15)中 $C_1(f)$ 为过估计、$C_2(f)$ 为欠估计，即均为有偏估计。则取传感器的频域修正函数 $H(f)$ 为两个有偏估计频域修正函数的平均值，即

$$C(f) = \frac{1}{2}[C_1(f) + C_2(f)] \tag{9.1.16}$$

式(9.1.16)能有效地克服白噪声对传感器频域修正函数估计的影响，使得所估计的频域修正函数 $C(f)$ 更接近传感器实际频率响应函数的倒数。

在依据式(9.1.15)和式(9.1.16)求取传感器频域修正函数时还需要注意以下问题。

① 传感器的输入信号和输出信号应含有丰富的频率分量，以使所求的频域修正函数满足修正频带的要求。

② 在所要求的修正频带内，$X(f)$ 和 $Y(f)$ 不能出现零值。否则，有偏估计频域修正函数 $C_1(f)$ 和 $C_2(f)$ 就会出现 0/0 和 0 这样的无效值，从而使得频域修正函数 $C(f)$ 在对应频率点处的函数值为 0/0 这样的无效修正函数值。根据传感器的频率响应函数，构造相应的修正环节的频率响应函数，将误差修正环节级联于传感器之后，使得等效检测系统具有我们所希望的动态特性。

9.2 传感器自评估技术

在很多应用领域，不仅需要传感器提供测量结果，而且要求传感器能确保测量的质量。所谓传感器自评估就是传感器不仅输出被测量的数值，而且给出测量结果的不确定度和传感器本身的工作状态，即测量结果的质量评价。

9.2.1 问题的提出

通过前面章节的学习，大家已经知道传感器是获取原始信息和采集现场数据的重要装置。随着产品质量检验的严格、企业经济效益的考核、安全标准的提高、环保法规的实施，以及大量传感器用于生产线，特别是反馈控制中，这些均对传感器测量结果的准确性和可信度提出了更高的要求。即很多应用领域不仅需要传感器提供测量结果，而且要求能说明这些测量结果的质量。由于传感器受本身工作原理的限制、设计和制造方面的不足及外界环境的干扰，使得其输出的测量结果有时不够准确和不可信。为了保证传感器测量的质量和输出数据的可信，英国科学家提出了传感器自评估这一新的概念，指出传感器应该利用各种可用的信息，通过分析

原始数据、测量值和辅助信号等，对自身的状态和性能作出一个内部的评估，给出有效测量数据，即当前测量值的最佳估计和有效度指数。有效度指数由不确定度和测量值状态两部分组成。不确定度反映了测量值的精确度；测量值状态反映测量值是否是“活”的数据和故障的持续时间。所以，传感器自评估就是传感器不仅输出被测量的数值，而且给出测量结果的不确定度和传感器本身的工作状态，即测量结果的质量评价。

9.2.2 基本定义

一个具有自评估功能的传感器如图 9.2.1 所示。它的输出有：被评估的测量值(Validated Measurement Value, VMV)、被评估的不确定度(Validated Uncertainty, VU)、测量值状态(Measurement Value Status,MVS)和设备状态。被评估的测量值是真正测量值的最佳估计，考虑到了所有的诊断信息。若故障发生，VMV 被校正到传感器的最佳性能。当原始数据不能用或者完全停止时，用过去的测量值推算出 VMV。被评估的不确定度是与 VMV 有关的不确定度，它给出对于测量真值的置信区间。VU 考虑到所有可能的误差源，包含噪声、测量方法和故障校正的策略。测量值状态是一个离散值形式的标志，表明 VMV 被计算的情况。例如，VMV 被正常计算；VMV 仍然来自活的数据，但是，是对故障的校正；VMV 是基于过去数据的预测。

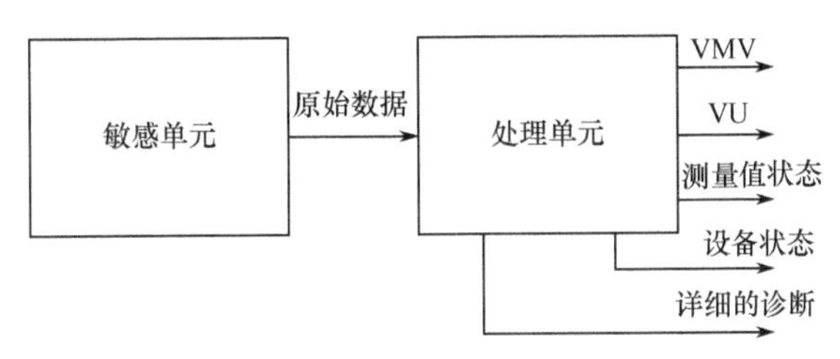

图 9.2.1 自评估传感器

9.2.3 应用举例

传感器自评估技术已经在热电偶、溶解氧传感器、科氏力质量流量计、涡街流量计和差压式流量计等中得到了应用。下面仅介绍在热电偶中的具体应用。

工业热电偶通常放在热井中，与苛刻的工作环境隔离开来。智能热电偶大多有基本的诊断功能，如诊断电压过低和开路故障。这些故障状态变化剧烈，比较容易检测和诊断，而严重的是与热井有关的故障。

根据被测物体温度与传感器温度联系起来的传递函数形式的数学模型，只有当传感器的时间常数较小时，传感器才会对被测物体的温度变化作出迅速反应。若传感器的时间常数较大，就需要经过一段时间延迟后，才能准确地反映被测物体的温度。对于控制系统来讲，传感器的响应时间是重要的。因为温度测量中明显的时间延迟会导致自动控制系统出现问题。例如，在化学反应堆中，时间延迟可能导致在升温阶段超过理想的反应温度，有可能发生危险。所以，在温度测量中，要保证足够小的时间常数。所以，在热井中填充硅树脂胶等热传导材料，使热传导系数增加，时间常数变小，响应速度提高。

在传感器工作期间，以下情况可能导致“传热不良”故障的发生：传感器脱离测温环境，热传导材料泄漏，以及碎片沉积在热井末端使传感器不能安装在正确的位置。这样热电偶反映的温度可能是错误的，最好的情况也只是在经过相当长的时间延迟后才接近被测物体的温度。这些故障很难用通常的方法检测到。英国牛津大学提出了环流阶跃响应检测方法，以周期性地检查这种特殊的故障状态。具体方法是：通入一个脉冲电流，加热热电偶的测温接头，使其温度比周围高几摄氏度；然后停止供电，观测接头冷却的速率。其基本思想是：不良的接触将导致温度的增高，而且需要很长时间才能回到原来的值。在传感器工作期间，若能有规律地进行这样的测试，观察温度升高和衰减的速率，并与没有故障时的响应比较，就会发现传热不良的故障。工作中，热电偶不仅输出原始测量值，而且显示被评估的不确定度和测量值的状态。

9.3　多传感器数据融合技术

9.2节介绍了传感器自评估技术，它是对单个传感器本身的状态和输出数据进行判断和评估，以保证测量结果的质量和有效性。随着科学技术的发展，被测对象越来越复杂。人们不仅需要了解被测对象的某一被测量的大小，而且需要了解被测对象的综合信息或者某些内在的特征信息，单一的、孤立的传感器已经难以满足这种要求。为了获取被测对象的全面和完整的信息，必须采用多个传感器或者多种传感器对同一对象进行多方位的检测。数据融合就是为了解决多传感器信息处理的问题而提出来的，首先应用于军事，近年来在机器人、智能检测系统、工业监控、航天、环保和气象等领域应用越来越广泛。

9.3.1　基本概念

1. 工作原理

多传感器数据融合是人类或者逻辑系统中常见的基本功能，从某种意义上讲，是模仿人脑综合处理复杂问题。各种传感器的信息具有不同的特征：实时的或者非实时的，快变的或者缓变的，模糊的或者确定的，互相支持的或者互相补充的，也可能是互相矛盾的。多传感器数据融合就是像人脑综合处理信息一样，充分利用多个传感器的资源，通过对这些传感器及其观测信息的合理支配和使用，把多个传感器在空间或者时间上的冗余或者互补信息以某种准则来进行组合，以获得被测对象的一致性解释和描述。

2. 基本定义

数据融合是一个具有广泛应用领域的概念，很难给出统一的定义。目前的数据融合是针对一个系统中使用多传感器这一特定问题而进行的新的信息处理方法。所以，数据融合又称为多传感器信息融合。比较全面的定义可以概括为：采用计算机技术，对不同时间与空间的多传感器信息资源，按照一定准则加以分析、综合、支配和使用，获得被测对象的一致性解释与描述，以完成所需的决策或者评估。

3. 发展过程

在第二次世界大战末期，高炮火控系统中同时使用了雷达和光学传感器。这两种传感器信息的组合，不仅有效地提高了系统的瞄准精度，也提高了抗恶劣气象和抗干扰能力。不过，当时这两种数据的综合评判是靠人工完成的，质量不高，速度缓慢。20世纪70年代初，在军事领域的指挥、控制、通信和情报服务(C^3I)中，使用多个(种)传感器收集战场信息。C^3I系统中信息的采集、假设的提出及决策的生成就是多传感器数据融合技术应用的典型例子。美国陆、海、空三军在战略和战术监视系统的开发中，采用数据融合技术进行目标跟踪、目标识别、态势评估和威胁估计，并研制出已广泛用于大型战略系统、海洋监视系统和小型战术系统的第一代数据融合系统。20世纪80年代初，多传感器数据融合的研究受到更多学者的注意，相应的理论和技术也在孕育中。1984年，美国成立了数据融合专家组，并把数据融合列为重点研究开发的20项关键技术之一。1998年，在机器人领域颇有影响的一些国际学术会议、期刊都推出了传感器数据融合的专辑，自此，这一方向的研究变得十分活跃。

4. 主要作用

多传感器数据融合的主要作用可归纳为以下几点。

① 提高信息的准确性和全面性。与一个传感器相比，多传感器数据融合处理可以获得有关周围环境更准确、全面的信息。

② 降低信息的不确定性。一组相似的传感器采集的信息存在明显的互补性，这种互补性经过适当处理后，可以对单一传感器的不确定性和测量范围的局限性进行补偿。

③ 提高系统的可靠性。某个或某几个传感器失效时，系统仍能正常运行。

9.3.2 融合方法

1. 处理过程

图9.3.1所示为数据融合的全过程。由于被测对象多半为具有不同特征的非电量，如温度、压力、声音、色彩和灰度等，所以首先要将它们转换为电信号，然后经过A/D变换将它们转换为能由计算机处理的数字量。数字化后电信号需经过预处理，以滤除数据采集过程中的干扰和噪声。对经处理后的有用信号做特征抽取，再进行数据融合；或者直接对信号进行数据融合。最后，输出融合的结果。

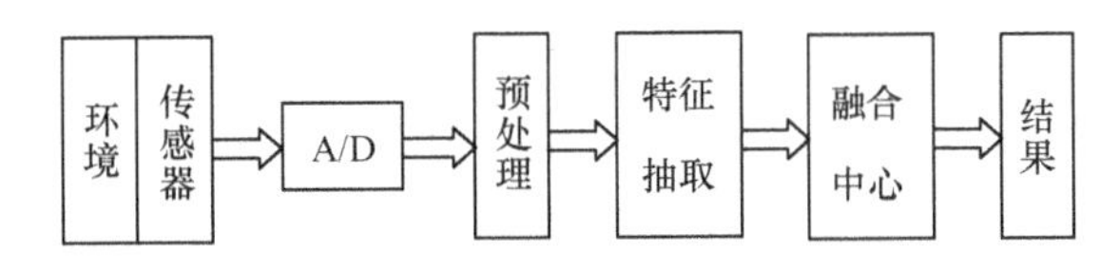

图9.3.1 数据融合过程

2. 融合层次

数据融合层次的划分主要有两种方法。第一种方法是将数据融合划分为低层(数据级或像素级)、中层(特征级)和高层(决策级)。另一种方法将是将传感器集成和数据融合划分为信号级、证据级和动态级。

数据级融合(或像素级融合)是对传感器的原始数据及预处理各阶段上产生的信息分别进行融合处理。它尽可能多地保持了原始信息，能够提供其他两个层次融合所不具有的细微信息。其局限性为：①由于所要处理的传感器信息量大，故处理代价高；②融合是在信息最低层进行的，由于传感器的原始数据的不确定性、不完全性和不稳定性，要求在融合时有较高的纠错能力；③由于要求各传感器信息之间具有精确到一个像素的配准精度，故要求传感器信息来自同质传感器；④通信量大。

特征级融合是利用从各个传感器原始数据中提取的特征信息，进行综合分析和处理的中间层次过程。通常所提取的特征信息应是数据信息的充分表示量或统计量，据此对多传感器信息进行分类、汇集和综合。特征级融合可分为目标状态信息融合和目标特性融合。特征级目标状态信息融合主要应用于多传感器目标跟踪领域。融合系统首先对传感器数据进行预处理，以完成数据配准。数据配准后，融合处理主要实现参数相关和状态矢量估计。特征级目标特性融合就是特征层联合识别，具体的融合方法仍是模式识别的相应技术，只是在融合前必须先对特征进行相关处理，对特征矢量进行分类组合。在模式识别、图像处理和计算机视觉等领域，已经对特征提取和基于特征的分类问题进行了深入的研究，有许多方法可以借用。

决策级融合是在信息表示的最高层次上进行的融合处理。不同类型的传感器观测同一个目标，每个传感器在本地完成预处理、特征抽取、识别或判断，以建立对所观察目标的初步结论，然后通过相关处理、决策级融合判决，最终获得联合推断结果，从而直接为决策提供依据。因此，决策级融合是直接针对具体决策目标，充分利用特征级融合所得出的目标各类特征信息，并给出简明而直观的结果。决策级融合除了实时性最好之外，还具有一个重要优点，即这种融合方法在一个或几个传感器失效时仍能给出最终决策，因此具有良好的容错性。

3. 主要方法

具体的数据融合算法有：加权平均、卡尔曼滤波、贝叶斯估计、统计决策理论、模糊逻辑法、产生式规则法和神经网络方法。下面仅介绍神经网络方法。

人工神经网络是模拟人类大脑而产生的一种信息处理技术，它采用大量以一定方式相互连接和相互作用的简单处理单元(即神经元)来处理信息。神经网络具有较强的容错性和自组织、自学习、自适应能力，能够实现复杂的映射。神经网络的优越性和强大的非线性处理能力，能够很好地满足多传感器数据融合技术的要求。

基于神经网络多传感器融合的一般结构如图 9.3.2 所示，其处理过程如下：

① 用选定的 N 个传感器检测系统状态；

② 采集 N 个传感器的测量信号并进行预处理；

③ 对预处理后的 N 个传感器信号进行特征选择；

④ 对特征信号进行归一化处理，为神经网络的输入提供标准形式；

⑤ 将归一化的特征信息与已知的系统状态信息作为训练样本，输入神经网络进行训练，直到满足要求为止。该训练好的网络作为已知网络，只要将归一化的多传感器特征信息作为网络输入输入该网络，则网络输出就是被测系统的状态。

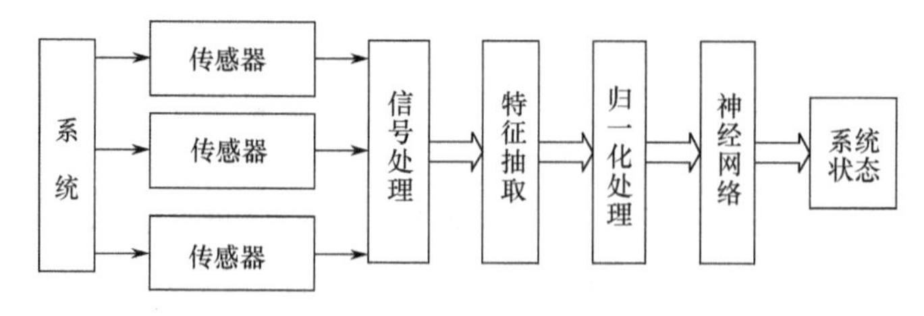

图 9.3.2　基于神经网络的多传感器信息融合

神经网络模型有很多种，常见的有：BP 网络、径向基函数网络、自组织神经网络和 Hopfield 神经网络等。

9.3.3 应用举例

近年来，多传感器数据融合技术在工业机器人、智能检测系统、工业过程监控、智能交通、遥感和军事等领域得到应用。

工业机器人主要使用视频图像、声音和电磁等数据的融合来进行推理，以完成物料的搬运、零件制造、检验和装配等工作。智能检测系统利用多传感器的信息进行融合处理，可以消除单个或者单类传感器检测的不确定性，提高智能检测系统的可靠性，获得对检测对象更准确的认识和解释。工业过程监控主要包括各种加工机床、工具和材料传送装置、检测报警和试验装置及装配装置的工业生产过程的监控，目的是在制造系统中用传感器来代替人进行加工、状态监测和故障诊断。智能交通系统采用多传感器数据融合技术，实现无人驾驶交通工具的自主道路识别、速度控制、定位以及交通事务管理、交通信号采集和交通信号控制等。多传感器数据融合在遥感领域中的应用，主要是通过高空间分辨率全色图像和低光谱分辨率图像的融合，融合多波段和多时段的遥感图像来提高分类的准确性。军事是多传感器数据融合应用最早的领域，涉及战术和战略上的信息监测、通信、情报和指挥等各个方面。

下面介绍空间机器人手爪采用多传感器数据融合技术来实现物体可靠抓取的例子。机器人手爪是机器人执行精巧和复杂任务的重要部件。为了使机器人能在存在不确定性因素的环境中进行灵巧操作，其手爪必须具有很强的感知能力，即在手爪上配置多种传感器，如接近觉传感器、力/力矩传感器、位置/姿态传感器、触觉/滑觉传感器等。手爪通过传感器获得外部环境的信息，以实现快速、准确、柔顺地抓取和操作工件。在同一环境下，多个传感器感知的信息中存在着内在的联系。但传统上对不同传感器采用单独孤立的处理方式，这存在两个缺陷：一是割断了信息之间的内在联系，丢失了信息有机组合后蕴含的进一步信息；二是单凭某个传感器的信息做判断，得出的决策可能是不充分的或不全面的。因此，采用多传感器信息融合方法，得到关于环境和目标对象的完整的、可靠的信息，是提高机器人操作能力和保障其安全的一条有效途径。以一种空间机器人——舱外移动机器人为例，它的手爪在操作过程中抓取工件，完成机器人的各种操作任务；在行走过程中抓取工字梁，使机器人与实验平台之间实现安全可靠的连接。因此，机器人手爪与物体的安全连接具有非常重要的意义。若机器人手爪与实验平台或操作工件没有安全连接，操作工件或机器人就有可能脱离空间站，造成很大的危害。所以，我们有必要了解和监测机器人手爪的连接状态。

该机器人手爪由夹持机构和感觉系统两大部分组成。夹持机构是实现手爪开闭功能的单自由度执行机构。其中，8 个应变梁组成 4 个 V 形槽，最终形成 2 个单自由度开合的手指。感觉系统由力传感器、接近觉传感器和位移传感器等组成，提供手爪状态的信息。在机器人手指的每个夹持面(应变梁)上都安装有 1 个力传感器，共 8 个。它们能够检测沿夹持面法线方向的接触力，这是安全连接状态判别的一个重要参数。但如果出现手爪卡歪等情况，仅靠力的信息就无法反映出来了。在手指的上表面中各安装了 1 个接近觉传感器，共 4 个，用来检测夹持面与物体的相对位置，这也是安全状态判别的一个依据。机器人手爪上安装的位移传感器用于检测手指的开闭距离，为手爪控制器提供信息，该传感器还可测出工件在夹持方向上的尺寸，为感觉系统判断被抓物体定位情况提供依据。但是，仅靠位移传感器来判别机器人手爪的连接状态是不充分的。综上所述，手爪上的力信息、接近觉信息和位移传感器信息都可以用来判别手爪是否处于安全状态，但由于传感器的误差、工作环境的不确定性等原因，使得单独一种传感器的信息对安全状态的判别都是不充分的。因此，有必要对这 3 种传感器的信息进行融合以准确判断手爪的连接状态。融合后的信息可以有效地克服单个传感器信息之间的冗余性，能更有效、更全面地反映手爪的状态。

对手爪的多种传感器信息进行融合，首先要有传感器的输出数据，这就需要进行实验。根据各种传感器信息的冗余和互补的情况，实验设计了以下几种手爪夹持工件的连接状态：①安全连接：手爪电机的驱动力达到预定值，手爪与工件完全接触且夹持到位，力觉传感器、接近觉传感器和位移传感器的输出均正常。②虚抓：手爪与工件全接触，但是，电机驱动力较小，即手爪抓得不紧，力觉传感器输出值与预定值有较大误差，而接近觉和位移传感器输出正常。③抓一半：手爪的两指与工件完全接触，即抓住了工件，而手爪的另两指没有抓住工件，电机的驱动力达到了预定值，力觉传感器输出不正常，接近觉传感器输出与预定值存在较大误差，位移传感器输出正常。④卡歪：工件没有卡进手爪的V形槽内，而是斜夹在一个V形槽和下两个平面形指端之间，力觉传感器、接近觉传感器及位移传感器的输出均不正常。⑤表面损坏：手爪与工件完全接触，力觉传感器和位移传感器的输出均正常，但由于夹持面磨损，改变了光的反射特性，或接近觉传感器失效，导致接近觉传感器输出误差较大。⑥空载：手爪虽张开，或处于闭合状态，但未夹持工件，故力觉传感器、接近觉传感器的输出与系统初始状态一致，为非正常输出，位移传感器视手爪的张开或闭合有不同值输出。

分别采用基于BP神经网络和径向基函数网络的数据融合方法。其中，典型的BP网络是一种3层网络，包括输入层、隐含层和输出层。各层之间实行全连接。BP网络的学习由4个过程组成，即输入模式由输入层经中间层向输出层的“模式顺传播”过程；网络的希望输出与网络实际输出之差的误差信号由输出层经中间层向输入层逐层修正连接权的“误差逆传播”过程；由“模式顺传播”与“误差逆传播”的反复交替进行的网络“记忆训练”过程；网络趋向收敛即网络的全局误差趋向极小值的“学习收敛”过程。

将各个传感器的信息（共12路）作为BP网络的输入，将手爪的安全连接状态和不安全连接状态作为BP网络的输出。两个输出的取值范围都在0～1，预测结果中一个输出值大于0.5，而另一个输出值小于0.5，那么大于0.5的那个输出就是手爪的连接状态。隐含层节点数为20，最大训练误差为0.001，初始学习率是0.01。

我们先对BP网络进行训练，将输入归一化到−1～1，将输出归一化到0.9或0.1，0.9表示该状态发生，0.1表示该状态不发生。训练完毕，用另外的数据进行预测。

在机器人实际工作中，实时地采集手爪上多传感器的输出数据，根据离线训练得出的权值和阈值进行运算，就可以推测出手爪与被抓物体的连接状态。

9.4 高精度模数转换技术

在第4章数字化电测仪表中，介绍了传统的将模拟量转换成数字量的模数转换器（ADC），例如，单斜率式ADC、双斜率式ADC和逐次逼近式ADC。为了实现高精度的电气测试，应该选用高精度的ADC。目前常用的高精度ADC是Σ-ΔADC，本节介绍这种ADC的拓扑结构、工作原理、特点和典型芯片。

9.4.1 Σ-Δ ADC拓扑结构

Σ-ΔADC基本拓扑结构如图9.4.1所示，包括Σ-Δ调制器、数字滤波器和抽取器。其中，后面两部分组成一个数字/多抽滤波器。所以，常说Σ-ΔADC由一个Σ-Δ调制器和一个数字/多抽滤波器组成。

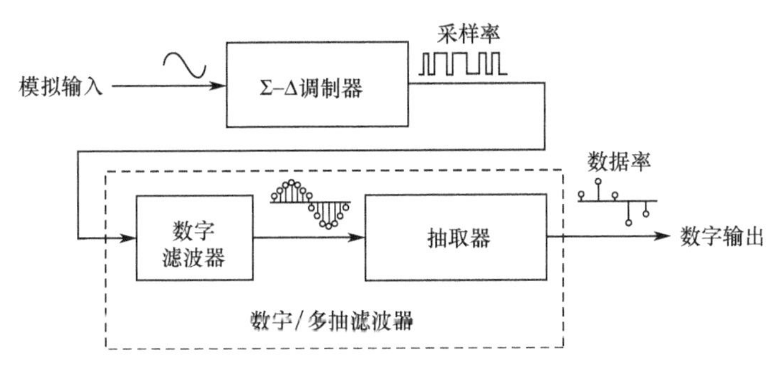

图 9.4.1　Σ-Δ ADC 拓扑结构

9.4.2　Σ-Δ ADC 工作原理

Σ-Δ ADC 的输入信号是交流或者直流电压信号，我们不妨用一个单频正弦信号作为 Σ-Δ ADC的输入信号。Σ-Δ ADC 内的调制器使用一个 1bit 的 ADC 对输入信号进行采样，产生粗糙的量化输出信号。调制器把模拟输入信号转换成高速的脉冲数字信号，脉冲的占空比反映了模拟输入电压的大小。尽管调制器产生了含有噪声的输出信号，但是，这些噪声将被整形在输出信号频谱的高频部分。数字滤波器处理高频噪声和高速采样率带来的数据吞吐率过高的问题。因为此时的信号位于数字域中，因此，可以用低通数字滤波器来削弱高频噪声，并且用抽取滤波器来降低输出数据的速度。数字/抽取滤波器对调制器的高速 1bit 数据流进行滤波，形成低速的多比特编码，从而在数字滤波器的输出端得到低噪声、高精度的转换结果。

大多数 ADC 只有一个采样率，但 Σ-Δ ADC 有两个：输入采样率（也称为调制器采样率或过采样速率）和输出数据率。这两个变量之间的比值定义了系统的抽取率（也称为降采样率）。抽取率与转换器的有效精度是紧密相连的。下面将分别介绍调制器、数字/抽取滤波器和可调节抽取率是如何工作的。

1. 调制器

Σ-Δ ADC 中采样调制器的输出信号为一连串的 1bit 码流，这是由于输入信号通过高采样率的量化器而转换生成的。与所有的量化器一样，Σ-Δ ADC 中调制器采样输入信号，产生数字码流表征输入电压。可以在时域或频域观察 Σ-Δ ADC 中调制器的结构，从时域角度观察，一阶调制器结构如图 9.4.2 所示。

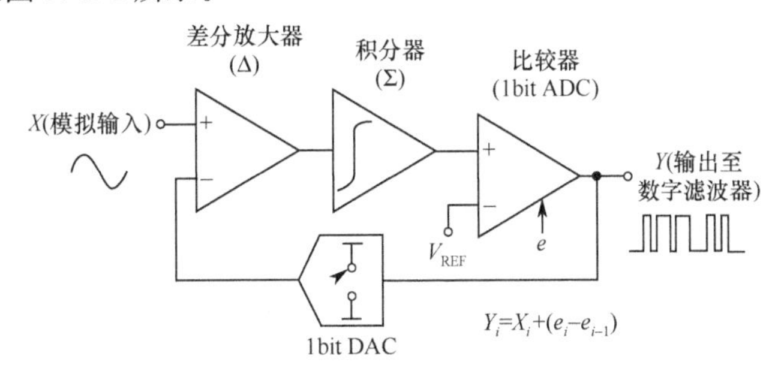

图 9.4.2　从时域角度解释调制器的工作原理

调制器利用一个差分放大器（Δ）得到模拟输入信号，与反馈 DAC 输出的模拟信号之间的差值，积分器（Σ）对差动放大器的输出模拟信号进行积分，并把积分的输出信号（斜坡信号）送入比较器（1bit 的模数转换器）中，积分结果被转换成“1”或者“0”的数字信号。在系统时钟下，ADC 把 1bit 的数字信号送到调制器的输出端，与此同时，通过反馈环路，把该数字信号送入 1bit DAC 的输入端。

1bit ADC 把输入信号量化成离散的输出编码，包含 ADC 的量化噪声 e_i。调制器的输出 Y_i 等于输入 X_i 加上量化噪声 $e_i - e_{i-1}$。在此公式中，量化噪声等于当前的量化误差信号 e_i 减去调制器前一个周期的量化误差 e_{i-1}，即 $e_i - e_{i-1}$，量化噪声被进一步降低了。时域上的输出信号是代表输入的脉宽信号，频率等于调制器采样频率 f_S。如果把输出脉冲序列平均化，结果将等于输入信号。

图 9.4.3 是从频域角度解释调制器的工作原理。时域上的输出脉冲信号在频域上表现为输入信号的频谱加上被整形的噪声信号频谱。被整形的噪声特性（低频处的噪声被推到高频处）从频域上体现了调制器的关键作用。

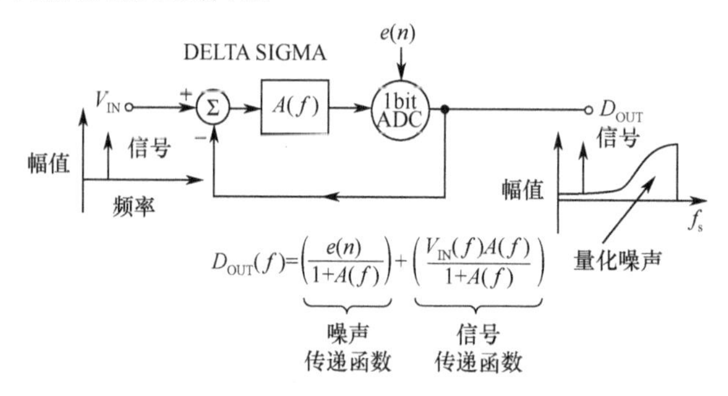

图 9.4.3　从频域角度解释调制器的工作原理

与一般的调制器不同，Σ-ΔADC 调制器中的积分器能够对量化噪声进行整形。调制器输出的噪声功率谱不是平坦的。更重要的是，通过频域分析，就可以清楚地看到调制器如何把噪声整形到高频处，进而在感兴趣的频段得到高分辨率的结果。

在调制器输出中，量化噪声在 0Hz 处是非常低的，然后，随着频率的增加而急剧上升，并且在调制器采样频率处达到最大值。

在一阶调制器只积分一次的基础上，二阶调制器通过积分两次来进一步降低低频量化噪声。很多 Σ-Δ 调制器的阶数甚至更高，如当前比较流行的 Σ-ΔADC 通常会包含二阶、三阶、四阶、五阶或者六阶的调制器。高阶调制器能够把更多的量化噪声整形到高频处。

2. 数字/抽取滤波器

在 Σ-ΔADC 中，接在调制器后面的模块是数字/抽取滤波电路，它对调制器输出的 1bit 码流进行滤波和抽取。在调制器的输出端，高频噪声和高速采样率（意味着高速数据输出率）是两个难题。然而，由于此时的信号位于数字域中，因此，可以用一个低通滤波器来削弱噪声；同时，用抽取滤波器电路来降低输出数据吞吐率。

图 9.4.4 显示了信号在数字/抽取滤波器传输过程中的变化情况。数字滤波器的工作频率与调制器的采样速率是相同的，24 位的代码流与原始信号波形一致。时域模型下，数字滤波器不仅降低了 Σ-ΔADC 的噪声，从而提高了转换器的分辨率；同时，数字滤波器还降低了系统噪声，这是因为调制器将低频段的量化噪声整形到高频处，滤除高频噪声即可实现低频处的采样精度提升。

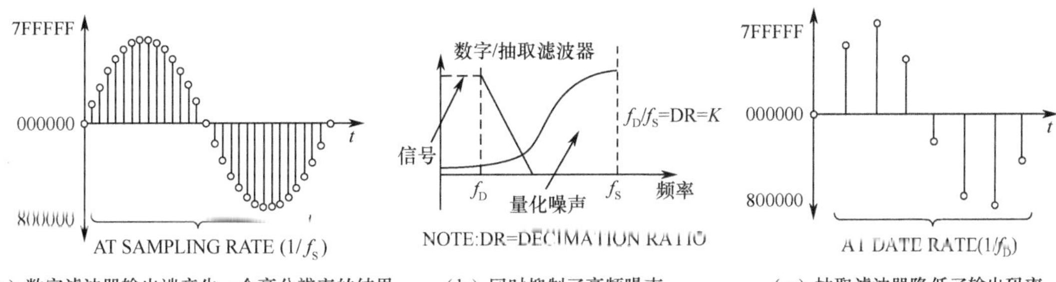

(a) 数字滤波器输出端产生一个高分辨率的结果　(b) 同时抑制了高频噪声　(c) 抽取滤波器降低了输出码率

图 9.4.4　信号在数字/抽取滤波器传输过程中的变化情况

数字滤波器的功能在于提供一个高分辨率的数字信号来描述输入模拟信号，但是，数据速度仍然因太快而不能利用。尽管看起来得到了大量的高采样速率下的高质量、多比特的采样信号，但是，这些数据中大部分是用不着的。因此，数字/抽取滤波器的第二个功能就是降低数据吞吐率。抽取是一个把输出数字信号的高速率降低到系统的奈奎斯特频率的过程。一种实现降采样功能的简单方式就是对一组 24 位的数据进行平均化，如图 9.4.4(c)所示。降采样器通过累加这些高分辨率的数据→每几个数据做一次平均→输出平均结果→清空计算所用的数据开始下一个平均过程。实现低功耗抽取功能的更为简单的方法就是，每 K 个样本抽出一个 24 位的结果。其中，K 等于抽取率或降采样比率或过采样比率，数值上都等于调制器采样速率与输出数据吞吐率之比。抽取率指与调制器频率比，输出数据速率被降低了 K 倍；而过采样比率指与输出数据速率比，调制器采样频率高 K 倍，这样就不需进行累加和平均计算。

几乎所有的 Σ-Δ ADC 都包含一类平均滤波器，称为 sinc 或者 FIR 滤波器，根据滤波器的频率响应来命名。许多 Σ-Δ ADC 都用 sinc 滤波器来实现两级抽取，工业用途的低速Σ-Δ ADC 一般只用一个 sinc 滤波器。

在频域中，数字/抽取滤波器对于信号来说是一个低通滤波器，如图 9.4.4(b)所示。通过这种方式，数字/抽取滤波器大大抑制了调制器的高频量化噪声。量化噪声被衰减后，感兴趣的信号将重新出现在时域中。而在对调制器输出的数字信号滤波之前，数字化后的感兴趣低频信号淹没在高频噪声里，时域上很难分辨出来。

图 9.4.5 更加清晰地解释了 Σ-Δ ADC 如何通过过采样来实现精度的提升。首先，图 9.4.5(a)为采用最小采样率还原 $f_S/2$ 以内的信号，在这种情况下，信号的信噪比 $\text{SNR}=6.02N+1.76\text{dB}$，其中，$N$ 为 ADC 的位数，所以，为增加 ADC 精度的一种最直接的方法就是增大 N，即增加 ADC 的位数。而 Σ-Δ ADC 采用的则是另一种方法，使用一个 1bit ADC，通过过采样噪声滤波来提高精度。图 9.4.5(b)则为 Σ-Δ ADC 的过采样，总体的噪声大小和采样没有关系。由于过采样增加了信号分布的带宽，所以，平均在有效信号带宽内的噪声会明显减小。Σ-Δ ADC 内部的调制器会将噪声推向高频处，如图 9.4.5(c)所示，噪声分布随频率不同，而总体的噪声是一定的，所以，在低频处的噪声会更小，从而更加有效地提高 ADC 的精度。这时，通过一个滤波器可以将带宽外的噪声滤除，提高带宽内信号的精度，如图 9.4.5(d)所示。

9.4.3　Σ-Δ ADC 特点和应用

从上述分析可以看出，Σ-Δ ADC 有以下基本特点。

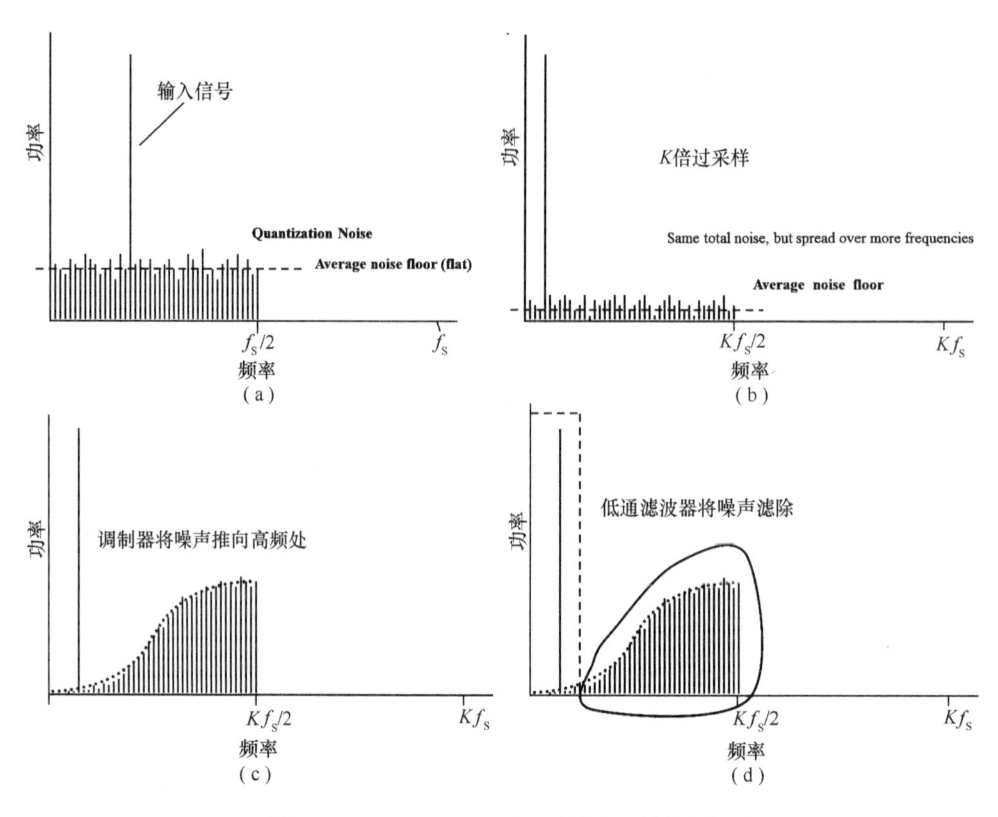

图 9.4.5 Σ-ΔADC 通过过采样实现精度的提升

首先，它拥有全差分的输入级，V_{in+} 和 V_{in-} 都可以接收电源范围内的信号并进行相减，获得优秀的共模抑制能力，实际上在直流段，即使 Σ-ΔADC 的内部 PGA 设置为 1，其共模抑制比都可以达到 100dB 以上。

其次，Σ-ΔADC 拥有超高的精度，这是通过过采样、调制和数字滤波 3 个方面结合起来实现的。

在 Σ-ΔADC 的应用中要注意以下两点。

① 与普通滤波器不同的是，Σ-ΔADC 中的滤波器对高于截止频率 f_c 的信号不是全部衰减，而是带通滤波的，无法滤除这个频率范围内的噪声，所以，需要 Σ-ΔADC 前端放置抗混叠滤波器将这些频率的噪声滤除。好在这些频率段相对于信号而言已经很高了，简单的 RC 滤波电路就能胜任。

② 运放不宜直接驱动 Σ-ΔADC。采样即是对采样电容进行充放电，采样电容切换至输入信号时，运放对电容充电，输出电压降低，运放对此进行矫正，在此过程中，运放将达到压摆率(slew rate)极限，导致振荡。解决的办法是在 Σ-ΔADC 输入端并联一个小容值电容接地，一般为几百 pF；同时，在运放输出端与 ADC 输入端串联一小阻值电阻，一般为几十至 200Ω。电容为采样电容充放电提供瞬态电流，电阻隔离运放与采样电容。注意，电容要尽量靠近 Σ-ΔADC输入端，并以最短路径连接到地。另外，该 RC 电路同时还能起到抗混叠滤波的作用。

Σ-ΔADC 芯片的型号很多，以美国德州仪器(TI)公司的产品为例，给出一些芯片的型号、简介和封装，如表 9.4.1 所示。TI 公司的 Σ-ΔADC 芯片在直流特性和带宽等方面都有显著的优势，主要有高直流精度型、宽带型、通用型、带隔离型、电流输入型及集成有前端放大的

EEG/ECG ADC。高直流精度型主要针对直流敏感的应用，例如，温度和压力测量、负载传感及过程控制等。宽带型主要面向对精度和交流特性同时有要求，而又允许一定延迟的应用场合，例如，精密仪器和图像处理等。通用型则适合低功耗、低成本和小板上面积的应用场合。带隔离型 Σ-ΔADC 最高可提供高达 4kV 的峰值隔离。此外，专用 Σ-ΔADC 针对生理信号，适用于大信号中微弱信号的提取，例如，EEG（Electroencephalograph，脑电图）和 ECG（Electrocardiograph，心电图）信号。

表 9.4.1 Σ-ΔADC 芯片型号列表

器　件	简　介	封　装
ADS1232IPW	10SPS/80SPS，50/60Hz 陷波器，集成 PGA，24 位 ADC	SSOP
ADS1240E	15SPS，50/60Hz 陷波器，24 位，集成 PGA，4 通道	SSOP
ADS1246IPW	最大 2KSPS，24 位，集成 PGA，单通道	TSSOP
ADS1247IPW	最大 2KSPS，24 位，带电流源，集成 PGA，双通道	TSSOP
ADS1248IPW	最大 2KSPS，24 位，电流源和参考电压输出，集成 PGA，四通道	TSSOP
ADS1252U	40KSPS，24 位 ADC，单通道	SOIC
ADS1255IDBT	30KSPS，24 位 ADC，内部集成 PGA，双通道输入	SSOP
ADS1271IPW	105KSPS，24 位 ADC，单通道	TSSOP
ADS1274IPAPT	四通道的 ADS1271	HTQFP
ADS1146IPW	最大 2KSPS，16 位，集成 PGA，单通道	TSSOP
ADS1147IPW	最大 2KSPS，16 位，带电流源，集成 PGA，双通道	TSSOP
ADS1148IPW	最大 2KSPS，16 位，电流源和参考电压输出，集成 PGA，四通道	TSSOP
ADS1158IRTCT	16 位 16 通道 125KSPSΣ-ΔADC	QFN
ADS1174IPAPT	16 位 4 通道 52KSPS 同步采样 Σ-ΔADC	HTQFP
ADS1298IPAG	24 位 8 通道低功耗生物电位测量前端 ADC	TQFP
LMP90077MH	16 位传感器前端 ADC	HTSSOP
ADS1202IPWT	16 位，带有分流器 ADC，40KSPS ADC	TSSOP

9.5 DSP 应用技术

测量的目的是要得到被测量准确的数量信息。测量可能在实验室中进行，更多的是在工业现场进行，这就不可避免存在着各种噪声和干扰的影响。此外，由于被测对象的复杂性，真正有用的信息被掩盖或淹没。所以，需要对传感器输出的原始数据进行信号处理，以去除噪声和干扰，提取出真正有用的信息。能够完成信号处理的设备有多种，但是，要应用于测量系统的必须是体积小、集成度高和重量轻的。DSP（Digital Signal Processor，数字信号处理器）是继 MCU（Micro Control Unit，单片机）之后出现的新型单片集成芯片，非常适用于测量仪表中，实现数据采集、信号处理和系统控制。

9.5.1 DSP 的特点

与单片机相比，DSP 具有更快的运算速度和更强的处理能力。这是由于 DSP 针对实时数字处理在处理器结构、指令系统、指令流程上做了很大的改进，其特点如下。

① 哈佛结构。DSP普遍采用了数据总线和程序总线分离的哈佛(Harvard)结构及改进的哈佛结构，比传统处理器的冯·诺伊曼(Von Neumann)结构有更高的指令执行速度。

在DSP算法中，最大量的工作之一是与存储器交换信息，这其中包括作为输入信号的采样数据、滤波器系数和程序指令。图9.5.1(a)显示了一个传统的微处理器是如何做这项工作的。这被称为冯·诺伊曼结构，是以一位数学家的名字命名的。冯·诺伊曼结构中，只有一个存储器，通过一条总线来传送数据。两个数相乘至少需要3个指令周期，即通过总线将这两个数从存储器中送到CPU。所以这种结构在面对高速、实时处理时，不可避免地造成总线拥挤。为此，哈佛大学提出了与冯·诺伊曼结构完全不同的另一种计算机结构，人们习惯称为哈佛结构，如图9.5.1(b)所示。它根据数据和数据指令将存储器和总线分开。因此，总线操作是独立的。所以，能同时取指令和数据，提高了速度。目前DSP内部一般采用的是哈佛结构，它在片内至少有4套总线：程序的数据总线、程序的地址总线、数据的数据总线和数据的地址总线。这种分离的程序总线和数据总线，可允许同时获取指令字(来自程序存储器)和操作数(来自数据存储器)，而互不干扰，这意味着在一个机器周期内可以同时准备好指令和操作数。有的DSP芯片内部还包含有其他总线，如DMA(Direct Memory Access，直接存储器存取)总线等，可实现单周期内完成更多的工作。这种多总线结构就好像在DSP内部架起了四通八达的高速公路，保障运算单元及时地取到需要的数据，提高运算速度。因此，对DSP来说，内部总线就是资源，总线越多，可以完成的功能就越复杂。超级哈佛结构(Super Harvard Architecture，SHARC)如图9.5.1(c)所示，它在哈佛结构上增加了指令Cache(缓存)和专用的I/O控制器。

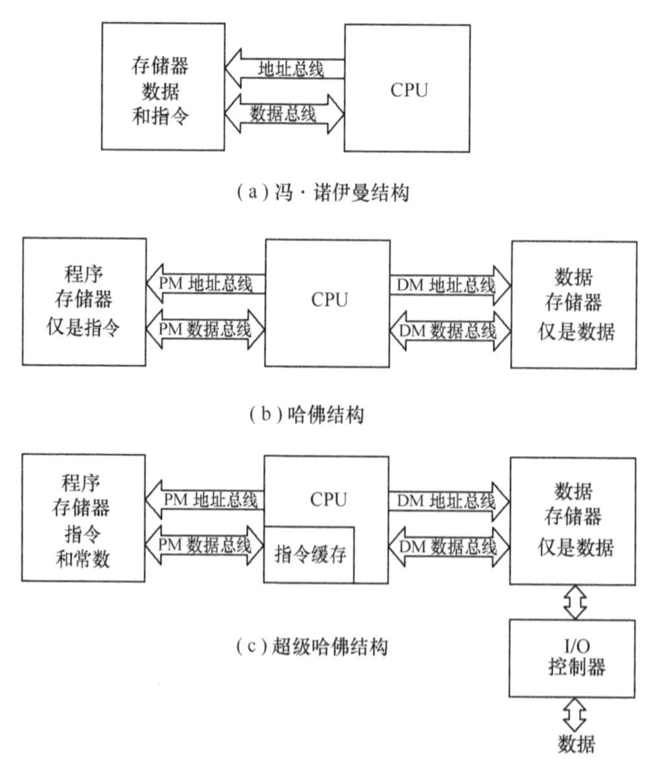

图9.5.1　微处理器结构

② 流水线操作。DSP 大多采用流水线操作，从而在不提高时钟频率的条件下减少了每条指令的执行时间。与哈佛结构相关，DSP 芯片广泛采用流水线以减少指令执行时间，从而增强了处理器的处理能力。要执行一条 DSP 指令，需要通过取指令、译码、取操作数和执行等几个阶段，DSP 的流水线是指它的几个阶段在程序执行过程中是重叠的，即在执行本条指令的同时，下面的 3 条指令也依次完成了取操作数、译码、取指令的操作。换句话说，在每个指令周期内，4 条不同的指令处于激活状态，每条指令处于不同的阶段。正是利用这种流水线机制，保证 DSP 的乘法、加法及乘加运算可以在一个单周期内完成，这对提高 DSP 的运算速度具有重要意义，特别是当设计的算法需要连续的乘加运算时，这种结构的优越性就得到了充分的表现。也正是这种结构，决定了 DSP 的指令基本上都是单周期指令，衡量一个 DSP 的速度也基本上以单周期指令时间为标准，其倒数就是 MIPS(每秒百万条指令)。

③ 硬件乘法器/累加器。针对滤波、相关、矩阵运算等需要大量乘法累加运算的特点，DSP 大都配有独立的乘法器和加法器，使得同一时钟周期内可以完成一次乘加运算。

在实现 FIR 滤波器中，主要是乘法和加法运算。即对每个滤波器的抽头，必须做一次乘法和一次加法。

$$y(n)=\sum_{i=0}^{N-1} a(i)x(n-i) \tag{9.5.1}$$

式中，$y(n)$为滤波器的输出；$a(i)$为滤波器系数，$x(n-i)$为滤波器的输入；N 为滤波器的阶数；n 为离散变量。

另外，任何超越函数在 DSP 中通常采用级数展开的方法来求解，其表达式为

$$f(x)=\sum_{i=1}^{N} a(i)x^i \tag{9.5.2}$$

式(9.5.1)和式(9.5.2)相似地出现了相乘后乘积求和的通用形式，针对这类运算，DSP 在运算单元中设置了乘法器/累加器(MAC)，从硬件上实现了乘法器和累加器的并行工作，可在单指令周期内完成一次乘法并将乘积求和的运算。而在通用的微处理器中，乘法指令是由一系列加法来实现的，故需要许多指令周期才能完成。

④ 片内不仅有多条总线，可以同时进行取指令和存取多个数据的操作，并且有辅助寄存器用于寻址，它们可以在寻址访问前或访问后自动修改内容，以指向下一个要访问的地址。

⑤ 许多 DSP 带有 DMA 通道控制器，以及串行通信口等，配合片内多总线结构，数据块传送速度大大提高。

⑥ 配有中断处理器和定时控制器，可以方便地构成一个小规模系统。

⑦ 具有软、硬件等待功能，能与各种存储器接口。

因此，DSP 具有高速的运算能力。DSP 比 16 位单片机单指令执行时间快 8～10 倍，完成一次乘加运算快 16～30 倍。DSP 提高了 FFT(快速傅里叶变换)和滤波器的运算速度。

9.5.2 DSP 的主要系列

世界上有多家公司生产 DSP 芯片，下面仅简单介绍 TI(美国德州仪器)公司和 ADI(美国模拟器件)公司的 DSP 芯片。

1982 年 TI 公司推出其第一代 DSP 芯片——TMS32010，迄今为止，TI 已成为世界上最大的 DSP 芯片供应商。TMS320 系列已有 C2000，C5000 和 C6000 系列。其中，C2000 系列主要用于数字控制，C5000 系列主要用于数字通信，C6000 系列主要用于图像处理。

ADI公司推出了一系列具有自己特色的DSP芯片，其中包括16位定点DSP芯片ADSP-21XX、SHARC系列DSP芯片及TigerSHARC系列DSP芯片。

9.5.3 DSP应用举例

1. 基于DSP的传感器动态补偿系统

机器人六维腕力传感器安装于机器人的手臂和手爪之间，可以感知三维力和三维力矩信号，为机器人的操作和控制提供信息。随着机器人速度的加快和一些特殊应用领域的需要，对传感器的动态性能提出了较高要求，要求它能够准确迅速地反映被测量的变化。但是，腕力传感器的固有频率较低，阻尼比太小，从而动态响应速度慢，到达稳态时间长。为了提高腕力传感器的动态性能指标，我们设计了动态补偿器，并用DSP芯片研制了实时动态补偿系统。

六维腕力传感器的弹性体是一体化的浮动十字梁结构，其上贴了32片应变片，组成8个电桥；电桥输出信号经过一级放大，输入我们研制的实时动态补偿系统。该系统对8路信号进行采集、静态解耦，变成代表F_x、F_y、F_z、M_x、M_y和M_z的6路信号输出；同时对这6路信号进行动态补偿，以提高腕力传感器响应快速性。动态补偿系统由采样/保持器(S/H)、多路转换器(MUX)、放大器(AMP)、模数转换器、数字信号处理器(DSP)、数模转换器、滤波器和逻辑控制电路等组成，如图9.5.2所示。软件流程包括数据采集、数据处理和结果输出等几个步骤。该系统完成对腕力传感器多路数据的实时采集、解耦、动态补偿和输出任务。实验结果表明，腕力传感器各个转换通道的阶跃响应，需要20～80ms的时间才能达到稳态(±10%误差)；经过动态补偿，各个转换通道的响应时间均小于5ms，使动态性能指标得到很大提高，如图9.5.3所示。

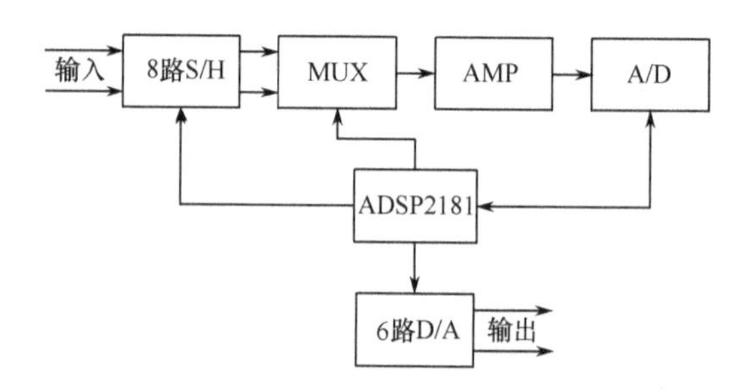

图9.5.2　动态实时校正系统框图

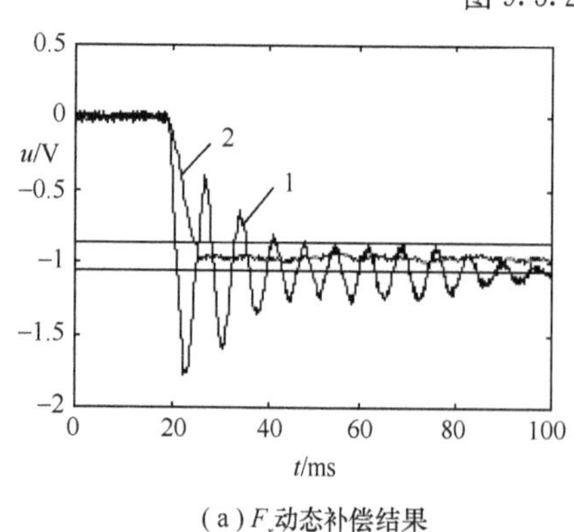

(a) F_x动态补偿结果

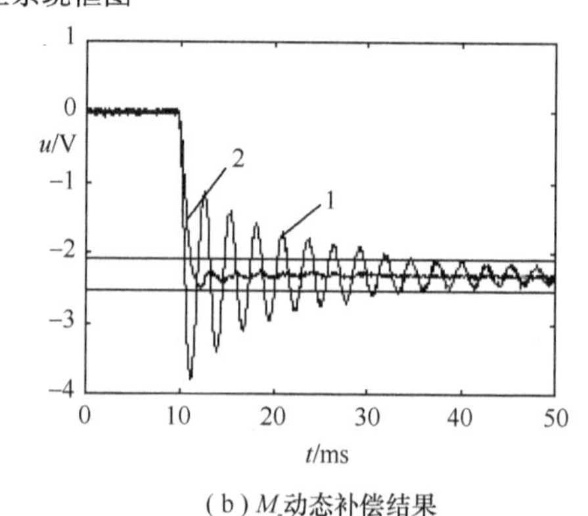

(b) M_z动态补偿结果

图9.5.3　动态补偿结果

1—腕力传感器输出信号；2—动态补偿结果

2. 基于 DSP 的多传感器数据融合系统

本章 9.3 节介绍多传感器数据融合技术时，谈到空间机器人手爪上安装有多种传感器，如指力传感器、触觉传感器和距离传感器等，这些传感器组成了机器人手爪的感觉系统。为此，需要研制一套多传感器数据采集、融合和传输系统，以实时地采集和融合多传感器信息，得出手爪与工件的安全连接状态，并把这一状态传输给主控计算机。为此，我们研制了一套基于 DSP(数字信号处理器)的数据采集、融合和传输系统，硬件框图如图 9.5.4 所示，主要由数据采集模块、DSP 处理模块和 CAN 通信模块组成。数据采集模块主要由 DSP 芯片自带的 ADC 转换模块、数字 I/O 模块和正交编码脉冲电路组成。DSP 处理器模块主要由 DSP 芯片 TMS320LF2407A 组成。数据传输模块由 DSP 片内自带的 CAN 控制器和 CAN 总线收发器 82C250 组成。

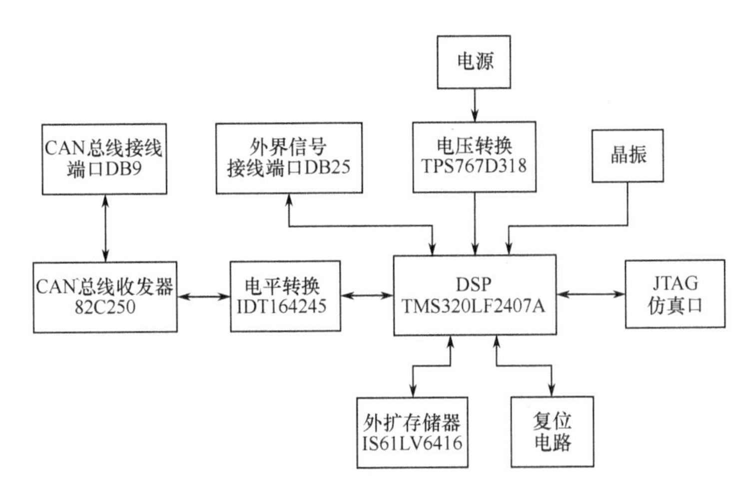

图 9.5.4　系统硬件框图

软件设计采用模块化设计方法，主要采用 C 语言编程。系统软件包括监控程序、初始化模块、看门狗模块、数据融合模块、CAN 通信模块、数字量采集模块、正交编码脉冲计数模块和 A/D 中断服务程序。系统软件的总框图如图 9.5.5 所示。

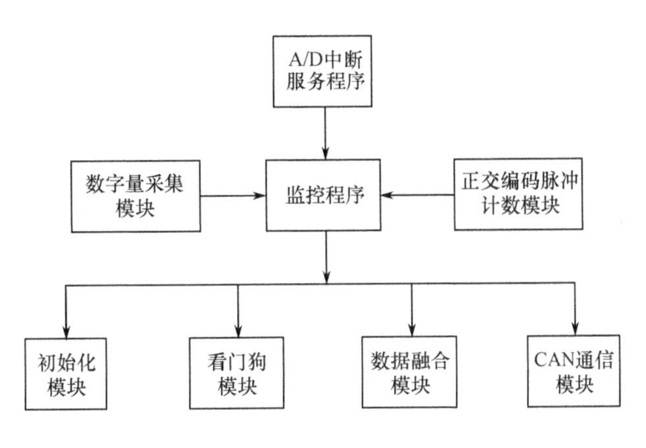

图 9.5.5　软件总框图

经实验测试表明，该系统实时采集手爪上各种传感器的数据，用RBF(Radical Basic Function，径向基函数)神经网络实时融合出手爪与工件的连接状态，并将这一信息通过CAN总线传送给主控计算机。该系统体积小，重量轻，性能可靠。

3. 基于DSP的相位差测试系统

以TMS320F28335 DSP芯片为核心的相位差测试系统的原理框图如图9.5.6所示。

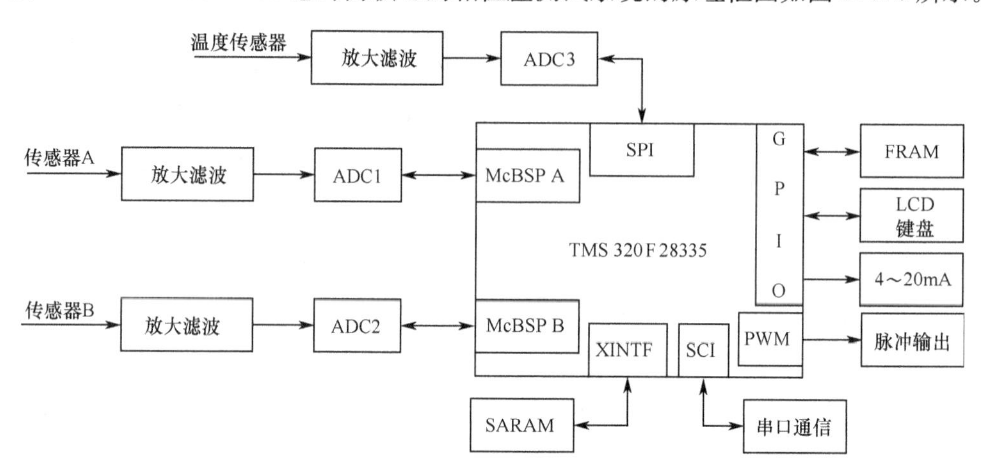

图9.5.6 系统硬件原理框图

两路磁电传感器A和B分别输出频率相同、相位不同的正弦波信号，以差分形式接入仪用放大器，再经过二阶低通滤波器、限幅保护电路后，送入ADC1、ADC2。ADC1和ADC2通过DSP的McBSP(多通道缓冲串口)与DSP通信。在此，复用McBSP接口为SPI(串行外设接口)功能，实现对ADC的控制和对转换结果的读取。温度传感器为Pt100，将一恒流源接至Pt100上，Pt100的输出经差分放大、RC低通滤波、限幅保护电路后送至ADC3。ADC3通过SPI接口与DSP通信。

DSP负责整个系统的全局控制和计算，主要任务包括：①采集两路传感器信号，实时计算信号频率和相位差；②采集温度传感器信号；③将测量结果在LCD上显示，并通过SCI接口上传数据至上位机，最后，输出代表测量结果的4～20mA电流信号和脉冲信号。系统软件总体框图如图9.5.7所示。

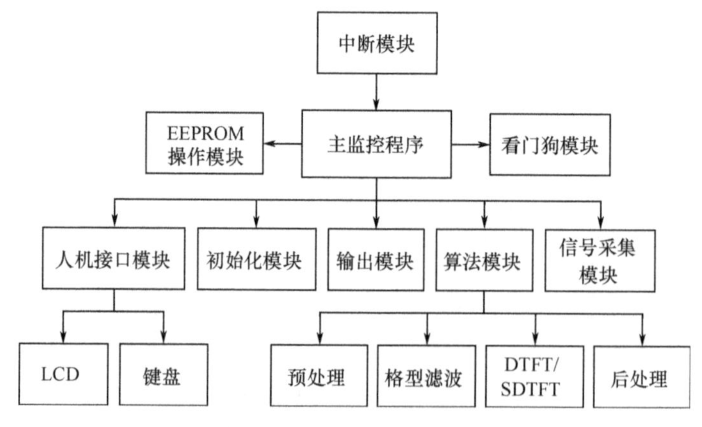

图9.5.7 系统软件总体框图

DSP 芯片实时实现带通滤波器、格型自适应陷波器、计及负频率影响的 DTFT(离散时间序列傅里叶变换)算法，测量两路信号的相位差。具体来说，两路传感器信号经 ADC 采样后，先经过带通滤波器进行预处理，消除噪声的影响；滤波后的信号经过格型自适应陷波器计算出信号的频率，并且实现对信号的二次滤波；采用计及负频率影响的 DTFT 算法计算两路信号的相位差，提高算法的收敛速度和计算精度。

由于算法运行时需要调用和保存大量数据，为此，通过外设接口，外扩一片 64K×16 位的 SARAM 存放算法所需的相关数据。另外，系统通过 GPIO 接口外接了一片 512×8 位的 Flash RAM，用于在掉电时保存仪表的相关系数和测量结果。

实际工业现场中，需要采集反映测量结果的脉冲信号和电流信号。借助 DSP 的 ePWM 模块和后继的放大驱动电路，将相位差转换为脉冲信号输出，脉冲输出的电压可调。另外，DSP 通过 GPIO 控制一片 DAC 的输出电压，再经过 V/I 电路，将相位差转换为 4～20mA 电流信号输出。

附录 A　铂热电阻分度表

分度号:Pt100　　　　R_0=100.00Ω

温度(℃)	0	1	2	3	4	5	6	7	8	9
	电阻值(Ω)									
-200	18.52									
-190	22.83	22.40	21.97	21.54	21.11	20.68	20.25	19.82	19.38	18.95
-180	27.10	26.67	26.24	25.82	25.39	24.97	24.54	24.11	23.68	23.25
-170	31.34	30.91	30.49	30.07	29.64	29.22	28.80	28.37	27.95	27.52
-160	35.54	35.12	34.70	34.28	33.86	33.44	33.02	32.60	32.18	31.76
-150	39.72	39.31	38.89	38.47	38.05	37.64	37.22	36.80	36.38	35.96
-140	43.88	43.46	43.05	42.63	42.22	41.80	41.39	40.97	40.56	40.14
-130	48.00	47.59	47.18	46.77	46.36	45.94	45.53	45.12	44.70	44.29
-120	52.11	51.70	51.29	50.88	50.47	50.06	49.65	49.24	48.83	48.42
-110	56.19	55.79	55.38	54.97	54.56	54.15	53.75	53.34	52.93	52.52
-100	60.26	59.85	59.44	59.04	58.63	58.23	57.82	57.41	57.01	56.60
-90	64.30	63.90	63.49	63.09	62.68	62.28	61.88	61.47	61.07	60.66
-80	68.33	67.92	67.52	67.12	66.72	66.31	65.91	65.51	65.11	64.70
-70	72.33	71.93	71.53	71.13	70.73	70.33	69.93	69.53	69.13	68.73
-60	76.33	75.93	75.53	75.13	74.73	74.33	73.93	73.53	73.13	72.73
-50	80.31	79.91	79.51	79.11	78.72	78.32	77.92	77.52	77.12	76.73
-40	84.27	83.87	83.48	83.08	82.69	82.29	81.89	81.50	81.10	80.70
-30	88.22	87.83	87.43	87.04	86.64	86.25	85.85	85.46	85.06	84.67
-20	92.16	91.77	91.37	90.98	90.59	90.19	89.80	89.40	89.01	88.62
-10	96.09	95.69	95.30	94.91	94.52	94.12	93.73	93.34	92.95	92.55
0	100.00	99.61	99.22	98.83	98.44	98.04	97.65	97.26	96.87	96.48
0	100.00	100.39	100.78	101.17	101.56	101.95	102.34	102.73	103.12	103.51
10	103.90	104.29	104.68	105.07	105.46	105.85	106.24	106.63	107.02	107.40
20	107.79	108.18	108.57	108.96	109.35	109.73	110.12	110.51	110.90	111.29
30	111.67	112.06	112.45	112.83	113.22	113.61	114.00	114.38	114.77	115.15
40	115.54	115.93	116.31	116.70	117.08	117.47	117.86	118.24	118.63	119.01
50	119.40	119.78	120.17	120.55	120.94	121.32	121.71	122.09	122.47	122.86
60	123.24	123.63	124.01	124.39	124.78	125.16	125.54	125.93	126.31	126.69
70	127.08	127.46	127.84	128.22	128.61	128.99	129.37	129.75	130.13	130.52
80	130.90	131.28	131.66	132.04	132.42	132.80	133.18	133.57	133.95	134.33
90	134.71	135.09	135.47	135.85	136.23	136.61	136.99	137.37	137.75	138.13
100	138.51	138.88	139.26	139.64	140.02	140.40	140.78	141.16	141.54	141.91
110	142.29	142.67	143.05	143.43	143.80	144.18	144.56	144.94	145.31	145.69
120	146.07	146.44	146.82	147.20	147.57	147.95	148.33	148.70	149.08	149.46
130	149.83	150.21	150.58	150.96	151.33	151.71	152.08	152.46	152.83	153.21
140	153.58	153.96	154.33	154.71	155.08	155.46	155.83	156.20	156.58	156.95

续表

温度(℃)	0	1	2	3	4	5	6	7	8	9
	电阻值(Ω)									
150	157.33	157.70	158.07	158.45	158.82	159.19	159.56	159.94	160.31	160.68
160	161.05	161.43	161.80	162.17	162.54	162.91	163.29	163.66	164.03	164.40
170	164.77	165.14	165.51	165.89	166.26	166.63	167.00	167.37	167.74	168.11
180	168.48	168.85	169.22	169.59	169.96	170.33	170.70	171.07	171.43	171.80
190	172.17	172.54	172.91	173.28	173.65	174.02	174.38	174.75	175.12	175.49
200	175.86	176.22	176.59	176.96	177.33	177.69	178.06	178.43	178.79	179.16
210	179.53	179.89	180.26	180.63	180.99	181.36	181.72	182.09	182.46	182.82
220	183.19	183.55	183.92	184.28	184.65	185.01	185.38	185.74	186.11	186.47
230	186.84	187.20	187.56	187.93	188.29	188.66	189.02	189.38	189.75	190.11
240	190.47	190.84	191.20	191.56	191.92	192.29	192.65	193.01	193.37	193.74
250	194.10	194.46	194.82	195.18	195.55	195.91	196.27	196.63	196.99	197.35
260	197.71	198.07	198.43	198.79	199.15	199.51	199.87	200.23	200.59	200.95
270	201.31	201.67	202.03	202.39	202.75	203.11	203.47	203.83	204.19	204.55
280	204.90	205.26	205.62	205.98	206.34	206.70	207.05	207.41	207.77	208.13
290	208.48	208.84	209.20	209.56	209.91	210.27	210.63	210.98	211.34	211.70
300	212.05	212.41	212.76	213.12	213.48	213.83	214.19	214.54	214.90	215.25
310	215.61	215.96	216.32	216.67	217.03	217.38	217.74	218.09	218.44	218.80
320	219.15	219.51	219.86	220.21	220.57	220.92	221.27	221.63	221.98	222.33
330	222.68	223.04	223.39	223.74	224.09	224.45	224.80	225.15	225.50	225.85
340	226.21	226.56	226.91	227.26	227.61	227.96	228.31	228.66	229.02	229.37
350	229.72	230.07	230.42	230.77	231.12	231.47	231.82	232.17	232.52	232.87
360	233.21	233.56	233.91	234.26	234.61	234.96	235.31	235.66	236.00	236.35
370	236.70	237.05	237.40	237.74	238.09	238.44	238.79	239.13	239.48	239.83
380	240.18	240.52	240.87	241.22	241.56	241.91	242.26	242.60	242.95	243.29
390	243.64	243.99	244.33	244.68	245.02	245.37	245.71	246.06	246.40	246.75
400	247.09	247.44	247.78	248.13	248.47	248.81	249.16	249.50	249.85	250.19
410	250.53	250.88	251.22	251.56	251.91	252.25	252.59	252.93	253.28	253.62
420	253.96	254.30	254.65	254.99	255.33	255.67	256.01	256.35	256.70	257.04
430	257.38	257.72	258.06	258.40	258.74	259.08	259.42	259.76	260.10	260.44
440	260.78	261.12	261.46	261.80	262.14	262.48	262.82	263.16	263.50	263.84
450	264.18	264.52	264.86	265.20	265.53	265.87	266.21	266.55	266.89	267.22
460	267.56	267.90	268.24	268.57	268.91	269.25	269.59	269.92	270.26	270.60
470	270.93	271.27	271.61	271.94	272.28	272.61	272.95	273.29	273.62	273.96
480	274.29	274.63	274.96	275.30	275.63	275.97	276.30	276.64	276.97	277.31
490	277.64	277.98	278.31	278.64	278.98	279.31	279.64	279.98	280.31	280.64
500	280.98	281.31	281.64	281.98	282.31	282.64	282.97	283.31	283.64	283.97
510	284.30	284.63	284.97	285.30	285.63	285.96	286.29	286.62	286.85	287.29
520	287.62	287.95	288.28	288.61	288.94	289.27	289.60	289.93	290.26	290.59
530	290.92	291.25	291.58	291.91	292.24	292.56	292.89	293.22	293.55	293.88
540	294.21	294.54	294.86	295.19	295.52	295.85	296.18	296.50	296.83	297.16

续表

温度（℃）	0	1	2	3	4	5	6	7	8	9
	电阻值(Ω)									
550	297.49	297.81	298.14	298.47	298.80	299.12	299.45	299.78	300.10	300.43
560	300.75	301.08	301.41	301.73	302.06	302.38	302.71	303.03	303.36	303.69
570	304.01	304.34	304.66	304.98	305.31	305.63	305.96	306.28	306.61	306.93
580	307.25	307.58	307.90	308.23	308.55	308.87	309.20	309.52	309.84	310.16
590	310.49	310.81	311.13	311.45	311.78	312.10	312.42	312.74	313.06	313.39
600	313.71	314.03	314.35	314.67	314.99	315.31	315.64	315.96	316.28	316.60
610	316.92	317.24	317.56	317.88	318.20	318.52	318.84	319.16	319.48	319.80
620	320.12	320.43	320.75	321.07	321.39	321.71	322.03	322.35	322.67	322.98
630	323.30	323.62	323.94	324.26	324.57	324.89	325.21	325.53	325.84	326.16

附录 B　铜热电阻分度表

分度号:Cu100　　　　R_0＝100.00Ω

温度(℃)	0	1	2	3	4	5	6	7	8	9
	电阻值(Ω)									
−50	78.49	—	—	—	—	—	—	—	—	—
−40	82.80	82.36	81.94	81.50	81.08	80.64	80.20	79.78	79.34	78.92
−30	87.10	86.68	86.24	85.82	85.38	84.96	84.54	84.10	83.66	83.22
−20	91.40	90.98	90.54	90.12	89.68	89.26	88.82	88.40	87.96	87.54
−10	95.70	95.28	94.84	94.42	93.98	93.56	93.12	92.70	92.36	91.84
−0	100.00	99.56	99.14	98.70	98.28	97.84	97.42	97.00	96.56	96.14
0	100.00	100.42	100.86	101.28	101.72	102.14	102.56	103.00	103.42	103.66
10	104.28	104.72	105.14	105.56	106.00	106.42	106.86	107.28	107.72	108.14
20	108.56	109.00	109.42	109.84	110.28	110.70	111.14	111.56	112.00	112.42
30	112.84	113.28	113.70	114.14	114.56	114.98	115.42	115.84	116.26	116.70
40	117.12	117.56	117.98	118.40	118.84	119.26	119.70	120.12	120.54	120.98
50	121.40	121.84	122.26	122.68	123.12	123.54	123.96	124.40	124.82	125.26
60	125.68	126.10	126.54	126.96	127.40	127.82	128.24	128.68	129.10	129.52
70	129.96	130.38	130.82	131.24	131.66	132.10	132.52	132.96	133.38	133.80
80	134.24	134.66	135.08	135.52	135.94	136.38	136.80	137.24	137.66	138.08
90	138.52	138.94	139.36	139.80	140.22	140.66	141.08	141.52	141.94	142.36
100	142.80	143.22	143.66	144.08	144.50	144.94	145.36	145.80	146.22	146.66
110	147.08	147.50	147.94	148.36	148.80	149.22	149.66	150.08	150.52	150.94
120	151.36	151.80	152.22	152.66	153.08	153.52	153.94	154.38	154.80	155.24
130	155.66	156.10	156.52	156.96	157.38	157.82	158.24	158.68	159.10	159.54
140	159.96	160.40	160.82	161.26	161.68	162.12	162.54	162.98	163.40	163.84
150	164.27	—	—	—	—	—	—	—	—	—

分度号 Cu50 R_0=50.00Ω

温度（℃）	0	1	2	3	4	5	6	7	8	9
	电阻值（Ω）									
−50	39.24	—	—	—	—	—	—	—	—	—
−40	41.40	41.18	40.97	40.75	40.54	40.32	40.10	39.89	39.67	39.46
−30	43.55	43.34	43.12	42.91	42.69	42.48	42.27	42.05	41.83	41.61
−20	45.70	45.49	45.27	45.06	44.84	44.63	44.41	44.20	43.93	43.72
−10	47.85	47.64	47.42	47.21	46.99	46.78	46.56	46.35	46.13	45.97
−0	50.00	49.78	49.57	49.35	49.14	48.92	48.71	48.50	48.28	48.07
0	50.00	50.21	50.43	50.64	50.86	51.07	51.28	51.50	51.71	51.93
10	52.14	52.36	52.57	52.78	53.00	53.21	53.43	53.64	53.86	54.07
20	54.28	54.50	54.71	54.92	55.14	55.35	55.57	55.73	56.00	56.21
30	56.42	56.64	56.85	57.07	57.28	57.49	57.71	57.92	58.14	58.35
40	58.56	58.78	58.99	59.20	59.42	59.63	59.85	60.06	60.27	60.49
50	60.70	60.92	61.13	61.34	61.56	61.77	61.98	62.20	62.41	62.62
60	62.84	63.05	63.27	63.48	63.70	63.91	64.12	64.34	64.55	64.76
70	64.98	65.19	65.41	65.62	65.83	66.05	66.26	66.48	66.69	66.90
80	67.12	67.33	67.54	67.76	67.97	68.19	68.40	68.62	68.83	69.04
90	69.26	69.47	69.68	69.90	70.11	70.33	70.54	70.76	70.97	71.18
100	71.40	71.61	71.83	72.04	72.25	72.47	72.68	72.90	73.11	73.33
110	73.54	73.75	73.97	74.19	74.40	74.61	74.83	75.04	75.26	75.47
120	75.68	75.90	76.11	76.33	76.54	76.76	76.97	77.19	77.40	77.62
130	77.83	78.05	78.26	78.48	78.69	78.91	79.12	79.34	79.55	79.77
140	79.98	80.20	80.41	80.63	80.84	81.05	81.27	81.49	81.70	81.92
150	82.13	—	—	—	—	—	—	—	—	—

附录C 铂铑$_{10}$-铂热电偶分度表

分度号:S　　　　参考端温度为0℃

温度(℃)	0	1	2	3	4	5	6	7	8	9
	热电动势(mV)									
0	0.000	0.005	0.011	0.016	0.022	0.027	0.033	0.038	0.044	0.050
10	0.055	0.061	0.067	0.072	0.078	0.084	0.090	0.095	0.101	0.107
20	0.113	0.119	0.125	0.131	0.137	0.143	0.149	0.155	0.161	0.167
30	0.173	0.179	0.185	0.191	0.197	0.204	0.210	0.216	0.222	0.229
40	0.235	0.241	0.248	0.254	0.260	0.267	0.273	0.280	0.286	0.292
50	0.299	0.305	0.312	0.319	0.325	0.332	0.338	0.345	0.352	0.358
60	0.365	0.372	0.378	0.385	0.392	0.399	0.405	0.412	0.419	0.426
70	0.433	0.440	0.446	0.453	0.460	0.467	0.474	0.481	0.488	0.495
80	0.502	0.509	0.516	0.523	0.530	0.538	0.545	0.552	0.559	0.566
90	0.573	0.580	0.588	0.595	0.602	0.609	0.617	0.624	0.631	0.639
100	0.646	0.653	0.661	0.668	0.675	0.683	0.690	0.698	0.705	0.713
110	0.720	0.727	0.735	0.743	0.750	0.758	0.765	0.773	0.780	0.788
120	0.795	0.803	0.811	0.818	0.826	0.834	0.841	0.849	0.857	0.865
130	0.872	0.880	0.888	0.896	0.903	0.911	0.919	0.927	0.935	0.942
140	0.950	0.958	0.966	0.974	0.982	0.990	0.998	1.006	1.013	1.021
150	1.029	1.037	1.045	1.053	1.061	1.069	1.077	1.085	1.094	1.102
160	1.110	1.118	1.126	1.134	1.142	1.150	1.158	1.167	1.175	1.183
170	1.191	1.199	1.207	1.216	1.224	1.232	1.240	1.249	1.257	1.265
180	1.273	1.282	1.290	1.298	1.307	1.315	1.323	1.332	1.340	1.348
190	1.357	1.365	1.373	1.382	1.390	1.399	1.407	1.415	1.424	1.432
200	1.441	1.449	1.458	1.466	1.475	1.483	1.492	1.500	1.509	1.517
210	1.526	1.534	1.543	1.551	1.560	1.569	1.577	1.586	1.594	1.603
220	1.612	1.620	1.629	1.638	1.646	1.655	1.663	1.672	1.681	1.690
230	1.698	1.707	1.716	1.724	1.733	1.742	1.751	1.759	1.768	1.777
240	1.786	1.794	1.803	1.812	1.821	1.829	1.838	1.847	1.856	1.865
250	1.874	1.882	1.891	1.900	1.909	1.918	1.927	1.936	1.944	1.953
260	1.962	1.971	1.980	1.989	1.998	2.007	2.016	2.025	2.034	2.043
270	2.052	2.061	2.070	2.078	2.087	2.096	2.105	2.114	2.123	2.132
280	2.141	2.151	2.160	2.169	2.178	2.187	2.196	2.205	2.214	2.223
290	2.232	2.241	2.250	2.259	2.268	2.277	2.287	2.296	2.305	2.314
300	2.323	2.332	2.341	2.350	2.360	2.369	2.378	2.387	2.396	2.405
310	2.415	2.424	2.433	2.442	2.451	2.461	2.470	2.479	2.488	2.497
320	2.507	2.516	2.525	2.534	2.544	2.553	2.562	2.571	2.581	2.590
330	2.599	2.609	2.618	2.627	2.636	2.646	2.655	2.664	2.674	2.683
340	2.692	2.702	2.711	2.720	2.730	2.739	2.748	2.758	2.767	2.776
350	2.786	2.795	2.805	2.814	2.823	2.833	2.842	2.851	2.861	2.870
360	2.880	2.889	2.899	2.908	2.917	2.927	2.936	2.946	2.955	2.965

续表

温度(℃)	0	1	2	3	4	5	6	7	8	9
	热电动势(mV)									
370	2.974	2.983	2.993	3.002	3.012	3.021	3.031	3.040	3.050	3.059
380	3.069	3.078	3.088	3.097	3.107	3.116	3.126	3.135	3.145	3.154
390	3.164	3.173	3.183	3.192	3.202	3.212	3.221	3.231	3.240	3.250
400	3.259	3.269	3.279	3.288	3.298	3.307	3.317	3.326	3.336	3.346
410	3.355	3.365	3.374	3.384	3.394	3.403	3.413	3.423	3.432	3.442
420	3.451	3.461	3.471	3.480	3.490	3.500	3.509	3.519	3.529	3.538
430	3.548	3.558	3.567	3.577	3.587	3.596	3.606	3.616	3.626	3.635
440	3.645	3.655	3.664	3.674	3.684	3.694	3.703	3.713	3.723	3.732
450	3.742	3.752	3.762	3.771	3.781	3.791	3.801	3.810	3.820	3.830
460	3.840	3.850	3.859	3.869	3.879	3.889	3.898	3.908	3.918	3.928
470	3.938	3.947	3.957	3.967	3.977	3.987	3.997	4.006	4.016	4.026
480	4.036	4.046	4.056	4.065	4.075	4.085	4.095	4.105	4.115	4.125
490	4.134	4.144	4.154	4.164	4.174	4.184	4.194	4.204	4.213	4.223
500	4.233	4.243	4.253	4.263	4.273	4.283	4.293	4.303	4.313	4.323
510	4.332	4.342	4.352	4.362	4.372	4.382	4.392	4.402	4.412	4.422
520	4.432	4.442	4.452	4.462	4.472	4.482	4.492	4.502	4.512	4.522
530	4.532	4.542	4.552	4.562	4.572	4.582	4.592	4.602	4.612	4.622
540	4.632	4.642	4.652	4.662	4.672	4.682	4.692	4.702	4.712	4.722
550	4.732	4.742	4.752	4.762	4.772	4.782	4.793	4.803	4.813	4.823
560	4.833	4.843	4.853	4.863	4.873	4.883	4.893	4.904	4.914	4.924
570	4.934	4.944	4.954	4.964	4.974	4.984	4.995	5.005	5.015	5.025
580	5.035	5.045	5.055	5.066	5.076	5.086	5.096	5.106	5.116	5.127
590	5.137	5.147	5.157	5.167	5.178	5.188	5.198	5.208	5.218	5.228
600	5.239	5.249	5.259	5.269	5.280	5.290	5.300	5.310	5.320	5.331
610	5.341	5.351	5.361	5.372	5.382	5.392	5.402	5.413	5.423	5.433
620	5.443	5.454	5.464	5.474	5.485	5.495	5.505	5.515	5.526	5.536
630	5.546	5.557	5.567	5.577	5.588	5.598	5.608	5.618	5.629	5.639
640	5.649	5.660	5.670	5.680	5.691	5.701	5.712	5.722	5.732	5.743
650	5.753	5.763	5.774	5.784	5.794	5.805	5.815	5.826	5.836	5.846
660	5.857	5.867	5.878	5.888	5.898	5.909	5.919	5.930	5.940	5.950
670	5.961	5.971	5.982	5.992	6.003	6.013	6.024	6.034	6.044	6.055
680	6.065	6.076	6.086	6.097	6.107	6.118	6.128	6.139	6.149	6.160
690	6.170	6.181	6.191	6.202	6.212	6.223	6.233	6.244	6.254	6.265
700	6.275	6.286	6.296	6.307	6.317	6.328	6.338	6.349	6.360	6.370
710	6.381	6.391	6.402	6.412	6.423	6.434	6.444	6.455	6.465	6.476
720	6.486	6.497	6.508	6.518	6.529	6.539	6.550	6.561	6.571	6.582
730	6.593	6.603	6.614	6.624	6.635	6.646	6.656	6.667	6.678	6.688
740	6.699	6.710	6.720	6.731	6.742	6.752	6.763	6.774	6.784	6.795
750	6.806	6.817	6.827	6.838	6.849	6.859	6.870	6.881	6.892	6.902
760	6.913	6.924	6.934	6.945	6.956	6.967	6.977	6.988	6.999	7.010
770	7.020	7.031	7.042	7.053	7.064	7.074	7.085	7.096	7.107	7.117
780	7.128	7.139	7.150	7.161	7.172	7.182	7.193	7.204	7.215	7.226
790	7.236	7.247	7.258	7.269	7.280	7.291	7.302	7.312	7.323	7.334

温度(℃)	0	1	2	3	4	5	6	7	8	9
	热电动势(mV)									
800	7.345	7.356	7.367	7.378	7.388	7.399	7.410	7.421	7.432	7.443
810	7.454	7.465	7.476	7.487	7.497	7.508	7.519	7.530	7.541	7.552
820	7.563	7.574	7.585	7.596	7.607	7.618	7.629	7.640	7.651	7.662
830	7.673	7.684	7.695	7.706	7.717	7.728	7.739	7.750	7.761	7.772
840	7.783	7.794	7.805	7.816	7.827	7.838	7.849	7.860	7.871	7.882
850	7.893	7.904	7.915	7.926	7.937	7.948	7.959	7.970	7.981	7.992
860	8.003	8.014	8.026	8.037	8.048	8.059	8.070	8.081	8.092	8.103
870	8.114	8.125	8.137	8.148	8.159	8.170	8.181	8.192	8.203	8.214
880	8.226	8.237	8.248	8.259	8.270	8.281	8.293	8.304	8.315	8.326
890	8.337	8.348	8.360	8.371	8.382	8.393	8.404	8.416	8.427	8.438
900	8.449	8.460	8.472	8.483	8.494	8.505	8.517	8.528	8.539	8.550
910	8.562	8.573	8.584	8.595	8.607	8.618	8.629	8.640	8.652	8.663
920	8.674	8.685	8.697	8.708	8.719	8.731	8.742	8.753	8.765	8.776
930	8.787	8.798	8.810	8.821	8.832	8.844	8.855	8.866	8.878	8.889
940	8.900	8.912	8.923	8.935	8.946	8.957	8.969	8.980	8.991	9.003
950	9.014	9.025	9.037	9.048	9.060	9.071	9.082	9.094	9.105	9.117
960	9.128	9.139	9.151	9.162	9.174	9.185	9.197	9.208	9.219	9.231
970	9.242	9.254	9.265	9.277	9.288	9.300	9.311	9.323	9.334	9.345
980	9.357	9.368	9.380	9.391	9.403	9.414	9.426	9.437	9.449	9.460
990	9.472	9.483	9.495	9.506	9.518	9.529	9.541	9.552	9.564	9.576
1000	9.587	9.599	9.610	9.622	9.633	9.645	9.656	9.668	9.680	9.691
1010	9.703	9.714	9.726	9.737	9.749	9.761	9.772	9.784	9.795	9.807
1020	9.819	9.830	9.842	9.853	9.865	9.877	9.888	9.900	9.911	9.923
1030	9.935	9.946	9.958	9.970	9.981	9.993	10.005	10.016	10.028	10.040
1040	10.051	10.063	10.075	10.086	10.098	10.110	10.121	10.133	10.145	10.156
1050	10.168	10.180	10.191	10.203	10.215	10.227	10.238	10.250	10.262	10.273
1060	10.285	10.297	10.309	10.320	10.332	10.344	10.356	10.367	10.379	10.391
1070	10.403	10.414	10.426	10.438	10.450	10.461	10.473	10.485	10.497	10.509
1080	10.520	10.532	10.544	10.556	10.567	10.579	10.591	10.603	10.615	10.626
1090	10.638	10.650	10.662	10.674	10.686	10.697	10.709	10.721	10.733	10.745
1100	10.757	10.768	10.780	10.792	10.804	10.816	10.828	10.839	10.851	10.863
1110	10.875	10.887	10.899	10.911	10.922	10.934	10.946	10.958	10.970	10.982
1120	10.994	11.006	11.017	11.029	11.041	11.053	11.065	11.077	11.089	11.101
1130	11.113	11.125	11.136	11.148	11.160	11.172	11.184	11.196	11.208	11.220
1140	11.232	11.244	11.256	11.268	11.280	11.291	11.303	11.315	11.327	11.339
1150	11.351	11.363	11.375	11.387	11.399	11.411	11.423	11.435	11.447	11.459
1160	11.471	11.483	11.495	11.507	11.519	11.531	11.542	11.554	11.566	11.578
1170	11.590	11.602	11.614	11.626	11.638	11.650	11.662	11.674	11.686	11.698
1180	11.710	11.722	11.734	11.746	11.758	11.770	11.782	11.794	11.806	11.818
1190	11.830	11.842	11.854	11.866	11.878	11.890	11.902	11.914	11.926	11.939
1200	11.951	11.963	11.975	11.987	11.999	12.011	12.023	12.035	12.047	12.059
1210	12.071	12.083	12.095	12.107	12.119	12.131	12.143	12.155	12.167	12.179
1220	12.191	12.203	12.216	12.228	12.240	12.252	12.264	12.276	12.288	12.300

续表

温度(℃)	0	1	2	3	4	5	6	7	8	9
	热电动势(mV)									
1230	12.312	12.324	12.336	12.348	12.360	12.372	12.384	12.397	12.409	12.421
1240	12.433	12.445	12.457	12.469	12.481	12.493	12.505	12.517	12.529	12.542
1250	12.554	12.566	12.578	12.590	12.602	12.614	12.626	12.638	12.650	12.662
1260	12.675	12.687	12.699	12.711	12.723	12.735	12.747	12.759	12.771	12.783
1270	12.796	12.808	12.820	12.832	12.844	12.856	12.868	12.880	12.892	12.905
1280	12.917	12.929	12.941	12.953	12.965	12.977	12.989	13.001	13.014	13.026
1290	13.038	13.050	13.062	13.074	13.086	13.098	13.111	13.123	13.135	13.147
1300	13.159	13.171	13.183	13.195	13.208	13.220	13.232	13.244	13.256	13.268
1310	13.280	13.292	13.305	13.317	13.329	13.341	13.353	13.365	13.377	13.390
1320	13.402	13.414	13.426	13.438	13.450	13.462	13.474	13.487	13.499	13.511
1330	13.523	13.535	13.547	13.559	13.572	13.584	13.596	13.608	13.620	13.632
1340	13.644	13.657	13.669	13.681	13.693	13.705	13.717	13.729	13.742	13.754
1350	13.766	13.778	13.790	13.802	13.814	13.826	13.839	13.851	13.863	13.875
1360	13.887	13.899	13.911	13.924	13.936	13.948	13.960	13.972	13.984	13.996
1370	14.009	14.021	14.033	14.045	14.057	14.069	14.081	14.094	14.106	14.118
1380	14.130	14.142	14.154	14.166	14.178	14.191	14.203	14.215	14.227	14.239
1390	14.251	14.263	14.276	14.288	14.300	14.312	14.324	14.336	14.348	14.360
1400	14.373	14.385	14.397	14.409	14.421	14.433	14.445	14.457	14.470	14.482
1410	14.494	14.506	14.518	14.530	14.542	14.554	14.567	14.579	14.591	14.603
1420	14.615	14.627	14.639	14.651	14.664	14.676	14.688	14.700	14.712	14.724
1430	14.736	14.748	14.760	14.773	14.785	14.797	14.809	14.821	14.833	14.845
1440	14.857	14.869	14.881	14.894	14.906	14.918	14.930	14.942	14.954	14.966
1450	14.978	14.990	15.002	15.015	15.027	15.039	15.051	15.063	15.075	15.087
1460	15.099	15.111	15.123	15.135	15.148	15.160	15.172	15.184	15.196	15.208
1470	15.220	15.232	15.244	15.256	15.268	15.280	15.292	15.304	15.317	15.329
1480	15.341	15.353	15.365	15.377	15.389	15.401	15.413	15.425	15.437	15.449
1490	15.461	15.473	15.485	15.497	15.509	15.521	15.534	15.546	15.558	15.570
1500	15.582	15.594	15.606	15.618	15.630	15.642	15.654	15.666	15.678	15.690
1510	15.702	15.714	15.726	15.738	15.750	15.762	15.774	15.786	15.798	15.810
1520	15.822	15.834	15.846	15.858	15.870	15.882	15.894	15.906	15.918	15.930
1530	15.942	15.954	15.966	15.978	15.990	16.002	16.014	16.026	16.038	16.050
1540	16.062	16.074	16.086	16.098	16.110	16.122	16.134	16.146	16.158	16.170
1550	16.182	16.194	16.205	16.217	16.229	16.241	16.253	16.265	16.277	16.289
1560	16.301	16.313	16.325	16.337	16.349	16.361	16.373	16.385	16.396	16.408
1570	16.420	16.432	16.444	16.456	16.468	16.480	16.492	16.504	16.516	16.527
1580	16.539	16.551	16.563	16.575	16.587	16.599	16.611	16.623	16.634	16.646
1590	16.658	16.670	16.682	16.694	16.706	16.718	16.729	16.741	16.753	16.765
1600	16.777	16.789	16.801	16.812	16.824	16.836	16.848	16.860	16.872	16.883
1610	16.895	16.907	16.919	16.931	16.943	16.954	16.966	16.978	16.990	17.002
1620	17.013	17.025	17.037	17.049	17.061	17.072	17.084	17.096	17.108	17.120
1630	17.131	17.143	17.155	17.167	17.178	17.190	17.202	17.214	17.225	17.237
1640	17.249	17.261	17.272	17.284	17.296	17.308	17.319	17.331	17.343	17.355
1650	17.366	17.378	17.390	17.401	17.413	17.425	17.437	17.448	17.460	17.472

续表

温度(℃)	0	1	2	3	4	5	6	7	8	9
	热电动势(mV)									
1660	17.483	17.495	17.507	17.518	17.530	17.542	17.553	17.565	17.577	17.588
1670	17.600	17.612	17.623	17.635	17.647	17.658	17.670	17.682	17.693	17.705
1680	17.717	17.728	17.740	17.751	17.763	17.775	17.786	17.798	17.809	17.821
1690	17.832	17.844	17.855	17.867	17.878	17.890	17.901	17.913	17.924	17.936
1700	17.947	—	—	—	—	—			—	—

附录D 镍铬-镍硅热电偶分度表

分度号:K　　　　　　　　　　　　　　　　　　参考端温度为0℃

温度(℃)	0	1	2	3	4	5	6	7	8	9
	电势值(mV)									
0	0.000	0.039	0.079	0.119	0.158	0.198	0.238	0.277	0.317	0.357
10	0.397	0.437	0.477	0.517	0.557	0.597	0.637	0.677	0.718	0.758
20	0.798	0.838	0.879	0.919	0.960	1.000	1.041	1.081	1.122	1.163
30	1.203	1.244	1.285	1.326	1.366	1.407	1.448	1.489	1.530	1.571
40	1.612	1.653	1.694	1.735	1.776	1.817	1.858	1.899	1.941	1.982
50	2.023	2.064	2.106	2.147	2.188	2.230	2.271	2.312	2.354	2.395
60	2.436	2.478	2.519	2.561	2.602	2.644	2.685	2.727	2.768	2.810
70	2.851	2.893	2.934	2.976	3.017	3.059	3.100	3.142	3.184	3.225
80	3.267	3.308	3.350	3.391	3.433	3.474	3.516	3.557	3.599	3.640
90	3.682	3.723	3.765	3.806	3.848	3.889	3.931	3.972	4.013	4.055
100	4.096	4.138	4.179	4.220	4.262	4.303	4.344	4.385	4.427	4.468
110	4.509	4.550	4.591	4.633	4.674	4.715	4.756	4.797	4.838	4.879
120	4.920	4.961	5.002	5.043	5.084	5.124	5.165	5.206	5.247	5.288
130	5.328	5.369	5.410	5.450	5.491	5.532	5.572	5.613	5.653	5.694
140	5.735	5.775	5.815	5.856	5.896	5.937	5.977	6.017	6.058	6.098
150	6.138	6.179	6.219	6.259	6.299	6.339	6.380	6.420	6.460	6.500
160	6.540	6.580	6.620	6.660	6.701	6.741	6.781	6.821	6.861	6.901
170	6.941	6.981	7.021	7.060	7.100	7.140	7.180	7.220	7.260	7.300
180	7.340	7.380	7.420	7.460	7.500	7.540	7.579	7.619	7.659	7.699
190	7.739	7.779	7.819	7.859	7.899	7.939	7.979	8.019	8.059	8.099
200	8.138	8.178	8.218	8.258	8.298	8.338	8.378	8.418	8.458	8.499
210	8.539	8.579	8.619	8.659	8.699	8.739	8.779	8.819	8.860	8.900
220	8.940	8.980	9.020	9.061	9.101	9.141	9.181	9.222	9.262	9.302
230	9.343	9.383	9.423	9.464	9.504	9.545	9.585	9.626	9.666	9.707
240	9.747	9.788	9.828	9.869	9.909	9.950	9.991	10.031	10.072	10.113
250	10.153	10.194	10.235	10.276	10.316	10.357	10.398	10.439	10.480	10.520
260	10.561	10.602	10.643	10.684	10.725	10.766	10.807	10.848	10.889	10.930
270	10.971	11.012	11.053	11.094	11.135	11.176	11.217	11.259	11.300	11.341
280	11.382	11.423	11.465	11.506	11.547	11.588	11.630	11.671	11.712	11.753
290	11.795	11.836	11.877	11.919	11.960	12.001	12.043	12.084	12.126	12.167
300	12.209	12.250	12.291	12.333	12.374	12.416	12.457	12.499	12.540	12.582
310	12.624	12.665	12.707	12.748	12.790	12.831	12.873	12.915	12.956	12.998
320	13.040	13.081	13.123	13.165	13.206	13.248	13.290	13.331	13.373	13.415
330	13.457	13.498	13.540	13.582	13.624	13.665	13.707	13.749	13.791	13.833
340	13.874	13.916	13.958	14.000	14.042	14.084	14.126	14.167	14.209	14.251
350	14.293	14.335	14.377	14.419	14.461	14.503	14.545	14.587	14.629	14.671
360	14.713	14.755	14.797	14.839	14.881	14.923	14.965	15.007	15.049	15.091

续表

温度(℃)	0	1	2	3	4	5	6	7	8	9
	电势值(mV)									
370	15.133	15.175	15.217	15.259	15.301	15.343	15.385	15.427	15.469	15.511
380	15.554	15.596	15.638	15.680	15.722	15.764	15.806	15.849	15.891	15.933
390	15.975	16.017	16.059	16.102	16.144	16.186	16.228	16.270	16.313	16.355
400	16.397	16.439	16.482	16.524	16.566	16.608	16.651	16.693	16.735	16.778
410	16.820	16.862	16.904	16.947	16.989	17.031	17.074	17.116	17.158	17.201
420	17.243	17.285	17.328	17.370	17.413	17.455	17.497	17.540	17.582	17.624
430	17.667	17.709	17.752	17.794	17.837	17.879	17.921	17.964	18.006	18.049
440	18.091	18.134	18.176	18.218	18.261	18.303	18.346	18.388	18.431	18.473
450	18.516	18.558	18.601	18.643	18.686	18.728	18.771	18.813	18.856	18.898
460	18.941	18.983	19.026	19.068	19.111	19.154	19.196	19.239	19.281	19.324
470	19.366	19.409	19.451	19.494	19.537	19.579	19.622	19.664	19.707	19.750
480	19.792	19.835	19.877	19.920	19.962	20.005	20.048	20.090	20.133	20.175
490	20.218	20.261	20.303	20.346	20.389	20.431	20.474	20.516	20.559	20.602
500	20.644	20.687	20.730	20.772	20.815	20.857	20.900	20.943	20.985	21.028
510	21.071	21.113	21.156	21.199	21.241	21.284	21.326	21.369	21.412	21.454
520	21.497	21.540	21.582	21.625	21.668	21.710	21.753	21.796	21.838	21.881
530	21.924	21.966	22.009	22.052	22.094	22.137	22.179	22.222	22.265	22.307
540	22.350	22.393	22.435	22.478	22.521	22.563	22.606	22.649	22.691	22.734
550	22.776	22.819	22.862	22.904	22.947	22.990	23.032	23.075	23.117	23.160
560	23.203	23.245	23.288	23.331	23.373	23.416	23.458	23.501	23.544	23.586
570	23.629	23.671	23.714	23.757	23.799	23.842	23.884	23.927	23.970	24.012
580	24.055	24.097	24.140	24.182	24.225	24.267	24.310	24.353	24.395	24.438
590	24.480	24.523	24.565	24.608	24.650	24.693	24.735	24.778	24.820	24.863
600	24.905	24.948	24.990	25.033	25.075	25.118	25.160	25.203	25.245	25.288
610	25.330	25.373	25.415	25.458	25.500	25.543	25.585	25.627	25.670	25.712
620	25.755	25.797	25.840	25.882	25.924	25.967	26.009	26.052	26.094	26.136
630	26.179	26.221	26.263	26.306	26.348	26.390	26.433	26.475	26.517	26.560
640	26.602	26.644	26.687	26.729	26.771	26.814	26.856	26.898	26.940	26.983
650	27.025	27.067	27.109	27.152	27.194	27.236	27.278	27.320	27.363	27.405
660	27.447	27.489	27.531	27.574	27.616	27.658	27.700	27.742	27.784	27.826
670	27.869	27.911	27.953	27.995	28.037	28.079	28.121	28.163	28.205	28.247
680	28.289	28.332	28.374	28.416	28.458	28.500	28.542	28.584	28.626	28.668
690	28.710	28.752	28.794	28.835	28.877	28.919	28.961	29.003	29.045	29.087
700	29.129	29.171	29.213	29.255	29.297	29.338	29.380	29.422	29.464	29.506
710	29.548	29.589	29.631	29.673	29.715	29.757	29.798	29.840	29.882	29.924
720	29.965	30.007	30.049	30.090	30.132	30.174	30.216	30.257	30.299	30.341
730	30.382	30.424	30.466	30.507	30.549	30.590	30.632	30.674	30.715	30.757
740	30.798	30.840	30.881	30.923	30.964	31.006	31.047	31.089	31.130	31.172
750	31.213	31.255	31.296	31.338	31.379	31.421	31.462	31.504	31.545	31.586
760	31.628	31.669	31.710	31.752	31.793	31.834	31.876	31.917	31.958	32.000
770	32.041	32.082	32.124	32.165	32.206	32.247	32.289	32.330	32.371	32.412
780	32.453	32.495	32.536	32.577	32.618	32.659	32.700	32.742	32.783	32.824
790	32.865	32.906	32.947	32.988	33.029	33.070	33.111	33.152	33.193	33.234
800	33.275	—	—	—	—	—	—	—	—	—

参考文献

[1] 徐科军,马修水,李晓林等．传感器与检测技术(第4版). 北京:电子工业出版社,2016.

[2] 陈杰,黄鸿．传感器与检测技术．北京:高等教育出版社,2004.

[3] 孙传友．感测技术．北京:电子工业出版社,2006.

[4] 刘迎春．传感器原理设计与应用．长沙:国防科技大学出版社,1998.

[5] 王绍纯．自动检测技术．北京:冶金工业出版社,2002.

[6] 陶时澍. 电气测量. 哈尔滨:哈尔滨工业大学出版社,1997.

[7] 唐统一,赵伟. 电磁测量. 北京:清华大学出版社,1997.

[8] 袁禄明. 电磁测量. 北京:机械工业出版社,1983.

[9] 淦君载. 电磁测量数字化及其应用. 北京:机械工业出版社,1989.

[10] 陈立周．电气测量．北京:机械工业出版社,1997.

[11] 杨欣荣．智能仪器原理与设计．长沙:中南工业大学出版社,1989.

[12] 傅维潭．电磁测量．北京:中央广播电视大学出版社,1985.

[13] 蒋焕文．电子测量．北京:计量出版社,1983.

[14] 徐科军,黄云志,林逸榕等．信号分析与处理(第2版). 北京:清华大学出版社,2012.

[15] 徐科军,陈荣保,张崇巍．自动检测和仪表中的共性技术．北京:清华大学出版社,2000.

[16] 王松武,蒋志坚．电子测量仪器原理及应用(I)通用仪器．哈尔滨:哈尔滨工程大学出版社,2002.

[17] 陈尚松,雷加,郭庆．电子测量与仪器．北京:电子工业出版社,2005.

[18] 韩建国,翁维勤,柯静洁．现代电子测量技术基础．北京:中国计量出版社,2000.

[19] 杨龙麟．电子测量技术(修订本). 北京:人民邮电出版社,2006.

[20] 赵徽存,黄进良．电子测量技术基础．重庆:重庆大学出版社,2004.

[21] 古天祥,王厚军,习友宝等．电子测量原理．北京:机械工业出版社,2006.

[22] 何道清．传感器与传感器技术．北京:科学出版社,2004.

[23] 朱蕴璞,孔德仁,王芳．传感器原理及应用．北京:国防工业出版社,2005.

[24] 范志刚．光电测试技术．北京:电子工业出版社．2004.

[25] 何勇,王生泽．光电传感器及其应用．北京:化学工业出版社．2004.

[26] 徐科军. 传感器动态特性的实用研究方法. 合肥:中国科学技术大学出版社,1999.

[27] 徐科军,李国丽．电气测试基础．北京:机械工业出版社,2002.

[28] 何道清．传感器与传感器技术．北京:科学出版社,2004.

[29] 芮延年．传感器与检测技术．苏州:苏州大学出版社,2005.

[30] 黄伟,周肇飞,张涛．集成光电传感器的研究．激光技术,2004,28(6):595～597.

[31] 李旭华．光电传感器原理及应用．电气时代,2004,(9):56～57.

[32] 厉玉鸣．化工仪表及自动化(第4版). 北京:化学工业出版社,2006.

[33] 杜维,张宏建,乐嘉华．过程检测技术及仪表．北京:化学工业出版社,2004.

[34] 石延平,陈季萍,周庆贵．一种新型磁电感应式动态非接触扭矩传感器．仪表技术与传

感器,2010,(5):3～6.
[35] 马修水．过程仪表及自动化．北京:机械工业出版社,2013.
[36] 王化祥,张淑英．传感器原理及应用(第3版).天津:天津大学出版社,2007.
[37] 强锡富．传感器原理及应用(第2版).北京:机械工业出版社,2005.
[38] 宋文绪．传感器与检测技术．北京:高等教育出版社,2004.
[39] 晏红．电阻应变计在扭矩测量中的应用．传感器技术,2003,22(5):40～41.
[40] 周元芳．电阻应变式转矩转速测量仪．仪表技术与传感器,1997,(2):24～27.
[41] 黄争．德州仪器高性能单片机和模拟器件在高校中的应用和选型指南．德州仪器半导体技术(上海)有限公司大学计划部,2012.
[42] 严钟豪,谭祖根．非电量电测技术．北京:机械工业出版社,2003.

反侵权盗版声明

举报电话：（010）88254396；（010）88258888

传　　真：（010）88254397

E-mail：　dbqq@phei.com.cn

通信地址：北京市万寿路 173 信箱

　　　　　电子工业出版社总编办公室

邮　　编：100036